职业院校机电类“十三五”
微课版规划教材

S7-200 SMART PLC 应用技术

附微课视频

郭艳萍／主编
张玲 钟立 马润 肖世耀／副主编

人民邮电出版社
北京

图书在版编目（CIP）数据

S7-200 SMART PLC应用技术 : 附微课视频 / 郭艳萍主编. -- 北京 : 人民邮电出版社, 2019.6(2022.10重印)
职业院校机电类“十三五”微课版规划教材
ISBN 978-7-115-50641-2

Ⅰ. ①S… Ⅱ. ①郭… Ⅲ. ①PLC技术－职业教育－教材 Ⅳ. ①TM571.61

中国版本图书馆CIP数据核字(2019)第016100号

内 容 提 要

本书以西门子 S7-200 SMART PLC 为例，从实际工程应用出发，以培养构建 PLC 控制系统所要求的知识和技能为主线，详细介绍了 S7-200 SMART PLC 的硬件系统及基本指令和功能指令的应用、顺序功能图编程及应用、S7-200 SMART PLC 的通信及应用、模拟量模块以及运动控制等内容。

本书不仅为初学者提供了一套有效的编程方法，还为工程技术人员提供了构建 PLC 控制系统的思路和实践经验，本书配有微课视频，可作为电气自动化技术人员自学和参考用书，也可作为高校电气自动化技术、机电一体化技术、数控技术等相关专业的教材。

◆ 主　　编　郭艳萍
　副 主 编　张　玲　钟　立　马　润　肖世耀
　责任编辑　李育民
　责任印制　马振武

◆ 人民邮电出版社出版发行　　北京市丰台区成寿寺路 11 号
　邮编 100164　　电子邮件 315@ptpress.com.cn
　网址 http://www.ptpress.com.cn
　固安县铭成印刷有限公司印刷

◆ 开本：787×1092 1/16
　印张：17.75　　　　　　2019 年 6 月第 1 版
　字数：421 千字　　　　 2022 年 10月河北第 9 次印刷

定价：52.00 元

读者服务热线：(010)81055256　印装质量热线：(010)81055316
反盗版热线：(010)81055315
广告经营许可证：京东市监广登字20170147号

前言

西门子 S7-200 SMART PLC 是西门子公司针对中国自动化市场客户需求设计研发的一款高性价比小型 PLC。2013 年年底，S7-200 SMART PLC 面世，西门子把 S7-200 SMART 定位于取代 S7-200 PLC 的高性价比的新一代产品。

本书以西门子 S7-200 SMART PLC 为例，从实际工程出发，以培养构建 PLC 控制系统所要求的知识和技能为主线，详细介绍了 S7-200 SMART PLC 硬件系统组成、基本指令和功能指令的应用、顺序功能图编程及应用、S7-200 SMART PLC 的通信及应用、模拟量模块以及运动控制等内容。

本书具有以下特点。

（1）本书以典型工程任务为载体重构课程内容，任务与实际工程对接，由浅入深、由简单到复杂、由单项到系统、由验证到设计，易于初学者模仿和上手。

（2）针对重点、难点，本书以实际设备为对象配有多个微课视频，方便读者学习。

（3）本书案例多且典型，方便工程移植，重点案例包含硬件配置、PLC 接线图以及程序。为确保程序的正确性，所有程序均在 PLC 上运行通过。

（4）本书的一些典型任务采用多种编程方法实现，有利于拓展读者的思路，培养读者的综合思维能力和工程应用能力。

本书配套西门子 S7-200 SMART PLC 系统手册、STEP7-Micro/WIN SMART 编程软件和仿真软件、动画、课件等丰富的教学资源，有需要者可到人民邮电出版社教育社区（www.ryjiaoyu.com）免费下载。

本书由重庆工业职业技术学院的郭艳萍任主编；重庆工业职业技术学院的张玲、钟立、马润和广东轻工职业技术学院的肖世耀任副主编。郭艳萍编写了模块一，张玲编写了模块四，钟立编写了模块五，马润编写了模块三，肖世耀编写了模块二。

本书在编写过程中参阅了大量的同类教材，在此，对这些教材的作者表示衷心的感谢！由于编者水平有限，书中难免有不足之处，恳请读者批评指正。

编者

2019 年 3 月

目　录

模块一 S7-200 SMART PLC 基本指令的应用

能力目标

1. 能熟练运用 PLC 的基本逻辑指令编写简单的 PLC 程序。

2. 能根据控制系统输入信号和输出信号的要求，设计出 PLC 的硬件接线图，熟练完成 PLC 的外部接线操作。

3. 熟练操作 STEP 7-Micro/WIN SMART 编程软件，完成程序的编写、下载、监测等操作，并对 PLC 程序进行调试、运行。

知识目标

1. 掌握 PLC 的基本结构和工作原理。

2. 熟悉 S7-200 SMART 系列 PLC 的编程元件，掌握主要编程元件的功能和应用注意事项。

3. 初步掌握 STEP 7-Micro/WIN SMART 编程软件的基本操作，熟悉软件的主要功能。

4. 掌握 S7-200 SMART 系列 PLC 的基本逻辑指令系统。

5. 掌握梯形图和指令表程序设计的基本方法。

6. 掌握梯形图编程规则和编程技巧。

| 任务 1.1 认识 PLC |

任务导入

利用接触器可以实现三相异步电动机的启停控制，如图 1-1 所示，按下启动按钮 SB2，三相电动机启动；按下停止按钮 SB1，三相电动机停止。若改变电动机的控制要求，如按下启动异步按钮 5s 后，再让电动机启动，就需要增加一个通电延时时间继电器，并且需要改变图 1-1 所示的控制电路的接线方式才可以实现。

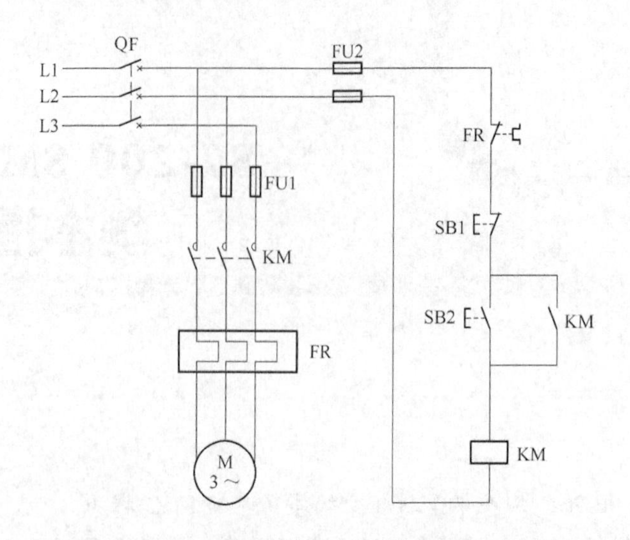

图 1-1　用接触器实现电动机的启停控制电路

从上面的例子可以看出，继电接触控制系统采用硬件接线安装而成。一旦控制要求改变，控制系统就必须重新配线安装，通用性和灵活性较差。若采用可编程逻辑控制器（PLC）对电动机进行直接启动控制或延时启动控制，工作将变得简单、可靠。采用 PLC 控制，主电路仍然不变，如图 1-2（a）所示，用户只需要将输入设备（如启动按钮 SB2、停止按钮 SB1、热继电器触点 FR）接到 PLC 的输入端口，输出设备（如接触器线圈 KM）接到 PLC 的输出端口，再接上电源、输入程序就可以了。图 1-2 所示为用 PLC 控制电动机启停的硬件接线图和软件程序。

在图 1-2（b）和（c）中，若改变控制要求，则 PLC 的输入/输出接线并不需要改变，只需要改变程序就可以实现了。

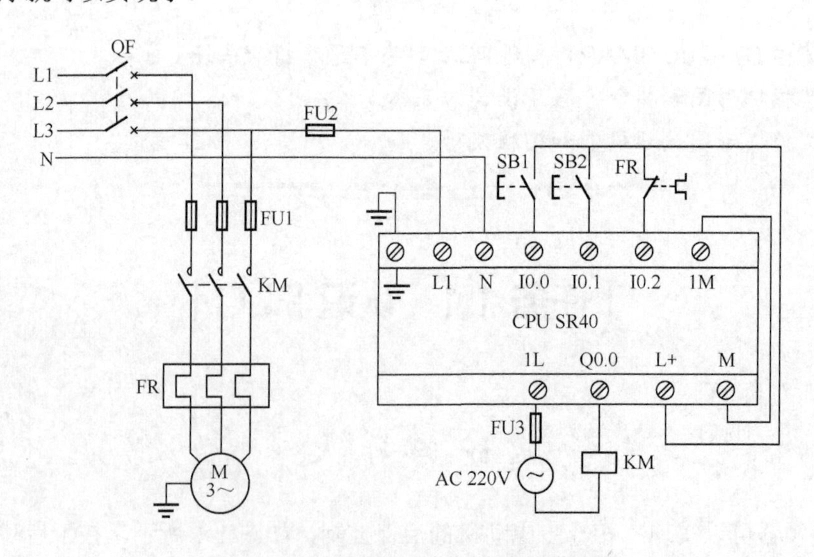

（a）电动机的PLC控制硬件接线图

图 1-2　用 PLC 实现电动机的启停控制电路

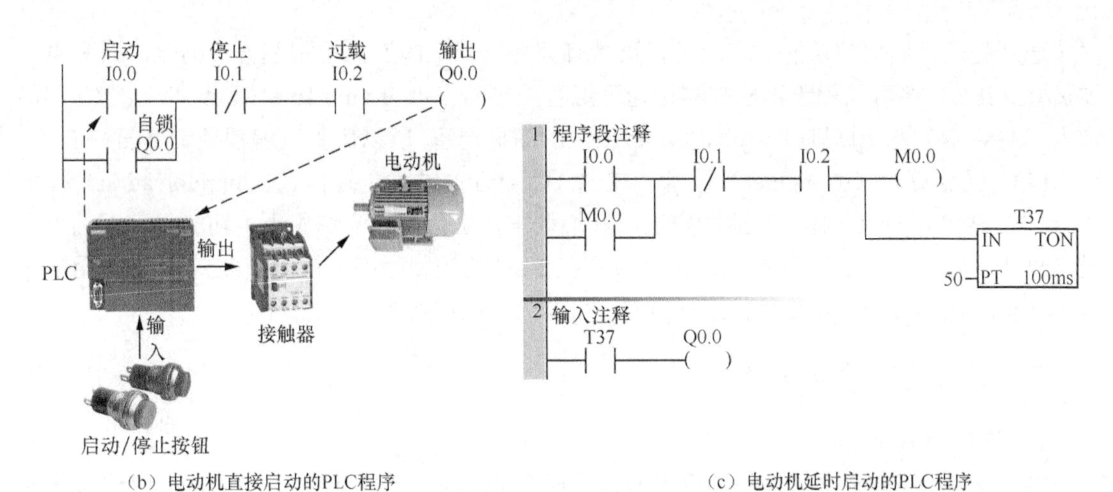

（b）电动机直接启动的PLC程序　　（c）电动机延时启动的PLC程序

图 1-2　用 PLC 实现电动机的启停控制电路（续）

比较图 1-1 和图 1-2，可以看出，它们的控制方式不同。继电接触控制系统属于硬件连线控制方式，如图 1-3（a）所示，按钮下达指令后，通过继电器连线控制逻辑决定接触器线圈是否得电，从而控制电动机的工作状态。PLC 控制属于存储程序控制方式，如图 1-3（b）所示，按钮下达指令后，由 PLC 程序控制逻辑决定接触器线圈是否得电，从而控制电动机的工作状态。PLC 利用程序中的“软继电器”取代传统的物理继电器，使控制系统的硬件结构大大简化，具有体积小、价格便宜、维护方便、编程简单、控制功能强、可靠性高、控制灵活等一系列优点。因此，目前 PLC 控制系统在各个行业机械设备的电气控制中得到非常广泛的应用。那么，PLC 是一个什么样的控制装置，它又是如何实现对机械设备控制的呢？

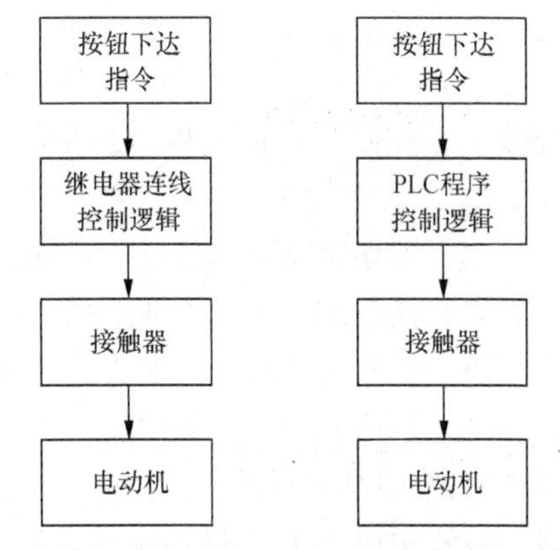

（a）继电接触控制系统　　（b）PLC电气控制系统

图 1-3　两种电气控制系统框图

相 关 知 识

一、PLC 的产生

1968 年，美国通用汽车公司的几个工程师提出取代继电器控制装置建立新一代控制设备的标准，这个标准就成为现代可编程控制器的蓝本；1969 年，美国数字设备公司研制出了第一台可编程控制器 PDP-14，在美国通用汽车公司的生产线上试用成功；1971 年，日本研制出了日本第一台可编程控制器 DSC-8；1973 年，西欧国家也研制出了他们的第一台可编程控制器；我国从 1974 年开始研制，1977 年开始工业应用。此时的可编程控制器称作可编程逻辑控制器（Programmable Logic Controller，PLC），它主要用来取代继电器实现逻辑控制。20 世纪 70 年代初出现了微处理器，人们很快将其引入可编程逻辑控制器，使 PLC 增加了运算、数

微课：PLC 产生、定义及应用

据传送及处理、通信等功能，完成了真正具有计算机特征的工业控制装置。因此，国际电工委员会（IEC）将可编程逻辑控制器称为可编程控制器（Programmable Controller，PC），但是为了避免与个人计算机(Personal Computer)的简称混淆，所以仍将可编程控制器简称 PLC。

PLC 是计算机（Computer）技术、控制（Control）技术、通信（Communication）技术（简称 3C 技术）的综合体。它能适应工厂环境要求，工作可靠，体积小，功能强，而且用户通常只要"修改 PLC 的设置参数"或者"更换 PLC 的控制程序"就可以改变 PLC 的用途，是当前自动化领域的三大支柱技术（PLC、机器人、CAD/CAM）之一。

二、PLC 的应用与分类

1．PLC 的应用

（1）开关量逻辑控制。开关量逻辑控制是现今 PLC 应用最广泛的领域，可以取代传统的继电接触控制系统，实现逻辑控制和顺序控制。

（2）模拟量过程控制。PLC 配上特殊模块后，可对温度、压力、流量、液面高度等连续变化的模拟量进行闭环过程控制。

（3）运动控制。PLC 可使用专用的指令或运动控制模块对伺服电机和步进电机的速度与位置进行控制，从而实现对各种机械的运动控制，如金属切削机床、数控机床、工业机器人等。

（4）现场数据采集处理。目前 PLC 都具有数据处理指令和数据运算指令，所以由 PLC 构成的监控系统，可以方便地采集、分析和加工处理生产现场数据。数据处理常用于柔性制造系统，机器人和机械手的大、中型控制系统中。

（5）通信联网、多级控制。PLC 通过网络通信模块及远程 I/O 控制模块，实现 PLC 与 PLC 之间、PLC 与上位机之间、PLC 与其他智能设备（如触摸屏、变频器等）之间的通信功能，还能实现 PLC 分散控制、计算机集中管理的集散控制，这样可以增加系统的控制规模，甚至可以使整个工厂实现生产自动化。

2．PLC 的分类

（1）按结构形式分类。PLC 按结构形式分类可分为整体式和模块式两类。

将电源、CPU、存储器及 I/O 等各个功能集成在一个机壳内的 PLC 是整体式 PLC，其特点是结构紧凑、体积小、价格低，小型 PLC 多采用这种结构，如西门子 S7-200 SMART 系列的 PLC、三菱 FX 系列的 PLC 等。整体式 PLC 一般配有许多专用的特殊功能模块，如模拟量 I/O 模块、通信模块等。

将电源模块、CPU 模块、I/O 模块作为单独的模块安装在同一底板或框架上的 PLC 是模块式 PLC。其特点是配置灵活、装配维护方便，大、中型 PLC 多采用这种结构，如西门子 S7-300 系列的 PLC。

（2）按 I/O 点数和存储容量分类。

小型 PLC：I/O 点数在 256 以下，存储器容量为 2KB。

中型 PLC：I/O 点数在 256～2 048，存储器容量为 2KB～8KB。

大型 PLC：I/O 点数在 2 048 以上，存储器容量为 8KB 以上。

三、PLC 的组成

PLC 主要由编辑软件 CPU（中央处理器）、存储器、输入/输出（I/O）接口电路、电源、外部设备接口、I/O（输入/输出）扩展接口组成，如图 1-4 所示。

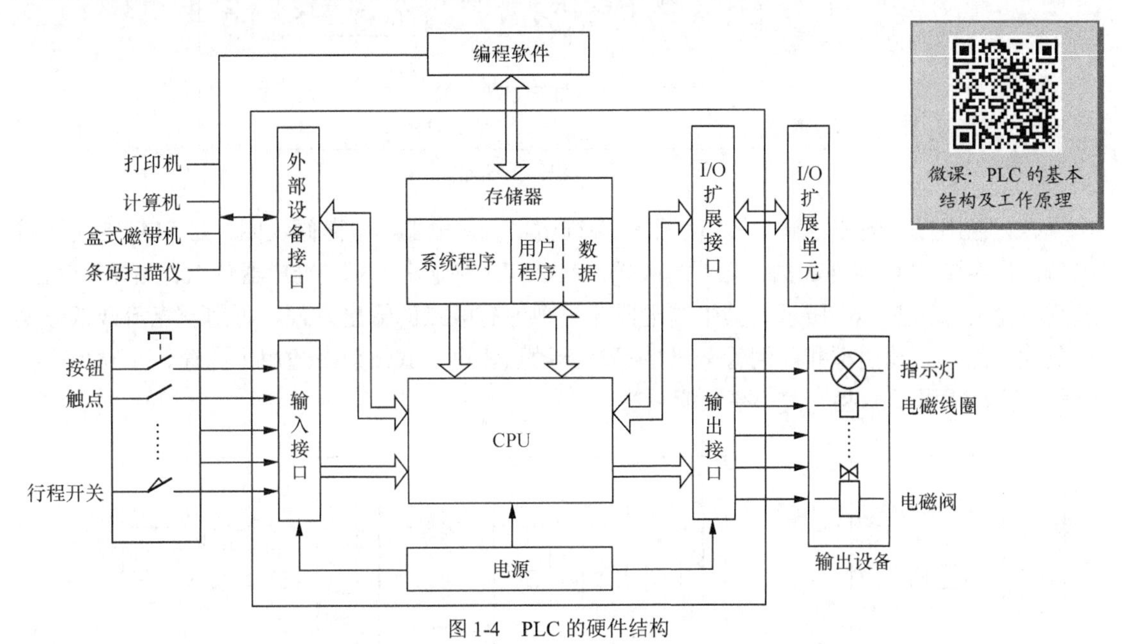

图 1-4 PLC 的硬件结构

1．CPU

CPU 又称中央处理器，是 PLC 的控制中心。它不断地采集输入信号，执行用户程序，刷新系统的输出。

2．存储器

存储器用来储存程序和数据，分为 ROM（只读存储器）和 RAM（随机存储器）两种。PLC 的 ROM 存储器中固化着系统程序，用户不能直接存取、修改。RAM 存储器中存放用户程序和工作数据，使用者可对用户程序进行修改。为保证掉电时不会丢失 RAM 存储信息，一般用锂电池作为备用电源供电。

3．输入/输出接口电路

（1）输入接口电路。输入接口是连接 PLC 与其他外设之间的桥梁。生产设备的控制信号通过输入接口传送给 CPU。

开关量输入接口用于连接按钮、选择开关、行程开关、接近开关和各类传感器传来的信号。

常用的直流输入单元的电路如图 1-5 所示，外接的直流电源极性可任意。框内是 PLC 内部的输入电路，框外左侧为外部用户接线。PLC 输入电路包括双光电耦合器 T 和 RC 滤波器，用于消除输入触点抖动和外部噪声干扰，VD1 和 VD2 的 LED 灯显示该输入点的状态。

当输入按钮 SB 闭合时光电耦合器 T 导通，发光二极管 VD1 或 VD2 点亮，表示输入按钮处于接通状态，该输入点对应的输入映像寄存器状态置于 1。当输入按钮 SB 断开时，光电耦合器 T 不导通，VD1 或 VD2 不亮，表示输入按钮 SB 处于断开状态，输入点对应的输入映像寄存器状态置于 0。

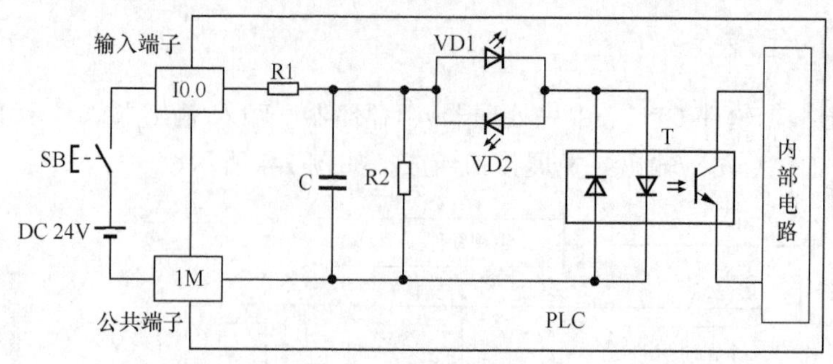

图 1-5　输入接口电路

（2）输出接口电路。输出接口用于连接继电器、接触器、电磁阀线圈，是 PLC 的主要输出口，是连接 PLC 与外部执行元件的桥梁。PLC 有 3 种输出方式：继电器输出、晶体管输出、晶闸管输出，如图 1-6 所示。其中继电器输出型为有触点的输出方式，可用于直流或低频交流负载；晶体管输出型和晶闸管输出型都是无触点输出方式。前者适用于高速、小功率直流负载；后者适用于高速、大功率交流负载。

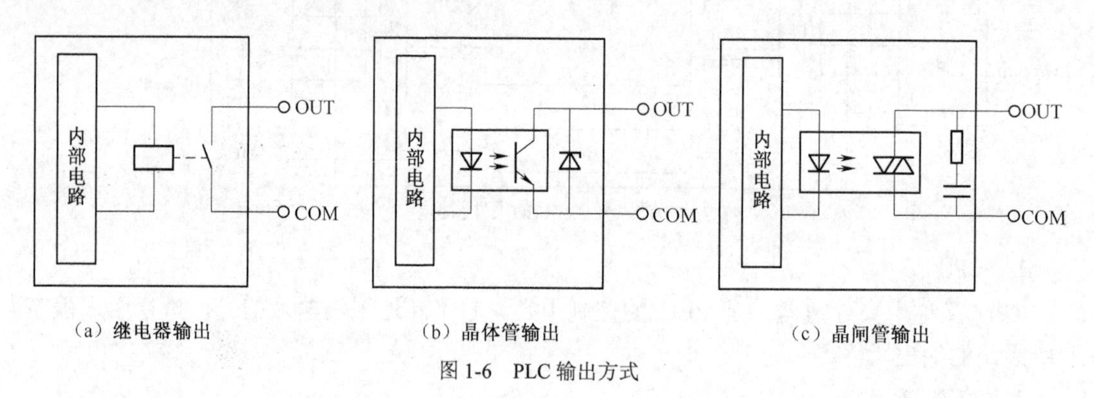

（a）继电器输出　　（b）晶体管输出　　（c）晶闸管输出

图 1-6　PLC 输出方式

4．电源

PLC 一般采用 AC220V 电源，经整流、滤波、稳压后可变换成供 PLC 的 CPU、存储器等电路工作所需的直流电压，有的 PLC 也采用 DC24V 电源供电。为保证 PLC 工作可靠，大都采用开关型稳压电源。有的 PLC 还向外部提供 24V 直流电源。

5．外设接口

外设接口是在主机外壳上与外部设备配接的插座，通过电缆线可配接编程器、计算机、打印机、EPROM 写入器、触摸屏等。

6．I/O 扩展接口

I/O 扩展接口是用来扩展输入、输出点数的。当用户输入、输出点数超过主机的范围时，PLC 可通过 I/O 扩展接口与 I/O 扩展单元相接，以扩充 I/O 点数。A/D 和 D/A 单元以及链接单元一般也通过该接口与主机连接。

四、PLC 的工作原理

PLC 在确定工作任务，装入专用程序后成为一种专用机，它采用循环扫描工作方式，在 PLC 执行用户程序时，CPU 对梯形图自上而下、自左向右地逐次扫描，程序的执行是按语句排列的先后顺序进行的。这样 PLC 各线圈状态的变化在时间上是串行的，不会出现多个线圈同时改变状态的情况，这是 PLC 控制与继电器控制最主要的区别。PLC 工作过程大致分为 3 个阶段：输入采样、程序执行和输出刷新，如图 1-7 所示。每个扫描周期大概需要 1～100ms。

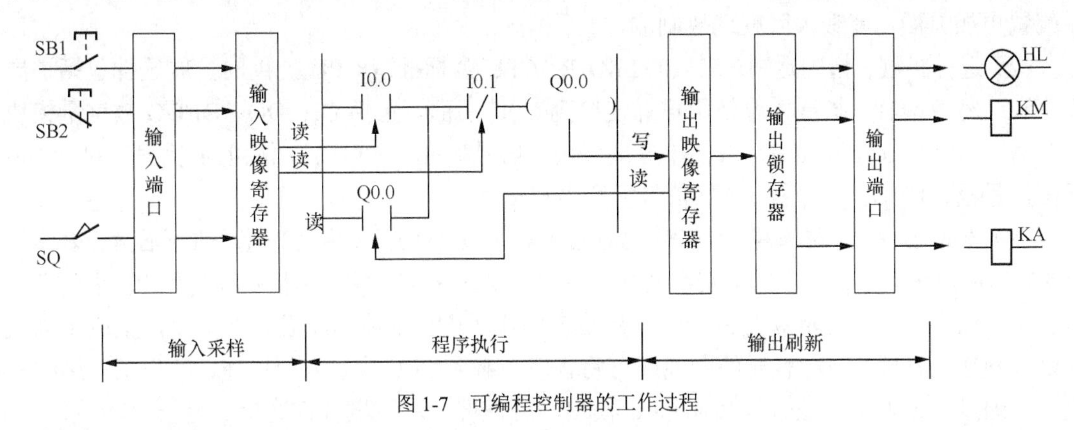

图 1-7　可编程控制器的工作过程

1．输入采样

在输入采样阶段，PLC 从输入电路中读取各输入点的状态，并将此状态写入输入映像寄存器中。自此输入映像寄存器就与外界隔离，输入映像寄存器的内容保持不变，一直到下一个扫描周期的 I/O 刷新阶段，才会写进新内容。这种输入工作方式称为集中输入方式。

2．程序执行

在程序执行阶段，PLC 对用户程序按先左后右、先上后下的顺序逐条进行解释和执行。CPU 从输入映像寄存器和输出映像寄存器中读取各软继电器当前的状态，根据用户程序给出的逻辑关系进行逻辑运算，运算结果写入输出映像寄存器中。

3．输出刷新

在输出刷新阶段，PLC 将所有输出映像寄存器的状态（接通/断开）传送到相应的输出锁存器中，再经输出电路的隔离和功率放大传送到 PLC 的输出端，驱动外部执行元件动作。这种输出工作方式称为集中输出方式。

任务实施

S7-200 SMART PLC 是西门子公司针对中国小型自动化市场客户需求设计研发的一款高性价比小型 PLC。S7-200 SMART PLC 是西门子公司于 2012 年 7 月 30 日正式发布的小型 PLC 控制器，2013 年年底，S7-200 SMART V2 面世，西门子把 S7-200 SMART 定位于取代 S7-200/S7-200 CN 并超越 S7-200/S7-200 CN 的高性价比的下一代产品。SMART 的寓意为简单（Simple）、易维护（Maintenance-friendly）、高性价比（Afford-able）、可靠（Reliable）以及上市时间短（Time to market）。作为 SMART 解决方案的核心，Simatic S7-200 SMART PLC 可无缝集成西门子 SMART LINE 操作屏、Sinamics V20 变频器以及 V90 伺服控制器等，为 OEM 客户提供高性价比的小型自动化解决方案，同时满足客户对人机界面、控制和传动的一站式需求。

微课：S7-200 SMART 的功能和特点

Simatic S7-200 SMART PLC 的功能和特点如下。

（1）机型丰富，更多选择。S7-200 SMART 系列 PLC 提供了不同类型、

I/O 点数丰富的 CPU 模块，本体 I/O 点数从 20、30、40 到 60，可满足大部分小型自动化设备的控制需求。另外，CPU 模块配备标准型和经济型供用户选择，对于不同的应用需求，产品配置更加灵活，能最大限度地控制成本。

（2）选件扩展，精确定制。S7-200 SMART CPU 为标准型 CPU 提供的扩展选件包括扩展模块和信号板两种。扩展模块使用插针连接到 CPU 后面，包括 DI、DO、DI/DO 数字量模块以及 AI、AO、AI/AO、RTD、TC 模拟量模块。信号板插在 CPU 前面板的插槽里，包括 CM 通信信号板、DI/DO 信号板、AO 信号板和电池板。

（3）高速芯片，性能卓越。S7-200 SMART CPU 配备西门子专用高速处理器芯片，基本指令执行时间可达 0.15 μs，在同级别小型 PLC 中遥遥领先，完全能够胜任各种复杂的扩展任务。

（4）以太互联，经济便捷。S7-200 SMART CPU 模块本体标配以太网接口，集成了强大的以太网通信功能。一根普通的网线即可将程序下载到 PLC 中，方便快捷，省去了专用编程电缆。通过以太网接口还可与其他 CPU 模块、触摸屏、计算机进行通信，轻松组网。

（5）三轴脉冲，运动自如。随着自动化的发展，越来越多的自动化设备代替人工操作，相应运动控制的应用也越来越多。S7-200 SMART CPU 模块本体最多集成 3 路高速脉冲输出，频率高达 100kHz，支持 PWM/PTO 输出方式以及多种运动模式，可自由设置运动包络，并配以方便易用的向导设置功能，快速实现设备调速、定位等功能。

（6）通用 SD 卡，方便下载。S7-200 SMART CPU 集成 Micro SD 卡插槽，使用市面上通用的 Micro SD 卡即可实现程序的更新和 PLC 固件升级，极大地方便了客户工程师对最终用户的服务支持，也省去了因 PLC 固件升级返厂服务的不便。

（7）软件友好，编程高效。STEP7-Micro/WIN SMART 在继承西门子编程软件强大功能的基础上，融入了更多的人性化设计，如新颖的带状式菜单、全移动式界面窗口、方便的程序注释功能、强大的密码保护等。在体验强大功能的同时，大幅提高开发效率，缩短产品上市时间。

（8）完美整合，无缝集成。SIMATIC S7-200 SMART 可编程控制器、SIMATIC SMART LINE 触摸屏和 SINAMICS V20 变频器以及 SINAMICS V90 伺服控制器完美整合，为 OEM 客户带来高性价比的小型自动化解决方案，满足客户对于人机交互、控制、驱动等功能的全方位需求。

一、S7-200 SMART PLC 的硬件系统

S7-200 SMART PLC 的硬件系统由 CPU 模块、数字量扩展模块、模拟量扩展模块、热电偶与热电阻模块和相关设备组成。CPU 模块、扩展模块及信号板如图 1-8 所示。

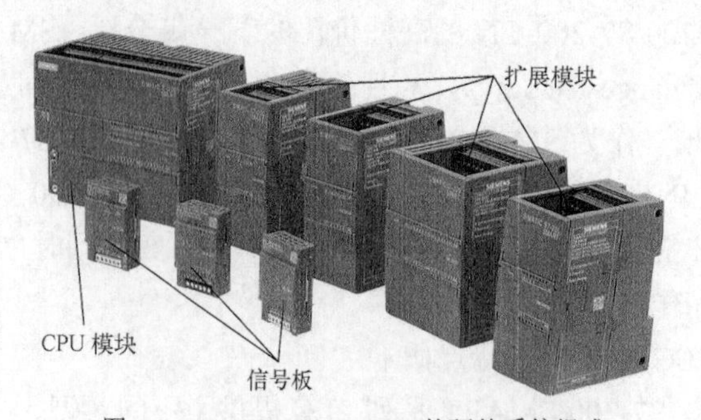

图 1-8　S7-200 SMART PLC 的硬件系统组成

1．CPU 模块

S7-200 SMART PLC 按照点数分为 20 点、30 点、40 点、60 点 4 种；按照可扩展性分为经济型和标准型 2 种，如图 1-9 所示，CPU 型号中的 C 表示经济型，S 表示标准型。经济型 CPU 模块有两种，分别为 CPU CR40 和 CPU CR60，经济型 CPU 模块价格便宜，但不具有扩展能力；标准型 CPU 模块有 8 种，分别为 CPU SR20、CPU ST20、CPU SR30、CPU ST30、CPU SR40、CPU ST40、CPU SR60、CPU ST60，标准型 CPU 模块具备扩展能力。

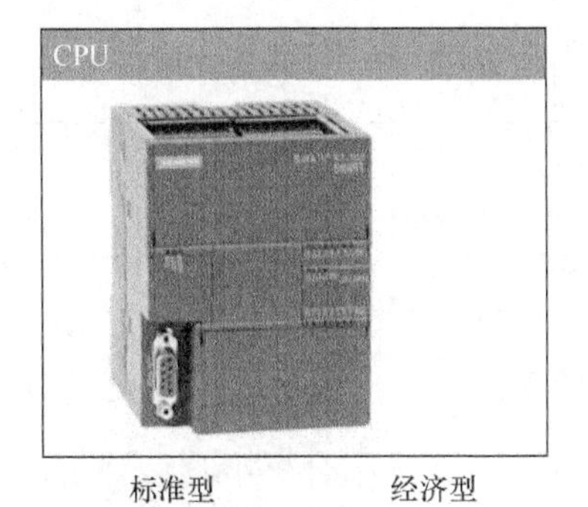

标准型		经济型
20S 继电器	20S 晶体管	
30S 继电器	30S 晶体管	
40S 继电器	40S 晶体管	40C 继电器
60S 继电器	60S 晶体管	60C 继电器

■ 2012年发布　■ 2013年发布

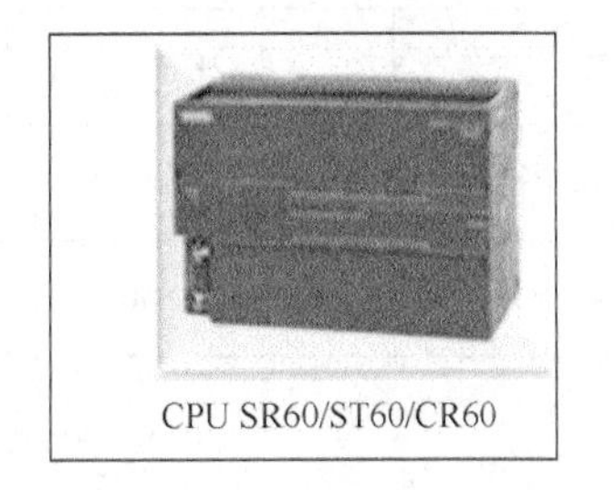

图 1-9　CPU 模块总览

S7-200 SMART CPU 按照数字量输出类型又分为继电器输出和晶体管输出两种类型。CPU 型号名称的含义如下。

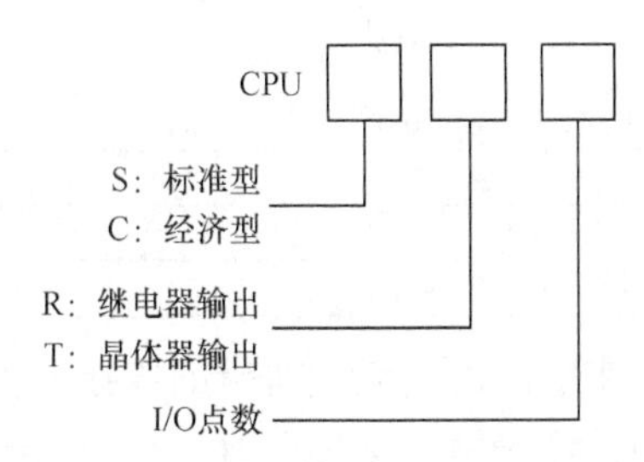

例如，型号为 CPU ST40 的 PLC，指的是有 40 个 I/O 点，晶体管输出的标准型 PLC。

CPU 模块的主要技术规范如表 1-1 所示，其中，AC/DC/ RLY 中的“AC”表示该 CPU 模块采用交流 220V 电源供电，“DC”表示 CPU 是直流数字量输入，“RLY”表示 CPU 的输出为继电器数字量输出。DC/DC/DC 中的第一个“DC”表示该 CPU 模块采用直流 24V 电源供电，第二个“DC”表示 CPU 是直流数字量输入，第三个“DC”表示 CPU 的输出为晶体管数字量输出。

2．扩展模块

S7-200 SMART 目前提供 12 个扩展模块（EM），扩展模块用来扩展 CPU 的 I/O 点，按照类型可分为：数字量模块、模拟量模块、温度采集模块。只有标准型 CPU 可以连接扩展模块。

表 1-1　　CPU 模块的主要技术规范

CPU 类型	CPU SR20	CPU ST20	CPU SR30	CPU ST30	CPU ST40	CPU SR40	CPU CR40	CPU ST60	CPU SR60	CPU CR60
供电/输入/输出	AC/DC/RLY	DC/DC/DC	AC/DC/RLY	DC/DC/DC	DC/DC/DC	AC/DC/RLY	AC/DC/RLY	DC/DC/DC	AC/DC/RLY	AC/DC/RLY
程序存储区	12KB		18KB		24KB		12KB	30KB		12KB
数据存储区	8KB		12KB		16KB		8KB	20KB		8KB
外形尺寸（mm）	90×100×81		110×100×81		125×100×81			175×100×81		
本机数字量 I/O	12DI/8DO		18DI/12DO		24DI/16DO			36DI/24DO		
数字量 I/O 映像区	256 位输入（I）/256 位输出（Q）									
模拟量映像区	56 个字的输入（AI）/56 个字的输出（AQ）						—	56 个字的输入（AI）/56 个字的输出（AQ）		—
位存储区大小	32 字节									
信号板扩展	最多 1 个		最多 1 个		最多 1 个		—	最多 1 个		—
信号模块扩展	最多 6 个		最多 6 个		最多 6 个		—	最多 6 个		—
高速计数器	4（全部） ▲200kHz 时 4 个，针对单相 ▲100kHz 时 2 个，针对 A/B 相		4（全部） ▲200kHz 时 4 个，针对单相 ▲100kHz 时 2 个，针对 A/B 相		4（全部） ▲200kHz 时 4 个，针对单相 ▲100kHz 时 2 个，针对 A/B 相		4（全部） ▲100kHz 时 4 个，针对单相 ▲50kHz 时 2 个，针对 A/B 相	4（全部） ▲200kHz 时 4 个，针对单相 ▲100kHz 时 2 个，针对 A/B 相		4（全部） ▲100kHz 时 4 个，针对单相 ▲50kHz 时 2 个，针对 A/B 相
高速脉冲输出	—	2×100kHz	—	3×100kHz	3×100kHz	—	—	3×100kHz	—	—
定时器	非保持（TON，TOF），192 个；保持（TONR），64 个									
计数器	256 个									
累加器	4 个									
通信口	以太网口，1；RS485 串口，1。									

扩展模块（EM）不能单独使用，需要通过自带的连接器插接在 CPU 模块的右侧，如图 1-10（a）所示，扩展模块（EM）连接方式如图 1-10（b）所示。在安装扩展模块（EM）时，注意扩展模块上下两个固定插销和扩展插针这 3 个凸起点［如图 1-10（c）所示］都要与 CPU 连接妥当。用力向外拔即分离 CPU 和扩展模块（EM）。

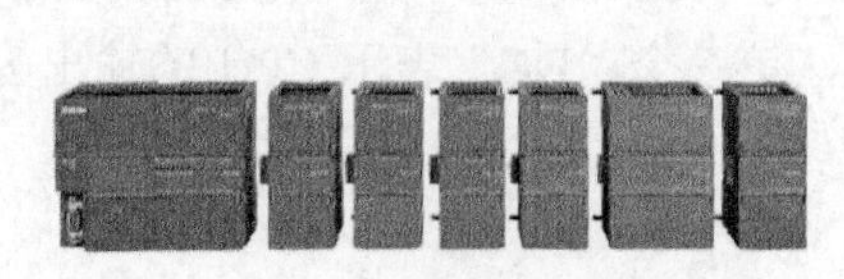

（a）扩展模块的安装位置

（b）扩展模块的安装方式

（c）扩展模块3个凸起点

图 1-10　扩展模块连接方式

3．信号板

S7-200 SMART 目前提供 4 个信号板（SB），信号板用来扩展少量的数字量和模拟量 I/O 点、通信接口以及电池接口板，包括 SB AQ01 模拟量输出板、SB DT04 数字量输入/输出板、SB CM01 RS485/RS232 通信板以及电池板，如图 1-11（a）所示。信号板安装在标准型 CPU 的正面插槽里，如图 1-11（b）所示。安装时需要将 CPU 的上下两个 I/O 端子排的盖板拿掉，用螺丝刀卸掉空盖板，然后对准 CPU 插槽用力安装即可，如图 1-11（c）所示。在占位模块和 SB 信号板上沿儿均有一个螺丝刀的插口，拆卸时把螺丝刀插入插口向外用力撬出信号板。

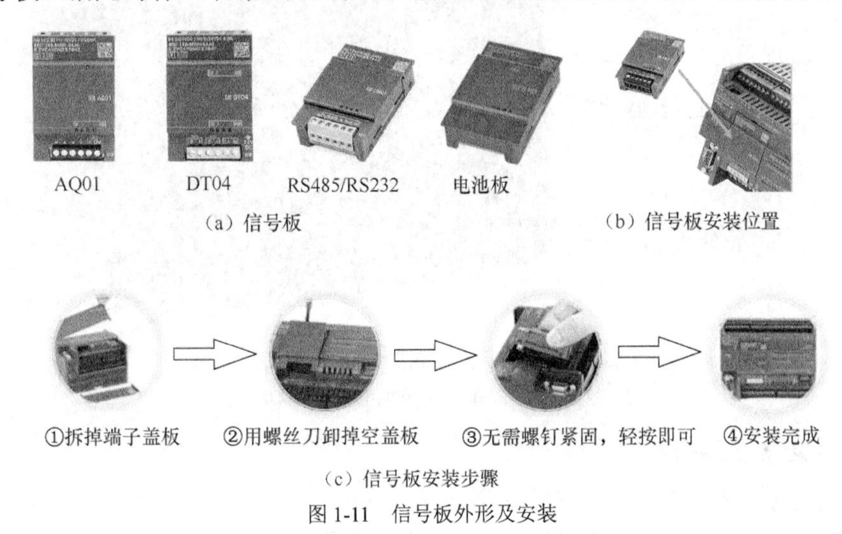

（a）信号板　（b）信号板安装位置

（c）信号板安装步骤

图 1-11　信号板外形及安装

知识链接

（1）和 S7-200 PLC 相比，S7-200 SMART PLC 信号板配置是特有的，在功能扩展的同时，也兼顾了安装方式，配置灵活，且不占控制柜空间。

（2）在应用 PLC 及数字量扩展模块时，一定要注意输出端子的载流量，继电器输出型载流量为 2A，晶体管输出型载流量为 0.5A。在应用时，不要超过上限值，如果超限，则需要用中间继电器过渡，这是工程中常用的手段。

4．相关设备

相关设备是为了充分和方便地利用系统硬件和软件资源而开发和使用的一些设备，主要有编程设备、人机操作界面等。

（1）编程设备主要用来编制、存储和管理用户程序等，并将用户程序送入 PLC 中，在调试过程中，进行监控和故障检测。S7-200 SMART PLC 的编程软件为 STEP7-Micro/WIN SMART。

（2）人机操作界面主要是指专用操作员界面，常见的如触摸面板、文本显示器等，用户可以通过该设备轻松完成各种调整和控制任务。

二、S7-200 SMART PLC 的外部结构

微课：S7-200 SMART CPU 面板介绍

S7-200 SMART PLC 的外部结构如图 1-12 所示，其 CPU 单元、存储器单元、输入/输出单元及电源组合到一个结构紧凑的外壳中，形成功能强

大的 Micro PLC。当系统需要扩展时，可选用需要的扩展模块与主机连接。

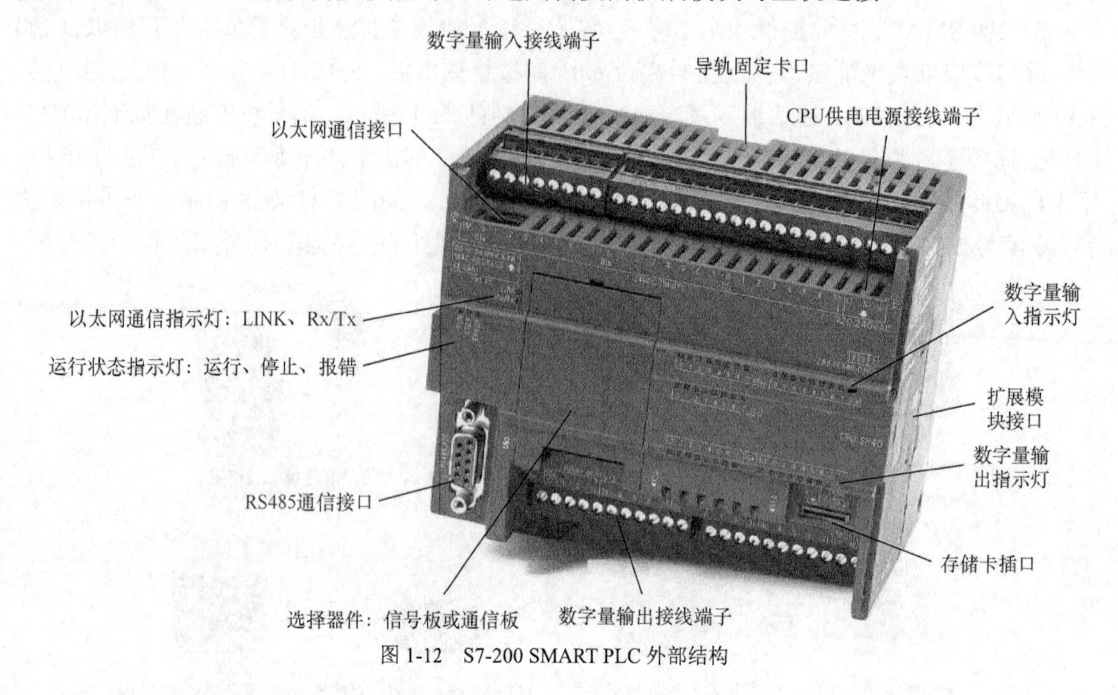

图 1-12　S7-200 SMART PLC 外部结构

1．运行状态指示灯

运行状态指示灯提供 CPU 模块的状态信息，其中 RUN（运行）、STOP（停止）指示灯指示 CPU 当前的工作模式。当 RUN 指示灯亮时，表示运行状态；当 STOP 指示灯亮时，表示停止状态；ERROR 指示灯显示红色时，表示系统错误及诊断。

2．数字量输入/输出接线端子

（1）输入端子。输入端子是外部输入信号与 PLC 连接的接线端子，在顶部端盖下面。此外，顶部端盖下面还有输入公共端和 PLC 电源接线端子。

（2）输出端子。输出端子是外部负载与 PLC 连接的接线端子，在底部端盖下面。此外，底部端盖下面还有输出公共端和 24V 直流电源端子，24V 直流电源为传感器提供能量。

 **注　意**

注意：S7-200 SMART 的输入输出端子可拆卸，便于调试和维护。

3．数字量输入/输出指示灯（LED）

输入状态指示灯用于显示是否有输入控制信号接入 PLC。当指示灯亮时，表示有控制信号接入 PLC。

输出状态指示灯用于显示是否有输出信号驱动执行设备。当指示灯亮时，表示有输出信号驱动外部设备。

4．以太网通信接口

S7-200 SMART CPU 模块本体集成 1 个 RJ45 以太网通信接口，如图 1-13 所示。

（1）以太网通信接口可作为程序下载接口。采用普通网线通过以太网接口与 STEP7-Micro/WIN SMART 软件通信，进行上载、下载、在线监控、调试程序，如图 1-14 所示，省去了专门的编程电缆。

（2）以太网通信接口可作为触摸屏（HMI）的通信接口。与 SMART LINE 触摸屏进行通信，最多支持 8 台设备，如图 1-15 所示。

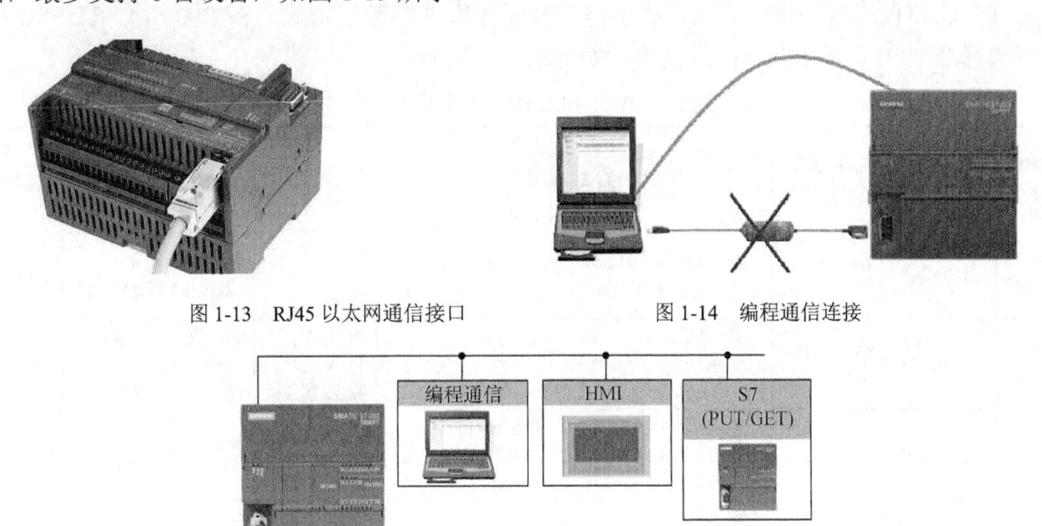

图 1-13　RJ45 以太网通信接口　　　图 1-14　编程通信连接

图 1-15　以太网接口通信

（3）以太网通信接口可作为 S7-200 SMART CPU 之间数据通信接口。1 个 S7-200 SMART CPU 可以同时建立 8 个 GET/PUT 通信连接与其他 S7-200 SMART CPU 进行通信。

5．RS485 串行通信接口

CPU 本体 RS485 通信接口见图 1-12 所示，该串口支持 USS 驱动协议、自由口通信、Modbus-RTU 协议以及 PPI 协议，可以实现 PLC 与计算机之间，PLC 与 PLC 之间，PLC 与变频器、伺服驱动器以及触摸屏等第三方设备之间的通信。

6．存储卡插槽

该插口插入 Micro SD 卡，如图 1-16 所示，Micro SD 卡支持 4GB～32GB 的存储卡。

图 1-16　SD 卡安装位置

SD 存储卡具有以下功能。

（1）程序传输。不需要通过 Micro/WIN SMART 软件就可以快速更新多个 CPU 的用户程序。

（2）固件升级。无需返厂，就可以升级 S7-200 SMART CPU 模块硬件的固件版本。

（3）恢复出厂设置。只需向 Micro SD 卡写入出厂文件，就可以恢复加密/非加密的 CPU 出厂设置。

7．扩展模块接口

扩展模块接口用于连接扩展模块，采用插针式连接，使模块连接更加紧密。

8．选择器件

用户可以选择信号板或通信板，在实现精确化配置的同时，又可以节省控制柜的安装空间。

三、S7-200 SMART PLC 的 I/O 分配及外部接线

S7-200 SMART PLC 的 CPU 模块有 20 点、30 点、40 点和 60 点等 4 种规格，每个规格中又有交流和直流两种供电方式，有继电器和晶体管两种输出形式。S7-200 SMART PLC 经济型和标准型 PLC 的 I/O 分配及技术参数如表 1-2 所示。

表 1-2　　S7-200 SMART PLC 的 I/O 分配及技术参数

CPU 型号	I/O 点数	电源供电方式	I/O 端分配	输入	输出		
					类型	电压范围	每点额定电流
CPU ST20	12DI/8DO	20.4～28.8V DC	输入端 I0.0～I1.3，公共端 1M；输出端 Q0.0～Q0.7，公共端 2L+，2M	DC 24V，4mA 源型/漏型	晶体管（源型）	20.4～28.8V DC	0.5A
CPU SR 20	12DI/8DO	85～264V AC	输入端 I0.0～I1.3，公共端 1M；输出端 Q0.0～Q0.3，公共端 1L，Q0.4～Q0.7，公共端 2L	DC 24V，4mA 源型/漏型	继电器（干触点）	5～30V DC/5～250V AC	2.0A
CPU ST30	18DI/12DO	20.4～28.8V DC	输入端 I0.0～I2.1，公共端 1M；输出端 Q0.0～Q0.7，公共端 2L+，2M，Q1.0～Q1.3，公共端 3L+，3M	DC 24V，4mA 源型/漏型	晶体管（源型）	20.4～28.8V DC	0.5A
CPU SR30	18DI/12DO	85～264V AC	输入端 I0.0～I2.1，公共端 1M；输出端 Q0.0～Q0.3，公共端 1L，Q0.4～Q0.7，公共端 2L，Q1.0～Q1.3，公共端 3L	DC 24V，4mA 源型/漏型	继电器（干触点）	5～30V DC/5～250V AC	2.0A
CPU ST40	24DI/16DO	20.4～28.8V DC	输入端 I0.0～I2.7，公共端 1M；输出端 Q0.0～Q0.7，公共端 2L+，2M，Q1.0～Q1.7，公共端 3L+，3M	DC 24V，4mA 源型/漏型	晶体管（源型）	20.4～28.8V DC	0.5A
CPU SR40	24DI/16DO	85～264V AC	输入端 I0.0～I2.7，公共端 1M；输出端 Q0.0～Q0.3，公共端 1L，Q0.4～Q0.7，公共端 2L，Q1.0～Q1.3，公共端 3L，Q1.4～Q1.7，公共端 4L	DC 24V，4mA 源型/漏型	继电器（干触点）	5～30V DC/5～250V AC	2.0A
CPU ST60	36DI/24DO	20.4～28.8V DC	输入端 I0.0～I4.3，公共端 1M；输出端 Q0.0～Q0.7，公共端 2L+，2M，Q1.0～Q1.7，公共端 3L+，3M，Q2.0～Q2.7，公共端 4L+，4M	DC 24V，4mA 源型/漏型	晶体管（源型）	20.4～28.8V DC	0.5A
CPU SR60	36DI/24DO	85～264V AC	输入端 I0.0～I4.3，公共端 1M；输出端 Q0.0～Q0.3，公共端 1L，Q0.4～Q0.7，公共端 2L，Q1.0～Q1.3，公共端 3L，Q1.4～Q1.7，公共端 4L，Q2.0～Q2.3，公共端 5L，Q2.4～Q2.7，公共端 6L	DC 24V，4mA 源型/漏型	继电器（干触点）	5～30V DC/5～250V AC	2.0A
CPU CR40	24DI/16DO	85～264V AC	输入端 I0.0～I2.7，公共端 1M；输出端 Q0.0～Q0.3，公共端 1L，Q0.4～Q0.7，公共端 2L，Q1.0～Q1.3，公共端 3L，Q1.4～Q1.7，公共端 4L	DC 24V，4mA 源型/漏型	继电器（干触点）	5～30V DC/5～250V AC	2.0A
CPU CR60	36DI/24DO	85～264V AC	输入端 I0.0～I4.3，公共端 1M；输出端 Q0.0～Q0.3，公共端 1L，Q0.4～Q0.7，公共端 2L，Q1.0～Q1.3，公共端 3L，Q1.4～Q1.7，公共端 4L，Q2.0～Q2.3，公共端 5L，Q2.4～Q2.7，公共端 6L	DC 24V，4mA 源型/漏型	继电器（干触点）	5～30V DC/5～250V AC	2.0A

PLC 的外部端子包括 PLC 电源端子、供外部传感器用的 DC24V 电源端子（L+、M）、数字量输入端子（DI）和数字量输出端子（DO）等，其主要完成电源、输入信号和输出信号的连接。由于 CPU 模块、输出类型和外部供电电源方式不同，PLC 的外部接线也不尽相同，图 1-17 和图 1-18 为 CPU SR40 和 CPU ST40 PLC 的接线图，下面以 CPU SR40 和 CPU ST40 为例，介绍 PLC 的外部接线。

1．电源的接线

微课：S7-200 SMART PLC 的 IO 分配及外部接线——电源接线

CPU 模块的供电通常有两种情况，一种是直接使用工频交流电，通过 L1、N 输入端子连接，对电压的要求比较宽松，120～240V 均可使用，见图 1-17；另一种是直接使用直流 24V 开关电源供电，通过 L+、N 输入端子连接，如图 1-18 所示。

2．输入端子的接线

微课：S7-200 SMART PLC 的 IO 分配及外部接线——输入接线

CPU SR40 及 CPU ST40 共有 24 点输入，分布在 CPU 模块的上部，端子编号采用八进制，见图 1-17 和图 1-18 所示。输入端子 I0.0～I2.7，公共端为 1M，与 DC 24V 电源相连。因为 S7-200 SMART 的数字量输入点内部为双向二极管，数字量输入端支持漏型或源型的接线方式。当电源的负极与公共端 1M 相连时，为漏型（即 PNP 型）接法，电流从数字量输入端子流入，如图 1-19（a）所示；当电源的正极与公共端 1M 相连时，为源型（即 NPN 型）接法，电流从数字量输入端子流出，如图 1-19（b）所示。

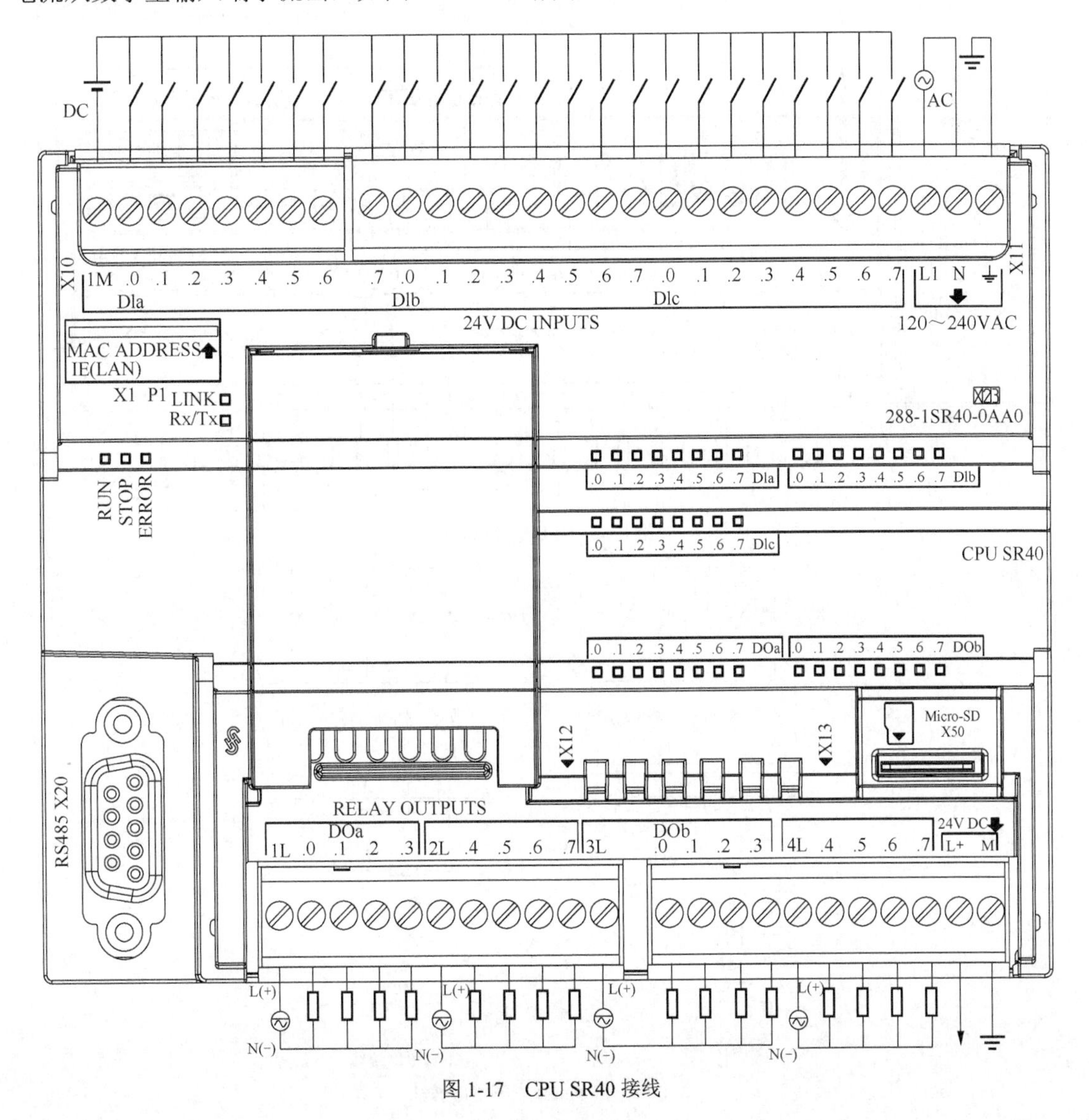

图 1-17　CPU SR40 接线

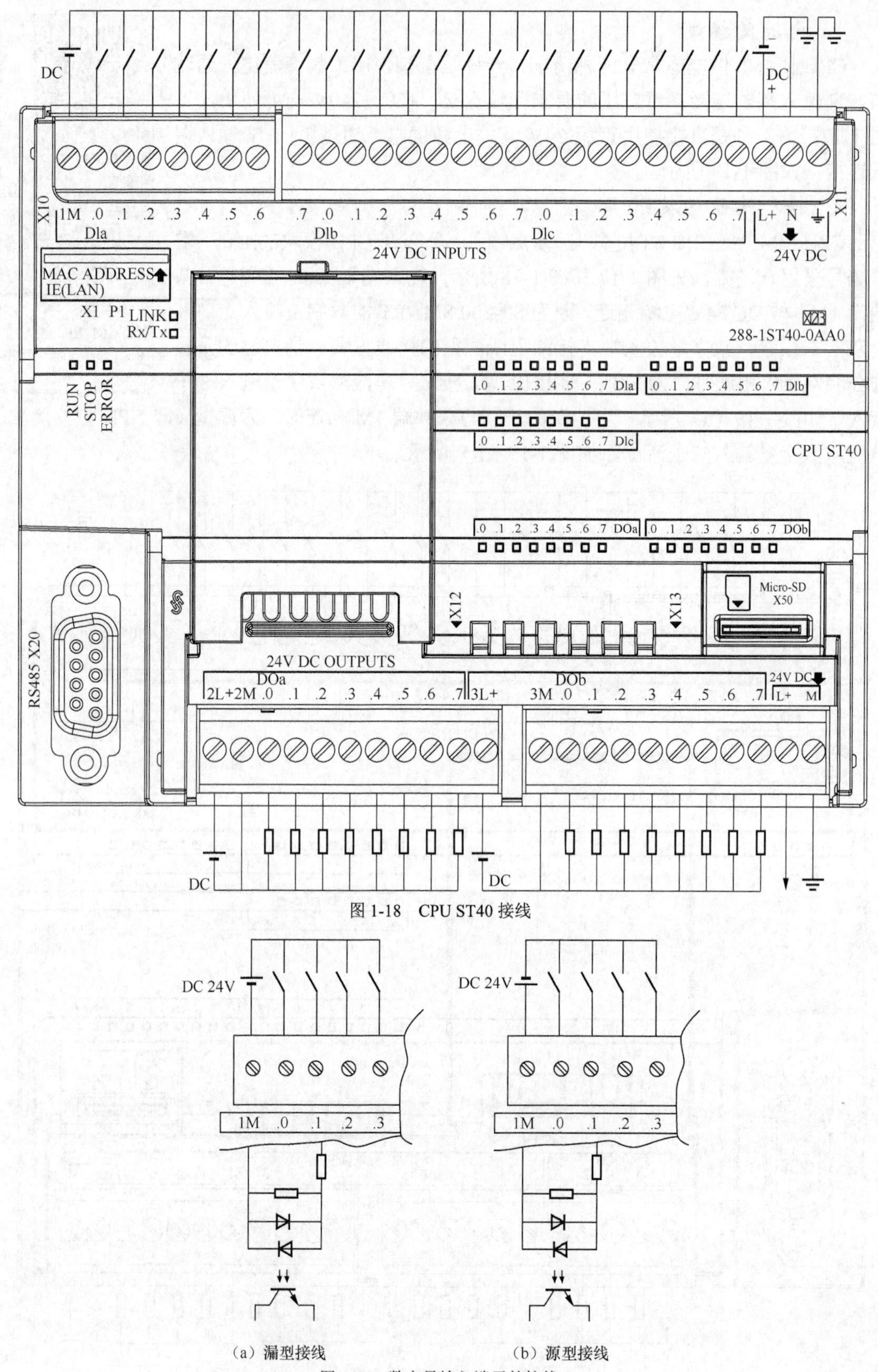

图 1-18　CPU ST40 接线

（a）漏型接线

（b）源型接线

图 1-19　数字量输入端子的接线

S7-200 SMART CPU 模块输入接口的端子可以与开关、按钮等无源信号及各种传感器等有源信号连接。如图 1-20（a）所示中开关、按钮等器件都是无源干接点器件，当 PLC 输入端 I0.0 所接的开关或按钮闭合时，电流从输入端 I0.0 流入，相应的输入指示灯点亮。图 1-20（b）所示为 PLC 输入端与 3 线式 NPN 输出型传感器的接线。将 3 线传感器的棕色线（24 电源正极）与蓝色线（24 电源负极）分别与电源正负极相连，将黑色信号线与 PLC 的 I0.0 输入端子相连。3 线 NPN 输出型传感器导通时，信号输出线黑色（out）和 0V 线连接，相当于输出低电平（0V），此时电流从输入端 I0.0 流出，该接线方式为源型。图 1-20（c）所示为 PLC 输入端与 3 线式 PNP 输出型传感器的接线。分别将 3 线传感器的棕色线（24 电源正极）与蓝色线（24 电源负极）与电源正负极相连，将黑色信号线与 PLC 的 I0.0 输入端子相连。3 线 PNP 输出型传感器导通时，信号输出线黑色（out）和 24V 电源线连接，相当于输出高电平（24V），此时电流从输入端 I0.0 流入，该接线方式为漏型。

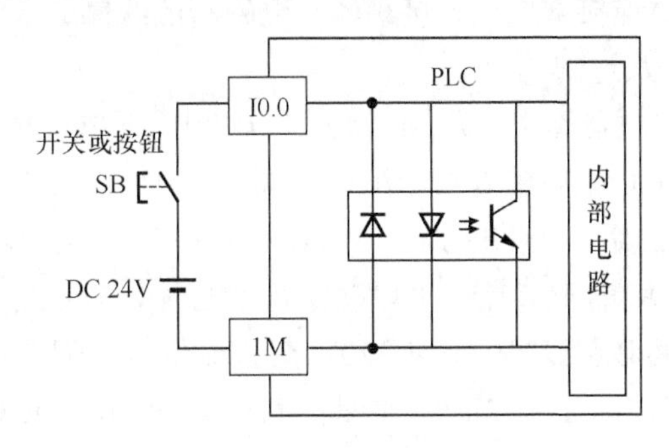

（a）干接点输入接线方式

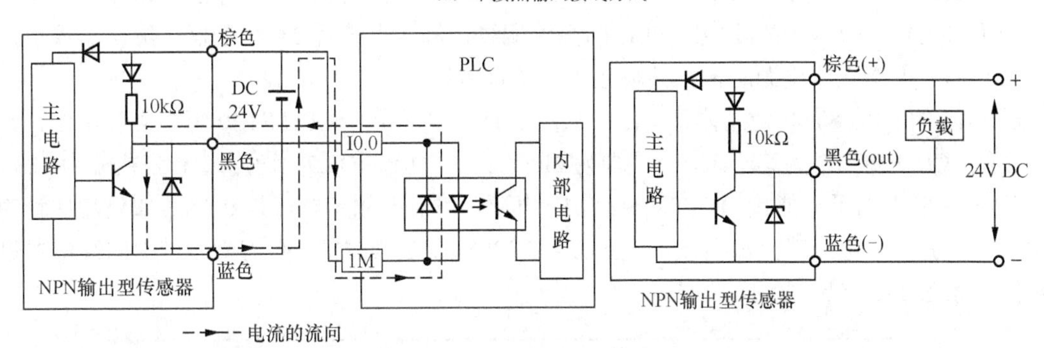

（b）NPN输出型传感器的接线方式（源型）

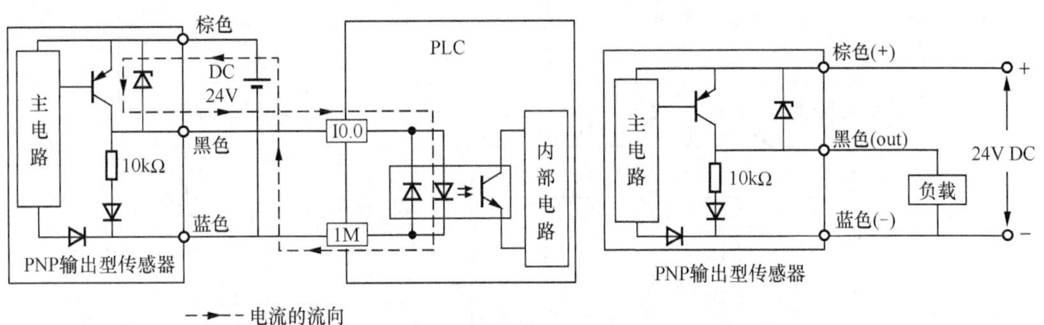

（c）PNP输出型传感器的接线方式（漏型）

图 1-20 开关及传感器的接线方式

注 意

西门子 PLC 输入端源型和漏型的定义是根据 PLC 输入端子上 I 点的电流流向来区分的（西门子 PLC 与三菱 PLC 的定义相反，三菱 PLC 定义的源型、漏型是根据 COM 端电流流向来区分的）。源型：电流从 I 点流出时，意为电流源头。漏型：电流从 I 点流入时，意为电流流向处。

3．输出端子的接线

S7-200 SMART PLC 的输出端子有两种类型：继电器和晶体管，图 1-17 所示的 CPU SR40 是继电器输出，图 1-18 所示的 CPU ST40 是晶体管输出，从图 1-17 和 1-18 可以看出，CPU SR40 以及 CPU ST40 共有 16 点输出，分布在 CPU 模块的下部，主要连接继电器、接触器、电磁阀的线圈、指示灯、蜂鸣器等，端子编号采用八进制。

微课：S7-200 SMART PLC 的 IO 分配及外部接线——输出接线

图 1-17 的 CPU SR40 为继电器输出，从图 1-17 可以看出，CPU SR40 每 4 点为 1 组，共分 4 组。Q0.0～Q0.3 为第一组，公共端为 1L；Q0.4～Q0.7 为第二组，公共端为 2L；Q1.0～Q1.3 为第三组，公共端为 3L；Q1.4～Q1.7 为第四组，公共端为 4L。继电器输出是一组共用一个公共端的干节点，可以接交流或直流，电压等级最高到 220V，每点的额定电流为 2A。例如，可以接 24V/110V/220V 交直流信号。但要保证一组输出接同样的电压（一组共用一个公共端，如 1L、2L）。如图 1-21（a）所示，Q0.0～Q0.3 输出端子接的是 AC 220V 电源，Q0.4～Q0.7 输出端子接的是 DC 24V 电源，PLC 输出电路无内置熔断器，为了防止负载短路等故障烧断 PLC 的基板配线，每 4 点设置 2A 熔断器。继电器输出点［图 1-21（a）］接直流电源时，公共端接正或负都可以。

图 1-18 的 CPU ST40 为晶体管输出，从图 1-18 可以看出，CPU ST40 每 7 点为 1 组，共分为 2 组。Q0.0～Q0.7 为第一组，公共端为 2L+，2M；Q1.0～Q1.7 为第二组，公共端为 3L+，3M。晶体管输出端子只能接 DC 20.4～28.8V 电源，每点的额定电流是 0.5A。如果晶体管输出端子需要驱动大电流或交流负载，如驱动 AC 220V 接触器线圈，则需要通过中间继电器进行转换，如图 1-21（b）所示。

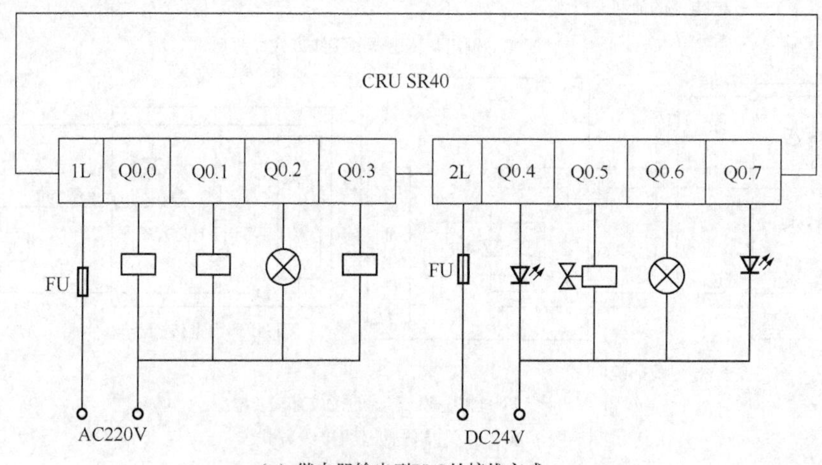

（a）继电器输出型PLC的接线方式

图 1-21　PLC 输出端子的接线

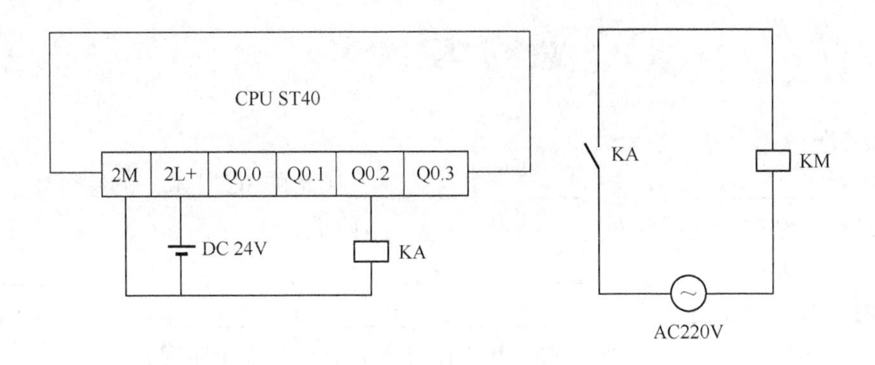

（b）晶体管输出型PLC的接线方式

图 1-21　PLC 输出端子的接线（续）

CPU ST××模块输出是 PNP（即高电平）输出，只能接成源型输出（PNP），即高电平输出，不能接成漏型。CPU ST××晶体管输出端子能发射高频脉冲，常用于控制步进驱动器和伺服驱动器的运动场合，而 CPU SR××模块不具备这种功能。

注　意

三菱 FX2N 系列晶体管输出型的 PLC 属于 NPN 输出。

4．传感器用电源

图 1-17 和图 1-18 的右下角有 L+、M 两个 DC 24V 输出端子，为传感器供电，注意这对端子不是电源输入端子。

知识拓展——PLC 主要生产厂家

随着 PLC 市场的不断扩大，PLC 生产已经发展成为一个庞大的产业，主要厂商集中在一些欧美国家及日本。美国与欧洲一些国家的 PLC 是在相互隔离情况下独立研究开发的，产品有比较大的差异；日本则是从美国引进的，对美国的 PLC 产品有一定的继承性。另外，日本的主推产品定位在小型 PLC 上，而欧美则以大、中型 PLC 为主。

世界 PLC 生产制造行业发展到今天，已经相当成熟和出色了。其中，美国的 A-B 公司、罗克韦尔（Rockwell）公司，德国的西门子（Siemens）公司、法国的施耐德（Schneider）公司以及日本的三菱（Mitsubishi）公司和欧姆龙（Omron）公司更是整个行业中的佼佼者。

国内 PLC 应用市场仍然以国外产品为主，如西门子的 S7-200 SMART（小型）、S7-1200 系列及 S7-1500 系列；三菱的 FX 系列（小型）、Q 系列（中大型）；欧姆龙的 CPM 系列（小型）、C200H 系列（中大型）等。

随着 PLC 技术的发展，我国也有不少 PLC 厂家的产品在国内市场上享有一定的声誉，如台湾的台达、永宏、丰炜和北京的和利时、洛阳的易达、无锡的信捷、厦门的海为、深圳的德维森和艾默生等。

思考与练习

1．填空题

（1）PLC 是________、________、__________（简称 3C 技术）的综合体。

（2）PLC 按结构形式可分为______和________两类。

（3）PLC 主要由________、________、________、_________、_______、______组成。

（4）PLC 有 3 种输出方式：__________、________、_________。

（5）PLC 采用________工作方式。其工作过程大致分为 3 个阶段：_________、_______和_______。

（6）S7-200 SMART PLC 按照点数分为___、____、____、_____点 4 种；按照可扩展性分为______和______2 种。

（7）S7-200 SMART 的数字量输入点内部为双向二极管，数字量输入端支持________和______的接线方式。

（8）CPU ST60 的数字量输入点数为_____，数字量输出点数为_____。

（9）CPU 模块单体 I/O 点数最高达_____。

（10）CPU 模块本体最多集成_____路高速脉冲输出，频率高达_____kHz。

2．选择题

（1）不可扩展的 CPU 模块为（　　）。

A．标准型　　B．经济型

（2）选择 CPU SR20 为哪种 CPU 模块（　　）？

A．继电器输出　　B．晶体管输出

（3）S7-200 SMART CPU 的数字量输出有继电器和晶体管两种。继电器输出电压范围为（　　）。

A．直流 5～30V　　B．交流 5～250V　　C．直流 20.4～28.8V

（4）S7-200 SMART 系列 PLC 的基本指令运算时间是（　　）。

A．0.15μs　　B．10ms　　C．1.5ms　　D．3μs

（5）以下哪个 PLC 不具备扩展能力（　　）？

A．CPU ST40　　B．CPU SR40　　C．CPU CR40　　D．CPU SR60

3．分析题

（1）S7-200 SMART PLC 的数字量输入端可以同时接 NPN 和 PNP 两种传感器吗？

（2）S7-200 SMART PLC 的输出有继电器和晶体管两种类型，它们的区别是什么？

（3）S7-200 SMART 晶体管输出型 PLC 的数字量输出端可以接漏型设备吗？

（4）有一台 CPU SR40 的 PLC，控制一只 DC24V 的电磁阀和一只 AC 220V 的接触器线圈，PLC 的输出端如何接线？

任务 1.2 STEP7-Micro/WIN SMART 编程软件的使用

任务导入

用 STEP7-Micro/WIN SMART 编程软件编写图 1-22 所示的电动机启保停控制程序，并下载到 PLC 中，然后运行及监控程序。

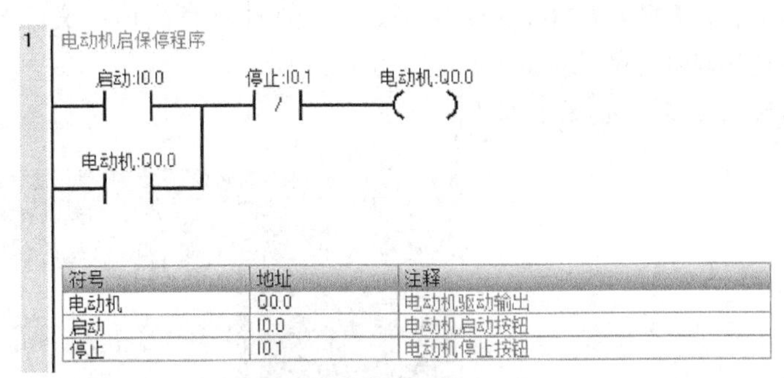

符号	地址	注释
电动机	Q0.0	电动机驱动输出
启动	I0.0	电动机启动按钮
停止	I0.1	电动机停止按钮

图 1-22 电动机启保停控制程序

相关知识

STEP7-Micro/WIN SMART 是西门子公司专门为 S7-200 SMART PLC 设计的编程软件，其功能强大，可在 Windows XP SP3（仅 32 位）和 Windows 7（32 位和 64 位）操作系统上运行，支持梯形图、语句表、功能块图 3 种语言，可进行程序的编辑、监控、调试和组态。目前其最高版本是 V2.2 版本。该软件短小精悍，安装程序不足 100MB。

微课：STEP7-Micro/WIN SMART 编程软件简介

一、安装和卸载软件

安装 STEP7-Micro/WIN SMART 编程软件有以下几点要求。

（1）操作系统：Windows XP SP3（仅 32 位））、Windows 7（支持 32 位和 64 位）。

（2）至少 350MB 的空闲硬盘空间。

（3）如果用户在 Windows XP 系统上安装 STEP 7-Micro/WIN SMART 编程软件，则必须至少使用高级用户权限登录；如果用户在 Windows 7 上安装 STEP 7-Micro/WIN SMART，则必须以管理员权限登录。

1. 安装软件

STEP7-Micro/WIN SMART 编程软件的安装步骤如下。

（1）打开 STEP7-Micro/WIN SMART 编程软件的安装包，双击软件安装包中名为“set up”的可执行文件，即可开始软件安装。

注　意

①如果当前用户不是以管理员权限登录，强烈建议用户注销并以高级用户权限（Windows XP）或管理员权限（Windows 7）登录，以防止安装过程遇到错误而中断。

②在安装过程中，建议关闭消耗计算机运行资源的其他应用程序和可能干扰安装正常进行的防火墙、杀毒软件等。

③存放 STEP7-Micro/WIN SMART 编程软件的目录最好是英文。

④ Windows 7 操作系统最好不用家庭版。

（2）选择安装语言。STEP 7-Micro/WIN SMART 软件具有简体中文、繁体中文和英语 3 种安装引导语言。这里选择的是简体中文，如图 1-23 所示。

（3）接受安装许可协议，如图 1-24 所示。

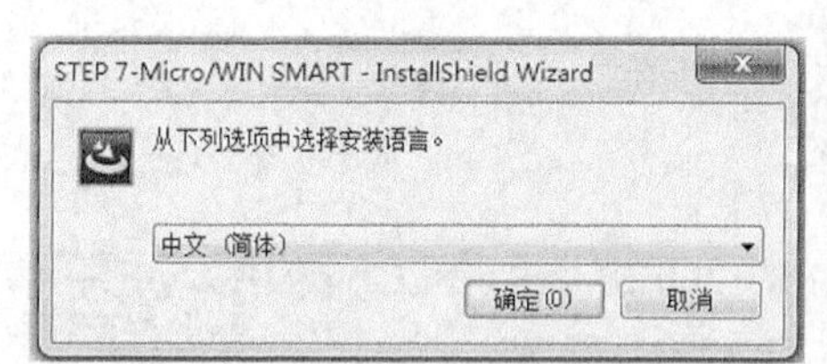

图 1-23　选择语言

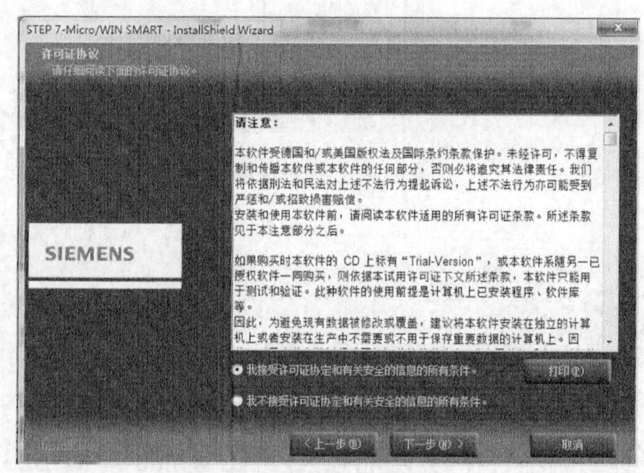

图 1-24　接受安装许可协议

（4）选择安装的目标路径。用户可以单击“浏览”按钮修改安装目标位置，如图 1-25 所示。也可以采用图 1-25 所示的默认安装路径。

所有安装步骤成功完成后，用户可以通过桌面上的快捷方式图标或者单击 Windows 的“开始”→“所有程序”→“SIMATIC”→“STEP7-Micro/WIN SMART”来启动软件。

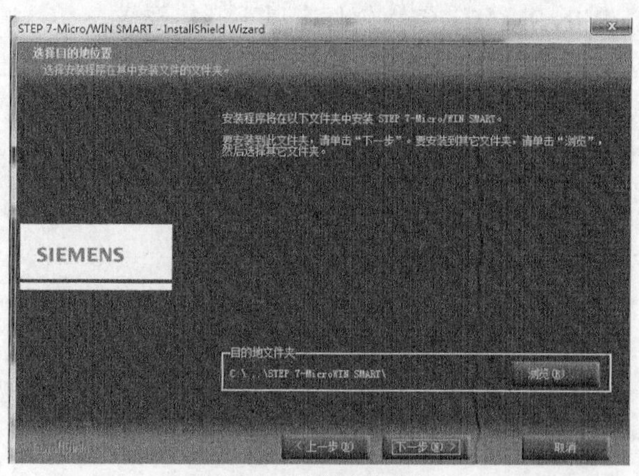

图 1-25　选择安装路径

2. 卸载软件

从 Windows 操作系统的“开始”→“控制面板”→“程序”→“程序和功能”，选择相应的 STEP 7-Micro/WIN SMART 版本卸载。

二、STEP7-Micro/WIN SMART 软件的窗口区域和元素

STEP 7-Micro/WIN SMART 用户界面如图 1-26 所示，其中包含快速访问工具栏、项目树和指令树、导航栏、菜单栏、程序编辑器、符号信息表、符号表、状态栏、输出窗口、状态图、变量表、数据块、交叉引用。

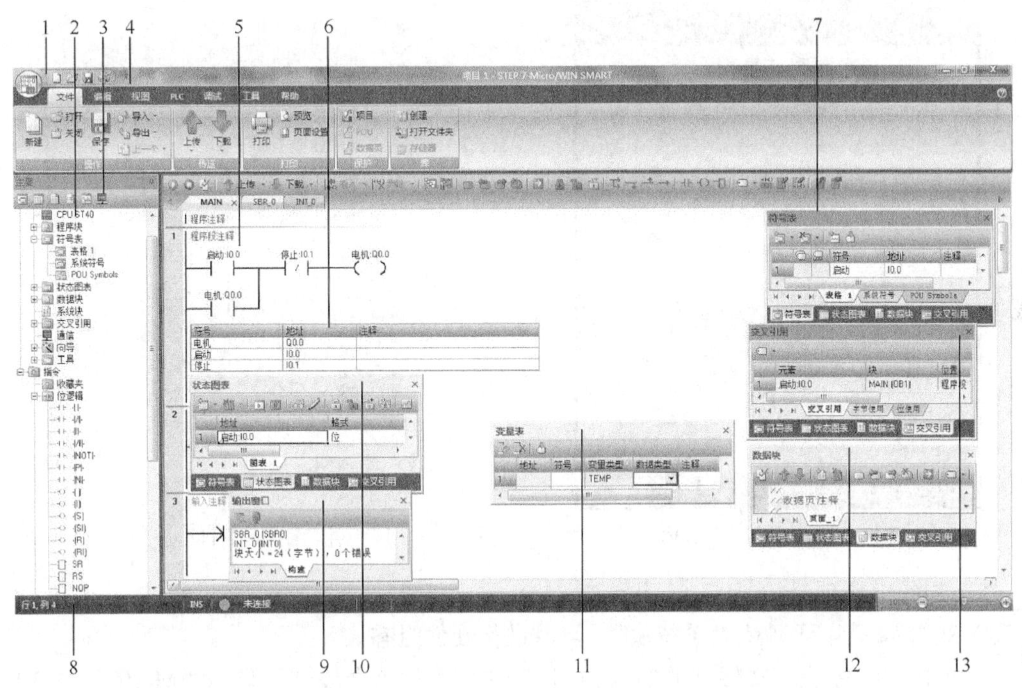

1—快速访问工具栏；2—项目树；3—导航栏；4—菜单；5—程序编辑器；6—符号信息表；7—符号表；8—状态栏；9—输出窗口；10—状态图表；11—变量表；12—数据块；13—交叉引用

图 1-26 STEP7-Micro/WIN SMART 软件的主界面

注 意

每个编辑窗口均可按用户所选择的方式停放或浮动以及排列在屏幕上。可以单独显示每个窗口（见图 1-26），也可合并多个窗口，以从单独选项卡访问各窗口。

1. 快速访问工具栏

快速访问工具栏位于菜单栏正上方，如图 1-26 所示。通过快速访问文件按钮可简单快速地访问“文件”菜单的大部分功能以及最近文档。快速访问工具栏上的其他按钮对应于文件功能“新建”（New）、“打开”（Open）、“保存”（Save）和“打印”（Print）。单击“快速访问文件”按钮，弹出图 1-27 所示的界面。

2．项目树

项目树位于图 1-26 所示的导航栏的下方。项目树有两大功能：组织编辑项目和提供指令。用鼠标右键单击项目树的空白区域，可以用快捷菜单中的“单击打开项目”命令（见图 1-28）；设置用单击或双击的方式打开项目树中的对象。项目树可以显示也可以隐藏，如果项目树未显示，要查看项目树，可以单击菜单栏上的“视图”→“组件”→“项目树”，展开后的项目树如图 1-28 所示。

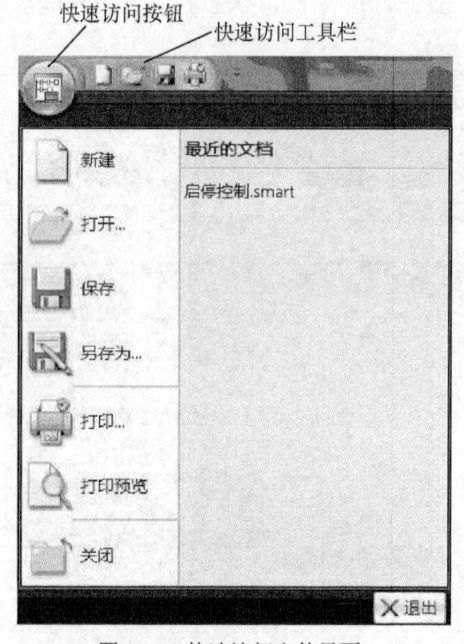

图 1-27　快速访问文件界面

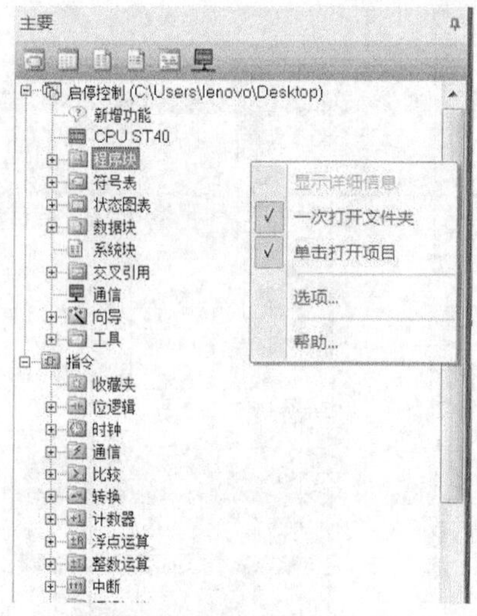

图 1-28　项目树

（1）组织编辑项目。

① 双击 CPU ST40 或“系统块”，可以进行硬件组态。

② 单击“程序块”文件夹前的⊞，“程序块”文件夹会展开，显示“MAIN”“SBR_0”“INT_0”，单击鼠标右键可以插入子程序或中断程序。

③ 单击“符号表”文件夹前的⊞，“符号表”文件夹会展开。单击鼠标右键可以插入新的符号表。

④ 单击“状态图表”文件夹前的⊞，“状态图表”文件夹会展开。单击鼠标右键可以插入新的状态图表。

⑤ 单击“向导”文件夹前的⊞，“向导”文件夹会展开，可以选择相应的向导。常用的向导有运动向导、高速计数器向导、PID 向导。

（2）提供指令。单击相应指令文件夹前的⊞，相应的指令文件夹会展开，操作者双击或拖曳相应的指令，相应的指令会出现在程序编辑器的相应位置。

图 1-28 中项目树的右上角有一个小钉。当这个小钉横放时，项目树会自动隐藏，这样编辑区域会扩大。如果用户希望项目树一直显示，只要单击小钉，这个横放的小钉变成竖放，项目树就被固定了。

将鼠标指针放到项目树右侧的垂直分界线上，鼠标指针变为水平方向的双向箭头时，按住鼠标左键并拖动，可以拖动垂直分界线，调节项目树的宽度。

3. 导航栏

导航栏位于图 1-26 所示的项目树上方，可快速访问项目树上的对象，导航栏有符号表、状态图表、数据块、系统块、交叉引用和通信等按钮。单击一个导航栏按钮相当于展开项目树并单击同一选择内容。

注　意

① 符号表、状态图表、系统块、通信等几个按钮非常重要。符号表对程序起到注释作用，增加程序的可读性；状态图表用于调试程序时，监控变量的状态；系统块用于硬件组态；通信用于设置通信信息。

② 将鼠标指针放在导航栏上的按钮上，就会出现每个按钮的名称。

4. 菜单栏

图 1-26 所示的菜单栏包括文件、编辑、视图、PLC、调试、工具和帮助 7 个菜单项。用户可以定制“工具”菜单，在该菜单中增加自己的工具。

5. 程序编辑器

图 1-26 所示的程序编辑器是编写和编辑程序的区域，打开编辑器有两种方法。

（1）在“文件”菜单功能区的“操作”区域，单击“新建”“打开”或“导入”按钮打开 STEP 7-Micro/WIN SMART 项目。

（2）在项目树中打开“程序块”文件夹，方法是单击分支展开图标⊞或双击“程序块”文件夹中的 ⊞ 程序块 图标。双击主程序（OB1）、子例程或中断例程，以打开所需的 POU（程序组织单元）；用户也可以选择相应的 POU 并按 Enter 键。

可以在“视图”菜单功能区的“编辑器”部分将编辑器更改为 LAD、FBD 或 STL。通过“工具”菜单功能区的“设置”区域内的“选项”按钮，可在启动时组态默认编辑器。

程序编辑器窗口如图 1-29 所示，它包括以下组件。

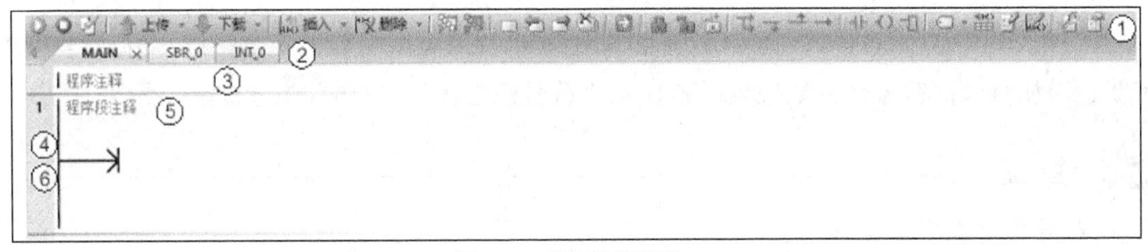

图 1-29　程序编辑器窗口

① 工具栏。常用操作按钮以及可放置到程序段中的通用程序元素。工具栏按钮用于访问菜单中提供的功能，这些功能同时位于程序编辑器上方，以便于执行表 1-3 所示的常用编程操作。

表 1-3　　程序编辑器常用按钮的功能

序号	按钮图标	含义
1		将 CPU 工作模式更改为 RUN、STOP 或编译程序模式
2	上传 · 下载	上传和下载传送
3	插入 · 删除	针对当前所选对象的插入和删除功能

续表

序号	按钮图标	含义
4		调试操作以启动程序监视和暂停程序监视
5		书签和导航功能：放置书签、转到下一书签、转到上一书签、移除所有书签和转到特定程序段、行或线
6		强制功能：强制、取消强制和全部取消强制
7		可拖动到程序段的通用程序元素
8		地址和注释显示功能：显示符号、显示绝对地址、显示符号和绝对地址、切换符号信息表显示、显示 POU 注释以及显示程序段注释
9		设置 POU 保护和常规属性

② POU 选择器。使用户能够在主程序块、子例程或中断编程之间切换。单击 POU 选项卡上的“×”按钮将其关闭。

③ POU 注释。显示在 POU 中第一个程序段上方，提供详细的多行 POU 注释功能。每条 POU 注释最多可以有 4 096 个字符。

④ 程序段编号。每个程序段的数字标识符。编号会自动进行，取值范围为 1～65 536。

⑤ 程序段注释。显示在程序段旁边，为每个程序段提供详细的多行注释附加功能。每条程序段注释最多可有 4 096 个字符。

⑥ 装订线。位于程序编辑器窗口左侧的灰色区域，在该区域内单击可选择单个程序段，也可单击并拖动来选择多个程序段。STEP 7-Micro/WIN SMART 还在此显示各种符号，如书签 和 POU 密码保护锁 。

6. 符号信息表

符号信息表位于图 1-26 中每个程序段的下方，该表列出该程序段中所有符号的信息。查看符号信息表时，符号名、绝对地址、值、数据类型和注释按字母顺序显示在程序中每个程序段的下方。如果需要在程序编辑器窗口中查看或隐藏符号信息表，请使用以下方法之一。

- 在“视图”菜单功能区的“符号”区域单击“符号信息表”按钮。
- 按 Ctrl+T 组合键。
- 在“视图”菜单的“符号”区域，单击“将符号应用到项目”按钮后，PLC 更新所有新、旧和修改的符号名。如果当前未显示“符号信息表”，单击此按钮便会显示。

注 意

符号信息表不可编辑。

7. 符号表

符号表允许用户为存储器地址或常量指定符号名称，以此增加程序的可读性，方便编辑和调试。用户可为下列存储器类型创建符号名：I、Q、M、SM、AI、AQ、V、S、C、T、HC。在符号表中定义的符号适用于全局。符号可在创建程序逻辑之前或之后定义。

微课：S7-200 SMART 符号表的使用

（1）打开符号表，可使用以下方法之一。

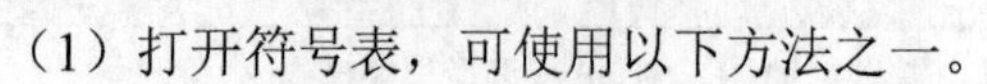

① 单击导航栏中的“符号表” 按钮。

② 在“视图”菜单的“窗口”区域的“组件”下拉列表中选择“符号表”。

③ 在项目树中打开“符号表”文件夹，选择一个表名称，然后按下 Enter 键或者双击表名称。

（2）符号表的组成

在项目树的“符号表”文件夹中双击“表格 1”打开符号表，如图 1-30 所示。符号表文件夹中，有“表格 1”“系统符号”“POU 符号”和“I/O 符号”4 个符号表，可以用鼠标右键单击“符号表”文件夹中的对象，选择快捷菜单中的命令删除或插入“符号表”或“I/O 符号表”。

图 1-30 中的“表格 1”是自动生成的用户符号表。

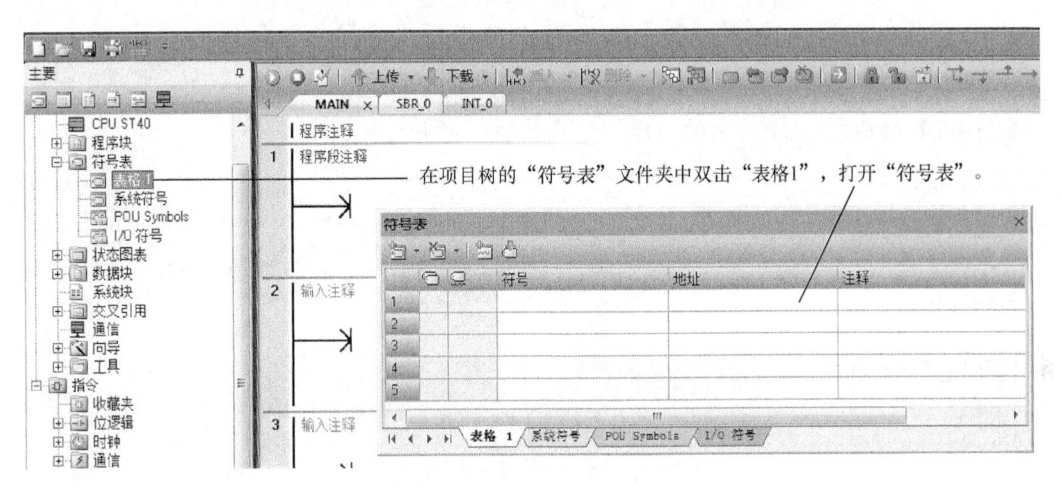

图 1-30　符号表

单击图 1-30 中符号表窗口下面的“系统符号”选项卡，可以看到各种特殊存储器（SM）的符号、地址和功能，如图 1-31 所示。

符号表

	符号	地址	注释
1	Always_On	SM0.0	始终接通
2	First_Scan_On	SM0.1	仅在第一个扫描周期时接通
3	Retentive_Lost	SM0.2	在保持性数据丢失时开启一
4	RUN_Power_Up	SM0.3	从上电进入 RUN 模式时，插
5	Clock_60s	SM0.4	针对 1 分钟的周期时间，时

表格 1　系统符号　POU Symbols　I/O 符号

图 1-31　系统符号表

单击图 1-30 符号表窗口下面的“POU Symbols”选项卡，可以看到项目中主程序、子程序、中断程序的默认名称，如图 1-32 所示。该表格为只读表格（背景为灰色），不能用它修改 POU 符号。

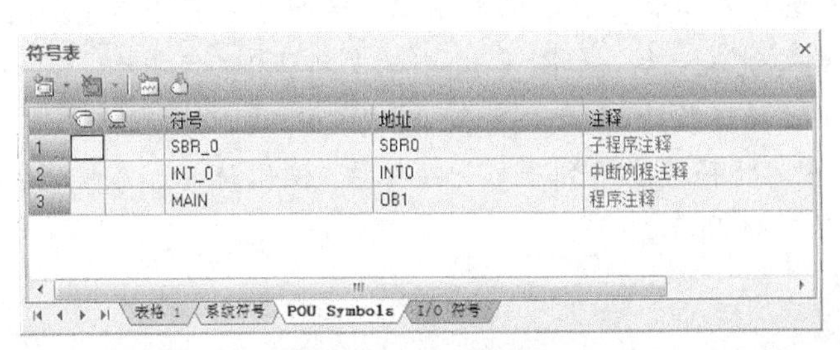

符号表

	符号	地址	注释
1	SBR_0	SBR0	子程序注释
2	INT_0	INT0	中断例程注释
3	MAIN	OB1	程序注释

表格 1　系统符号　POU Symbols　I/O 符号

图 1-32　POU 符号表

单击图 1-30 符号表窗口下面的“I/O 符号”选项卡，可以看到列出的 CPU 每个数字量 I/O 点默认的符号，如图 1-33 所示。例如，“CPU_输入 0”对应的是输入 I0.0。

符号表

			符号	地址	注释
1			CPU_输入0	I0.0	
2			CPU_输入1	I0.1	
3			CPU_输入2	I0.2	
4			CPU_输入3	I0.3	
5			CPU_输入4	I0.4	

表格 1 / 系统符号 / POU Symbols / I/O 符号

图 1-33　I/O 符号表

【例 1-1】创建图 1-34 所示的启保停程序段对应的符号表。

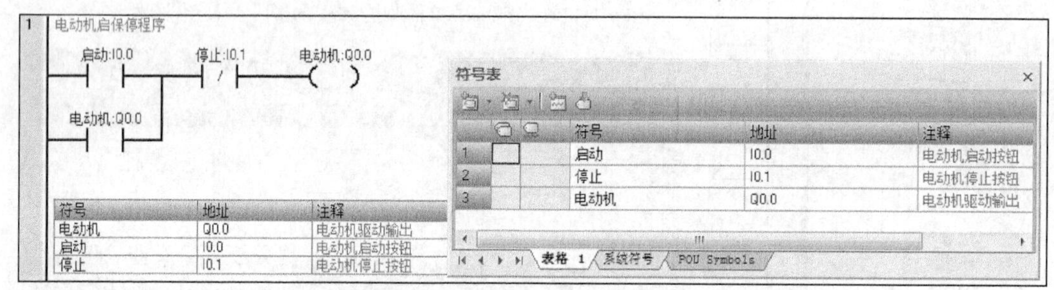

图 1-34　启保停程序的符号信息表和符号表

【解】① 单击导航栏中的“符号表” 按钮或项目树中的符号表文件夹，打开符号表，在“表格 1”的“符号”列中键入符号名，如图 1-34 中的“启动”“停止”“电动机”等。

说　明

在为符号指定地址或常数值之前，该符号一直显示为未定义符号，此时符号下方会显示绿色波浪下划线。在完成“地址” 列分配后，STEP7-Micro/WIN SMART 将移除绿色波浪下划线。

如果已选择同时显示项目操作数的符号视图和绝对视图，则程序编辑器中较长的符号名将以波浪号（～）截断。可以将鼠标指针放在被截断的名称上，以查看在工具提示中显示的全名。

② 在“地址”列中键入地址，如图 1-34 中的 I0.0、I0.1、Q0.0 或常数值（如 VB0 或 123）。请注意，在为符号分配字符串常量时，需要用双引号将该字符串常量引起来。

③ 在“注释”列中键入注释，如图 1-34 中的“电动机启动按钮”“电动机停止按钮”“电动机驱动输出”等。注释最长为 79 个字符。

④ 单击符号表中“将符号应用到项目”按钮，使用符号，符号就会显示在程序段以及符号信息表中，如图 1-34 所示。

注　意

若符号表选项卡中存在“I/O 符号表”选项，则在地址列中键入地址或常数后，符号下方的绿色波浪下划线不会消失，而且在地址或常数下方会出现红色波浪下划线，此时可删除 I/O 符号表。

如果用户符号表的地址和 I/O 符号表的地址重叠，可以删除 I/O 符号表。

定义符号时应遵守以下语法规则。

- 符号名可包含字母数字字符、下划线以及 ASCII 128～ASCII 255 的扩充字符。第一个字符不能为数字。
- 使用双引号将指定给符号名的 ASCII 常量字符串引起来。
- 使用单引号将字节、字或双字存储器中的 ASCII 字符常量引起来。
- 不要使用关键字作为符号名。
- 符号名的最大长度为 23 个字符。

STEP7-Micro/WIN SMART 通过彩色和波浪下划线来指示符号表的语法错误或不完整的符号分配，如图 1-35 所示，输入时用红色的文本表示下列语法错误：符号以数字开始、使用关键字作符号或使用无效的地址。红色波浪下划线表示用法无效，如重复的符号名和重复的地址。

符号	地址
2name	I0.0
	VBB0
Begin	I0.2

红色文本表示语法无效。
符号不能以数字开头。
VBB0 为无效地址。
Begin 为预留的字，是无效的符号名。

符号	地址
Pump1	I0.0
Pump1	I0.0
SymConstant	1234
SymConstant	5678

红色波浪下划线表示用法无效。
Pump1 和 SymConstant 是重复的符号名。
I0.0 是重复的地址。

符号	地址
Pump1	

绿色波浪下划线表示未定义符号。
Pump1 没有地址。

图 1-35　符号表的语法规则和错误指示

（3）符号表的相关操作。

① 在符号表（见图 1-36）中，可以重命名“表格 1”。

② 以图 1-36 中所示的图标和指示重叠符号和未使用的符号。

STEP 7-Micro/WIN SMART 以图标指示重叠符号，以图标指示未使用的符号。在图 1-36 所示的符号表中，符号 S1 和 S2 重复使用 VB0 存储器地址。另外，符号 S1、S2 未在项目中使用。

③ 给符号表添加新行。将光标放在符号表最后一行的任意列中，按键盘上的向下键，添加新行。

④ 给符号表排序。为了方便在符号表中查找符号，可以对符号表中的符号排序。单击符号列和地址列的列标题，按字母升序或降序对符号进行排序。

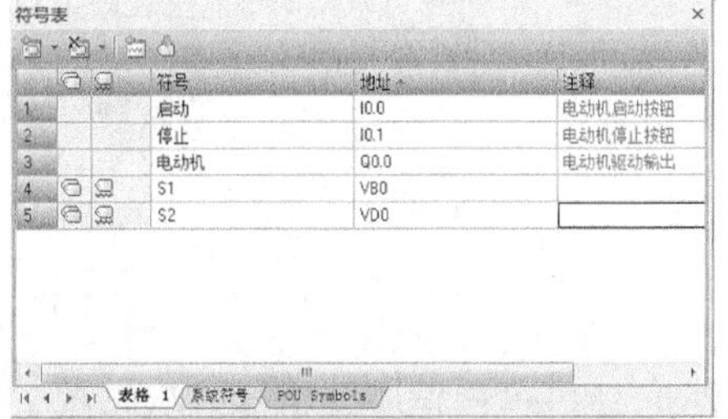

图 1-36　重叠符号和未使用的符号

STEP7-Micro/WIN SMART 在排序的列旁边显示一个向上或向下箭头，用于指示排序选择，向上的箭头表示表中各行的符号按升序排；向下的箭头表示表中各行的符号按降序排列。

在程序编辑器和状态图中，用鼠标右键单击未连接任务的地址，如 Q0.0。

⑤ 通过符号表工具栏中的“插入符号表”按钮或“删除符号表”按钮可以创建新的符号表或删除已经创建的符号表。

（4）在程序编辑器或状态图中查看符号地址和绝对地址

在符号表中为绝对地址或常量定义符号后，可选择按“仅绝对”地址、“符号：绝对”地址和“仅符号”地址来显示参数。

要仅以绝对地址显示，可在“视图” 菜单的“符号”区域单击“仅绝对”按钮，如图 1-37 所示。

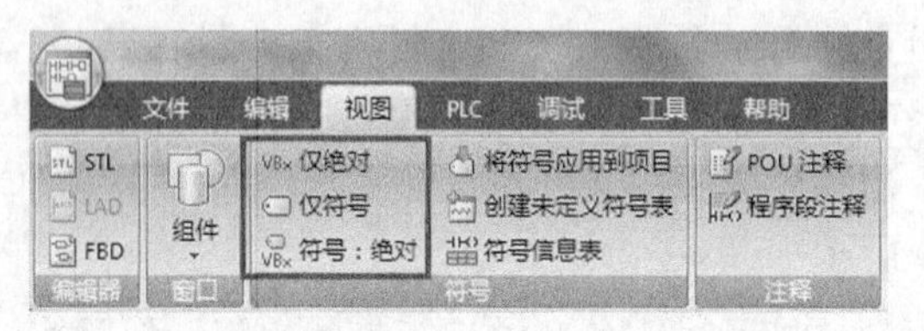

图 1-37 查看符号地址和绝对地址的按钮窗口

绝对地址用存储区加上位或字节地址来标识地址，如 I0.0，如图 1-38（a）所示，所有的变量都将以绝对地址寻址，并且在程序中仅作为绝对地址显示。

要按符号地址显示，可在“视图”菜单的“符号”区域单击“仅符号” 按钮，见图 1-37。符号地址用一串字符组合来标识地址，如启动，如图 1-38（b）所示。

要同时查看符号地址和绝对地址，可在“视图”菜单的“符号”区域单击“符号：绝对”按钮，见图 1-37 所示。所有的地址既显示符号，又显示绝对地址，如图 1-38（c）所示。

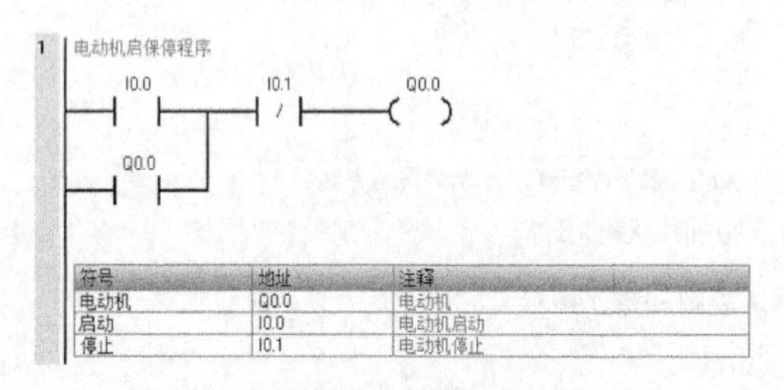

（a）绝对地址寻址方式

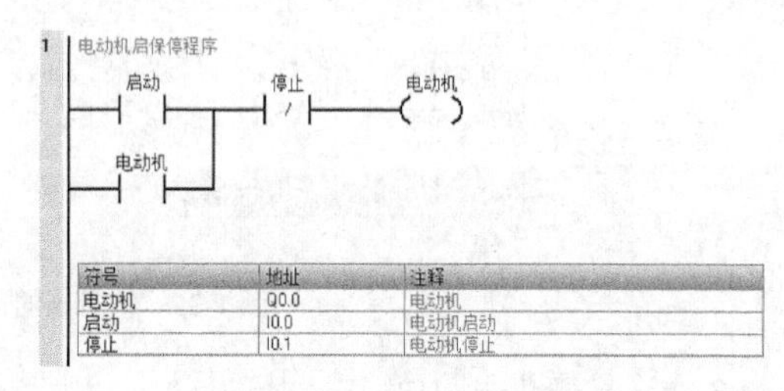

（b）符号地址寻址方式

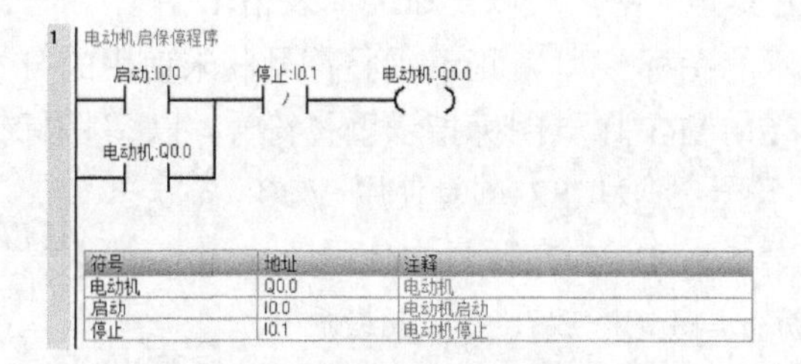

（c）绝对和符号同时寻址方式

图 1-38 符号地址和绝对地址的显示方式

还可单击程序编辑器或状态图工具栏中的“切换寻址”按钮，在 3 个视图之间切换。每单击按钮一次将进行一次切换；单击箭头将会列出 3 个视图供选择。

在程序编辑器或状态图中使用“Ctrl-Y”组合键可在不同的地址和符号视图间切换。

8．状态栏

状态栏位于主窗口见图 1-26 的底部，它提供用户在 STEP7-Micro/WIN SMART 中执行操作的相关信息。

9．输出窗口

STEP7-Micro/WIN SMART 显示的输出窗口如图 1-39 所示，可将其浮动或停放。

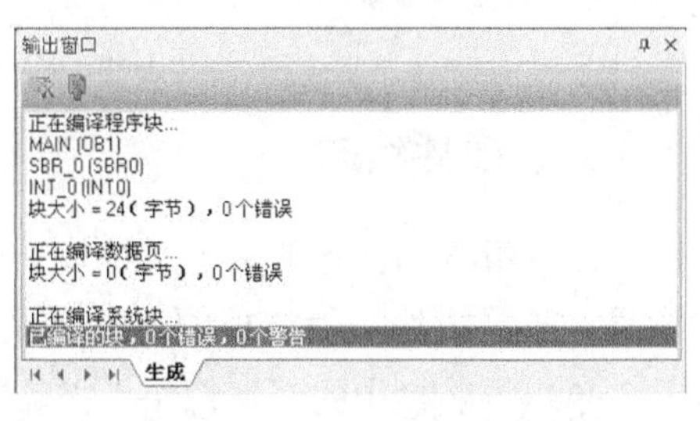

图 1-39 输出窗口

“输出窗口”列出了最近编译的 POU 和在编译期间发生的所有错误，如图 1-39 所示。如果已打开“程序编辑器”窗口和“输出窗口”，则可在“输出窗口”中双击错误信息使程序自动滚动到错误所在的程序段。

10．状态图表

状态图表（见图 1-26）用表格或趋势图来监视、修改和强制程序执行时指定变量的状态，状态图表并不下载到 PLC。

11．变量表

通过变量表（见图 1-26）可定义对特定 POU 局部有效的变量。

12．数据块

数据块（见图 1-26）包含可向 V 存储器地址分配数据值的数据页。用下列方法之一访问数据块。

- 单击导航栏上的数据块按钮。
- 在“视图”菜单的“窗口”区域的“组件”下拉列表中选择“数据块”。

13．交叉引用

使用“交叉引用”窗口（见图 1-26）查看程序中参数当前的赋值情况。这可防止无意间重复赋值。通过以下方法之一访问交叉引用表。

- 在项目树中打开“交叉引用”文件夹，然后双击“交叉引用”“字节使用”或“位使用”。
- 单击导航栏中的“交叉引用”图标。
- 在“视图”菜单功能区的“窗口”区域的“查看组件”选择器中单击“交叉引用”。

任务实施

一、硬件连接与新建项目

1．硬件连接（编程设备直接与 CPU 连接）

在本例中，只需将电源连接到 CPU，然后用以太网通信电缆连接编程设备与 CPU，以建立它们之间的物理连接，如图 1-40 所示。

2．新建项目

双击桌面上的 STEP7-Micro/WIN SMART 软件的图标打开编程软件后，一个命名为“启保停程序”的空项目会被自动创建。

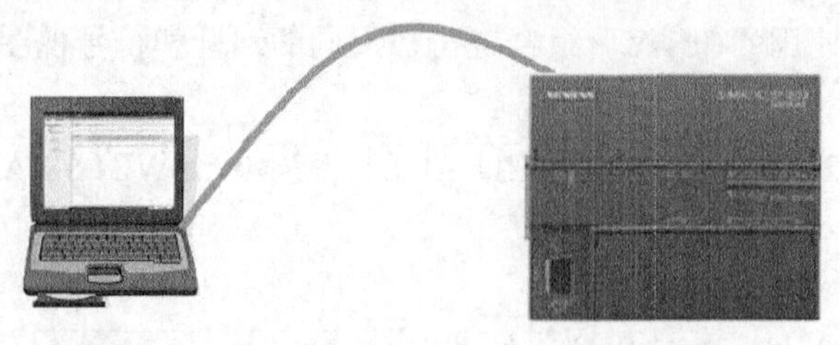

图 1-40　硬件连接

二、硬件组态

硬件组态的任务就是用系统块生成一个与实际硬件系统相同的系统。硬件组态包括 CPU 型号、扩展模块、信号板的添加以及它们相关参数的设置。

单击导航栏中的“系统块”按钮或项目树中的“系统块”，打开系统块对话框，如图 1-41 所示。

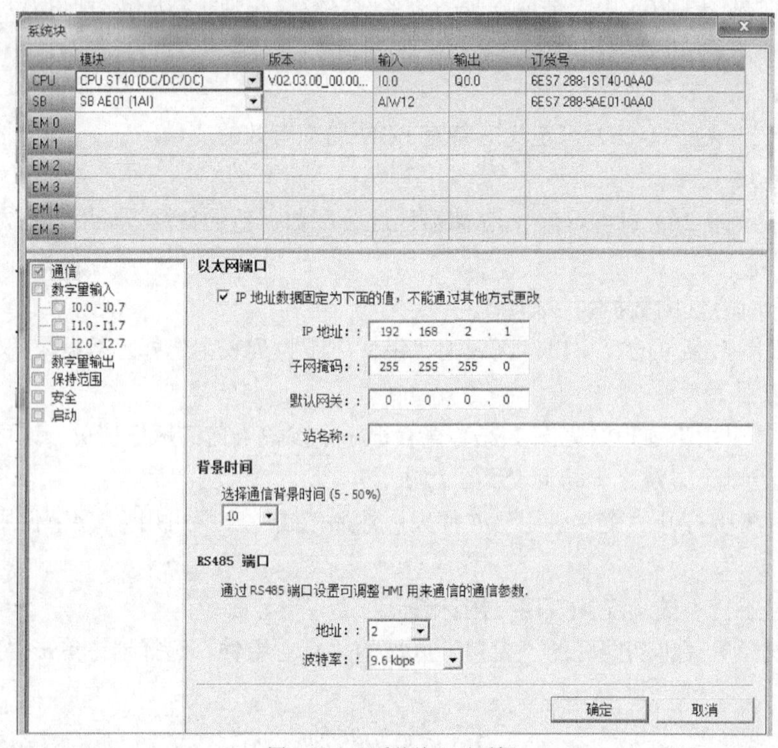

图 1-41　“系统块”对话框

1. 硬件配置

（1）系统块表格的第一行是 CPU 型号的设置。在第一行的第一列，可以单击▼图标，选择与实际硬件匹配的 CPU 型号，这里选择 CPU ST40；第一行的第三列显示 CPU 输入点的起始地址；第一行的第四列显示 CPU 输出点的起始地址；两个起始地址自动生成，不能更改；第一行的第五列显示订货号。

（2）系统块表格的第二行是信号板的设置。在第二行的第一列，可以单击▼图标，选择与实际信号板匹配的类型；信号板有通信信号板、数字量扩展信号板、模拟量扩展信号板和电池信号板。

（3）系统块表格的第三～八行可以设置扩展模块。扩展模块包括数字量扩展模块、模拟量扩展模块、热电阻扩展模块和热电偶扩展模块。

【例 1-2】某系统硬件配置了 CPU ST40、1 块模拟量输出信号板、1 块 4 点模拟量输入模块和 1 块 8 点数字量输入模块，请在软件中做好硬件组态，并说明占用的地址。

【解】硬件组态结果如图 1-42 所示。

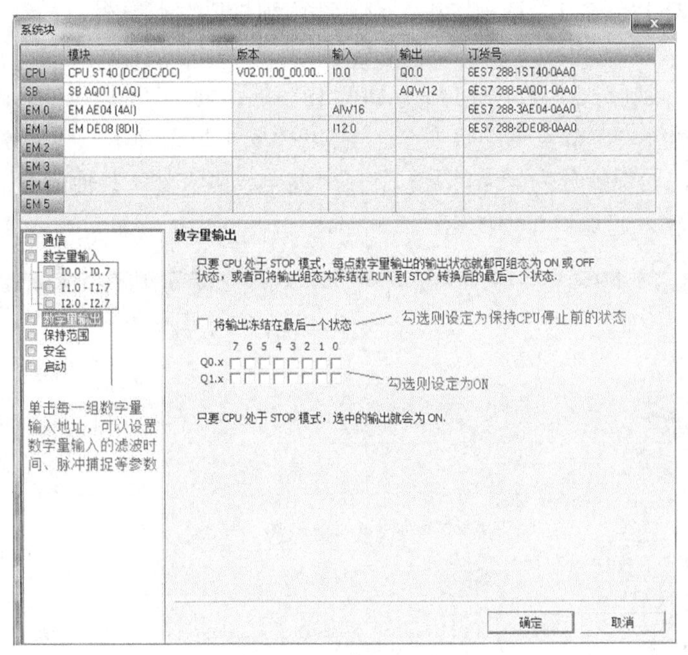

图 1-42　硬件组态举例

- CPU ST40 的输入、输出地址分配见图 1-42。输入占用 IB0～IB2 共 3 个字节，可以单击图 1-42 中的每组数字量输入地址，设置输入端子的滤波时间、脉冲捕捉等参数；输出占用 QB0 ~ QB1 共 2 个字节，CPU 数字量输出都具有冻结功能。冻结功能是指当 CPU 的状态从运行转为停止时，CPU 的数字量输出可以被设定为 ON、OFF 或者 CPU 停止前的最后一个状态。如果勾选 Q0.x 对应的方框，则表示 CPU 停止时输出为 ON，不勾选则表示为 OFF；如果勾选“将输出冻结在最后一个状态”，则表示输出点都保持 CPU 停止前的最后一个扫描周期的状态。
- SB AQ01（1AQ）只有一个模拟量输出点，其起始地址为 AQW12。
- EM AE04（4AI）的模拟量起始地址为 AIW16，模拟量输入模块共有 4 路通道，此后地址为 AIW18、AIW20、AIW22。
- EM DE08（8DI）的数字量输入点的起始地址为 I12.0，占 IB12 一字节。

注　意

①S7-200 SMART 硬件组态类似于 S7-1200 PLC 和 S7-300/400 PLC，其输入输出点的地址是系统自动分配的，用户不能更改，编程时要严格遵守系统的地址分配。

②硬件组态时，设备的选择型号必须和实际硬件完全匹配，否则控制无法实现。

2．以太网通信端口的设置

以太网通信端口是 S7-200 SMART 的特色配置。这个端口既可以用于下载程序，也可以用于与 HMI 通信，以后也可能设计成与其他 PLC 进行以太网通信。以太网端口的设置如下。

选中 CPU 模块，勾选“系统块”节点下的“通信”选项，勾选“IP 地址数据固定为下面的值，不能通过其他方式更改”选项，如图 1-41 所示，此时输入的是静态 IP 地址，必须把系统块下载到 CPU 才能生效。如果需要更改 IP，必须在该对话框重新设置 IP 地址并下载。在图 1-41 中的“RS485 端口”选项区中，设置端口地址以及波特率。

3．安全

设置密码可以限制对 S7-200 SMART CPU 内容的访问。在图 1-41 所示的“系统块”对话框中，单击“系统块”节点下的“安全”，打开“安全”选项卡，设置密码保护功能，如图 1-43 所示。密码的保护分为 4 个等级，除了“完全权限”外，其他的均需要在“密码”和“验证”文本框中输入起保护作用的密码。

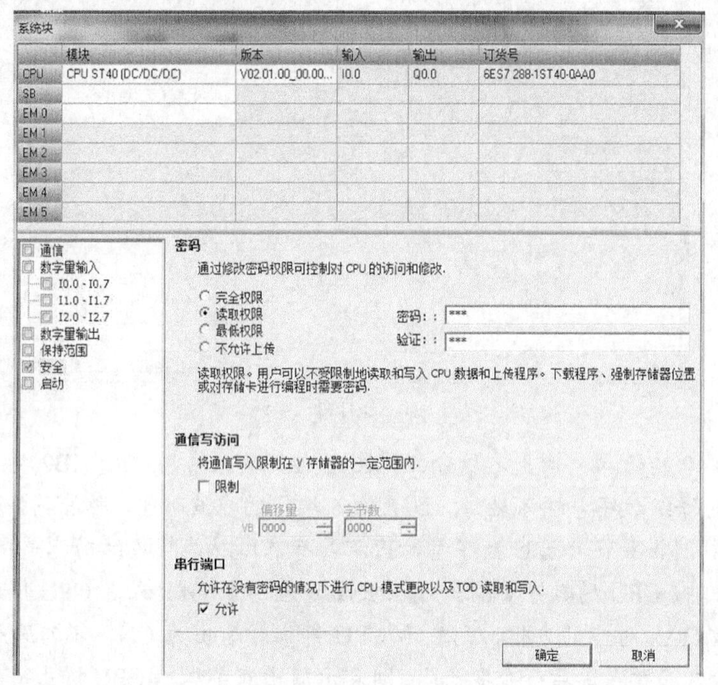

图 1-43　“安全”选型卡

4．启动项组态

在“系统块”对话框中，单击“系统块”节点下的“启动”，打开“启动”选项卡，如图 1-44 所示。“选择 CPU 启动后的模式”下拉列表框提供了 CPU 的 3 种启动模式：STOP、RUN、LAST，可以根据需要选择。

3 种模式的含义如下。

（1）STOP 模式。CPU 上电或重启后始终进入 STOP 模式，这是默认选项。

（2）RUN 模式。CPU 上电或重启后始终进入 RUN 模式。对于多数应用，特别是对 CPU 独立运行而不连接 STEP7-Micro/WIN SMART 的应用，RUN 启动模式是常用选择。

（3）LAST 模式。CPU 上电或重启后始终进入上一次上电或重启前的工作模式。

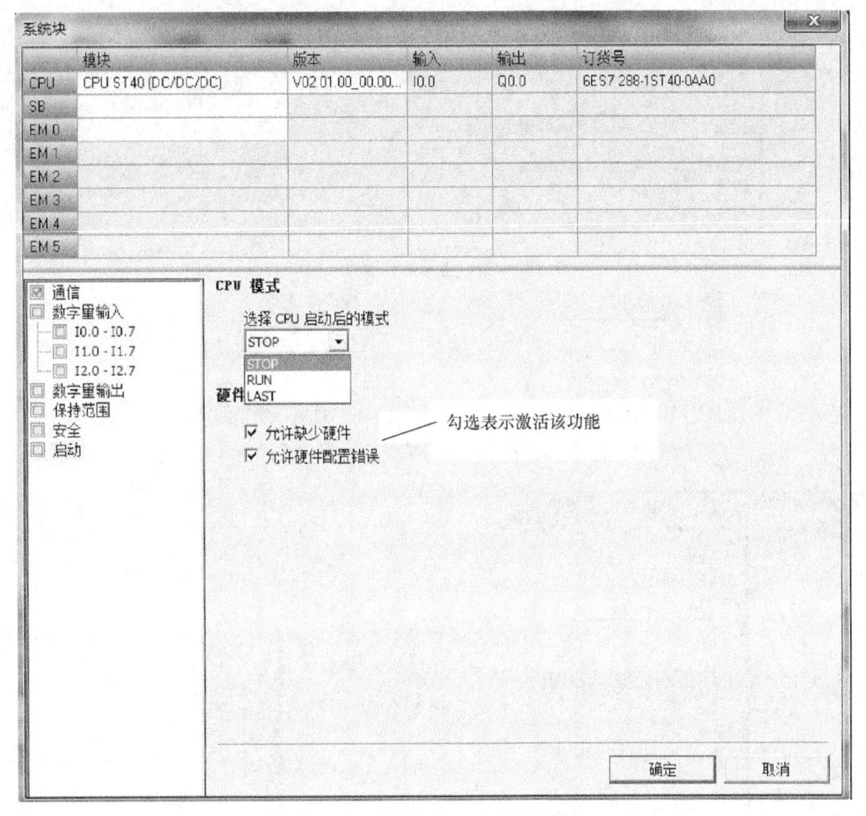

图 1-44　选择 CPU 的启动模式

三、编写并编译程序

成功新建项目后，主程序编辑界面会被自动打开。

1. 插入触点

插入触点和线圈有两种方法，一种是使用程序编辑器工具栏按钮或功能键插入指令：单击选中程序段 1 中的能流量向右箭头，按 F4 键或单击工具栏上方的“插入触点”按钮 ，在出现的对话框中选择插入一个常开触点，如图 1-45（a）所示。单击 按钮，插入触点，单击 按钮，插入线圈，单击 按钮，插入功能框。插入常开触点后，会在常开触点上面出现红色的 ??.?（表示地址未赋值），如图 1-45（b）所示，选中它后输入触点的地址 I0.0（此时“视图”选择“仅绝对”），将鼠标指针移动到触点的右边，如图 1-45（c）所示。另一种是使用项目树中“指令”节点下的常闭触点指令插入触点，如图 1-46（a）所示，单击选中向右箭头，然后展开指令树中的“位逻辑”文件夹，双击第二个“常闭触点”指令，将其添加到预先指定的位置。当然，用户也可以拖曳“位逻辑”文件夹中的常闭触点指令到向右箭头处释放来添加指令。插入触点后，在红色的 ??.? 中输入 I0.1，鼠标指针会移动到常闭触点右侧，如图 1-46（b）所示。

2. 添加线圈

在指令树的“位逻辑”指令集中找到线圈指令并单击选中，然后按住鼠标左键，拖曳到能流量右侧的双箭头位置，释放鼠标，即将一个线圈添加到程序段 1 的末端，如图 1-46（c）所示。之后，为线圈指令输入地址“Q0.0”。

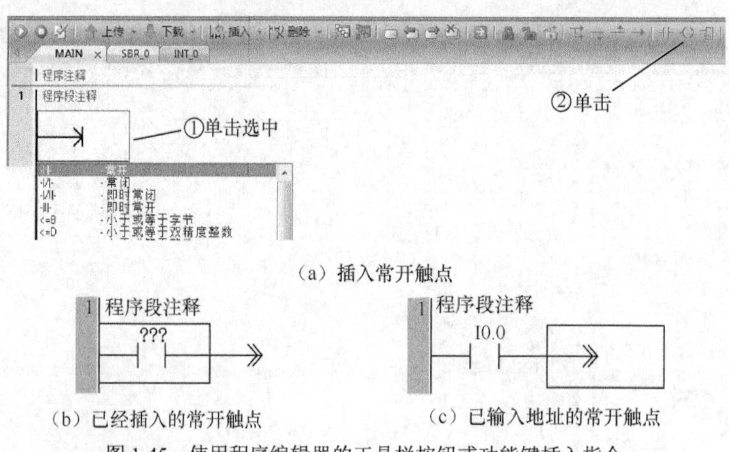

（a）插入常开触点

（b）已经插入的常开触点　　（c）已输入地址的常开触点

图 1-45　使用程序编辑器的工具栏按钮或功能键插入指令

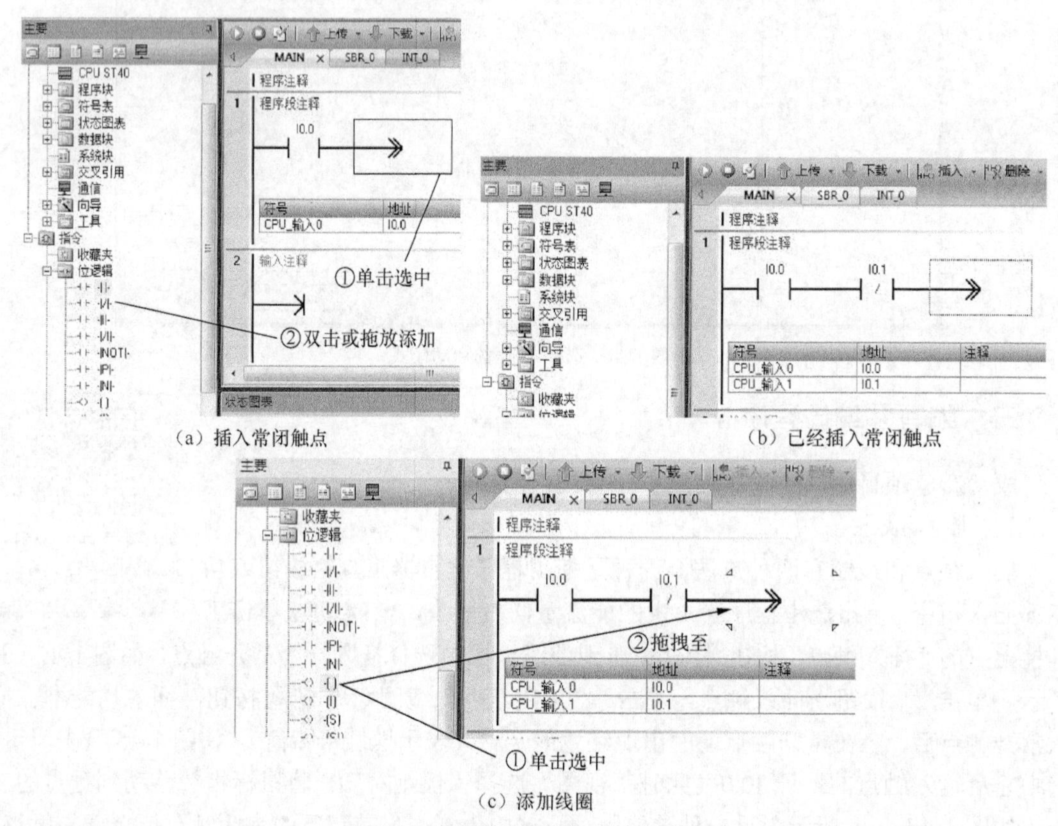

（a）插入常闭触点　　（b）已经插入常闭触点

（c）添加线圈

图 1-46　使用项目树指令节点插入指令

注　意

有的初学者在输入时会犯这样的错误，将“Q0.0”错误地输入成“QO.O”，此时“QO.O”下面将有红色的波浪线提示错误。

3．绘制线

使用程序编辑器工具栏中的“插入分支”按钮、“插入向下垂直线”按钮，“插入向上垂直线”按钮，“插入水平线”按钮 ，可以在程序段元素和电源线元素之间绘制分支线、向下垂直线、向上垂直线和水平线。

单击常开触点 I0.0 下方的空白区域，按照上述方法插入 Q0.0 的常开触点，如图 1-47 所示，选中第一行 I0.0 的常开触点，单击程序编辑器工具栏上方的“插入向下垂直线”按钮或在按住 Ctrl 键的同时按向下箭头键，将 Q0.0 的常开触点并联在它上面 I0.0 的常开触点上。

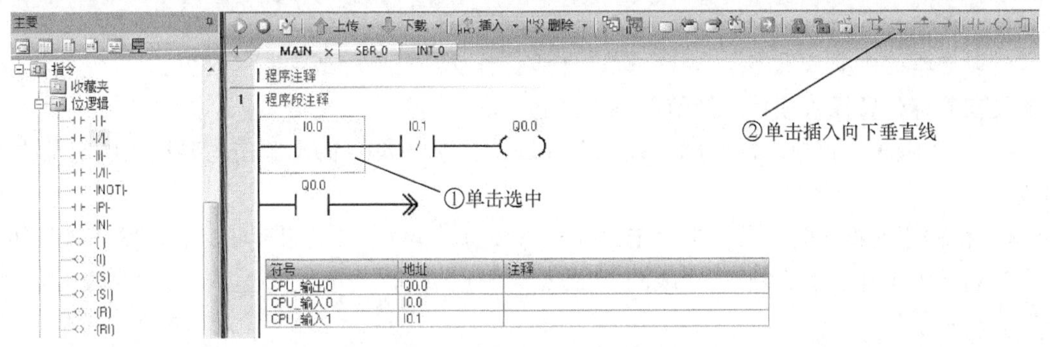

图 1-47 插入向下垂直线

程序编写后，需要对其进行编译。单击图 1-48 所示工具栏的“编译”按钮对项目进行编译。如果程序有错误，则输出窗口会显示错误的个数、各条错误的原因和错误在程序中的位置。双击该条错误即跳转到程序中该错误所在处，根据系统手册中的指令要求修改。必须改正程序中的所有错误才能下载程序。

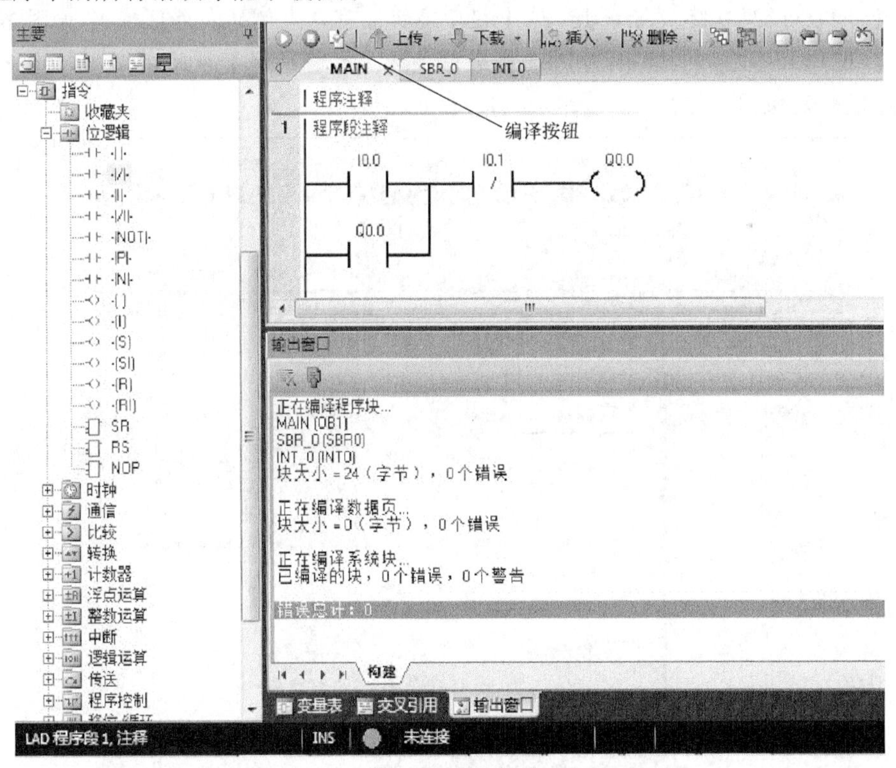

图 1-48 编译程序

如果没有编译程序，在下载之前，编程软件将会自动对程序进行编译，并在输出窗口显示编译结果。

如果需要给图 1-48 所示的程序创建符号表，按照前面创建符号表的方法创建如图 1-34

所示的符号表。

四、程序的编辑

梯形图编程时，经常用到插入或删除行、列、程序段等命令。

1．插入

可以在程序中插入程序段、行、列、连线、分支、子例程或中断等对象。

要在光标位置插入项目，使用以下方法之一。

- 在“编辑”菜单功能区的“插入”区域，见图 1-49（a），单击与要插入的对象类型的按钮。
- 在程序编辑器的工具栏中单击“插入”按钮 插入 （见图 1-49）右边的下拉按钮，从下拉列表中选择插入“触点”“线圈”“方框”“行”“列”“分支”“垂直”“程序段”“子程序”或“中断”。
- 用鼠标右键单击特定区域（符号表、状态图和程序编辑器窗口等），然后选择快捷菜单中的“插入”命令。将鼠标指针定位在要插入的位置，然后按照图 1-49（a）所示的步骤“插入对象”。

说 明

将鼠标指针放到程序段标题上（位于程序编辑器窗口左侧的灰色区域），如图 1-49（a）所示，可以剪切、复制或粘贴程序中的整个程序段。可将鼠标指针放在程序中的任意位置执行程序段粘贴操作。

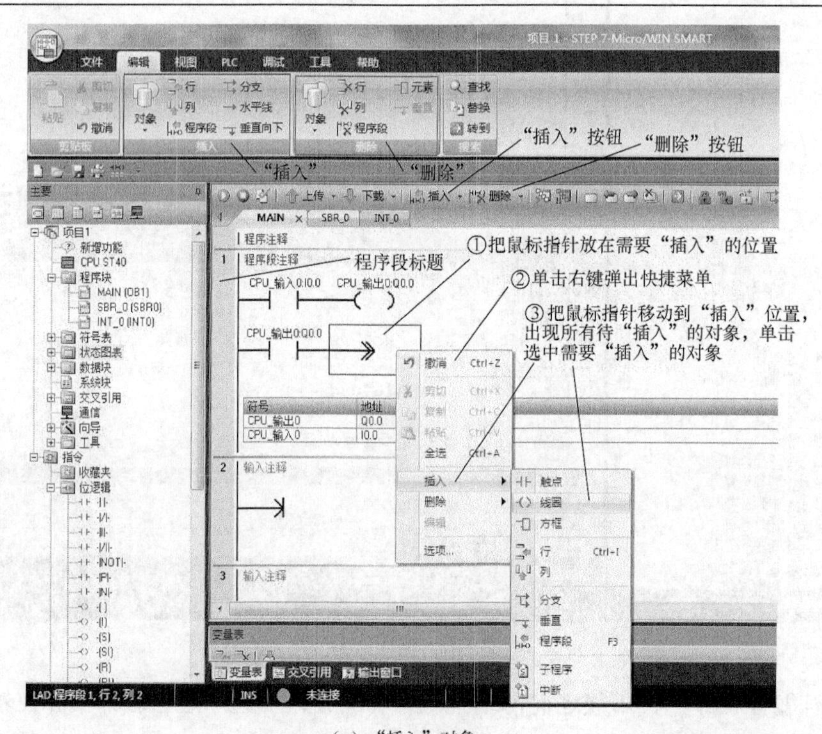

（a）“插入”对象

图 1-49　编辑程序

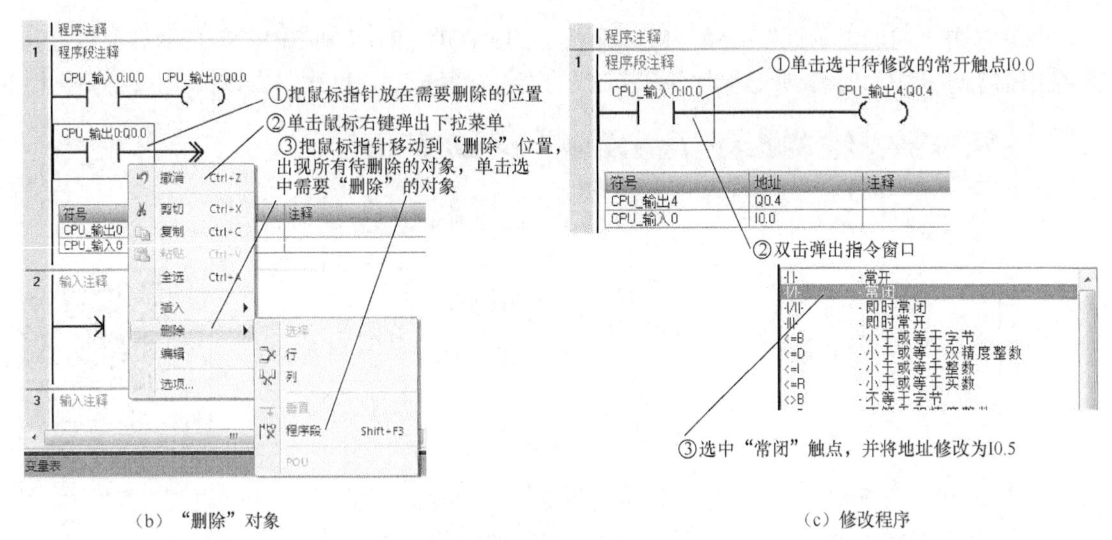

（b）“删除”对象　　　　（c）修改程序

图 1-49　编辑程序（续）

2．删除

要删除鼠标指针位置处的项目，使用以下方法之一。

在“编辑”菜单功能区的“删除”区域见图 1-49（a）中，单击与要删除的对象类型对应的按钮。

- 在程序编辑器的工具栏中，单击“删除”按钮 删除（见图 1-49）旁边的下拉，“删除”不需要的对象。
- 在程序编辑器中，用鼠标右键单击对象，选择快捷菜单中的“删除”命令，可删除选择的对象，如图 1-49（b）所示。

3．修改

若发现梯形图有错误，可进行修改操作。将图 1-49（c）所示的 I0.0 的常开触点改为 I0.5 的常闭触点，其操作步骤如图 1-49（c）所示。

五、项目下载

1．建立 Micro/WIN SMART 编程软件与 CPU 的通信连接

单击导航栏中的“通信”图标，打开“通信”对话框，如图 1-50 所示。然后，进行如下操作。

单击“网络接口卡”后面的按钮，在出现的下拉菜单中选择正确的计算机网卡。这个网卡与计算机硬件有关，本例选择的网卡为“Broadcom NetLink（TM）”，如图 1-50 所示。

（1）单击“查找 CPU”按钮，开始自动搜索过程，一般该搜索过程将持续数秒钟。搜索过程结束后，在“找到 CPU”目录下将会出现该 PLC 的 IP 地址，S7-200 SMART PLC 默认地址为“192.168.2.1”。

注　意

如果在 CPU 系统块中，没有选择“IP 地址数据固定为下面的值，不能通过其他方式更改”（见图 1-41），就可以单击图 1-50 中的“编辑”按钮，设置 PLC 的动态 IP 地址。

（2）单击“闪烁指示灯”按钮，PLC 面板上的 STOP、RUN 和 ERROR 指示灯会以红黄亮色 LED 灯交替闪烁，表明编程软件和 PLC 的连接已经成功，再次单击该按钮，闪烁停止。

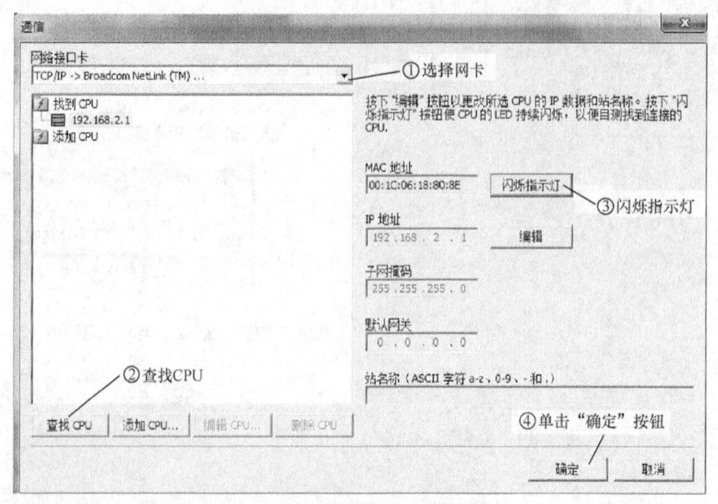

图 1-50　“通信”对话框

（3）单击“确认”按钮，完成 CPU 所有通信信息的设置。

2．设置计算机网卡的 IP 地址

目前下载程序只能使用 PLC 集成的 PN 口，因此首先要设置计算机的 IP 地址，这是建立计算机与 PLC 通信的首要步骤。具体操作如下。

（1）本例的操作系统为 Windows 7，在任务栏右下角单击“本地连接”图标，单击“打开网络和共享中心”，或单击计算机上的“开始” 按钮→单击“控制面板”→单击“网络和 Internet”→单击“网络和共享中心”都可以进入“网络和共享中心”窗口，在此窗口左侧单击“更改适配器设置”，弹出图 1-51 所示的窗口，选中“本地连接”，单击鼠标右键，在弹出的快捷菜单中单击“属性”按钮，弹出图 1-52 所示的“本地连接属性”对话框，选中“Internet 协议版本 4（TCP/IPv4）”选项。

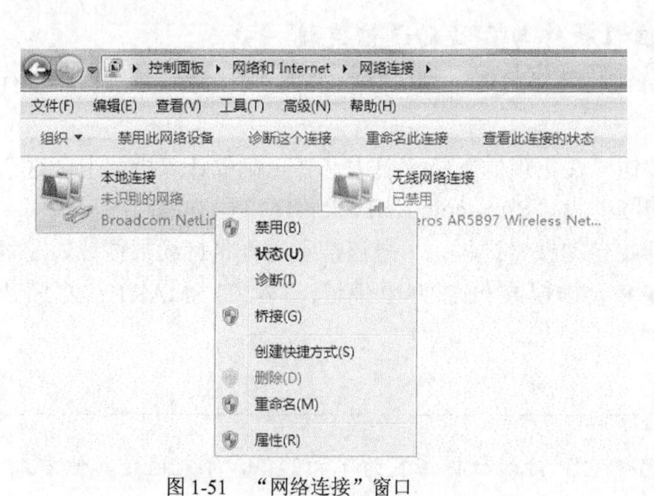

图 1-51　“网络连接”窗口

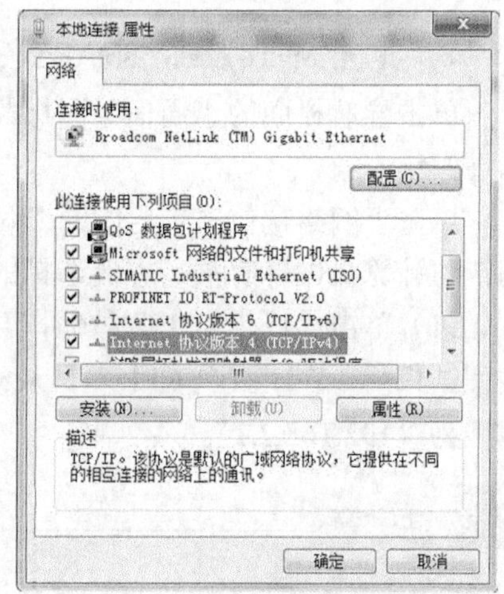

图 1-52　“本地连接属性”对话框

（2）在图 1-52 中单击“属性”，弹出图 1-53 所示的对话框。选中“使用下面的 IP 地址”，按照图 1-53 所示设置 IP 地址和子网掩码，单击“确定”按钮即可。

注 意

S7-200 SMART 出厂时默认的 IP 地址是“192.168.2.1”，因此在没有修改 IP 地址的情况下下载程序，必须将计算机 IP 地址的前三字节设置成与 PLC 的 IP 地址一致（即在同一个网段），后一字节应为 1～254（避免 0 和 255），避免与 PLC 的 IP 地址的最后一字节地址重复。这里设置计算机 IP 地址为“192.168.2.2”，子网掩码保持默认“255.255.255.0”，网关无需设置。

3. 下载程序

单击程序编辑器工具栏上的“全部下载”按钮 下载，弹出“下载”对话框，如图 1-54 所示，将“块”选项栏中的“程序块”“数据块”和“系统块”3 个选项全部勾选。若 PLC 此时处于“RUN（运行）”模式，则需要将 PLC 设置成“停止”模式，如图 1-55 所示。然后单击“是”按钮，程序自动下载到 PLC 中。下载成功后，“下载”对话框显示“下载已成功完成！”字样，如图 1-56 所示，最后单击“关闭”按钮。

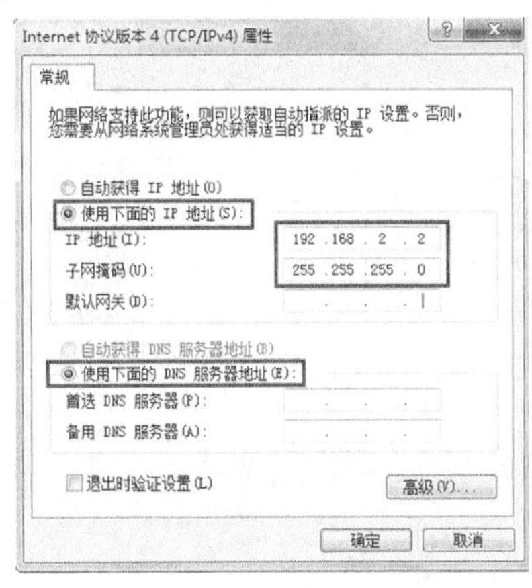

图 1-53 设置计算机 IP 地址

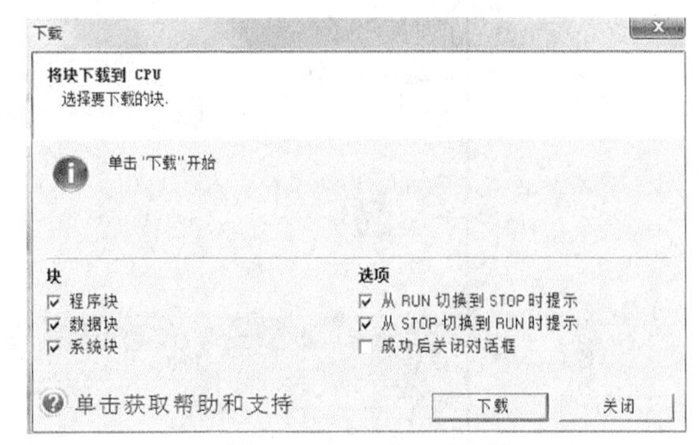

图 1-54 “下载”对话框

图 1-55 停止运行

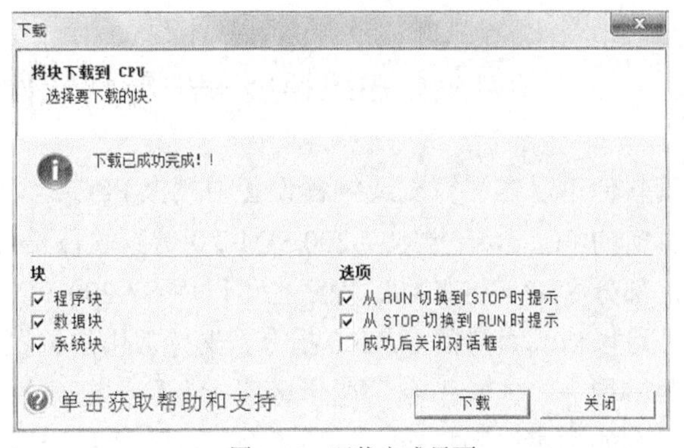

图 1-56 下载完成界面

注 意

下载程序时，必须将 PLC 置于“STOP”模式。

如果程序不能下载，可按照如下步骤逐一检查。

（1）检查硬件连接。检查网络电缆是否连接好，在 CPU 本体左上角以太网接口处有“以太网状态”指示灯“LINK”，此灯常亮表示以太网连接成功。

（2）检查编程设备的 IP 地址是否与 CPU 的 IP 地址在同一网段中。编程设备必须与 CPU 在同一网段中。S7-200 SMART CPU 预置的 IP 地址为：192.168.2.1。

（3）通信参数不匹配。若下载系统块，注意用户项目系统块中的 CPU 类型是否与实际 CPU 类型相符合，若不符合则会报错。

六、运行和监控程序

要运行下载到 PLC 中的程序，只要单击程序编辑器工具栏中的“运行”按钮即可，此时 PLC 上的 RUN 指示灯由黄色变为绿色。同理，要停止运行程序，只要单击程序编辑器工具栏上的“停止”按钮即可。

PLC 进入运行状态后，用户可以单击程序编辑器工具栏中的“程序状态”按钮，在线监控程序的运行状态。在梯形图语言环境中，用颜色显示出梯形图中各元件的状态，左母线和它相连的水平“导线”变为蓝色。如果触点接通或线圈处于得电状态，则它们中间出现蓝色的方块，蓝色的实线表示能流导通，灰色的实线表示无能流，在线监控如图 1-57 所示。

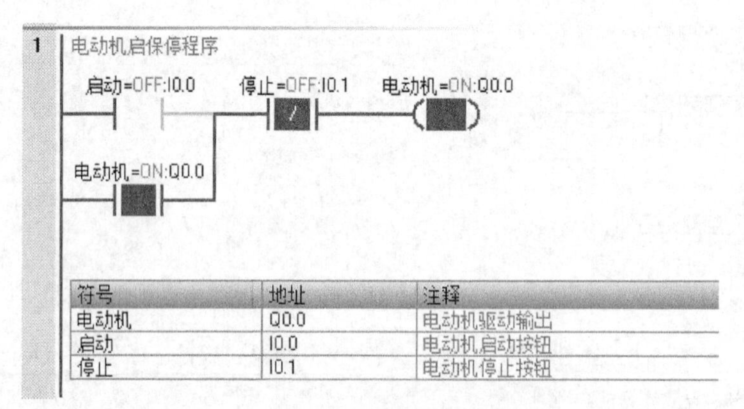

图 1-57　在线监控

知识拓展——仿真软件的使用

仿真软件可以在计算机或编程设备中模拟 PLC 运行和测试程序，就像运行在真实的 PLC 上一样。S7-200 SIM 2.0 仿真软件是为 S7-200 系列 PLC 开发的，部分 S7-200 SMART 程序也可以用 S7-200 SIM 2.0 进行仿真。该仿真软件可以仿真大量的 S7-200 指令，支持常用的位逻辑指令、定时器指令、计数器指令、比较指令、逻辑运算指令和大部分的数学运算指令等，但部分指令如顺序控制指令、循环指令、高速计数器指令和通信指令等尚无法支持。仿真程序提供了数字信号输入开关、两个模拟电位器和 LED 输出显示，仿真程序同时还支持对 TD-200 文本显示器的仿真，在实验条件尚不具备的情况下，完全可以作为学习 S7-200 的一个辅助工具。

微课：S7-200 SMART PLC 的仿真软件的使用

（1）本软件无需安装，解压缩后双击 S7_200.exe 即可使用。

（2）仿真前先用 STEP7-Micro/WIN SMART 编程软件编译图 1-57 所示的程序，编译完成后再单击“文件”菜单中的“导出”命令，弹出“导出程序块”对话框，选择存储路径，填写文件名“启保停仿真程序”，文件的扩展名为“.awl”。

（3）打开 S7-200 SIM 2.0 仿真软件，单击图 1-58 中所示图标的任意位置，输入密码“6596”，选择菜单栏中的“配置”→“CPU 型号”命令，弹出如图 1-59 所示的 CPU 型号设置对话框，选定所需的 CPU，这里选择 CPU 226（该仿真软件没有 S7-200 SMART PLC 型号，用 CPU 226 替代），再单击“Accept”（确定）按钮即可。

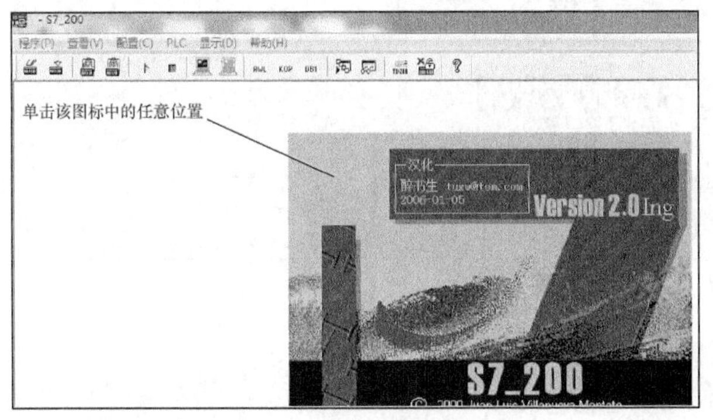

图 1-58　仿真软件界面

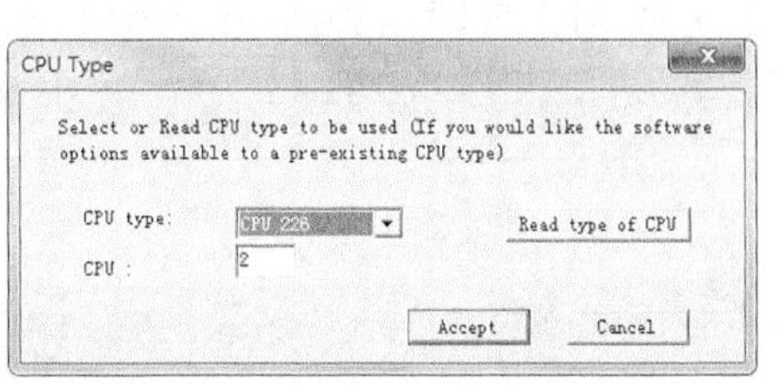

图 1-59　CPU 型号设定

（4）装载程序。单击菜单栏中的“程序”→“装载程序”命令，弹出“装载程序”对话框，设置如图 1-60（a）所示，再单击“确定”按钮，弹出“打开”对话框，选中要装载的程序“启保停仿真程序.awl”，最后单击“打开”按钮，此时程序已经装载完毕。加载成功后，在仿真软件中的 AWL、KOP 和 DB1 观察窗口中可以分别观察到加载的语句表程序、梯形图程序和数据块。

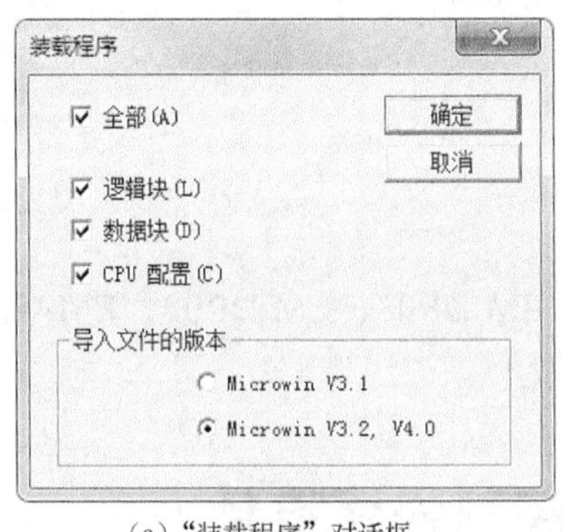

（a）“装载程序”对话框

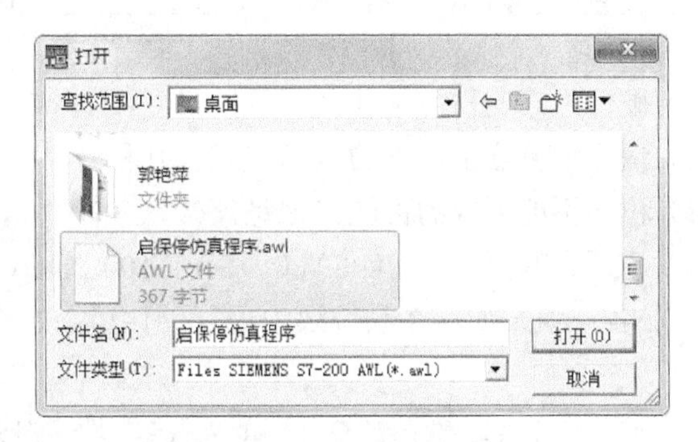

（b）“打开”对话框

图 1-60　装载程序

（5）开始仿真。单击工具栏上的“运行”按钮 ▶，RUN 运行指示灯点亮，如图 1-61 所示。单击输入开关 I0.0，开关向上闭合，PLC 的输入指示灯 I0.0 点亮，同时输出指示灯 Q0.0 点亮，说明 PLC 的 Q0.0 有输出。单击菜单栏上的“程序状态”按钮，可以在梯形图中监控程序的运行状态，蓝色显示的触点表示闭合，蓝色显示的线圈表示得电。

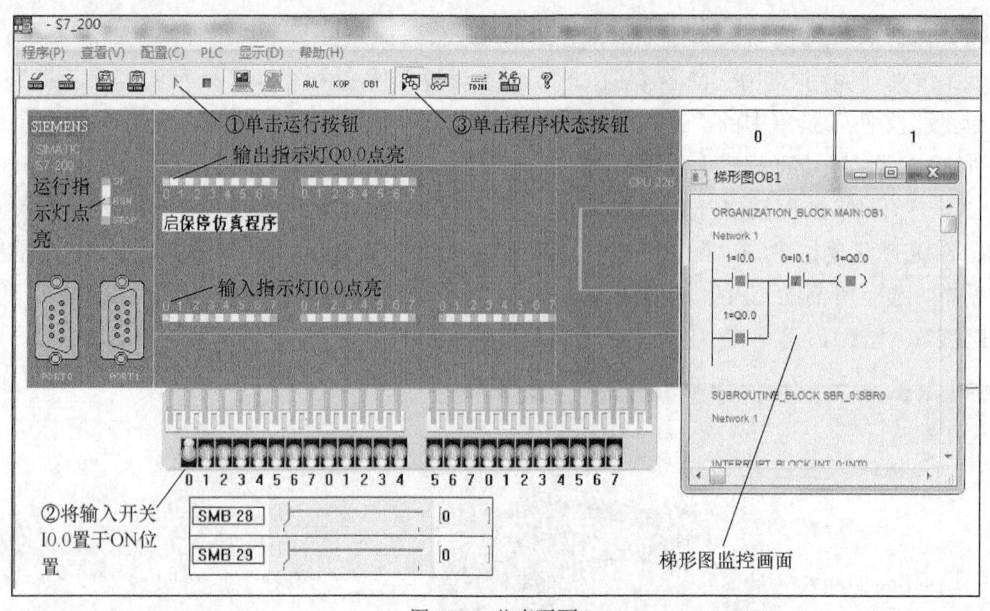

图 1-61 仿真画面

思考与练习

1．填空题

（1）STEP7-Micro/WIN SMART 是西门子公司专门为 S7-200 SMART PLC 设计的编程软件，其功能强大，可在________和__________操作系统上运行。

（2）项目树有两大功能：__________________和__________。

（3）符号表对程序起到________作用，增加程序的可读性；状态图表用于调试程序时，监控__________的状态；系统块用于__________组态；通信用于设置__________信息。

2．分析题

（1）硬件组态的任务是什么？

（2）程序编辑器中地址的显示方式有几种？

（3）程序不能下载的可能原因是什么？

（4）某系统配置了 CPU ST60、SB DT04/2DQ、EM DE08、EM DR08、EMAE04 和 EM AQ02 各一块，如何在系统块中进行硬件组态？

任务 1.3　电动机自锁控制程序设计

任务导入

三相异步电动机直接启动的继电接触控制系统如图 1-1 所示，现要改用 PLC 来控制电动机的启停。具体控制要求：当按下启动按钮 SB2 时，电动机启动并连续运行；当按下停止按钮 SB1 或热继电器 FR 动作时，电动机停止。

相关知识

一、数据类型

1．数制

微课：数据类型及寻址

所有通过 S7-200 SMART PLC 处理的数据（数值、字符等）都以二进制形式表示，编程中常用的数制形式如下。

（1）二进制和二进制数。二进制数的位（bit）只有“0”和“1”两种取值，开关量（或数字量）也只有两种不同的状态，如触点的接通和断开、线圈的得电和失电等。在 S7-200 SMART 梯形图程序中，如果该位是“1”，则表示对应的线圈为得电状态，触点为转换状态（常开触点闭合、常闭触点断开）；如果该位为“0”，则表示对应的线圈为失电状态，触点为复位状态（常开触点断开、常闭触点闭合）。

二进制数用于在 PLC 中表示十进制数值或者其他（如字符等）数据。二进制数用 2#表示，其运算规则遵循逢二进一，它的各位的权是以 2 的 N 次方标识的。例如，2#0000 0100 1000 0110 就是 16 位二进制常数，其对应的十进制数为 $2^{10}+2^7+2^2+2^1$=1 158。

（2）十六进制。十六进制数的基数是 16，采用的数码是 0、1、2、3、4、5、6、7、8、9、A、B、C、D、E、F。其中 A～F 分别对应十进制数字 10～15。十六进制数用 16#表示，十六进制数的运算规则是“逢十六进一”，它的各位的权是以 16 的 N 次方标识的。例如，二进制数 2#1000 1111 分为两组来看，分别是 2#1000 和 2#1111，每 4 位二进制数对应 1 位十六进制数，正好可以表示十六进制数字 16#8 和 16#F，那么这个二进制数可以表示为 16#8F。

（3）BCD 码。BCD 码用 4 位二进制数（或者 1 位十六进制数）表示 1 位十进制数。例如，1 位十进制数 9 的 BCD 码是 1001。4 位二进制数有 16 种组合，但 BCD 码只用到前 10 个（0000～1001），后 6 个（1010～1111）没有在 BCD 码中使用。BCD 码 1001 0110 0111 0101 对应的十进制数为 9675。

2．数据格式及取值范围

S7-200 SMART PLC 收集操作指令、现场状况等信息，把这些信息按照用户程序指定的规律进行运算、处理，然后输出控制、显示等信号。所有这些信息都表示为不同的数据，每个数据都有其特定的长度（二进制数占据的位数）和表示方式，称为格式。各种指令对数据格式都有一定要求，指令与数据之间的格式要一致才能正常工作。

S7-200 SMART 系列 PLC 的指令系统使用的数据类型有：位（称为 BOOL 型）、字节、字、双字、实数和字符串等。不同数据类型的长度、格式和取值范围如表 1-4 所示。

表 1-4　不同数据类型的长度、格式和取值范围

数据类型	数据长度	格式	说明	取值范围
位（BOOL）	1 位	[数据存储区]+[字节地址].[位地址]，例如： I 3 . 4 字节的位或位号：8位（0～7）中的第4位 字节地址与位号之间的分隔符 字节地址：字节3（第4个字节） 存储器标识符	布尔逻辑	0 或 1

续表

数据类型	数据长度	格式	说明	取值范围
字节（Byte）	8 位（1 字节）	[数据存储区]+字节长度符 B+[字节地址]，例如： V B 100：字节地址、字节长度符、区域标识符 VB100：MSB 7 VB100 0 LSB MSB：最高位；LSB：最低位	无符号的字节和有符号的字节	无符号数：0～255 有符号数：-128～127
字（Word）	16 位（2 字节）	[数据存储区]+字长度符 W+[字节地址]，例如： V W 100：起始字节地址、字长度符、区域标识符 VW100：MSB 15 VB100 8 | 7 VB101 0 LSB	无符号整数和有符号整数	无符号数：0～65535 有符号数：-32768～+32767
双字（Double Word）	32 位（4 字节）	[数据存储区]+双字长度符 D+[字节地址]，例如： V D 100：起始字节地址、双字长度符、区域标识符 VD100：MSB 31 VB100 24 | 23 VB101 16 | 15 VB102 8 | 7 VB103 0 LSB	无符号双整数和有符号双整数	无符号数：0～4294967295 有符号数：-2147483648～+2147483647
实数（Real）	32 位（4 字节）	[数据存储区]+双字长度符 D+[字节地址]，例如： V D 100：起始字节地址、双字长度符、区域标识符 符号位 31；指数*e* 30～23；尾数的小数部分*m* 22～0	IEEE（美国电气与电子工程师学会）32 位浮点	实数（浮点数）：+1.175495E-38～+3.402823E+38（正数） -1.175495E-38～-3.402823E+38（负数）
字符串（String）	2～255	字符串是一个字符序列，其中的每个字符都以字节的形式存储。 长度（字节0）、字符1（字节1）、字符2（字节2）、字符3（字节3）、字符4（字节4）……字符254（字节254）	ASCII 字符串照原样存储在 PLC 内存中，形式为 1 字符串长度接 ASCII 数据字节	ASCII 字符代码 128～255

注 意

实数又称为浮点数。其优点是用很小的存储空间（4B）可以表示非常大和非常小的数。在 PLC 中用十进制小数来表示浮点数，如 50.0。

3．常数

在 S7-200 SMART PLC 的许多编程指令中都可以使用常数。常数可以是字节、字和双字。CPU 以二进制数的形式存储所有常数，随后可用十进制、十六进制、ASCII 或实数（浮点数）格式表示这些常数，如表 1-5 所示。

（1）在编程软件中，二进制数前需要加 2#，十六进制数前需要加 16#，十进制数前不需要加任何标识符。

（2）在编程软件中，用单字节（英文）的单引号（'）将作为字符的内容引起来，可以在数据块和状态图中输入 ASC II 数据字节。

（3）在单字节的双引号（"）中间可以输入字符串的文本内容。

表 1-5　　常数值的表示方式

数制	格式	举　　例
十进制	[十进制数]	288
十六进制	16#[十六进制]	16#A0E8
二进制	2#[二进制数]	2#1010_0101_1010_0101
ASCII	'[ASC II 字符] '	'abcd1234'
字符串	"[字符串] "	"aadfjka2039"
实数	ANSI/IEEE754-1985	+1.175 495E–38（正数）～–1.175 495E–38（负数）

二、数据存储器编址

CPU 将信息存储在不同的存储单元中，每个位置均具有唯一的地址。寻址时，数据地址以代表存储区类型的字母开始，随后是表示数据长度的标记，然后是存储单元编号；对于二进制位寻址，还需要在一个小数点分隔符后指定位编号。

（1）位地址编址。数据区存储器位地址的编址方式为：[数据存储区]+[字节地址].[位地址]，如图 1-62 所示，其中第 0 位为最低位（LSB），第 7 位为最高位（MSB）。

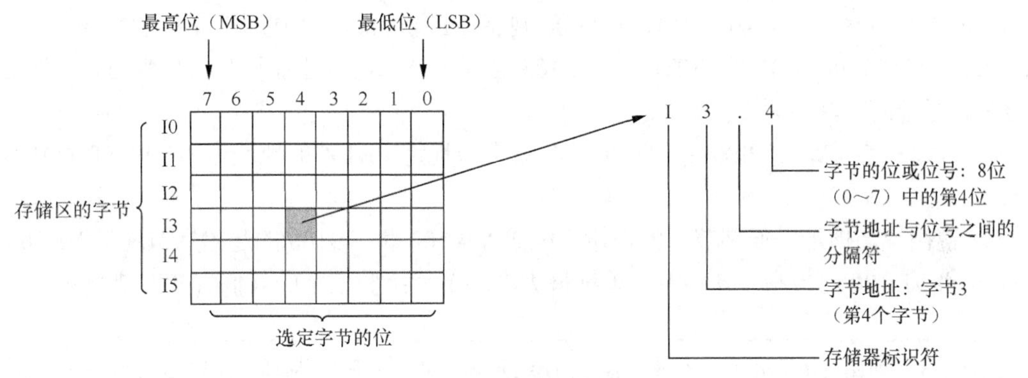

图 1-62　位地址编址方式

（2）字节地址编址。相邻的 8 位二进制数组成一字节。字节地址的编址方式为：[数据存储区]+字节长度符 B+[字节地址]，如图 1-63 所示，VB100 表示由 VB100.0～VB100.7 这 8 位组成的字节。

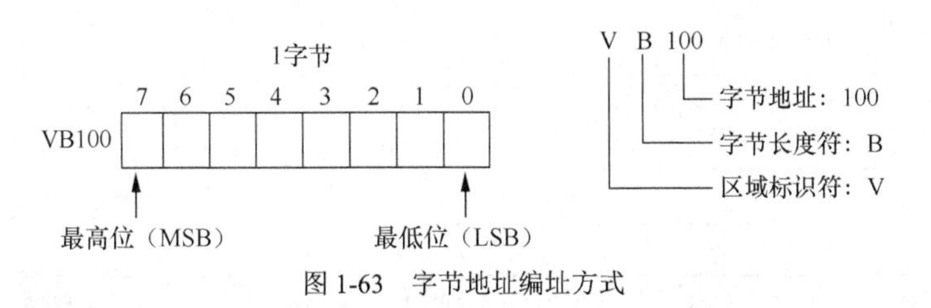

图 1-63　字节地址编址方式

（3）字地址编址方式。两个相邻的字节组成一字。字地址的编址方式为：[数据存储区]+字长度符 W+[起始字节地址]，例如，VW100 表示由 VB100 和 VB101 这 2 字节组成的字，如图 1-64 所示。

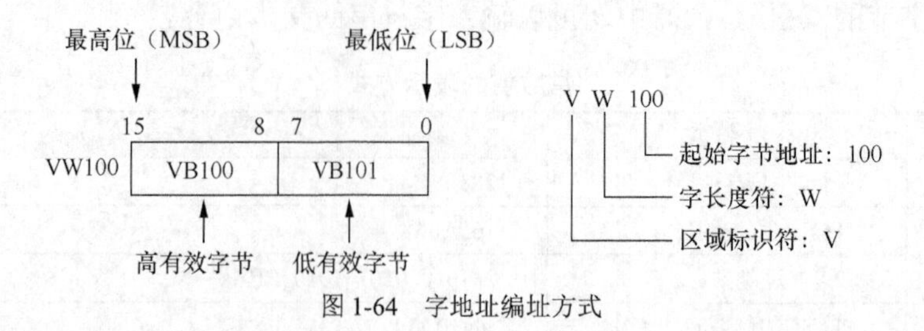

图 1-64　字地址编址方式

（4）双字地址编址方式。两个相邻的字组成一双字。双字地址编址方式为：[数据存储区]+双字长度符 D+[起始字节地址]，例如，VB100 表示由 VB100～VB103 这 4 字节组成的双字，如图 1-65 所示。

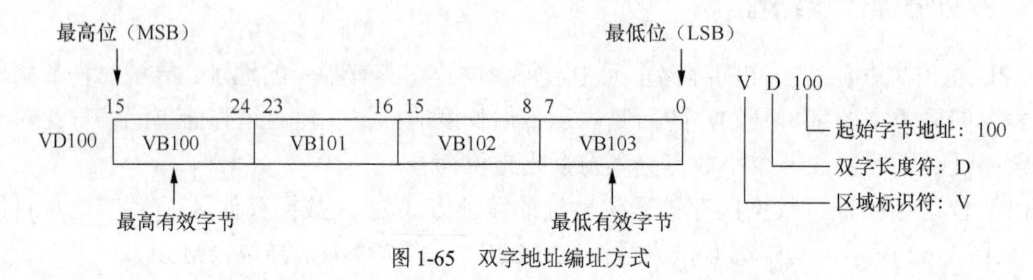

图 1-65　双字地址编址方式

从图 1-64 和图 1-65 可以看出，VW100 包括 VB100 和 VB101；VD100 包括 VW100 和 VW102，即 VB100、VB101、VB102、VB103 这 4 字节，这些地址是互相交叠的。当涉及多字节组合寻址时，注意以下几点。

① 以组成字 VW100 和双字 VD100 的起始字节地址 VB100 的地址作为 VW100 和 VD100 的地址。

② 遵循“高地址，低字节”的规律，组成 VW100 和 VD100 的起始字节地址 VB100 为 VW100 和 VD100 的最高有效字节，地址最大的字节为字和双字的最低有效字节。

【例 1-3】 如图 1-66 所示，如果 MD0=16#1F，那么，MB0、MB1、MB2、MB3 的数值是多少？M0.0 和 M3.0 是多少？

【解】 MD0 是一双字，它包含 4 字节，一字节包含 2 个十六进制位，因此 MD0=16#1F=16#0000001F=2#0000 0000 0000 0000 0000 0000 0001 1111，由图 1-66 可知，MB0=16#00，MB1=16#00，MB2=16#00，MB3=16#1F。由于 MB0=16#00，所以 MB0.0=0，由于 MB3=16#1F=2#0001 1111，所以 MB3.0=1。

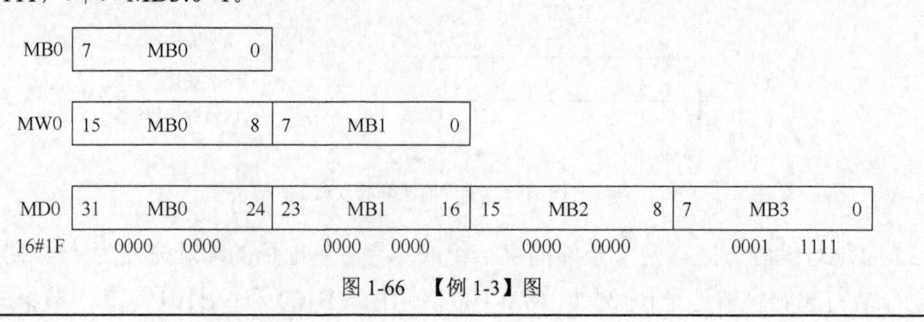

图 1-66　【例 1-3】图

三、数据寻址

在 S7-200 SMART 中，通过地址访问数据，地址是访问数据的依据，访问数据的过程称为“寻址”。几乎所有的指令和功能都与各种形式的寻址有关。

1．立即寻址

可以立即进行运算操作的数据叫立即数，对立即数直接读写的操作寻址称为立即寻址。立即寻址可用于提供常数和设置初始值等。立即寻址的数据在指令中常以常数的形式出现，如表 1-5 所示。

2．直接寻址

直接寻址是指在指令中直接使用存储器或寄存器地址，直接到指定区域读取或写入数据。直接寻址有位、字节、字和双字等寻址格式，如图 1-62 中的 I3.4 所示。

3．间接寻址

间接寻址是指用指针来访问存储区的数据。S7-200 SMART CPU 允许指针访问下列存储区：I、Q、V、M、S、AI、AQ、SM、T（仅限当前值）和 C（仅限当前值），而不能使用间接寻址访问单个位、HC、L 或累加器存储区。

（1）建立指针。间接寻址前必须先建立指针，指针为双字，存放的是另一个存储器的地址，只能将 V 存储单元、L 存储单元或累加器寄存器（AC1、AC2、AC3）用作指针。建立指针时，要使用双字传送指令 MOVD 将数据所在单元的内存地址传送到指针中，双字传送指令 MOVD 的输入操作数前加“δ”，表示送入的是某一存储器的地址，而不是存储器中的内容。例如，“MOVD δVB200，AC1”指令表示将 VB200 的地址送入累加器 AC1 中，其中累加器 AC1 就是指针，如图 1-67 所示。

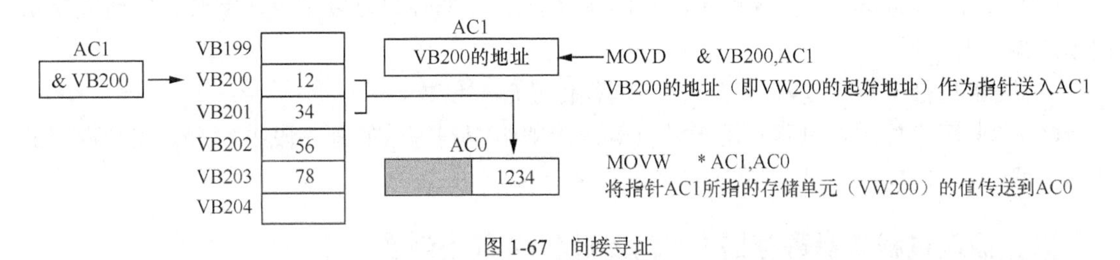

图 1-67　间接寻址

（2）利用指针存取数据。在利用指针存取数据时，指令中的操作数前需加“*”号，表示该操作数作为指针。例如，“MOVW　*AC1，AC0”指令表示把 AC1 中的地址 VB200 所存储的内容（VB200 中的值为 12，VB201　中的值为 34）送入 AC0 中，如图 1-67 所示。

四、数据存储区的类型

数据区是用户程序执行过程中的内部工作区域。该区域用来存储工作数据和作为寄存器使用，存储器为 EEPROM 和 RAM。数据区是 S7-200 SMART PLC 存储器特定区域，具体如图 1-68 所示。

1．与实际输入/输出信号相关的输入/输出映象区

I：输入过程映像寄存器。

Q：输出过程映像寄存器。

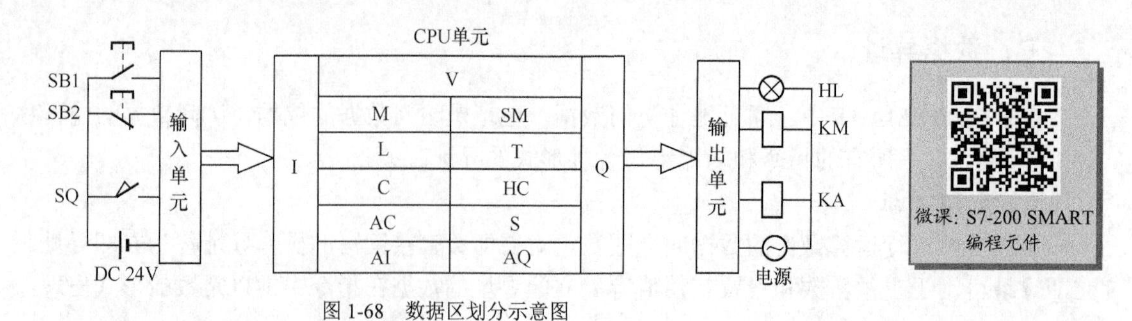

图 1-68　数据区划分示意图

AI：模拟量输入过程映像寄存器。

AQ：模拟量输出过程映像寄存器。

2．内部数据存储区

（1）M。标志存储器，用作内部控制继电器来存储操作的中间状态或其他控制信息。可以按位、字节、字或双字来存取 M 区数据。

（2）SM。特殊存储器，它提供了在 CPU 和用户程序之间传递信息的一种方法。可以使用这些位来选择和控制 CPU 的某些特殊功能，可以按位、字节、字或双字访问 SM 位。

（3）V。变量存储器，它用来存储程序执行过程中控制逻辑操作的中间结果，也可以用它来存储与过程或任务相关的其他数据。可以按位、字节、字或双字来存取 V 区数据。

（4）T。定时器存储器，用于时间累计。

（5）C。计数器存储器，用于累计其输入端脉冲电平由低到高的次数。

（6）HC。高速计数器，独立于 CPU 的扫描周期对高速事件进行计数，高速计数器的当前值是只读值，仅可作为双字（32 位）来寻址。

（7）AC。累加器，可以像存储器一样使用的读/写器件，可以按位、字节、字或双字访问累加器中的数据。

（8）L。局部变量存储器，用于向子例程传递形式参数。

（9）S。顺序控制继电器，用于将机器或步骤组织到等效的程序段中，实现控制程序的逻辑分段。可以按位、字节、字或双字访问 S 存储器。

五、输入过程映像寄存器 I 和输出过程映像寄存器 Q

1．输入过程映像寄存器 I

输入过程映像区是 S7-200 SMART CPU 为输入端信号开辟的一个存储区，输入过程映像存储器的标识符为 I。在每次扫描周期开始时，CPU 会对各个物理输入点进行集中采样，并将采样值写入输入过程映像寄存器中，这一过程可以形象地将输入过程映像寄存器比作输入继电器来理解，如图 1-69 所示。当外部按钮闭合时，输入继电器 I0.0 的线圈得电，即输入过程映像寄存器相应位写入“1”，程序中对应的常开触点 I0.0 闭合，常闭触点 I0.0 断开；一旦按钮松开，则输入继电器 I0.0 的线圈失电，即输入过程映像寄存器相应位写入“0”，程序中对应的常开触点 I0.0 和常闭触点 I0.0 均复位。

需要说明的是，输入过程映像寄存器中的数值只能由外部信号驱动，不能由内部指令改写；输入过程映像寄存器有无数个常开触点和常闭触点供编程时使用，且在编写程序时，只能出现输入过程映像寄存器的触点，不能出现其线圈。

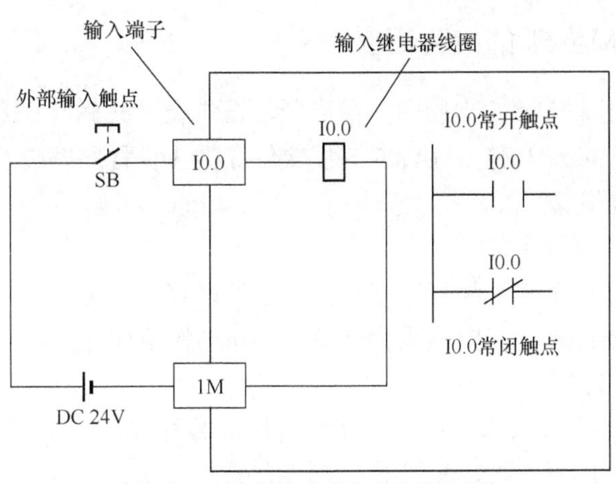

图 1-69　输入过程映像寄存器等效电路

输入过程映像寄存器是 PLC 接收外部输入的开关量信号的窗口，可以按位、字节、字或双字 4 种方式来存取，其地址范围是 I0.0～I31.7，输入过程映像寄存器最多 256 个。

2．输出过程映像寄存器 Q

输出过程映像区是 S7-200 SMART CPU 为输出端信号状态开辟的一个存储区，输出过程映像存储器的标识符为 Q。在每个扫描周期结束时，CPU 会将输出过程映像寄存器中的数据传送给 PLC 的物理输出点，再由硬触点驱动外部负载，这一过程可以形象地将输出过程映像寄存器比作输出继电器，如图 1-70 所示。每个输出继电器线圈都与相应的输出端子相连，当有驱动信号输出时，输出继电器线圈得电，对应的输出过程映像寄存器相应位为“1”状态，其对应的硬触点闭合，从而驱动外部负载，使接触器 KM 线圈得电，反之，则不能驱动负载。

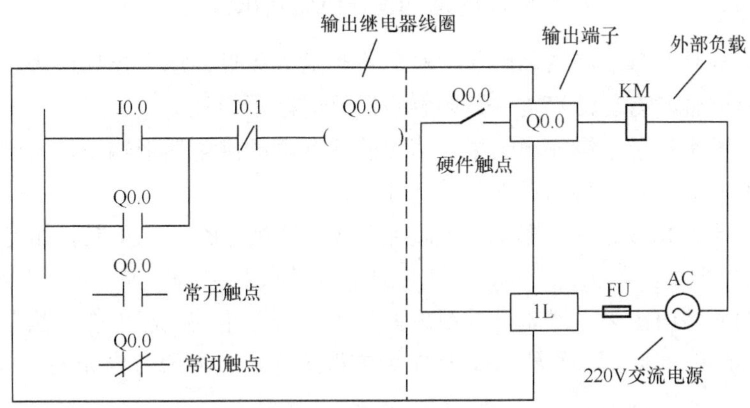

图 1-70　输出过程映像寄存器的等效电路

需要指出的是，输出继电器线圈的通断只能由内部指令驱动，即输出过程映像寄存器的数值只能由内部指令写入；输出过程映像寄存器有无数个常开触点和常闭触点供编程时使用，在编写程序时，输出继电器线圈、触点都能出现，且线圈的通断状态表示程序的最终运算结果。

输出过程映像寄存器可以按位、字节、字或双字来存取，其地址范围是 Q0.0～Q31.7，输出过程映像寄存器最多 256 个。

六、S7-200 SMART 的编程语言

PLC 常用的编程语言有顺序功能图、梯形图、语句表（又称指令表）和功能块图。STEP7-Micro/WIN SMART 编程软件提供 3 种程序编辑器：梯形图、功能块图和语句表。

1．顺序功能图（SFC）

顺序功能图是一种位于其他编程语言之上的图形语言，它主要用来编制顺序控制程序，主要由步、有向连线、转换条件和动作组成。

2．梯形图（LAD）

梯形图是很多 PLC 程序员和维护人员优先选用的编程方法。梯形图（LAD）是一种与继电接触控制电路相似的图形语言，如图 1-71 所示。它主要是由母线、触点、线圈和方框表示的指令盒等构成，其两侧的平行竖线为仿真动力电源的左右母线，是每段程序的起始点和终止点，在 PLC 编程时，习惯性地只画出左母线，右母线常常省略。梯形图中各元件的功能如下。

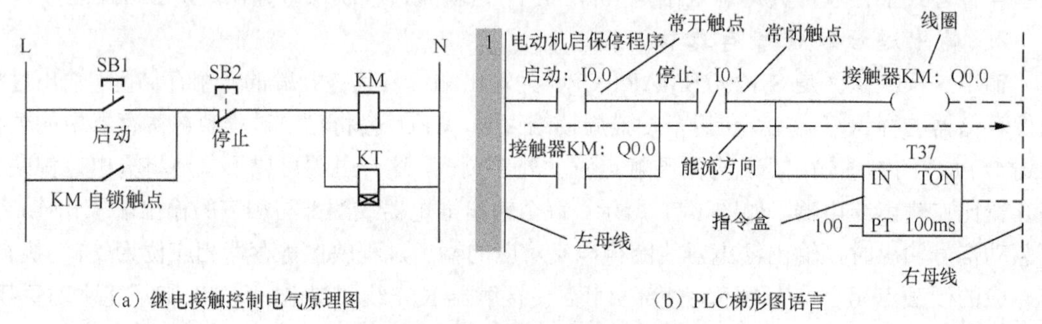

（a）继电接触控制电气原理图　（b）PLC梯形图语言

图 1-71　电气原理图与梯形图对比

（1）触点。分常开触点和常闭触点，表示逻辑输入条件，用于模拟开关、按钮、内部条件等。常开触点闭合时有能流流过；常闭触点断开时阻断能流。

（2）线圈。通常表示逻辑输出结果，即由能流激励的继电器或输出，用于模拟灯、电机启动器、干预继电器、内部输出条件及其他输出。

（3）方框（又称指令盒）。表示在能流到达该框时执行的一项功能（如定时器、计数器或数学指令）。

梯形图中的程序段由以上逻辑元件组成并代表一个完整的线路。能流从左母线经程序中触点 I0.0、I0.1 流过，以激励线圈 Q0.0 得电或方框工作，其能流方向如图 1-71 所示。

梯形图编程注意事项如下。

（1）每个程序段必须以一个触点开始，以线圈或方框终止逻辑程序段。

（2）梯形图中的触点、线圈和方框不是物理意义上的实物元器件，而是由电子电路和存储器组成的虚拟器件，又称为“软元件”。

（3）梯形图每一个程序段中并没有真正的电流流过。

（4）PLC 在执行程序时，每次执行一个程序段，顺序为从左至右，然后自顶部至底部一个程序段一个程序段扫描执行，一旦 CPU 到达程序的结尾，就又回到程序的顶部重新开始执行，即 PLC 是串行周期扫描工作方式。而在继电接触控制电路中，只要满足逻辑关系，就可以同时执行满足条件的分支电路，即继电接触控制电路是并行工作方式。

3. 语句表（STL）

语句表是使用文本形式的 STL 指令助记符和参数来创建程序的编程语言。语句表由助记符和操作数构成。采用助记符来表示操作功能，操作数是指定的存储器地址。用 STEP7-Micro/Win SMART 编程软件可以将语句表和梯形图相互转换。在 STEP7-Micro/WIN SMART 编程软件中，打开“视图”菜单中的“编辑器”，选中“STL”按钮，就可以将图 1-72（a）所示的梯形图转换成图 1-72（b）所示的语句表。

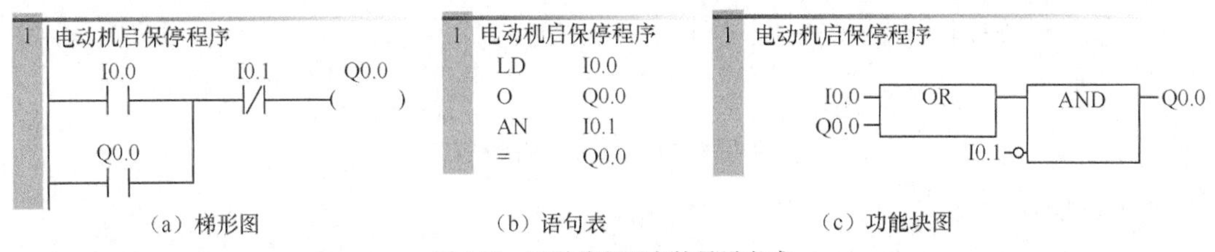

（a）梯形图　（b）语句表　（c）功能块图

图 1-72　三种编程语言的显示方式

4. 功能块图（FBD）

功能块图是采用逻辑门电路的编程语言，有数字电路基础的人很容易掌握。功能块图指令由输入、输出段及逻辑关系函数组成，用 STEP7-Micro/WIN SMART 编程软件将图 1-72（a）所示的梯形图转换为 FBD 程序，如图 1-72（c）所示。方框的左侧为逻辑运算的输入变量，右侧为输出变量，输入输出端的小圆圈表示“非”运算，信号自左向右流动。

微课：标准触点指令与输出指令

七、标准触点指令与线圈输出指令

S7-200 SMART PLC 的基本逻辑指令是 PLC 中最基础的编程语言，掌握了基本逻辑指令也就初步掌握了 PLC 的编程语言。基本逻辑指令包括位逻辑指令、定时器指令和计数器指令。

1. 触点装载指令与线圈输出指令

（1）指令格式与功能说明

触点装载指令与线圈输出指令格式及功能说明如表 1-6 所示。

表 1-6　触点装载指令与线圈输出指令格式及功能说明

指令名称	数据类型	LAD	STL	功能	操作数
装载	BOOL（位）	bit ─┤ ├─	LD bit	用于逻辑运算的开始，表示常开触点与左母线连接	I、Q、V、M、SM、S、T、C、L
取非装载	BOOL（位）	bit ─┤/├─	LDN bit	用于逻辑运算的开始，表示常闭触点与左母线连接	I、Q、V、M、SM、S、T、C、L
输出	BOOL（位）	bit ─( )	= bit	线圈驱动指令，用于将逻辑运算的结果驱动一个指定线圈	Q、V、M、SM、S、T、C

（2）程序举例

如图 1-73（a）所示，当程序段 1 中的按钮 I0.0 闭合时，其常开触点 I0.0 闭合，线圈 Q0.0 和 Q0.2 同时得电；当程序段 2 中的按钮 I0.1 断开时，其常闭触点 I0.1 断开，输出继电器 Q0.1 得电。其对应的语句表如图 1-73（b）所示。

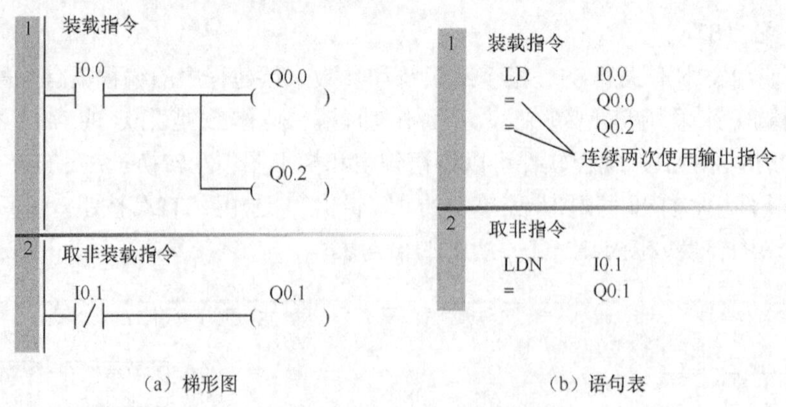

（a）梯形图　（b）语句表

图 1-73　LD、LDN、=指令举例

指令说明如下 。

① 每个逻辑运算开始都需要装载指令 LD 或取非装载指令 LDN，LD、LDN 指令还可以与 ALD、OLD 指令配合，用于分支回路的起点。

② =是对输出过程映像寄存器 Q、变量存储器 V、内部标志位存储器 M、特殊存储器 SM、顺序控制继电器 S、定时器 T、计数器 C 的线圈进行驱动的指令，不能用于驱动输入过程映像寄存器 I。=指令可以连续使用多次，相当于电路中多个线圈的并联形式。

③ 在梯形图中，同一地址的线圈不能出现多次。

2．触点串联指令

（1）指令格式与功能说明

触点串联指令格式及功能说明如表 1-7 所示。

表 1-7　触点串联指令格式与功能说明

指令名称	数据类型	LAD	STL	功能	操作数
与	BOOL（位）	⊣ ⊢ bit ⊣ ⊢	A bit	用于单个常开触点的串联	I、Q、V、M、SM、S、T、C、L
与非	BOOL（位）	⊣ ⊢ bit ⊣/⊢	AN bit	用于单个常闭触点的串联	I、Q、V、M、SM、S、T、C、L

（2）程序举例

如图 1-74（a）所示，在程序段 1 中，当按钮 I0.3 和按钮 I0.0 同时闭合时，线圈 Q0.0 得电；在程序段 2 中，当按钮 I0.1 闭合同时按钮 I0.4 断开时，线圈 Q0.1 得电；在程序段 3 中，当按钮 I0.2 和按钮 I0.5 同时闭合时，线圈 Q0.2 得电；如果此时按钮 I0.1 也闭合，则线圈 Q0.3 得电。其对应的语句表如图 1-74（b）所示。

指令说明如下。

① A 指令完成逻辑“与”运算，AN 指令完成逻辑“与非”运算。

② 单个串联指令可以连续使用。

③ 在=之后，通过串联触点对其他线圈指令使用=指令，称为连续输出，如图 1-74 所示。

④ 若两个以上触点并联后与其他支路串联，则需要用到后面介绍的 ALD 指令。

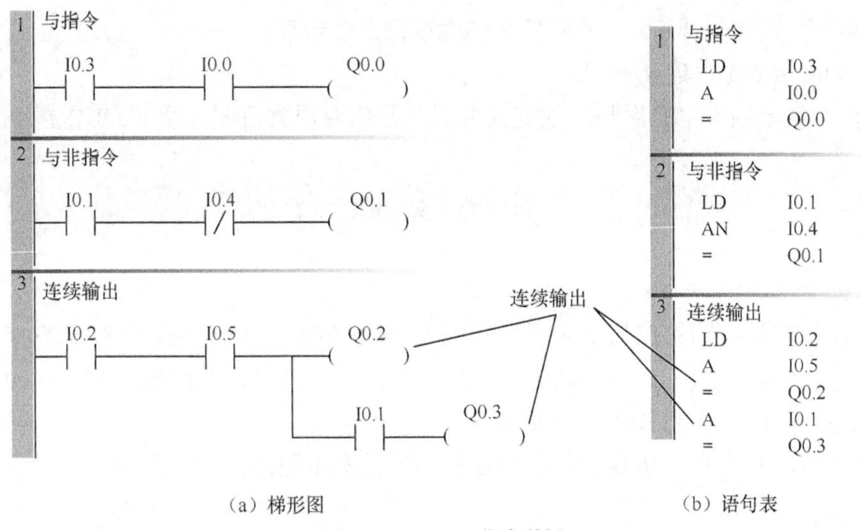

（a）梯形图　　（b）语句表

图 1-74　A、AN 指令举例

3．触点并联指令

（1）指令格式与功能说明

触点并联指令格式及功能说明如表 1-8 所示。

表 1-8　触点并联指令格式与功能说明

指令名称	数据类型	LAD	STL	功能	操作数
或指令	BOOL（位）	bit	O　bit	用于单个常开触点的并联	I、Q、V、M、SM、S、T、C
或非指令	BOOL（位）	bit /	ON　bit	用于单个常闭触点的并联	I、Q、V、M、SM、S、T、C

（2）程序举例

如图 1-75（a）所示，在程序段 1 中，当按钮 I0.3 或按钮 I0.1 有一个闭合时，线圈 Q0.0 得电；在程序段 2 中，当按钮 I0.2 闭合或按钮 I0.4 断开时，Q0.2 得电。其对应的语句表如图 1-75（b）所示。

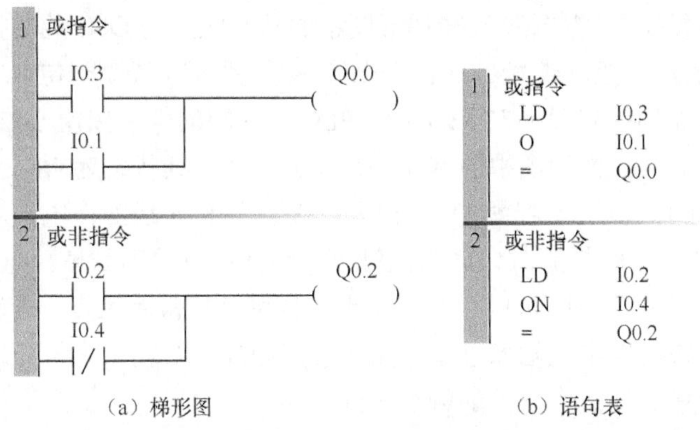

（a）梯形图　　（b）语句表

图 1-75　OR、ORI 指令举例

指令说明如下。

① O 指令完成逻辑或运算，ON 指令完成逻辑或非运算。

② O、ON 指令可以连续使用。

③ 若两个以上触点串联后与其他支路并联，则需要用到后面介绍的 OLD 指令。

任务实施

1. 硬件电路

根据电动机直接启动的控制要求可得 PLC 控制系统的 I/O 端口地址分配如下。

输入信号：启动按钮 SB1——I0.0；停止按钮 SB2——I0.1；热继电器 FR——I0.2。

输出信号：接触器线圈 KM——Q0.0。

根据 PLC 的 I/O 分配，可以设计出电动机自锁控制电路图如图 1-76 所示。

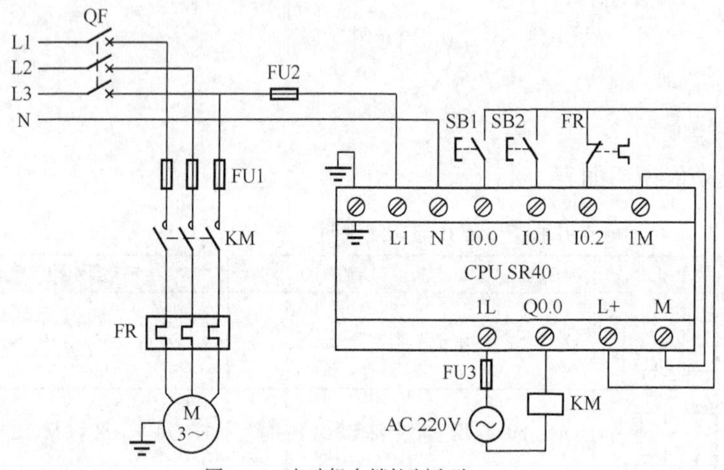

图 1-76　电动机自锁控制电路

2. 程序设计

图 1-77 所示为停止按钮分别接常开触点和常闭触点时，PLC 的 I/O 接线图和梯形图。在图 1-77（a）中，PLC 输入端的停止按钮 SB2 接常开触点 I0.1，输入继电器 I0.1 的线圈不“得电”，其在梯形图中的 I0.1 采用常闭触点，其状态为 ON；热继电器 FR 的常闭触点接 I0.2，这时 I0.2 的输入继电器线圈“得电”，其在梯形图中的常开触点为 ON。此时按下启动按钮 SB1（I0.0），I0.0 的常开触点闭合，线圈 Q0.0“得电”，接触器 KM 线圈得电，电动机旋转，这和继电接触控制原理图相同。在图 1-77（b）中，PLC 输入端的停止按钮 SB2 接常闭触点 I0.1，输入继电器 I0.1 得电，其在梯形图中的 I0.1 采用常开触点，其状态为 ON，这与原理图相反，此时按下启动按钮 SB1（I0.0），线圈 Q0.0 得电，接触器 KM 线圈得电，电动机旋转。由此可见，用 PLC 取代继电接触控制时，其常闭触点应该按以下原则处理。

（1）PLC 外部的输入触点既可以接常开触点，也可以接常闭触点。若输入为常闭触点，则梯形图中触点的状态与继电接触原理图采用的触点相反。若输入为常开触点，则梯形图中触点的状态与继电接触原理图中采用的触点相同。

（2）在教学中，PLC 的输入触点经常使用常开触点，便于进行原理分析。但在实际控制中，停止按钮、限位开关及热继电器等要使用常闭触点，以提高安全保障。

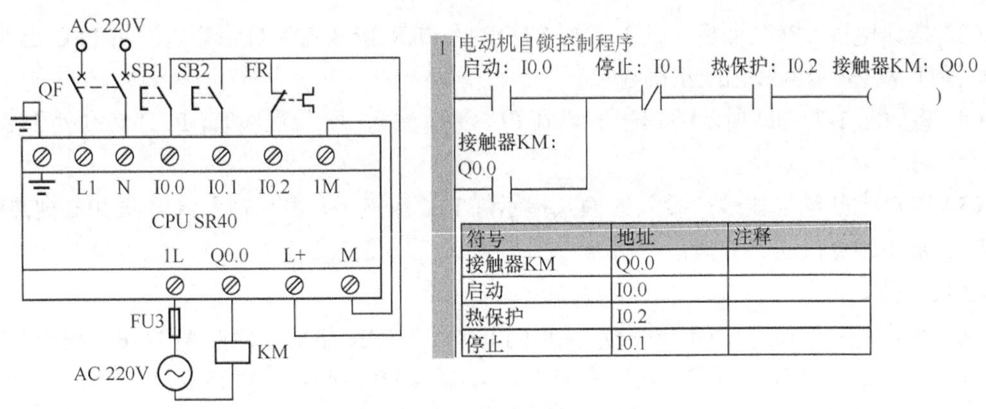

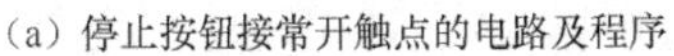
（a）停止按钮接常开触点的电路及程序

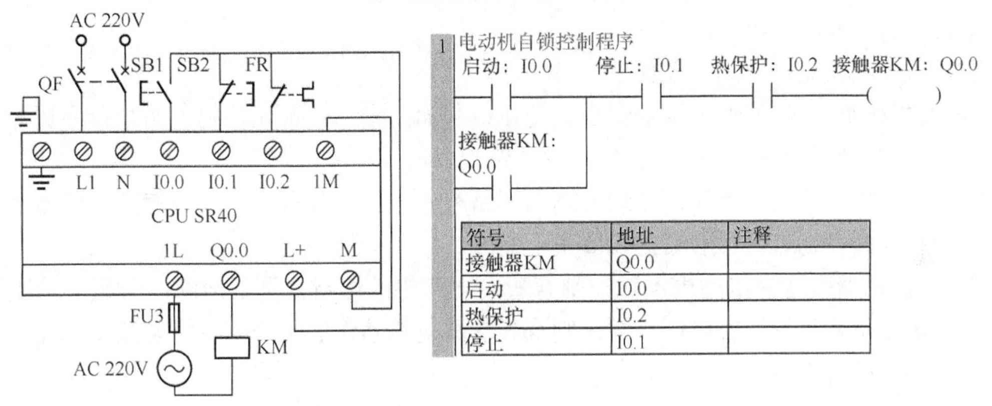

（b）停止按钮接常闭触点的电路及程序

图 1-77　电动机自锁控制电路的接线图和程序

（3）为了节省成本，应尽量少占用 PLC 的 I/O 点数，因此有时也将热继电器的常闭触点 FR 串接在其他常闭输入或负载输出回路中。例如可以将 FR 的常闭触点与图 1-77（b）所示的线圈 KM 串联在一起。

3．接线时的注意事项

（1）要认真核对 PLC 的电源规格。CPU SR40 的工作电源是 AC120～AC240V。交流电源要接于专用端子 L1 和 N 上，否则会烧坏 PLC。

（2）PLC 的直流电源输出端 L+、M，为外部传感器供电，该端不能接外部直流电源。

（3）PLC 不要与电动机公共接地。

（4）西门子 PLC 输入端子与公共端子 1M 之间使用无源触点输入，如图 1-76 所示，1M 端子既可以接 DC 24V 电源的正极，又可以接 DC 24V 电源的负极。

（5）输出端子接线时需注意对于继电器输出型 PLC，既可以接交流负载，又可以接直流负载。在此例中，因为 PLC 只有一个输出连接到接触器的线圈 KM 上，如图 1-76 所示，所以采用 AC220V 电源，并在输出回路中串联熔断器。

4．操作步骤

（1）按照如图 1-76 将主电路和 PLC 的 I/O 接线图连接起来。

（2）用网线将装有 STEP7-Micro/WIN SMART 编程软件的计算机的以太网口与 PLC 的以太网口连接起来。

（3）接通电源，PLC 面板上的 RUN、STOP 及 ERROR 3 盏黄灯点亮，说明 PLC 已通电。LINK 绿灯点亮表示网线已经正确连接。

（4）将如图 1-77（a）所示的程序下载到 PLC 中。注意：下载程序时，PLC 必须处于 STOP 模式。

（5）PLC 上热继电器触点接入的输入指示灯 I0.2 应点亮，表示输入继电器 I0.2 被热继电器 FR 的常闭触点接通。若指示灯 I0.2 不亮，则说明热继电器 FR 的常闭触点断开，热继电器已过载保护。

（6）单击程序编辑器上的按钮，让 CPU 置于 RUN 模式。对照图 1-76，按下启动按钮 SB1，输入继电器 I0.0 得电，PLC 的输出指示灯 Q0.0 点亮，接触器 KM 吸合，电动机旋转。按下停止按钮 SB2，输入继电器 I0.1 得电，I0.1 的常闭触点断开，Q0.0 失电，接触器 KM 释放，电动机停止转动。

在调试中，常见的故障现象如下。

① 首先检查 PLC 的输出指示灯是否动作，若输出指示灯不亮，则说明是程序错误；若输出指示灯亮，则说明故障在 PLC 的外围电路中。

② 检查 PLC 的输出回路，先确认输出回路有无电压，若有电压，则查看熔断器是否熔断；若没有熔断，则查看接触器的线圈是否断线。

③ 若接触器吸合而电动机不转，则查看主电路中的熔断器是否熔断；若没有熔断，则查看三相电压是否正常；若电压正常，则查看热继电器动作后是否复位；若热继电器完好，则查看电动机是否断路。

（7）监控运行。在 STEP7-Micro/WIN SMART 编程软件中单击“调试”→“程序状态”命令，可以监控 PLC 程序运行过程中的 I/O 状态、数据值和逻辑运算结果，如图 1-78 所示。其中“蓝色”表明该触点闭合或该线圈得电，“灰色”表明该触点断开或线圈失电，能流流经的线段会变成蓝色显示。

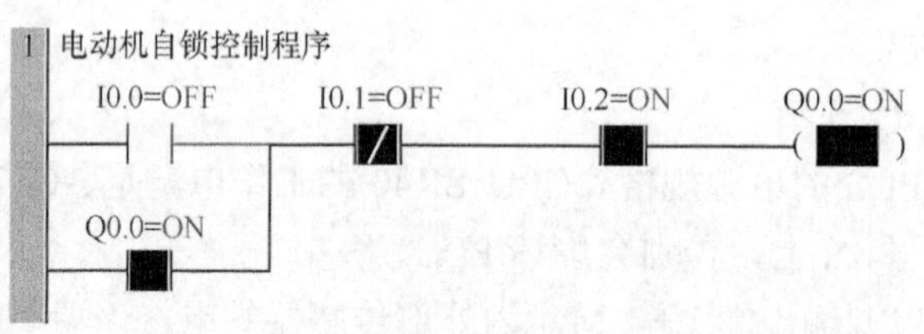

图 1-78　电动机自锁控制程序的监控运行画面

知识拓展

一、置位与复位指令

微课：电机连续运行控制程序设计（置位复位指令）

1．指令格式与功能说明

置位与复位指令格式及功能说明如表 1-9 所示。

表 1-9　　置位与复位指令格式与功能说明

指令名称	数据类型	LAD	STL	功能	操作数
置位	bit，BOOL N，字节	bit —(S) N	S　bit，N	从起始位开始连续 N 位被置位（变为 ON）	Q、V、M、SM、S、T、C、L
复位	bit，BOOL N，字节	bit —(R) N	R　bit，N	从起始位开始连续 N 位被复位（变为 OFF）	Q、V、M、SM、S、T、C、L

2．程序举例

如图 1-79（a）所示，当 I0.0 闭合时，Q0.0 置位，即使 I0.0 断开时，Q0.0 仍得电保持；只有当 I0.1 闭合时，Q0.0 才复位。语句表和时序图如图 1-79（b）和图 1-79（c）所示。

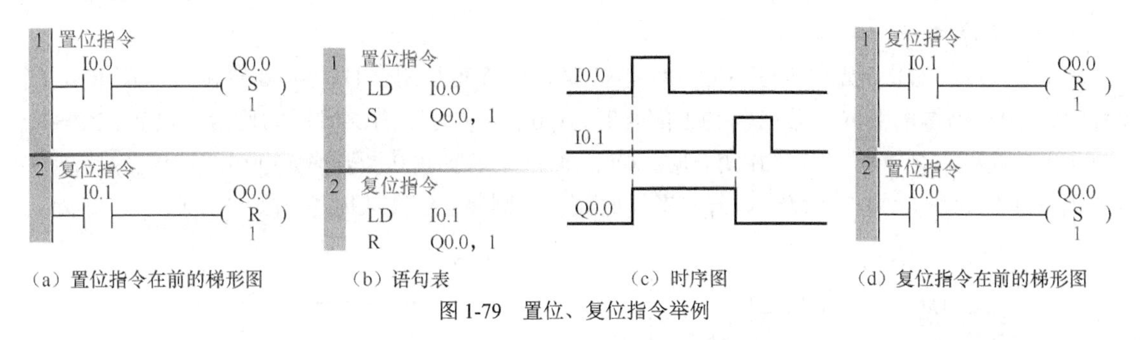

（a）置位指令在前的梯形图　（b）语句表　（c）时序图　（d）复位指令在前的梯形图

图 1-79　置位、复位指令举例

指令说明如下。

① 置位指令和复位指令用于将从指定起始位开始的 N 个连续的位地址置位（变为 ON）或复位（变为 OFF），N=1～255，图 1-79 中的 N=1。

② 置位、复位指令具有记忆和保持功能，某一元件一旦被置位，就始终保持得电状态，直到对它进行复位为止，一旦被复位，就始终保持复位状态，直到重新被置位。

③ 如果被指定复位的是定时器（T）或计数器（C），则该指令将对定时器或计数器的位进行复位，并清除定时器/计数器的当前值。

④ 置位、复位指令通常成对使用，两个指令之间可以插入别的程序段。置位、复位指令也可单独使用。

⑤ 在图 1-79（a）中，如果 I0.0 和 I0.1 同时闭合，则 Q0.0 失电；在图 1-79（d）中，如果 I0.0 和 I0.1 同时闭合，则 Q0.0 得电。因为梯形图是按照自上而下的顺序执行程序的，所以 Q0.0 的最终结果取决于梯形图最后的程序段。

二、利用置位和复位指令实现电动机的自锁控制

利用置位和复位指令的特点也可以实现电动机的自锁控制，启动按钮 I0.0 和停止按钮 I0.1 都接常开触点，热保护 I0.2 接常闭触点的梯形图如图 1-80 所示。

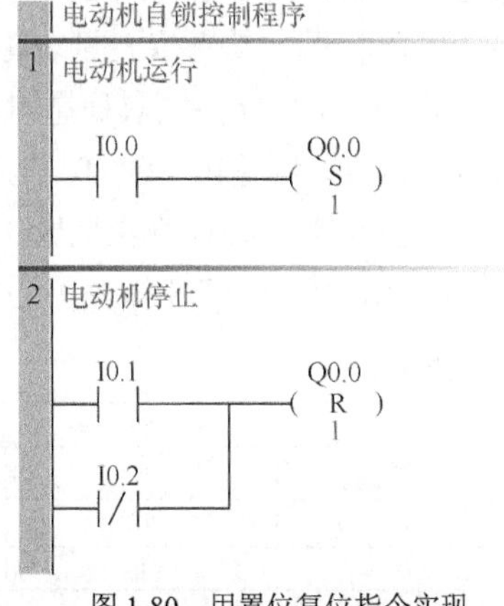

图 1-80　用置位复位指令实现电动机的自锁控制

三、置位和复位优先双稳态触发器指令

1．指令格式与功能说明

RS 和 SR 双稳态触发器指令格式及功能说明如表 1-10 所示。

表 1-10　　RS 和 SR 双稳态触发器指令格式与功能说明

指令名称	数据类型	LAD	功能	操作数
置位优先触发器指令（SR）	BOOL	bit S1 OUT SR R	置位信号 S1 和复位信号 R 同时为 1 时，置位优先	S1、R 的操作数：I、Q、V、M、SM、S、T、C Bit 的操作数：I、Q、V、M、S
复位优先触发器指令（RS）	BOOL	bit S OUT RS R1	置位信号 S 和复位信号 R1 同时为 1 时，复位优先	S、R1 的操作数：I、Q、V、M、SM、S、T、C Bit 的操作数：I、Q、V、M、S

2．程序举例

如图 1-81（a）所示，对于 SR 双稳态触发器，当 I0.0 闭合时，Q0.0 置位，即使 I0.0 断开时，Q0.0 仍得电保持；只有当 I0.1 闭合时，Q0.0 才复位。若二者同时闭合，则置位优先；对于 RS 双稳态触发器，当 I0.0 闭合时，Q0.1 置位，即使 I0.0 断开时，Q0.1 仍得电保持；只有当 I0.1 闭合时，Q0.1 才复位。若二者同时闭合，则复位优先。时序图如图 1-81（b）所示。

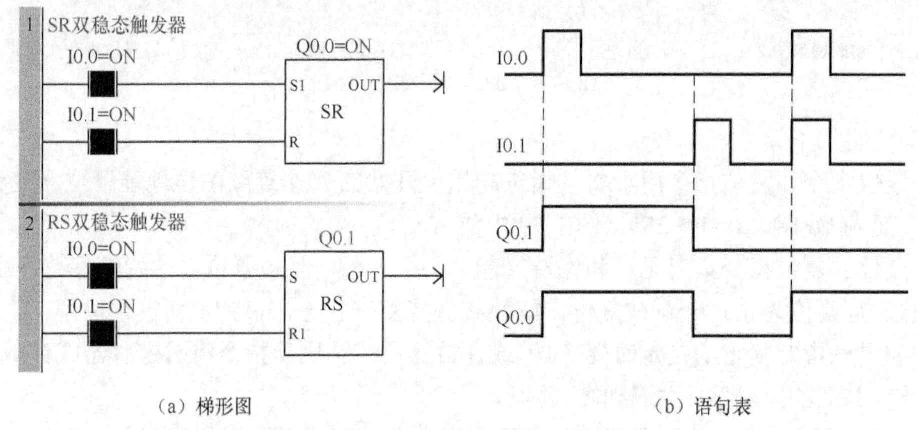

（a）梯形图　　（b）语句表

图 1-81　SR 和 RS 双稳态触发器指令举例

指令说明。

① SR（置位优先双稳态触发器）是一种置位优先锁存器。如果置位（S1）和复位（R）信号均为真，则输出（OUT）为真；如果置位（S1）和复位（R）信号均为假，则输出（OUT）保持先前状态，其真值表见表 1-11。

② RS（复位优先双稳态触发器）是一种复位优先锁存器。如果置位（S）和复位（R1）信号均为真，则输出（OUT）为假；如果置位（S1）和复位（R）信号均为假，则输出（OUT）保持先前状态，其真值表见表 1-11。

③ SR 指令和 RS 指令不适用于 STL。

表 1-11　　SR 和 RS 的真值表

SR			RS		
S1	R	输出（位）	S	R1	输出（位）
0	0	先前状态	0	0	先前状态
0	1	0	0	1	0
1	0	1	1	0	1
1	1	1	1	1	0

思考与练习

1．填空题

（1）十六进制数的 A～F 分别对应于十进制数________。

（2）BCD 码用______位二进制数来表示 1 位十进制数。

（3）S7-200 SMART 系列 PLC 的指令系统使用的数据类型有：_______、_______、_____、________、_________和________等。

（4）二进制数 2#0000 0010 1001 1101 对应的十六进制数是____，对应的十进制数是____。

（5）BCD 码 16#7824 对应的十进制数是_________。

（6）PLC 输入继电器的标识符为_______，它只能由___________信号驱动；输出继电器的标识符为________。

（7）PLC 外部的输入电路接通时，对应的输入过程映像寄存器为________状态，梯形图中对应的输入继电器的常开触点________，常闭触点________。

（8）若梯形图中输出继电器的线圈“得电”，则对应的输出映像寄存器为________状态，在输出处理阶段后，继电器型输出模块中对应的硬件继电器的线圈________，其常开触点________，外部负载________。

（9）输出指令不能用于________________寄存器。

（10）将编写好的程序写入 PLC 时，PLC 必须处在________模式。

2．选择题

（1）下列哪项属于位寻址？（　　）

A．I0.2　　B．I12　　C．IB0　　D．I0

（2）下列哪项属于字节寻址？（　　）

A．VB10　　B．V10　　C．I0　　D．I0.2

（3）下列哪项属于字寻址？（　　）

A．MB2　　B．V10　　C．QW4　　D．I0.2

（4）下列哪项属于双字寻址？（　　）

A．QW1　　B．V10　　C．IB0　　D．MD28

（5）输出过程映像寄存器用字母（　　）表示。

A．Q　　B．I　　C．M　　D．V

（6）变量存储器用字母（　　）表示。

A．Q　　B．I　　C．M　　D．V

（7）标志存储器用字母（　　）表示。

A．Q　　B．I　　C．M　　D．V

（8）顺序控制继电器用字母（　　）表示。

A．Q　　B．S　　C．M　　D．V

（9）特殊存储器用字母（　　）表示。

A．L　　B．S　　C．SM　　D．V

3．分析题

（1）VD20 由哪两个字组成？由哪 4 字节组成？谁是最高有效字节？谁是最低有效字节？

（2）在 PLC 控制电路中，停止按钮和热继电器在外部使用常闭触点或使用常开触点时，PLC 程序相同吗？实际使用时采用哪一种，为什么？

（3）在 PLC 控制电路中，为了节约 PLC 的 I/O 点数，常将热继电器的常闭触点接在接触器的线圈电路中，试画出该电路。

（4）设计电动机的两地控制程序并调试。要求：按下 A 地或 B 地的启动按钮，电动机均可启动，按下 A 地或 B 地的停止按钮，电动机均可停止。

（5）对某一点餐系统的控制要求如下。

① 当按下桌上的按钮 1（I0.0）后，墙上指示灯 1（Q0.0）点亮。松开按钮 1（I0.0），灯 1（Q0.0）还是点亮。

② 当按钮 2（I0.1）被按下时，墙上的灯 2（Q0.1）点亮。松开按钮 2（I0.1），灯 2（Q0.1）保持点亮。

③ 当操作面板上的 PB1（I0.5）被按下时，墙上的灯 1（Q0.0）和灯 2（Q0.1）熄灭。

试画出 I/O 接线图并编写程序。

任务 1.4　楼梯照明控制程序设计

任务导入

图 1-82（a）所示为一个楼梯结构示意图，楼上和楼下分别有两个开关 LS1 和 LS2，它们共同控制灯 LP1 和 LP2 的点亮和熄灭。在楼下，按 LS2 开关，可以把灯点亮，当上到楼上时，按 LS1 开关可以将灯熄灭，反之亦然。通常可以采用如图 1-82（b）所示的双控开关进行控制。

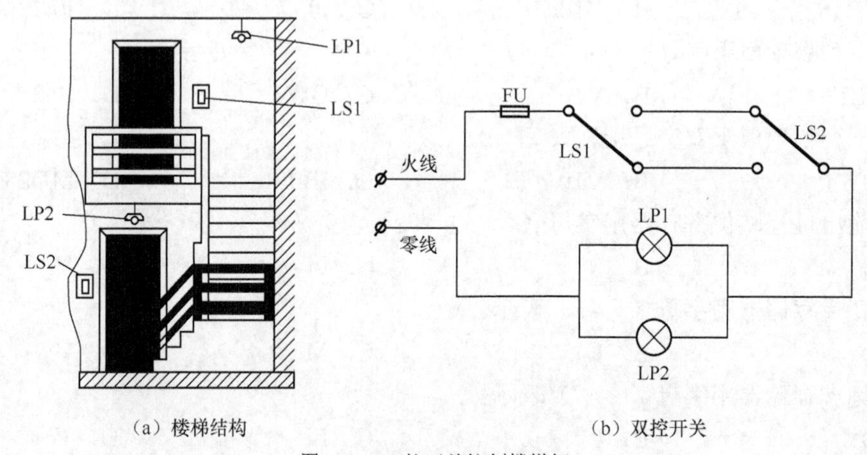

（a）楼梯结构　　（b）双控开关

图 1-82　双控开关控制楼梯灯

相关知识

一、标志存储器 M

标志存储器 M 又称作内部辅助继电器，其作用相当于继电器控制电路中的中间继电器，它用于存储中间操作状态或其他相关数据。标志存储器不能直接驱动负载，只能通过其本身的触点与输出继电器线圈相连，由输出继电器实现最终的输出驱动。

S7-200 SMART 的标志存储器只有 32 字节，其编程地址范围为 M0.0～M31.7，共 256 个，它可以按字节、字、双字来存储数据。如果不够用，可以用变量存储器 V 来代替标志存储器 M。

标志存储器分普通型标志存储器和断电保持型标志存储器两种。普通型标志存储器一旦 PLC 掉电，其存储的数据就会丢失，而断电保持型标志存储器通过“系统块”设置断电保持范围，断电后存储的数据会永久保存。

默认情况下，CPU 中并未定义断电保持区域，但可通过编程软件中的“系统块”组态保持范围。打开“系统块”对话框，如图 1-83 所示，选择“保持范围” 节点，组态在 PLC 循环上电后保持的存储器范围。可以在图 1-83 所示的对话框中为变量存储器 V、标志存储器 M、定时器 T 和计数器 C 设置保持范围，其中“数据区”用于选择需要设置断电保持区的数据类型，“偏移量”用于设置断电保持区的起始地址，“元素数目”用于设置断电保持区的数目，在图 1-83 中设置断电保持范围是 MB10、MB11 两字节。对于定时器，只有保持型定时器（TONR）才可以设置掉电保持范围，设置了掉电保持范围的定时器和计数器只能保持当前值（每次上电时都将定时器和计数器位清零）。

利用图 1-83 设置的断电保持型标志存储器的保持范围，设计如图 1-84 所示的路灯控制程序。每晚 7 点由工作人员按下启动按钮 I0.0，点亮路灯 Q0.0，次日凌晨按下 I0.1，路灯熄灭。特别注意的是，若夜间出现意外停电，则 Q0.0 熄灭。由于 M10.0 是断电保持型标志存储器，所以它可以保持停电前的状态，因此，在恢复来电时，M10.0 将保持“1”状态，从而在再次来电时，Q0.0 继续为“1”，灯继续点亮。

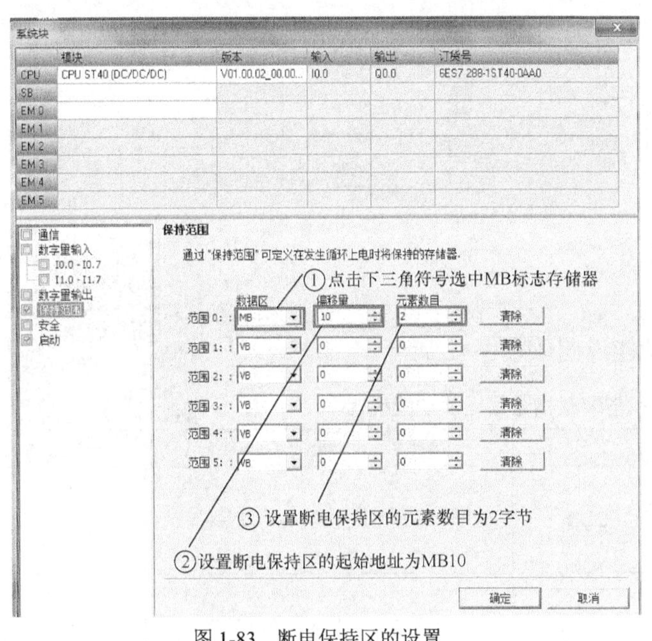

图 1-83　断电保持区的设置

1　断电保持型标志存储器M10.0实现路灯控制程序
I0.0　I0.1　M10.0
M10.0　Q0.0

图 1-84　路灯控制程序

二、特殊存储器 SM

有些标志存储器具有特殊功能或用来存储系统的状态变量和有关控制参数和信息，这样的标志存储器被称为特殊存储器 SM。它用于 CPU 与用户之间的信息交换。

特殊存储器 SM 分为只读特殊存储器和可读/可写特殊存储器两部分。其中 SMB0～SMB29、SMB480～SMB515 和 SMB1000～SMB1399 为只读特殊存储器；SMB30～SMB194 和 SMB566～SMB749 为可读/可写特殊存储器。常用的特殊存储器 SM 有如下几种，其时序图如图 1-85 所示。更多特殊存储器的功能可以参考 PLC 系统手册。

SM0.0（运行监视）：在 PLC 运行时，SM0.0 处于恒“1”状态。

SM0.1（初始化脉冲）：PLC 运行的第一个扫描周期其接通，可以用 SM0.1 的常开触点来使有断电保护功能的存储器复位或调用初始化子程序。

SM0.4：1min 时钟脉冲，SM0.4 的占空比为 50%，也就是说，在一个时间周期内接通 0.5min，断开 0.5min。

SM0.5：1s 时钟脉冲，SM0.5 的占空比为 50%，也就是说，在一个时间周期内接通 0.5s，断开 0.5s。

在梯形图编程中，“左母线不能直接和线圈相连”，由于 SM0.0 在 PLC 运行时恒为“1”，因此经常采用 SM0.0 触点使左母线与线圈隔开，如图 1-86 所示。采用 SM0.4 和 SM0.5 时钟触点可以制作简单的 1min 和 1s 闪烁电路，见图 1-86。

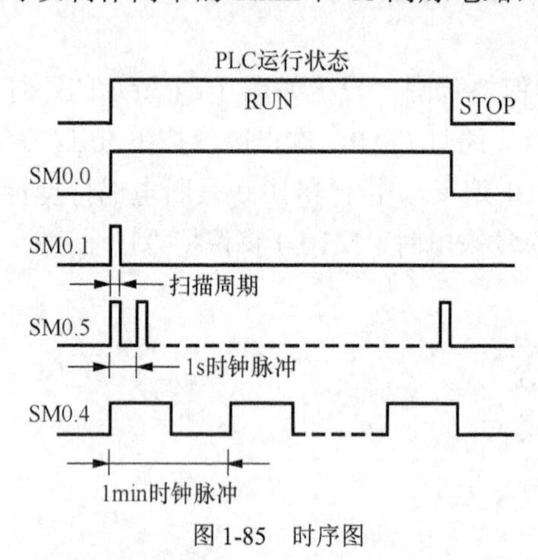

图 1-85　时序图

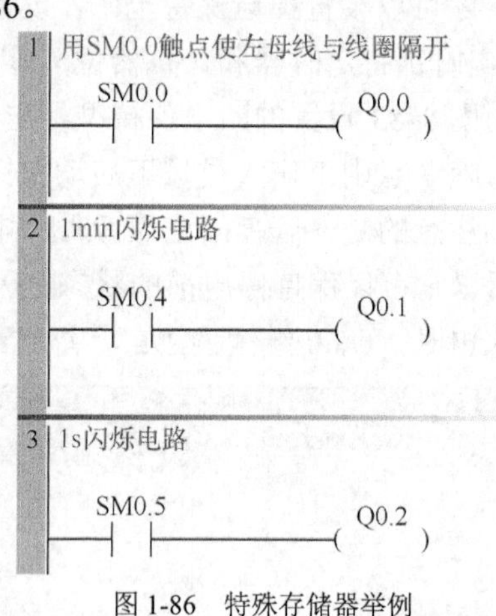

图 1-86　特殊存储器举例

三、或装载指令和与装载指令

微课：或装载指令和与装载指令

1．指令格式与功能说明

或装载指令和与装载指令格式及功能说明如表 1-12 所示。

表 1-12　或装载指令和与装载指令格式及功能说明

指令名称	LAD	STL	功能	操作数
或装载	bit bit / bit bit	OLD	用来描述串联电路块的并联关系	无
与装载	bit bit / bit bit	ALD	用来描述并联电路块的串联关系	无

2．程序举例

如图 1-87 所示，I0.0 与 I0.1、I0.2 与 I0.3 以及 M0.0 与 M0.1 三条串联分支电路中的任一电路块接通，Q0.0 都得电。

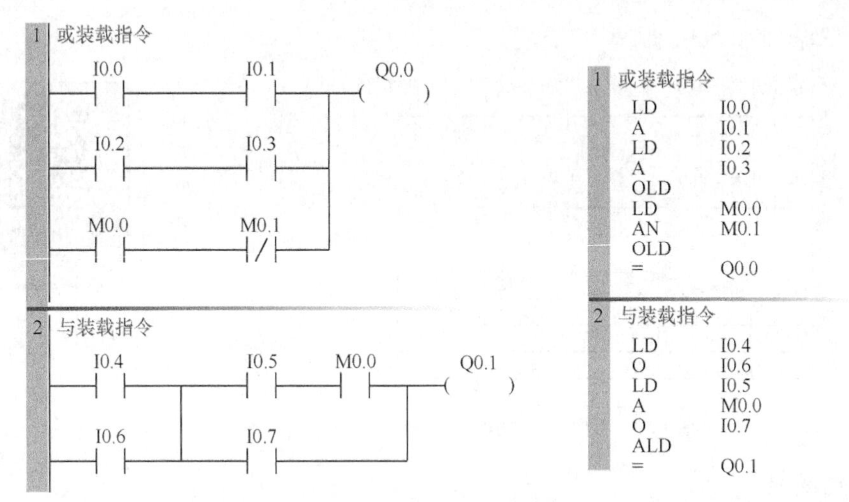

图 1-87 OLD 和 ALD 指令举例

见图 1-87，I0.4 或 I0.6 闭合，I0.5 与 M0.0 闭合或 I0.7 闭合，Q0.1 都可以得电。

指令说明如下。

（1）两个或两个以上触点串联形成的电路叫串联电路块。当串联电路块与前面的电路并联时，使用 OLD 指令。

（2）两个或两个以上触点并联形成的电路叫并联电路块。当并联电路块与前面的电路串联时，使用 ALD 指令。

（3）OLD、ALD 指令均无操作。

（4）串联电路块和并联电路块的分支开始都用 LD、LDN 指令，分支结束用 OLD 或 ALD 指令。

（5）多个电路块并联时，可以分别使用 OLD 指令，见图 1-87。多个电路块串联时，可以分别使用 ALD 指令。

任务实施

1. 硬件电路

图 1-82 中各种器件和 PLC 输入输出的对应关系如图 1-88 所示，两盏灯由同一输出 Q0.0 驱动。

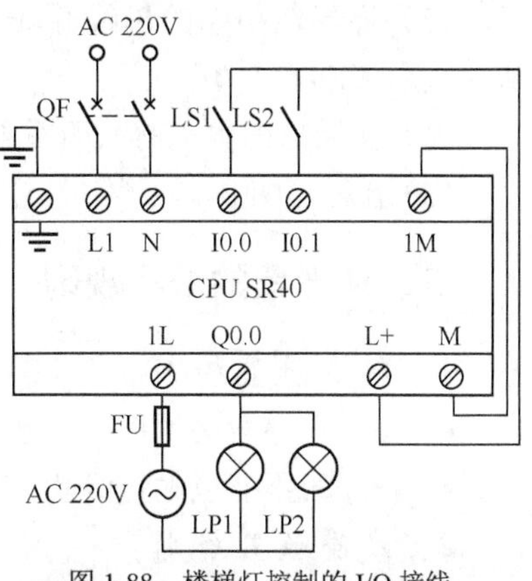

图 1-88 楼梯灯控制的 I/O 接线

2. 程序设计

程序如图 1-89 所示，楼上和楼下的两个开关状态一致时，即都为“ON”或都为“OFF”时，灯亮；状态不一致时，即一个为“ON”，另一个为“OFF”时，灯不亮。灯在熄灭状态时，不管人是在楼下还是楼上，只要拨动该处的开关到另外一个状态，就可将灯点亮。同样，灯在点亮状态时，不管人是在楼下还是楼上，只要拨动该处的开关到另外一个状态，就可将灯熄灭。

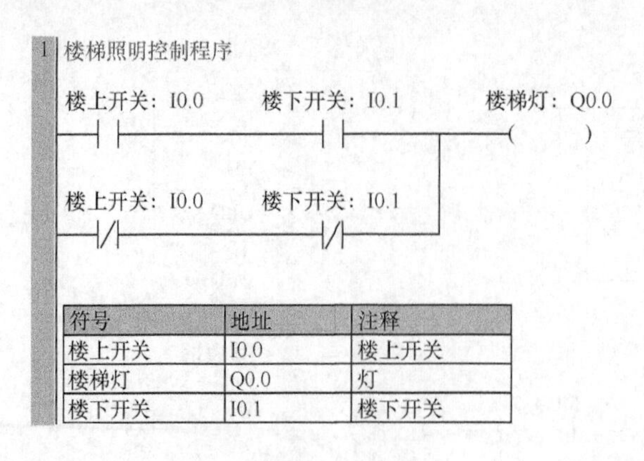

符号	地址	注释
楼上开关	I0.0	楼上开关
楼梯灯	Q0.0	灯
楼下开关	I0.1	楼下开关

图 1-89　楼梯灯控制程序

微课：楼梯照明控制程序设计

3．调试运行

（1）按照图 1-88 进行接线。注意两盏灯是并联关系。

（2）将如图 1-89 中的程序输入 PLC 中。

（3）按下开关 I0.1（准备上楼），观察灯是否点亮，若点亮，按下开关 I0.0（人已经在楼上），观察灯是否熄灭，若熄灭，就说明可以达到上楼的控制要求；接着按下开关 I0.0（准备下楼），观察灯是否点亮，若点亮，就按下开关 I0.1（人已经在楼下），观察灯是否熄灭，若熄灭，就说明满足下楼的控制要求。

知 识 拓 展

一、梯形图的特点

（1）梯形图按自上而下、从左到右的顺序排列。程序按从左到右、从上到下的顺序执行。每个线圈（或方框）为一个逻辑行，即一层阶梯。每一逻辑行开始于左母线，然后是触点的连接，最后终止于线圈（或方框）。

（2）在梯形图中，每个继电器均为存储器中的一位，称“软继电器”。当存储器状态为“1”时，表示该继电器线圈得电，其常开触点闭合或常闭触点断开。

（3）梯形图两端的母线并非实际电源的两端，而是“概念”电流，即能流。能流只能从左到右流动。

（4）在梯形图中，前面所有继电器线圈为一个逻辑执行结果，被后面逻辑操作利用。

（5）在梯形图中，除了输入继电器没有线圈，只有触点外，其他继电器既有线圈，又有触点。

二、梯形图的编程规则

1．触点放置规则

- 每个程序段必须以一个触点开始。
- 程序段不能以触点终止。

2．线圈放置规则

- 程序段不能以线圈开始；线圈用于终止逻辑程序段。
- 一个程序段可有若干个线圈，只要线圈位于该特定程序段的并行分支上。

• 不能在程序段上串联一个以上线圈（即不能在一个程序段的一条水平线上放置多个线圈）。

3．方框放置规则

• 如果方框有 ENO，能流将超出方框；这意味着用户可以在方框后放置更多的指令，如图 1-90（a）所示。

• 在程序段的同一梯级中，可以串联若干个带 ENO 的方框，如图 1-90（a）所示。

• 如果方框没有 ENO，则不能在其后放置任何指令。

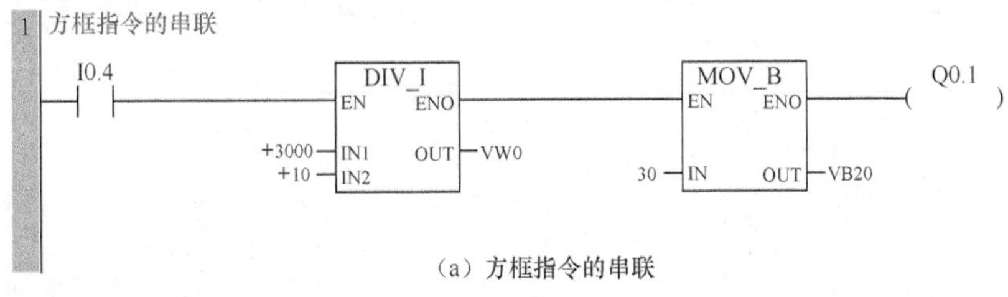

（a）方框指令的串联

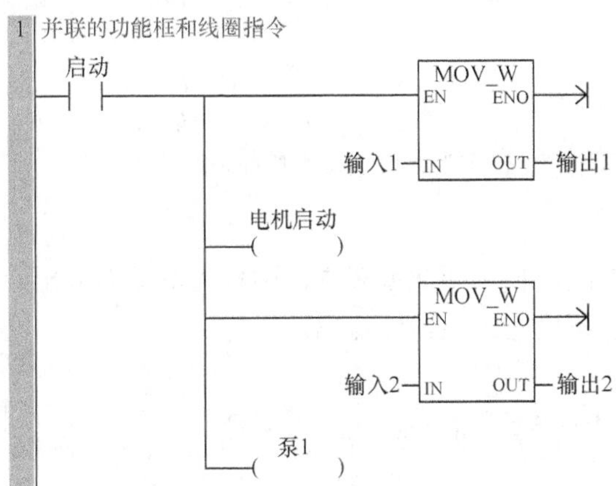

（b）方框指令的并联

图 1-90　方框指令的放置

在图 1-90（a）中，如果第一个方框指令的输入端 EN 有能流且执行时无错误，则使能输出（Enable Output，ENO）将能流传递给下一个方框。ENO 可以作为下一个方框指令的 EN 输入，即几个方框指令可以串联在同一行中。如果指令在执行时出错（例如，将 DIV_I 指令中的除数 10 改为 0），能流在出现错误的方框指令终止，该指令框和方框外的地址和常数变为红色，没有能流从它的 ENO 输出端流出，它右边的“导线”、方框指令、“线圈”为灰色，表示没有能流流过。

在图 1-90（b）中，方框和线圈指令也可以并联，当符合启动条件时，所有的输出（方框和线圈）均被激活。如果一个输出在执行时出错，能流仍然流至其他输出；不受出错指令的影响。

能流只能从左往右流动，程序段中不能有断路、开路和反方向的能流。

LAD 提供两种能流指示器，它们由程序编辑器自动添加和移除，并不是用户放置的。

→> 是开路能流指示器，指示程序段存在开路情况。只有解决开路问题，程序段才能编译成功。

→| 是可选能流指示器，用于指令的级连，表示可将其他梯形图元件附加到该位置。但是

即使没有在该位置添加元件，程序段也能编译成功。该指示器出现在功能框元素的 ENO 能流输出端。

4．梯形图应体现“左重右轻”、“上重下轻”的原则

几个串联支路相并联，应将触点较多的支路放在梯形图的上方；几个并联支路的串联，应将并联较多的支路放在梯形图的左边。按这样规则编制的梯形图可减少用户程序步数，缩短程序扫描时间，例如，图 1-91（b）就比图 1-91（a）少用了 ALD 和 OLD 指令。

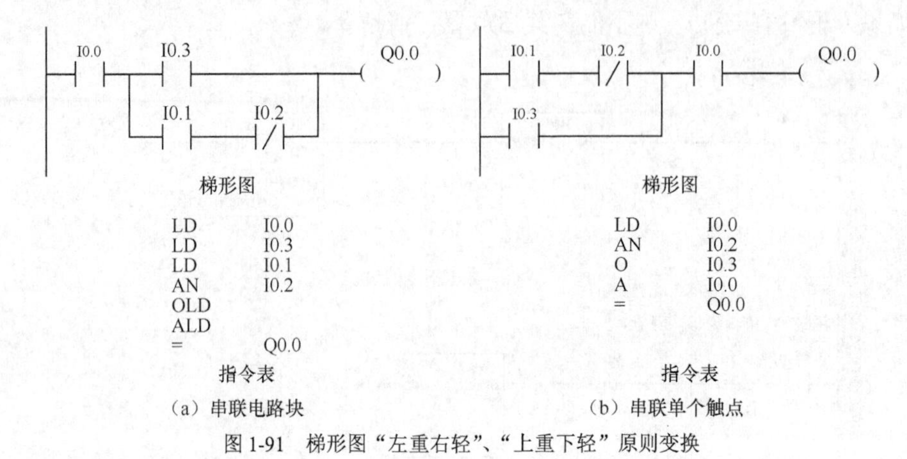

图 1-91　梯形图“左重右轻”、“上重下轻”原则变换

5．双线圈输出不可用

如果在同一程序中，同一地址的线圈使用两次或多次，则称为双线圈输出。这时前面的输出无效，只有最后一次有效。一般不应出现双线圈输出。

思考与练习

1．填空题

（1）标志型存储器 M 有________字节。

（2）PLC 运行时总是 ON 的特殊存储器位是________。

（3）在第一个扫描周期接通可用于初始化子程序的特殊存储器位是________。

（4）提供一个周期是 1 秒钟，占空比是 50%的特殊存储器位是________。

（5）提供一个周期是 1 分钟，占空比是 50%的特殊存储器位是________。

2．分析题

（1）如果将 VW130 设置为断电保持型，如何在系统块中设置？如果将 VW150～VW160 范围设置为断电保持型，又将如何设置？

（2）请将如图 1-92 所示的梯形图转换成指令表。

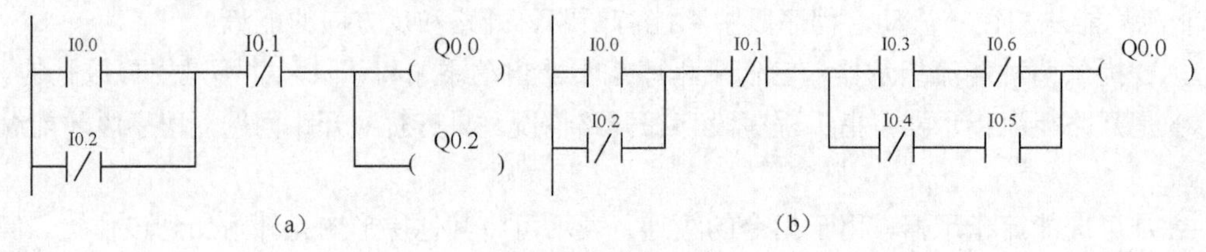

图 1-92　梯形图

（3）试编写电动机正反转控制的程序，并画出 PLC 的 I/O 接线图。

（4）将 3 个指示灯接在输出端上，要求 SB0、SB1、SB2 3 个按钮任意一个按下时，灯 HL0 亮；任意两个按钮按下时，灯 HL1 亮；3 个按钮同时按下时，灯 HL2 亮；没有按钮按下时，所有灯不亮。试用 PLC 来实现上述控制要求。

任务 1.5 电动机单按钮启停控制程序设计

任务导入

在任务 1.3 中，采用两个按钮控制电动机启动和停止，现在要求设计一个只用一个按钮控制电动机启停的电路，即第一次按下该按钮，电动机启动，第二次按下该按钮，电动机停止，其外围电路如图 1-93 所示，为了节约 PLC 的 I/O 点数，将电动机的过载保护 FR 接在 PLC 输出电路中。

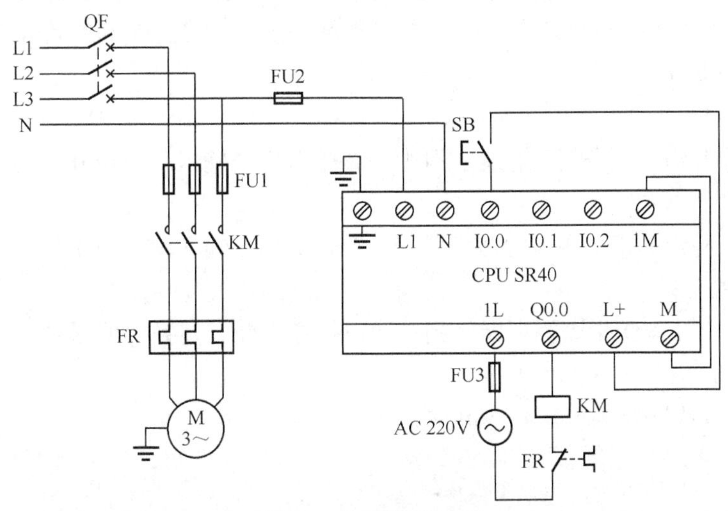

图 1-93 单按钮启停电路

相关知识——脉冲输出指令

1. 指令格式与功能说明

脉冲输出指令用于在某信号的上升沿或下降沿时产生一个周期的脉冲信号，从而使信号变窄。它包括正跳变（上升沿）指令和负跳变（下降沿）指令，它们的指令格式及功能说明如表 1-13 所示。

2. 程序举例

如图 1-94（a）所示，闭合 I0.0 时，Q0.0 得电；闭合 I0.1 时，Q0.0 仍得电，只有当断开 I0.1 时，Q0.0 才会失电。其语句表和时序图如图 1-94（b）和 1-94（c）所示。

表 1-13　　正跳变指令和负跳变指令格式与功能说明

指令名称	LAD	STL	功能	操作数
正跳变	─┤P├─	EU	在输入信号上升沿产生一个扫描周期的脉冲输出	无
负跳变	─┤N├─	ED	在输入信号下降沿产生一个扫描周期的脉冲输出	无

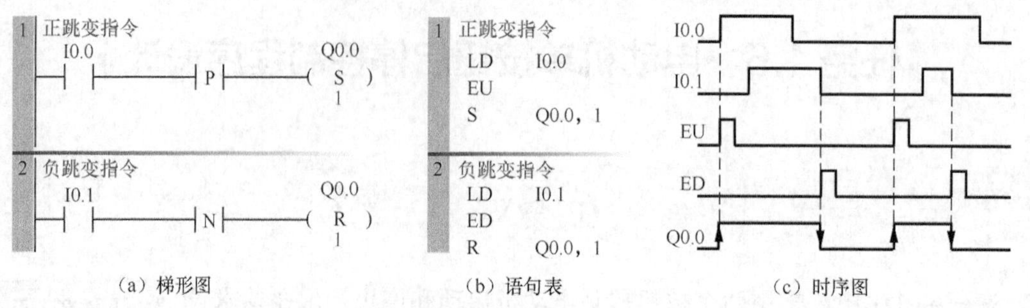

（a）梯形图　　（b）语句表　　（c）时序图

图 1-94　EU 和 ED 指令举例

在图 1-94（c）中，正跳变指令 EU 在输入信号 I0.0 的上升沿产生一个扫描周期的脉冲输出；负跳变指令 ED 在输入信号 I0.1 的下降沿产生一个扫描周期的脉冲输出。当按下按钮 I0.0 时，EU 产生一个扫描周期的脉冲，通过置位指令 S 让 Q0.0 得电，Q0.0 输出指示灯亮，即使手松开 I0.0，由于 S 的置位作用，Q0.0 仍得电；当按下按钮 I0.1 时，ED 并不产生脉冲，只有松开按钮 I0.1 时，ED 指令才产生一个扫描周期的脉冲，通过复位指令 R 对 Q0.0 复位，Q0.0 输出指示灯熄灭。

指令用法如下。

（1）EU（上升沿）指令用于检测正跳变。该指令仅在输入信号由 0 变为 1 时，输出一个扫描周期的脉冲。

（2）ED（下降沿）指令用于检测负跳变。该指令仅在输入信号由 1 变为 0 时，输出一个扫描周期的脉冲。

（3）因为 EU 和 ED 指令需要断开到接通或接通到断开转换，所以对于开机时就为接通状态的输入条件，EU、ED 指令不执行。

（4）EU、ED 指令常与 S/R 指令联用。

任务实施

采用 EU 指令可以实现单按钮启停控制，如图 1-95（a）所示。第一次按下按钮 I0.0 时，M0.0 闭合一个扫描周期，Q0.0 得电并自锁，电动机启动；第二次按下按钮 I0.0 时，M0.0 再闭合一个扫描周期，此时 M0.1 线圈得电，M0.1 的常闭触点断开，Q0.0 失电，电动机停止。从如图 1-95（b）所示的时序图可知，对于外部输入信号 I0.0 来说，因为 Q0.0 的输出脉冲信号是其二分频，所以又把这样的电路称作二分频电路。图 1-95（c）也可以实现电动机单按钮启停控制。

将如图 1-95（a）或图 1-95（c）所示的程序下载到 PLC 中，并按照图 1-93 将外围电路连接起来，合上开关 QF，第一次按下按钮 SB 时，电动机启动，第二次按下按钮 SB 时，电动机停止。

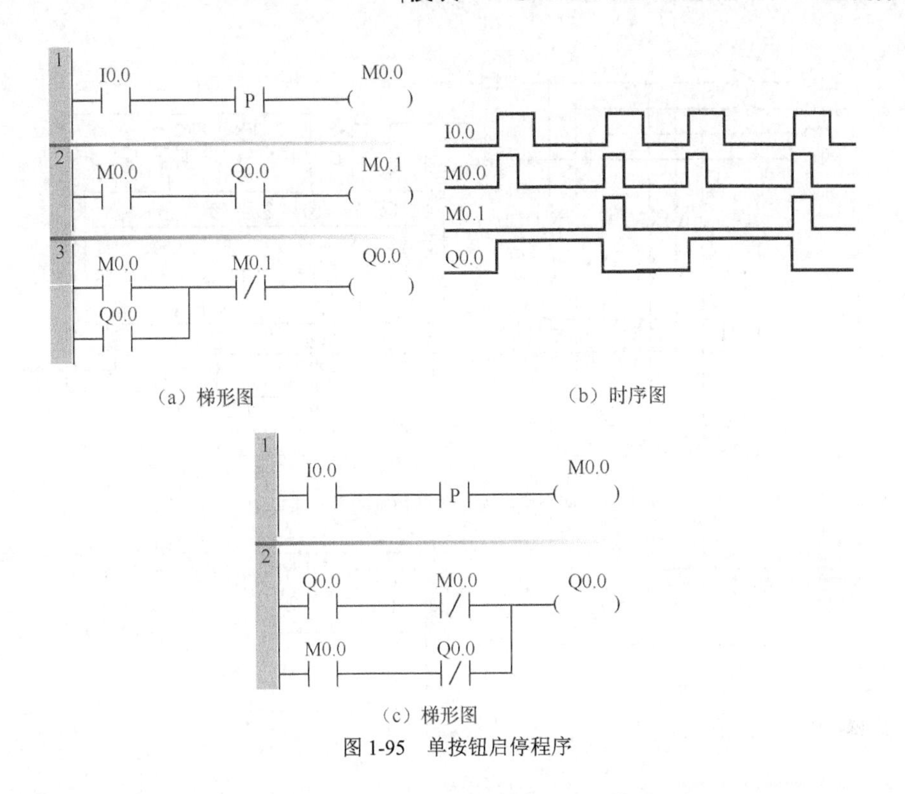

（a）梯形图　　（b）时序图

（c）梯形图

图 1-95　单按钮启停程序

知识拓展——两台电动机顺序启动控制

1. 控制要求

某台设备有两台电动机 M1 和 M2，接触器分别接 PLC 的输出端口 Q0.0 和 Q0.1，启动/停止按钮分别接 PLC 的输入端口 I0.0 和 I0.1。为了减小两台电动机同时启动对供电电路的影响，让 M2 延时启动。按下启动按钮，M1 启动，延缓几秒钟后，松开启动按钮，M2 才启动；按下停止按钮，M1 先停止，延缓几秒钟后，M2 才停止。当电动机发生过载时，电动机停止运行。

2. 电气原理图设计

两台电动机顺序启动控制的电气原理图如图 1-96 所示。

3. 程序设计

根据控制要求，启动第一台电动机用 EU 指令，启动第二台电动机用 ED 指令，两台电动机顺序启动程序如图 1-97 所示。

在图 1-97 中，按下启动按钮，常开触点 I0.0 闭合，产生一个上升沿脉冲，使线圈 Q0.0 置位，第一台电动机启动；松开启动按钮，产生一个下降沿脉冲，使线圈 Q0.1 置位，第二台电动机启动；按下停止按钮，常开触点 I0.1 闭合，产生一个上升沿脉冲，使线圈 Q0.0 复位，第一台电动机停止；松开停止按钮，产生一个下降沿脉冲，使线圈 Q0.1 复位，第二台电动机停止。在第 2 和第 3 程序段的停止按钮两边分别并联热保护 I0.2 和 I0.3，其目的就是在电动机出现过载时，将电动机停止运行。

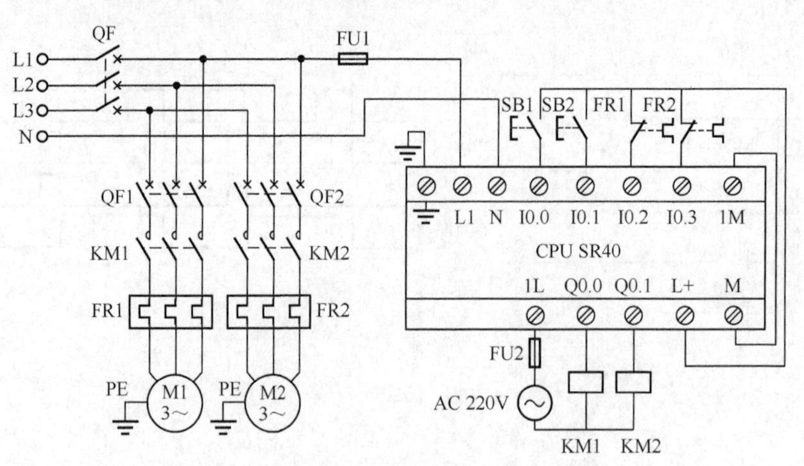

图 1-96　两台电机顺序启动控制的电气原理图

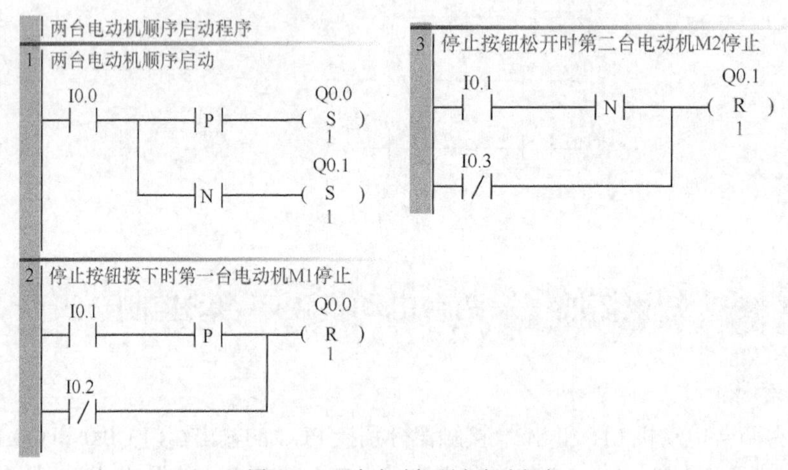

图 1-97　两台电动机顺序启动程序

思考与练习

思考题

（1）如何理解正跳变和负跳变指令？

（2）如何用跳变指令实现两台电动机的顺序启动、逆序停止？

任务 1.6　3 台电动机顺序启动控制程序设计

任务导入

某设备有 3 台电动机，控制要求：按下启动按钮，第一台电动机 M1 启动，运行 5s 后，第二台电动机 M2 启动，M2 运行 10s 后，第三台电动机 M3 启动；按下停止按钮，3 台电动机全部停止。在启动过程中，指示灯闪烁，在运行过程中，指示灯常亮。

相关知识——定时器

1．指令格式与功能说明

微课：定时器

定时器指令是用于计时控制的指令。在 S7-200 SMART 系列 PLC 中，按工作方式的不同，可以将定时器分为通电延时型定时器、保持型通电延时定时器和断电延时型定时器三大类。定时器的指令格式如表 1-14 所示。

表 1-14　　定时器指令格式与功能说明

指令名称	LAD	STL	功能	操作数
通电延时型定时器	Txxx IN　TON PT　???ms	TON　T×××，PT	TON 通电延时型定时器用于测定单独的时间间隔	T×××：T0～T255； IN：I、Q、V、M、SM、S、T、C、L； PT：IW、QW、VW、MW、SMW、SW、T、C、LW、AC、AIW、常数
保持型通电延时定时器	Txxx IN　TONR PT　???ms	TONR　T×××，PT	TONR 保持型通电延时定时器用于累计多个定时时间间隔的时间值	
断电延时型定时器	Txxx IN　TOF PT　???ms	TOF　T×××，PT	TOF 断电延时型定时器用于在 OFF（或 FALSE）条件之后延长一定时间间隔	

定时器的指令格式如图 1-98 所示。

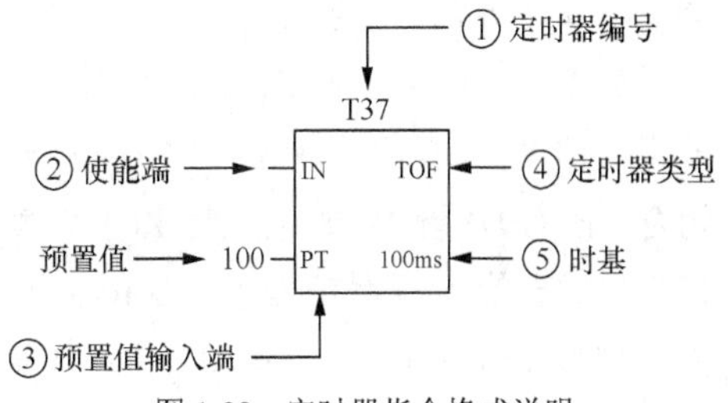

图 1-98　定时器指令格式说明

① 定时器编号：S7-200 SMART PLC 共有 256 个定时器，编号范围为 T0～T255，数据类型为 WORD。

② 使能端：又叫运行条件输入端，它决定定时器能否开始工作，其数据类型为 BOOL，操作数为 I、Q、V、M、SM、S、T、C、L。

③ 预置值输入端：定时器的计时预置值或存放预置值的地址，其数据类型为 INT（16 位有符号整数），允许设定的最大值为 32 767，其操作数为 IW、QW、VW、MW、SMW、SW、T、C、LW、AC、AIW、常数等。

④ 定时器的类型：S7-200 SMART PLC 有 TON、TONR、TOF 3 种定时器。

⑤ 时基：又叫分辨率，TON、TONR 和 TOF 定时器提供 1ms、10ms、100ms 3 种时基。不同时基对应的最大定时范围、编号和定时器的刷新方式不同，如表 1-15 所示。分配有效的定时器编号后，时基会显示在梯形图定时器的功能框中。

定时器指令使用说明。

① TON 和 TOF 定时器的编号范围相同，但同一个定时器编号不能同时用于 TON 和 TOF 定时器。例如，不能同时使用 TON T37 和 TOF T37。

② 定时器的时基由定时器的编号决定，见表 1-15。

③ 定时时间的计算公式如下。

表 1-15　　定时器时基和定时范围一览表

定时器分类	时基/ms	最大定时范围/s	定时器编号
TON/TOF	1	32.767	T32、T96
	10	327.67	T33～T36、T97～T100
	100	3276.7	T37～T63、T101～T255
TONR	1	32.767	T0、T64
	10	327.67	T1～T4、T65～T68
	100	3276.7	T5～T31、T69～T95

$$T = PT \times S$$

式中，T 表示定时时间；PT 表示预置值；S 表示时基。

④ 定时器指令实际由一个 16 位预置值寄存器、一个 16 位当前值寄存器和 1 位状态位组成。预置值寄存器用来存储预置值；当前值寄存器用于存储定时器开始计时后任一时刻的刷新次数；状态位反映定时器触点的状态。

⑤ 定时器计时实际上是对时基为 1ms、10ms、100ms 的脉冲周期进行计数，其计数值存放于当前值寄存器中（16 位，数值范围是 1～32767）。

2．通电延时型定时器 TON

通电延时型定时器在使能输入端 IN 闭合时开始计时。当前值等于或大于预置值时间时，定时器状态位置 1。

- 使能输入端 IN 断开时，定时器状态位置 0，清除定时器的当前值。
- 定时器达到预置值后，只要使能输入端 IN 继续闭合，定时器就继续定时，直到达到最大值 32767 时，才停止定时。

如图 1-99（a）所示，当 I0.5 闭合时，T37 开始计时。当定时器 T37 的当前值等于或大于设定值 PT（100×100ms=10 000ms=10s）时，定时器 T37 的状态位置 1，其常开触点 T37 闭合，使 Q0.0 置 1；如果此时 I0.5 继续闭合，则定时器的当前值继续增加，最大可达 32 767，T37 的状态位一直保持为 1；当 I0.0 断开时，T37 复位，当前值清零，T37 的状态位置 0，其常开触点 T37 复位，Q0.0 变为 0。如果 I0.0 闭合时间小于预置值，则定时器 T37 立即复位，其时序图如图 1-99（b）所示。图 1-99（c）是通电延时型定时器的语句表。

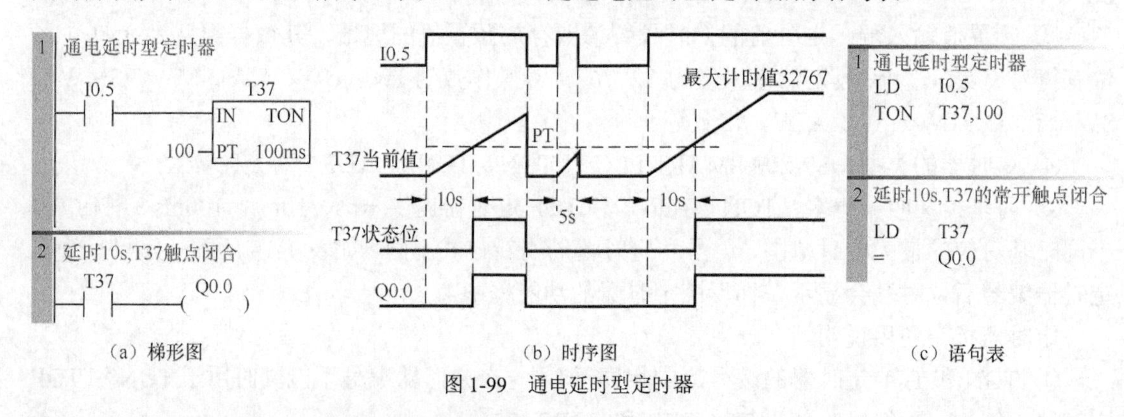

（a）梯形图　　（b）时序图　　（c）语句表

图 1-99　通电延时型定时器

3．保持型通电延时定时器 TONR

保持型通电延时定时器的工作原理与通电延时型定时器的工作原理相似，其区别在于定时器计时过程中，如果保持型通电延时定时器的使能输入端 IN 断开，则其当前值存储器中的数据仍然保持，当使能输入端 IN 重新闭合时，当前值寄存器在原有数据基础上继续计时，直到累计时间达到预置值。保持型通电延时定时器必须使用复位指令 R 对定时器复位。

如图 1-100（a）所示，当 I0.1 闭合时，定时器 T5 开始计时，运行一段时间后（如 6s），使能端 I0.1 断开，由于是保持型通电延时定时器，所以定时器的当前值不变。当使能端 I0.1 再次闭合时，定时器继续计时，当达到预置值（100×100ms=10 000ms=10s）时，定时器 T5 的状态位置 1，其常开触点 T5 接通 Q0.1。当 I0.2 闭合时，使 T5 复位，Q0.1 置 0，其时序图如图 1-100（b）所示。图 1-100（c）是保持型通电延时定时器的语句表。

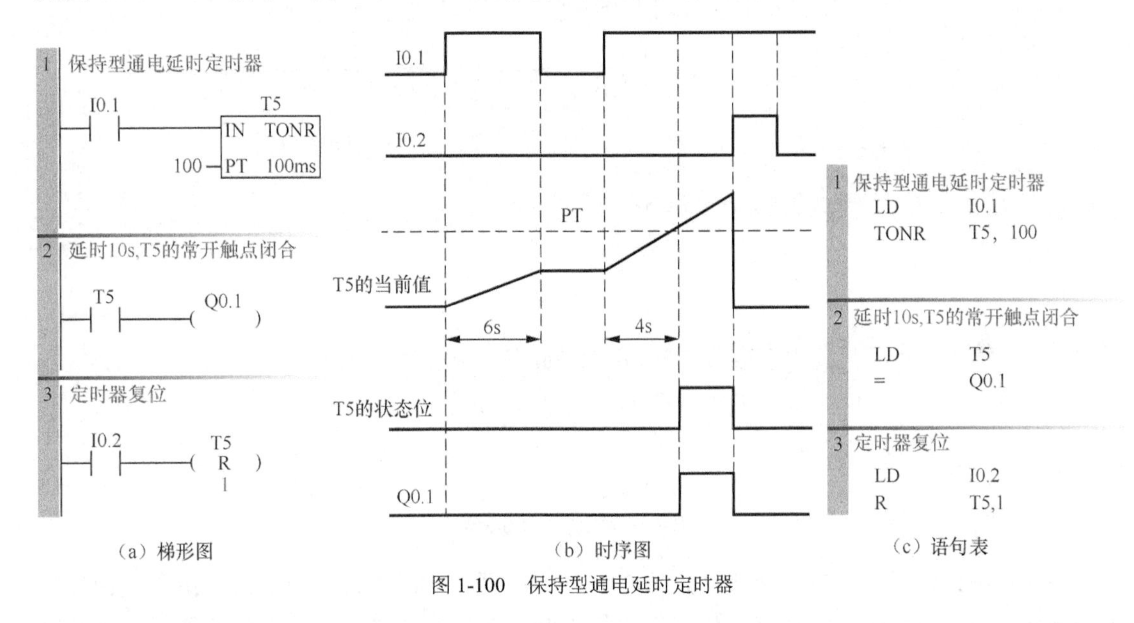

图 1-100 保持型通电延时定时器

4. 断电延时型定时器 TOF

断电延时型定时器用于使输出在输入断开后延迟固定的时间再断开。当断电延时型定时器的使能端 IN 闭合时，定时器状态位立即置 1，并把当前值设置为 0。当使能端 IN 断开时，定时器计时开始，直到当前值等于预置值时停止计时，定时器状态位置 0，当前值停止递增；如果使能端 IN 断开的持续时间小于预置值，则定时器状态位一直保持 1 状态。

要使断电延时型定时器开始计时，使能端 IN 必须进行接通-断开转换。

如图 1-101（a）所示，当 I0.1 闭合时，定时器的状态位 T40 置 1，其常开触点 T40 闭合，Q0.1 得电，同时定时器当前值清零；当 I0.1 断开时，定时器开始计时，当达到预置值（100×100ms=10 000ms=10s）时，定时器停止计时，定时器 T40 的状态位置 0，其常开触点 T40 断开，Q0.1 失电。如果 I0.1 断开的持续时间小于 10s，则定时器 T40 状态位一直保持 1 状态，Q0.1 得电，其时序图如图 1-101（b）所示。图 1-101（c）是保持型通电延时定时器的语句表。

5. 定时器时基对定时器状态位和当前值更新时间的影响

（1）1ms 定时器。1ms 定时器的当前值每隔 1ms 刷新一次。定时器的状态位和当前值的更新与扫描周期不同步。扫描周期大于 1ms 时，定时器的状态位和当前值在该扫描周期内更新多次。

（2）10ms 定时器。定时器的位和当前值在每个扫描周期开始时更新。定时器的位和当前值在整个扫描期间保持不变。扫描期间累积的时间间隔会在每次扫描开始时加到当前值上。

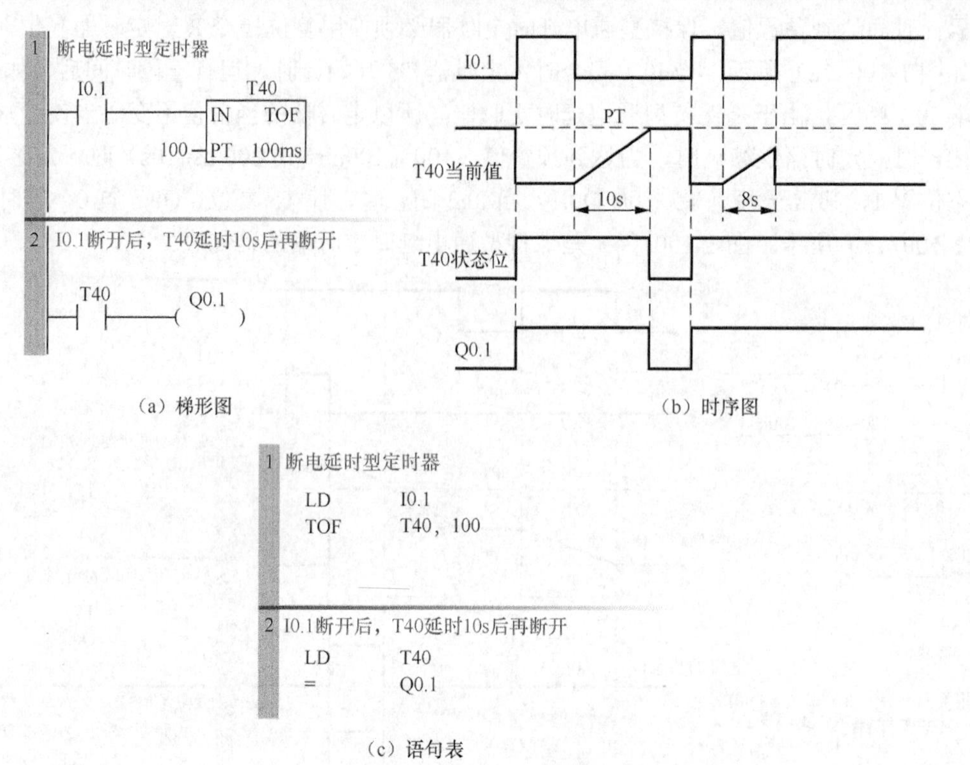

（a）梯形图

（b）时序图

（c）语句表

图 1-101　断电延时型定时器

（3）100ms 定时器。对于分辨率为 100ms 的定时器，定时器位和当前值在指令执行时更新；因此，确保在每个扫描周期内程序仅执行 100ms 定时器指令一次，这样才能保证定时器的定时正确。

下面以通电延时型定时器为例来分析 1ms、10ms、100ms 定时器的刷新方式对程序运行的影响。

在图 1-102（a）中，使用定时器本身的常闭触点作自激励输入，希望经过延时产生一个机器扫描周期的时钟脉冲，如图 1-102（b）所示。定时器 T32 计时到 3s 时，定时器 T32 的状态位置 1，依靠本身的常闭触点 T32（激励输入）的断开使定时器复位，重新开始定时时间，实现循环工作。采用不同时基的定时器时，会有不同的运行结果。

具体分析如下。

① T32 为 1ms 的定时器，每隔 1ms 定时器刷新一次。在执行常闭触点 T32 之后以及执行常开触点 T32 之前，只要更新定时器的当前值，Q0.0 就会在一个扫描周期内得电，但这种情况出现的几率很小，在一般情况下，不会正好在这时刷新。若在执行其他指令时，定时时间到，1ms 的定时刷新，使定时器状态位置 1，常闭触点断开，当前值复位，定时器状态位立即复位，因此输出线圈 Q0.0 一般不会得电。

② 若将图 1-102（a）中的定时器 T32 改成 T33，定时器时基变为 10ms，当前值在每个扫描周期开始刷新。因为定时器的常闭触点 T33 在从扫描周期开始到执行定时器功能框的时间段内闭合，执行定时器功能框后，定时器 T33 的当前值及其状态位均置 0，执行常开触点

T33 时，T33 及 Q0.0 均断开，因此 Q0.0 从不得电。

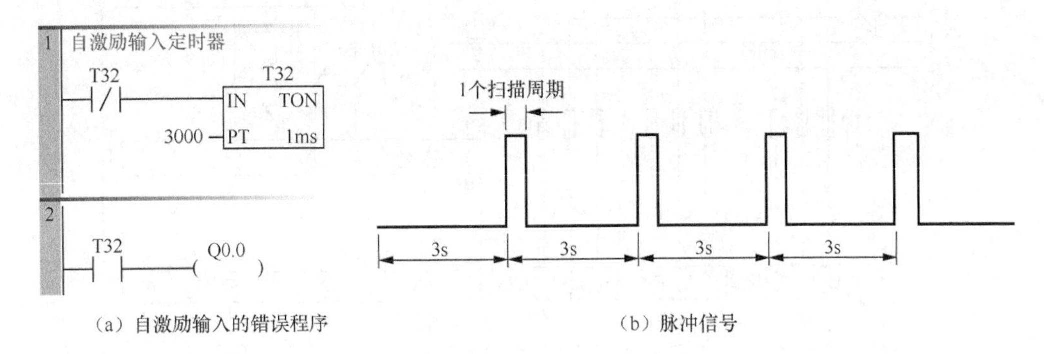

（a）自激励输入的错误程序　　（b）脉冲信号

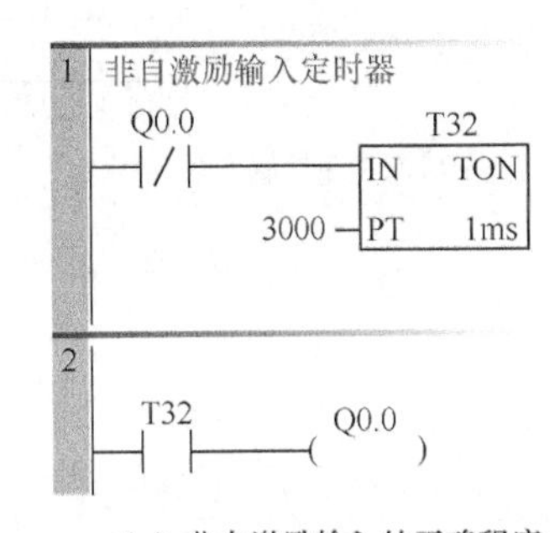

（c）非自激励输入的正确程序

图 1-102　定时器时基对程序运行的影响

③ 若将图 1-102（a）中的定时器 T33 改成 T37，定时器时基变为 100ms，当前值在指令执行时刷新，只要定时器的当前值达到预置值，Q0.0 就会在一个扫描周期内始终接通。Q0.0 可以输出一个 OFF 时间为定时时间，ON 时间为一个扫描周期的时钟脉冲。

所以，用定时器本身触点激励输入的定时器，时基为 1ms 和 10ms 时定时器难以可靠地工作。一般不宜使用本身触点作为激励输入，使用常闭触点 Q0.0 代替定时器本身触点作为定时器使能输入，这样可确保输出 Q0.0 在每次定时器达到预置值时得电，并且在一个扫描周期内保持得电，将图 1-102（a）改成图 1-102（c），无论何种时基的定时器都能正常工作。

任务实施

1. 硬件电路

通过分析控制要求知，该控制系统有 3 个输入。

启动按钮 SB1——I0.0；

停止按钮 SB2——I0.1；

为了节约 PLC 的输入点数，将第 1 台电动机的过载保护 FR1、第 2 台电动机的过载保护 FR2、第 3 台电动机的过载保护 FR3 串联在一起，如图 1-103 所示，然后接到 PLC 的输入端子 I0.2 上。

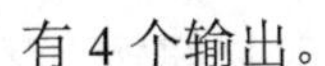

有 4 个输出。

第 1 台电动机 KM1——Q0.0。

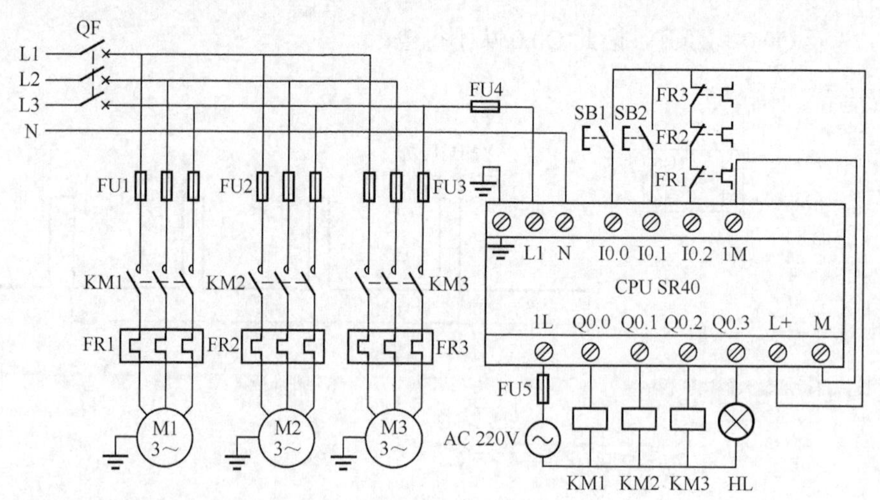

图 1-103　电动机顺序控制原理

第 2 台电动机 KM2——Q0.1。

第 3 台电动机 KM3——Q0.2。

指示灯 HL——Q0.3。

2．程序设计

该控制系统是典型的顺序启动控制，其程序如图 1-104 所示。

3．调试运行

（1）按照图 1-103 所示将电路正确连接，连接时注意 3 个热继电器的常闭触点要串联在一起，然后接入 PLC 的输入端子 I0.2 上。

（2）将如图 1-104 所示的程序下载到 PLC 中。

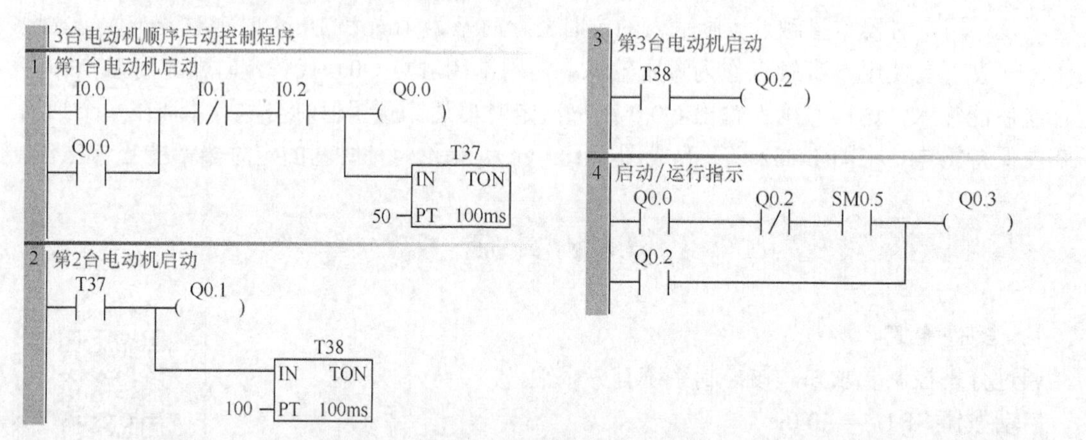

图 1-104　电动机顺序启动程序

（3）根据图 1-103 所示，按下启动按钮 I0.0，首先看到第 1 台电动机启动，接着第 2 台电动机启动，再接着是第 3 台电动机启动，按下停止按钮，3 台电动机全部停止。

在 STEP7-Micro/WIN SMART 编程软件的菜单栏中单击“调试”→“程序状态”命令，启动 PLC 编程软件的监视功能，注意观察两个定时器当前值的变化和电动机线圈的通电情况，对照控制要求，验证该程序能否达到控制要求。

知识拓展

一、定时器接力程序

定时器接力程序如图 1-105 所示。

如图 1-105（a）所示，使用了两个定时器，并利用 T45 的常开触点控制 T46 定时器的启动，输出线圈 Q0.3 的启动时间由两个定时器的预置值决定，从而实现长延时，即开关 I0.5 闭合后，延时（3+5）s= 8s，输出线圈 Q0.3 才得电，其时序波形图如图 1-105（b）所示。

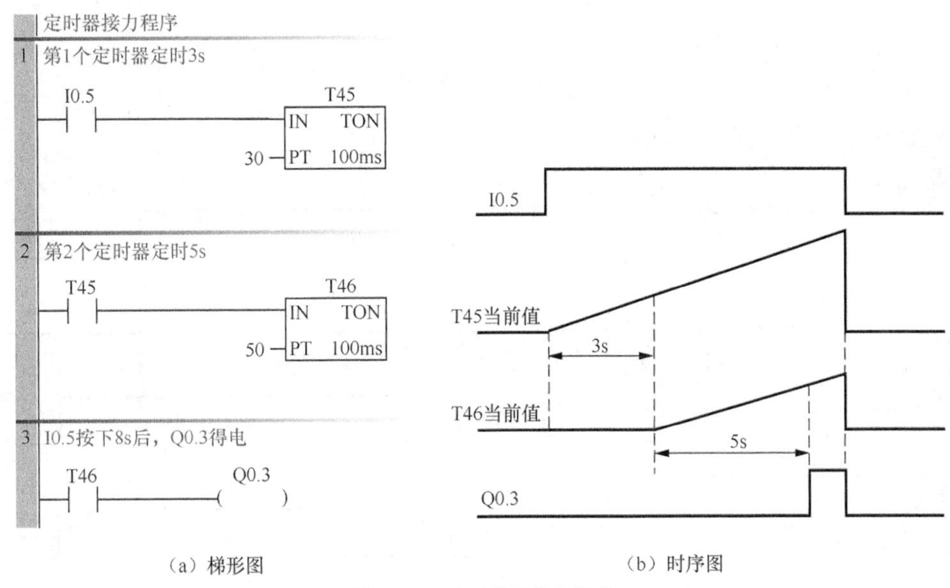

（a）梯形图　　（b）时序图

图 1-105　定时器的接力程序

二、闪烁程序

如图 1-106（a）所示，当 I0.2 一直为 ON 时，T50 定时器首先开始定时，2s 后，定时时间到，T50 的常开触点闭合，T51 开始定时，同时 Q0.2 为 ON。3s 后，T51 的定时时间到，T51 的常闭触点断开，T50、T51 复位，同时 Q0.2 为 OFF。I0.2 一直为 ON，此时 T50 又开始定时，此后 Q0.2 线圈将这样周期性地“得电”和“失电”，直到 I0.2 变为 OFF。Q0.2“得电”和“失电”的时间分别等于 T51 和 T50 的预置值。此电路是一个具有一定周期的时钟脉冲电路，只要改变两个定时器的预置值，就可以改变此电路脉冲周期的占空比，如图 1-106（b）所示。

微课：电动机间歇运行控制（闪烁电路）

时钟脉冲信号除了可以由如图 1-106 所示的程序产生外，还可以由 PLC 内部特殊存储器产生，如 SM0.5、SM0.4 分别是 1s 和 1min 时钟脉冲，用户只能使用它们的触点。

三、延时接通/断开程序

图 1-107（a）所示的电路用 I0.2 控制 Q0.3，要求 I0.2 变为 ON，过 5s 后 Q0.3 才变为 ON，I0.2 变为 OFF，过 7s 后 Q0.3 才变为 OFF，且 Q0.3 用自锁电路控制。

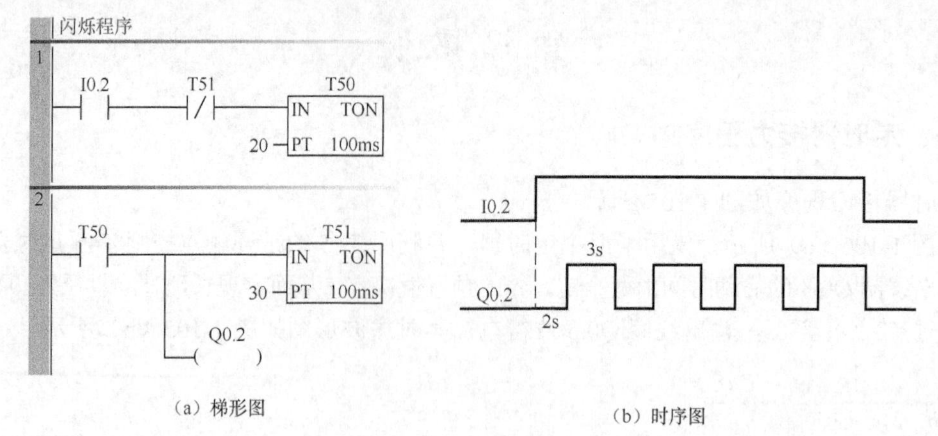

（a）梯形图　　（b）时序图

图 1-106　闪烁程序

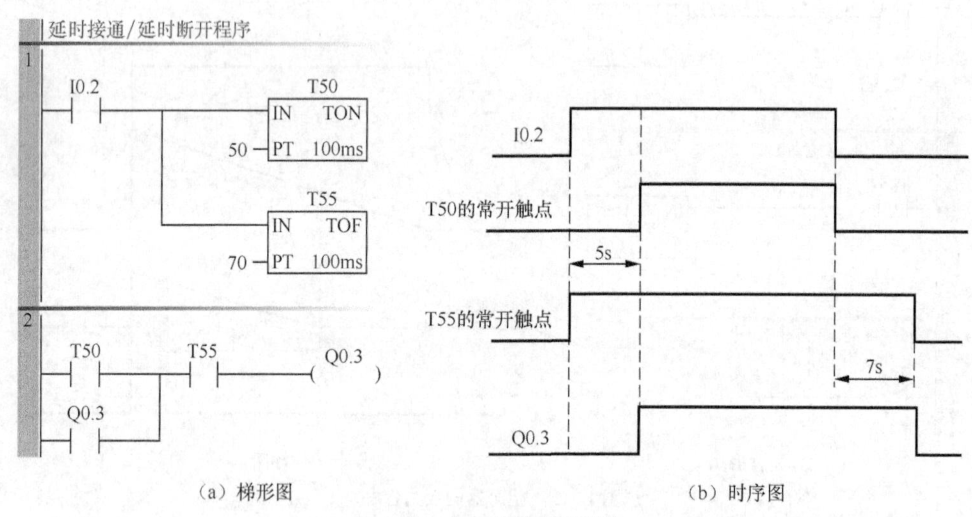

（a）梯形图　　（b）时序图

图 1-107　延时接通/断开程序

当 I0.2 的常开触点闭合后，T55 的常开触点马上闭合，T50 开始定时，5s 后，T50 的常开触点闭合，使 Q0.3 变为 ON。当 I0.2 变为 OFF 后，T55 开始定时，此时 T55 和 Q0.3 的常开触点一直闭合，线圈 Q0.3 继续为 ON，延时 7s 后，T55 的常开触点断开，使 Q0.3 变为 OFF，其时序波形图如图 1-107（b）所示。

四、用程序状态监控和调试程序

当安装有 STEP7-Micro/WIN SMART 编程软件的计算机与 PLC 之间成功建立起通信连接，将图 1-107（a）中的程序下载到 PLC 后，便可以使用 STEP7-Micro/WIN SMART 监视和调试程序。

微课：STEP7-Micro/WIN SMART 编程软件状态图表的使用方法

可以用程序编辑器中的“程序状态”、状态图表中的“图表状态”和“趋势视图”，读取和显示 PLC 中数据的当前值，将数据值写入或强制到 PLC 中的变量中。

可单击程序编辑器工具栏上的按钮（见图 1-108（a））或单击“调试”菜单功能区（见图 1-108（b））中的按钮来选择调试工具。

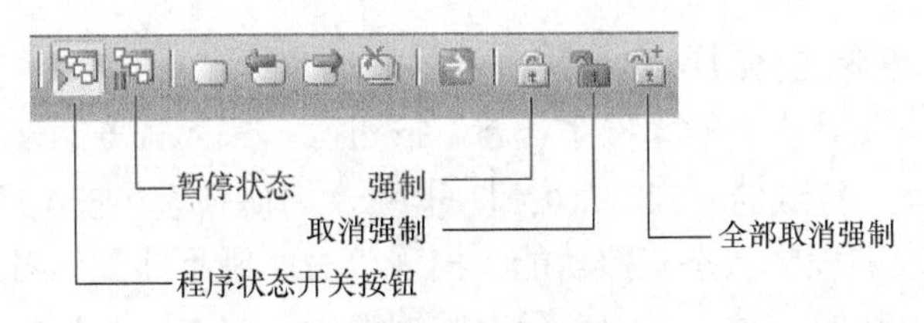

（a）工具栏上的调试按钮

（b）“调试”菜单功能区

图 1-108　调试工具

1．梯形图程序状态监控

利用梯形图编辑器可以监控在线程序运行状态。在程序编辑器中打开要监控的图 1-107（a）所示的程序，单击程序编辑器工具栏中的“程序状态”按钮，开始启用程序状态监控。

如果 CPU 中的程序和打开的项目的程序不同，或者在切换使用的编程语言后启用监控功能，可能会出现“时间戳不匹配”对话框，如图 1-109 所示，单击“比较”按钮，经检查确认 PLC 中的程序和打开的项目中的程序相同，对话框中显示“已通过”后，单击“继续”按钮，开始监控。

PLC 必须处于 RUN 模式才能查看连续的状态更新，不能显示未执行的程序区（如未调用的子程序、中断程序或被 JMP 指令跳过的区域）的程序状态。图 1-107（a）所示延时接通/断开程序的监控画面如图 1-110 所示，启用程序状态监控，可以形象直观地看到触点、线圈的状态和定时器当前值的变化情况。闭合开关 I0.2，定时器 T50 开始定时，其方框图上面的 T50 的当前值不断增大，同时 T55 的常开触点闭合，T50 延时 5s 之后，T50 的常开触点闭合，线圈 Q0.3 得电。在图 1-110 中，凡是发蓝的线段都表示有能流流过，发灰的线段表示无能流，有蓝色方块的触点和线圈表示闭合或得电。定时器启动时，定时器的方框变绿，表示定时器包含有效数据，在定时器编号前面动态显示的是其当前值。

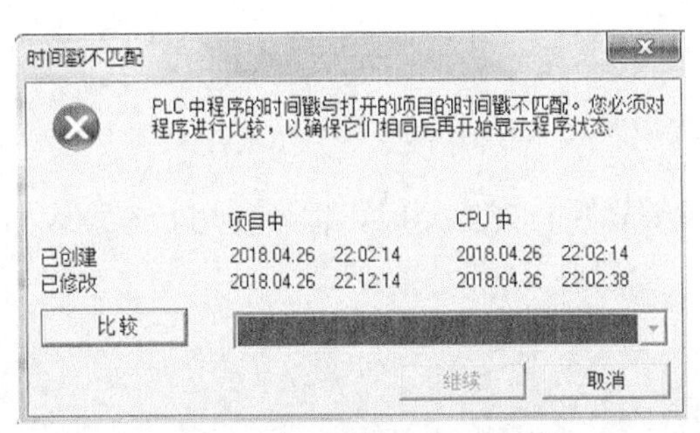

图 1-109　“时间戳不匹配”对话框

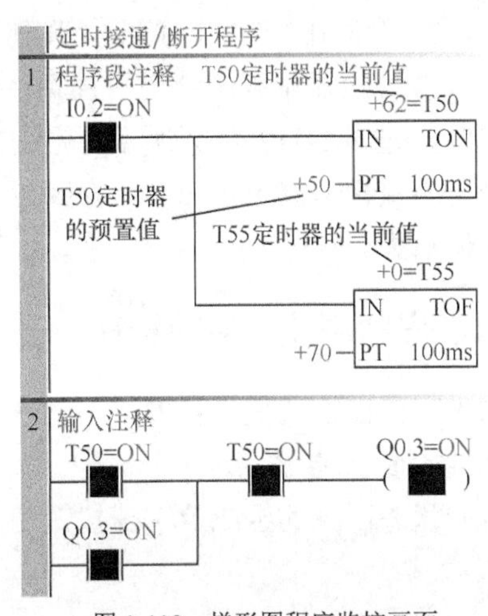

图 1-110　梯形图程序监控画面

2. 语句表程序状态监控

单击程序编辑器工具栏中的“程序状态”按钮，关闭程序状态监控。单击“视图”菜单功能区的“编辑器”区域的“STL”按钮 STL，切换到语句表编辑器。单击“程序状态”按钮，启动语句表的程序状态监控功能，出现“时间戳不匹配”对话框，单击“比较”按钮，再单击“继续”按钮，进入语句表程序监控状态，图 1-111 是与图 1-110 所示的梯形图对应的语句表的程序状态。程序编辑窗口分为左边的代码区和用蓝色字符显示数据的状态区。图 1-111 中操作数 1 所在列显示的是对应指令中位地址的状态或当前值，操作数 2 所在列显示的是定时器的预置值，操作数 3 的右边一列是逻辑堆栈中的值，最右边一列是方框指令的使能输出位（ENO）的状态。闭合或断开 I0.2，可以看到指令中位地址的 ON/OFF 状态的变化和 T50 以及 T55 当前值不断变化的情况。

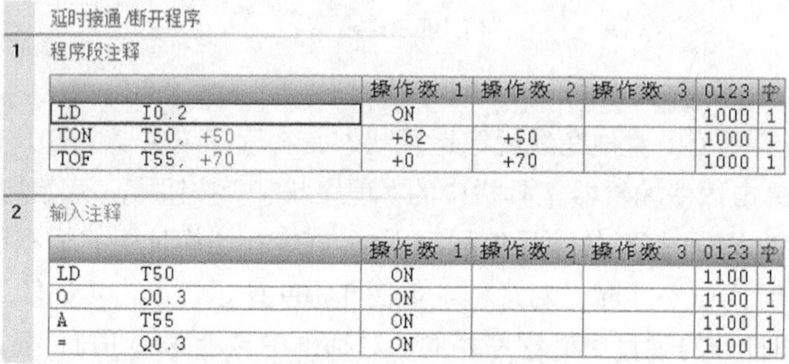

延时接通/断开程序

1 程序段注释

		操作数 1	操作数 2	操作数 3	0123	中
LD	I0.2	ON			1000	1
TON	T50, +50	+62	+50		1000	1
TOF	T55, +70	+0	+70		1000	1

2 输入注释

		操作数 1	操作数 2	操作数 3	0123	中
LD	T50	ON			1100	1
O	Q0.3	ON			1100	1
A	T55	ON			1100	1
=	Q0.3	ON			1100	1

图 1-111 语句表程序监控画面

3. 梯形图调试

S7-200 SMART 系列 PLC 提供了强制功能，以方便调试工作。在现场不具备某些外部条件的情况下模拟工艺状态。用户可以对 I/O 点进行强制来模拟物理条件，还可以通过强制 V 和 M 来模拟逻辑条件。CPU 允许用户强制任意或全部 I/O 点（I 和 Q 位）。此外，用户还可以强制最多 16 个存储器值（V 或 M）或者模拟量 I/O 值（AI 或 AQ）。V 存储器或 M 存储器值可以按字节、字或双字来强制。模拟量值只能按字形式强制，以偶数字节开始（如 AIW6 或 AQW14）。

在没有实际的 I/O 连线时，可以利用强制功能调试程序。先打开图 1-107（a）所示的梯形图程序并使其处于监控状态，用鼠标右键单击程序中的 I0.2，弹出快捷菜单如图 1-112（a）所示，单击“强制”选项，弹出“强制”对话框，单击“强制”按钮，将 I0.2 强制为 ON，此时在 I0.2 旁边显示强制锁定图标，表明 I0.2 被强制，I0.2 以蓝色方块显示，定时器 T50 开始定时，如图 1-112（b）所示。强制后不能用外接按钮或开关改变 I0.2 的强制值。若想取消强制，用鼠标右键单击 I0.2，在弹出的快捷菜单中选择“取消强制”选项，I0.2 旁边的强制图标便消失。

五、用状态图表监控程序

如果需要监控的变量较多，不能在程序编辑器中同时显示时，需要使用状态图表监控。

1. 创建状态图表

（1）状态图表的组成及快捷按钮功能

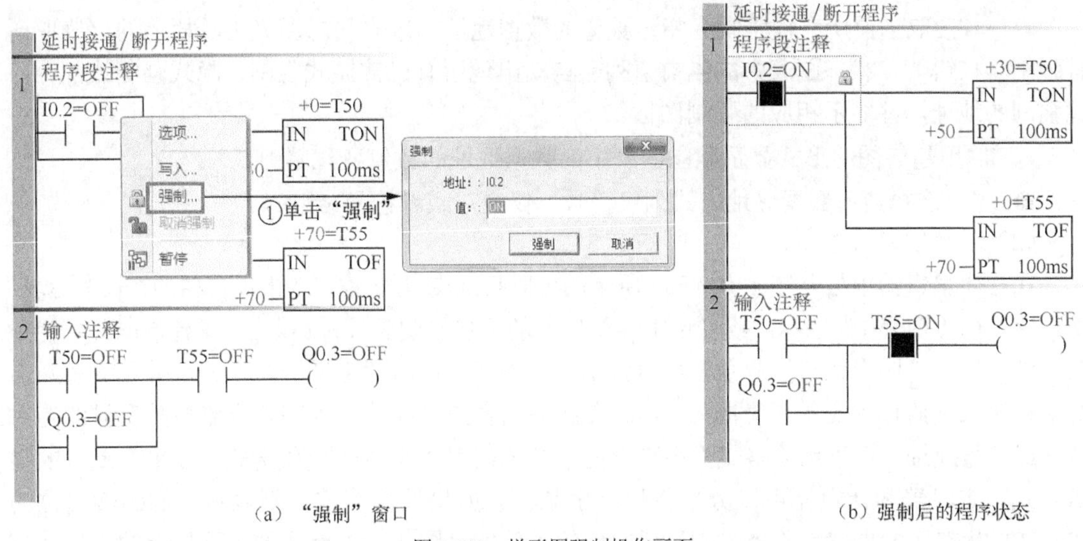

（a）“强制”窗口　　　　（b）强制后的程序状态

图 1-112　梯形图强制操作画面

状态图表是用于监控、写入或强制指定地址数值的表格。用户可以直接用鼠标右键单击项目树中状态图表文件夹中的内容，通过快捷菜单选择插入或者重命名状态图表。状态图表的默认在线界面结构如图 1-113 所示，用户只需要键入需要被监控的数据地址，再激活在线功能，即可实现对 CPU 数据的监控和修改。

① 状态图表分为地址、格式、当前值和新值 4 列。

- 地址：填写被监控数据的地址或符号名。
- 格式：选择被监控数据的数据类型。
- 当前值：被监控数据在 CPU 中的当前值。
- 新值：用户准备写入被监控数据地址的数值。

② 状态图表上方有一排快捷按钮，见图 1-113。快捷按钮的功能如下。

- 添加一个新的状态图表。
- 删除当前状态图表。
- 开始持续在线监控数据功能。
- 暂停在线监控数据功能。
- 单次读取数据的当前值。
- 将新值写入被监控的数据地址，物理输入点不能用此功能改动。
- 开始强制数据地址为指定值。在状态表的地址列中选中一个操作数，在“新值”列中写入希望的数据，然后单击状态图表工具栏上的“强制”按钮。一旦使用了强制功能，每次扫描都会将修改的数值用于该操作数，直到取消对它的强制。被强制的数值旁边将显示锁定图标。
- 取消强制数据为指定值。选择一个被显示强制的操作数，单击状态图表工具栏上的“取消强制”按钮，被选择的地址的强制锁定图标将会消失。也可以用鼠标右键单击程序状态中被强制的地址，用快捷菜单中的命令取消对它的强制。
- 取消对所有数据地址的强制操作。单击状态图表工具栏上的“全部取消强制”按钮，可以取消对被强制的全部地址的强制，使用该功能之前不必选中某个地址。

- 读取当前所有被强制为指定数值的数据地址。单击状态图表工具栏上的“读取所有强制”按钮，状态图表中的当前值列会自动出现所有已被显式强制、隐式强制或部分隐式强制的地址，并显示相应的强制图标。
- 用趋势图的形式显示状态图表中的数据地址的数值变化趋势。
- 选择当前数据寻址方式为仅符号、仅绝对或者符号+绝对。

（2）手写创建状态图表

在程序编辑器中打开图 1-107（a）所示的延时接通/断开程序，双击项目树的“状态图表”文件夹中的“图表 1”图标，或者单击导航栏上的“状态图表”按钮，或者单击菜单栏中的“调试”→“图表状态”命令，均可弹出状态图表，此时状态图表是空的，并无变量，需要手动输入要监控的变量，见图 1-113。在状态图表的“地址”列键入要监控的变量的绝对地址或符号地址，可以用“格式”列隐藏的下拉式列表来改变变量格式，或采用默认的显示格式。定时器和计数器可以分别按位或字监控。如果按位监控，则显示它们的输出位的 ON/OFF 状态；如果按字监控，则显示它们的当前值。图 1-113 所示的工具栏上的“切换寻址”按钮用来切换地址的显示方式。

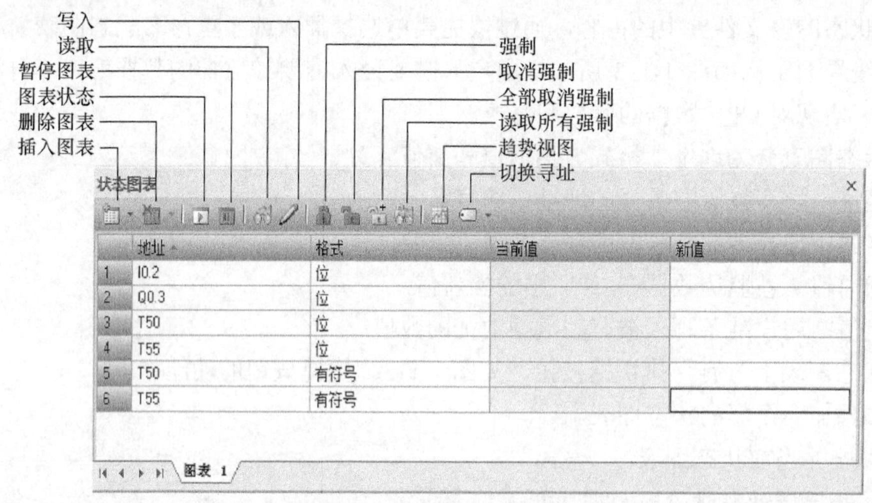

图 1-113　创建的监控状态图表

还可以选中符号表中的符号单元或地址单元，并将其复制到状态图表的“地址”列，快速创建要监控的状态图表。选中某个“地址”列的单元格后单击鼠标右键，可以插入新行。

（3）通过一段程序代码创建状态图表

单击程序编辑器中程序段左边的灰色序号区，高亮显示所选的程序段（不一定是连续的），单击鼠标右键，在快捷菜单中选择“创建状态图表”，STEP7-Micro/WIN SMART 编程软件自动创建一个新的状态图表，如图 1-114 所示。新的状态图表将所选程序段中的每个唯一操作数作为一个条目，按条目在程序中出现的顺序放置条目，为图表指定默认名称，然后在状态图表编辑器中最后一个选项卡之后添加此图表。

创建完成后，单击编程软件菜单栏中的“文件”→“保存”命令。注意状态图表并不下载到 PLC 中。

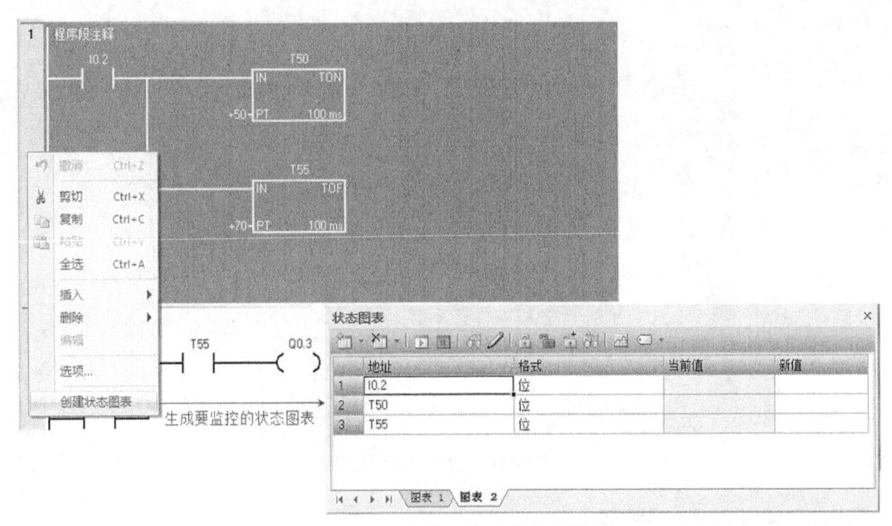

图 1-114　程序代码构建的状态图表

2．状态图表监控

单击状态图表工具栏上的“读取”按钮，获得监控值的单次快照，并在状态表中将当前数值显示出来。单击状态图表工具栏上的“图表状态”按钮，该按钮被“按下”（按钮背景变为黄色），启动状态图表的监控功能，连续监控 PLC 中的数据。此时闭合 I0.2，可以在状态图表中看到各位地址的 ON/OFF 状态以及定时器当前值的变化情况，如图 1-115 所示。

状态图表

	地址	格式	当前值	新值
1	I0.2	位	2#1	
2	Q0.3	位	2#1	
3	T50	位	2#1	
4	T55	位	2#1	
5	T50	有符号	+109	
6	T55	有符号	+0	

图表 1

图 1-115　状态图表监控程序画面

“趋势视图”是通过随时间变化的 PLC 数据绘图来连续跟踪状态数据。在图表监控功能状态下，单击状态图表工具栏上的“趋势视图”按钮（按钮背景变为黄色），打开“趋势视图”监控画面，可以在画面中更直观地观察数字量信号的逻辑时序或模拟量信号的变化趋势，如图 1-116 所示。单击“趋势视图”按钮（按钮背景变为灰色），关闭“趋势视图”监控画面。

“趋势视图”对变量的变化速度取决于 STEP7-Micro/WIN SMART 与 CPU 通信的速度以及图中的时间基准。在图 1-116 中单击，可以选择图形更新的速率。单击“暂停图表”按钮，可以冻结图形以便仔细分析。

单击状态图表工具栏上的“图表状态”按钮，该按钮“弹起”（按钮背景变为灰色），监控功能被关闭，当前值列显示的数据消失。可以在“图表状态”和“趋势视图”之间切换。

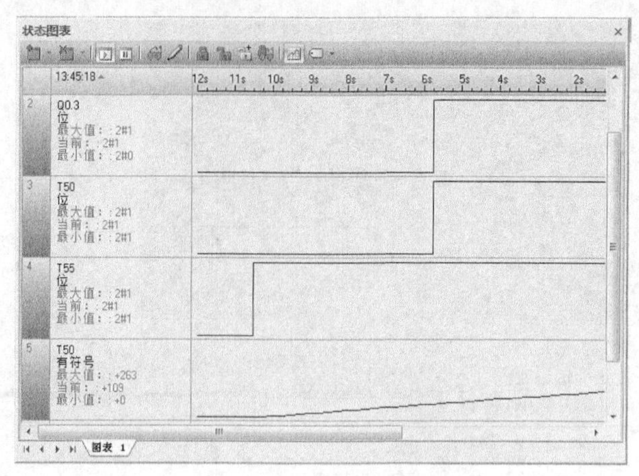

图 1-116　趋势视图画面

六、用状态图表调试程序

要强制新值，在“状态图表”的“新值”列中输入值，例如，在 I0.2 对应的“新值”列中输入 2#1，然后单击状态图表工具栏中的“强制”按钮，“当前值”列前面出现强制锁定符号，说明 I0.2 被强制为 1，此时其他位以及定时器的当前值发生变化，并显示在“当前值”列中，如图 1-117 所示。

状态图表

	地址	格式	当前值	新值
1	I0.2	位	2#1	
2	Q0.3	位	2#0	
3	T50	位	2#0	
4	T55	位	2#1	
5	T50	有符号	+33	
6	T55	有符号	+0	

图表 1

图 1-117　状态图表强制画面

“写入”功能允许将一个或多个数据写入 PLC 中的变量。输入图 1-118（a）所示程序对应的状态图表中“新值”列的数据，即 M0.0 键入新值 1，定时器 T50 的预置值 VW0 键入新值 70，单击状态图表工具栏上的“写入”按钮，将“新值”列的所有值传送到 PLC。写入新值后，在图 1-118（b）中可以看到 M0.0 为 1，定时器的预置值 VW0 为 70，T50 的当前值不断发生变化，因为 T50 的当前值为 31，还没有达到预置值 70，所以 T50 的位为 0。

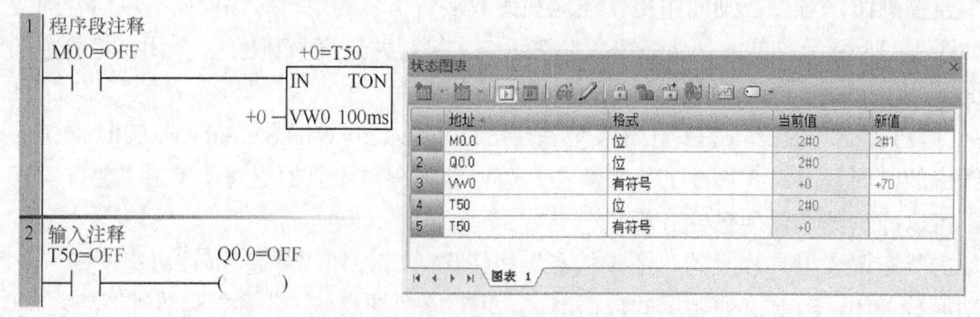

（a）键入新值画面

图 1-118　状态图表写入画面

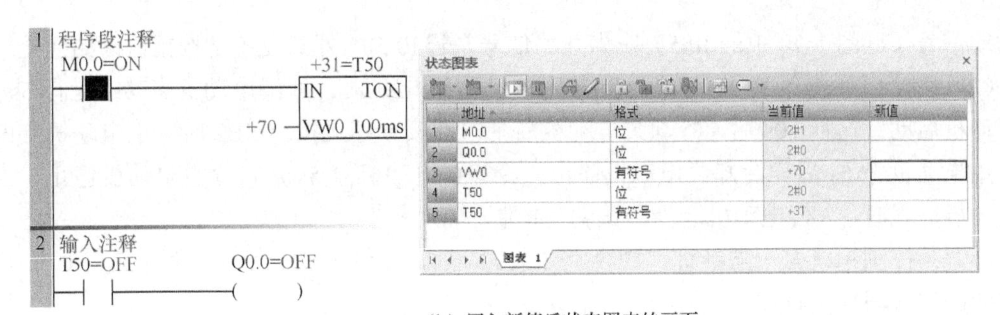

	地址	格式	当前值	新值
1	M0.0	位	2#1	
2	Q0.0	位	2#0	
3	VW0	有符号	+70	
4	T50	位	2#0	
5	T50	有符号	+31	

（b）写入新值后状态图表的画面

图 1-118　状态图表写入画面（续）

注　意

①“强制”功能只允许强制任意或全部 I/O 点，强制 V（字节、字或双字）、M（字节、字或双字）、AI（字）或 AQ（字），“强制”的优先级别要高于“写入”。不能强制 M 或 V 的位，例如，在图 1-118（a）中不能通过“强制”对 M0.0 置 1。

② 在 RUN 模式时因为用户程序执行，所以修改的数据可能很快被程序改写成新的数值，不能用“写入”功能改写物理输入点 I（或 AI）的状态。

③ 如果在写入或强制输出时，S7-200 SMART PLC 已连接到设备，这些更改内容可能传送到该设备。这将导致设备内出现异常，进而导致严重的人身伤害，甚至死亡和/或财产损失。仅当确保过程设备可以安全接受相关变更时，再执行写入和强制输出操作。

④ S7-200 SMART PLC 支持在 PLC 处于 STOP 模式时写入和强制输出（模拟量和数字量）。但作为一项安全防范措施，必须在 STEP7-Micro/WIN SMART 中通过“STOP 模式下强制”设置专门启用此功能。

思考与练习

1．填空题

（1）通电延时型定时器 TON 的使能端 IN________时，开始定时，当前值大于等于预置值时，定时器状态位置________，其常开触点________，常闭触点________。

（2）通电延时型定时器 TON 的使能端 IN________时被复位，复位后其常开触点________，常闭触点________，当前值等于________。

（3）保持型通电延时定时器 TONR 的使能端 IN__________开始定时，使能端 IN______时，当前值________。使能端 IN 再次闭合时，___________，必须用__________指令来复位 TONR。

（4）断电延时型定时器 TOF 的使能端 IN 闭合时，定时器状态位立即变为________，当前值置为________。使能端 IN 断开时，当前值从 0 开始________。当前值等于预置值时，定时器状态位变为________，其常开触点________，常闭触点________，当前值________。

2．分析题

（1）S7-200 SMART 系列 PLC 共有几种类型定时器，各有何特点？

（2）若将如图 1-99 所示的定时器 T37 换成 T36，定时器的定时值是多少？定时器指令框的驱动信号（见图 1-99 中的 I0.5）应为开关信号，若 I0.5 的外部设备是按钮，该如何处理？

（3）某控制系统有 3 台电动机，当按下启动按钮 SB1 时，润滑电动机启动；运行 5s 后，主电动机启动；运行 10s 后，冷却泵电动机启动。当按下停止按钮 SB2 时，主电动机立即停止；主电动机停 5s 后，冷却泵电动机停止；冷却泵电动机停 5s 后，润滑电动机停止。当任一电动机过载时，3 台电动机全停。试编写控制程序。

（4）某控制系统有一盏红灯，当合上开关 K1 后，红灯亮 1s 灭 1s，累计点亮 0.5h 后自行关闭。试编写控制程序。

（5）有一交通灯控制系统，其控制要求如下。

① 当按下操作面板上的 PB1（I0.2）时，交通灯开始工作。

② 红信号灯 Q0.0 点亮 10s。

③ 红信号灯 10s 后熄灭。黄信号灯 Q0.1 点亮 5s。

④ 黄信号灯 5s 后熄灭。绿信号灯 Q0.2 点亮 10s。

⑤ 绿信号灯 Q0.2 在点亮 10s 后熄灭。

⑥ 重复以上从（2）开始的动作。

试确定系统的输入和输出，并编写程序。

任务 1.7　产品出入库数量监控程序设计

任 务 导 入

有一个小型仓库，需要每天统计存放进来的产品的数量。仓库结构示意图如图 1-119 所示，在仓库的入、出口处均设置有检测产品的光电传感器。当有产品入库，即 I0.0 闭合时，仓库内的产品数量加“1”，当产品出库，即 I0.1 闭合时，仓库货物总数减“1”，当仓库内的产品数量达到 30 000 时，开始闪烁报警。

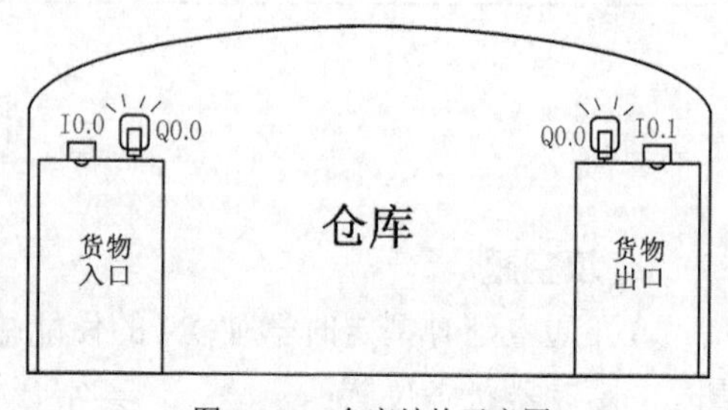

图 1-119　仓库结构示意图

相关知识——计数器

1. 指令格式与功能说明

计数器 C 用于记录某个信号的脉冲数。计数器 C 按计数方式有 3 种：加计数器、减计数器、加/减计数器，它们与地址编号无关。

（1）计数器指令格式

计数器的指令格式如表 1-16 所示。

表 1-16　　计数器指令格式与功能说明

指令名称	LAD	STL	功能	操作数
加计数器	Cxxx CU　CTU R PV	CTU Cxxx，PV	• CU 增加当前值。 • 当前值持续增加，直至当前值达到 32 767	Cxxx：C0～C255； CU、CD：I、Q、V、M、SM、S、T、C、L； LD、R：I、Q、V、M、SM、S、T、C、L； PV：IW、QW、VW、MW、SMW、SW、T、C、LW、AC、AIW、常数
减计数器	Cxxx CD　CTD LD PV	CTD C×××，PV	• CD 减少当前值，直至当前值达到 0	
加/减计数器	Cxxx CU　CTUD CD R PV	CTUD Cxxx，PV	• CU 增加当前值。 • CD 减少当前值。 • 当前值持续增加或减少，直至计数器复位	

计数器的指令格式如图 1-120 所示。

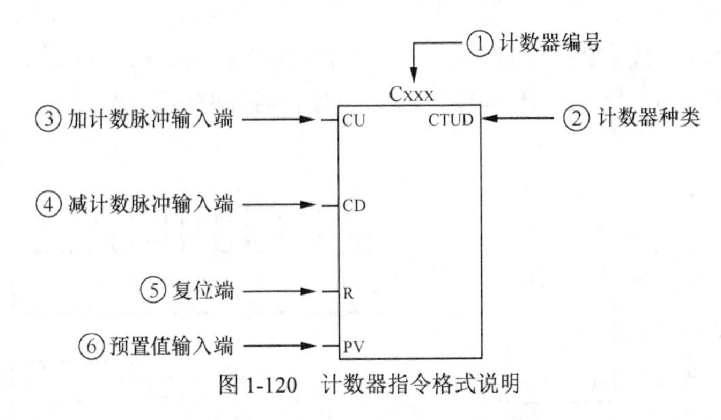

图 1-120　计数器指令格式说明

① 计数器编号。S7-200 SMART PLC 共有 256 个计数器，编号范围为 C0～C255，数据类型为 WORD。

② 计数器种类。S7-200 SMART PLC 有加计数器、减计数器、加/减计数器 3 种计数器。

③ 加计数脉冲输入端 CU。该端接收一个脉冲，计数器当前值加 1。其数据类型为 BOOL，操作数为 I、Q、V、M、SM、S、T、C、L、逻辑流。

④ 减计数脉冲输入端 CD。该端接收一个脉冲，计数器当前值减 1。其数据类型为 BOOL，操作数为 I、Q、V、M、SM、S、T、C、L、逻辑流。

⑤ 复位端 R。对计数器进行复位。其数据类型为 BOOL，操作数为 I、Q、V、M、SM、S、T、C、L、逻辑流。

⑥ 预置值输入端 PV。计数器的预置值或存放预置值的地址，其数据类型为 INT（16 位有符号整数），允许设定的最大值为 32 767，其操作数为 IW、QW、VW、MW、SMW、SW、T、C、LW、AC、AIW、常数等。

（2）计数器指令使用说明

① 计数器指令由一个 16 位预置值寄存器、一个 16 位当前值寄存器和 1 位状态位组成。预置值寄存器用来存储预置值；当前值寄存器用于存储计数器开始计数后任一时刻的刷新次

数；状态位反映计数器触点的状态。

② 加计数器、减计数器和加/减计数器的编号范围相同，由于每个计数器都有一个当前值，因此不能将同一计数器编号分配给多个计数器。

③ 计数器计数范围为 0～32 767。计数器有两种寻址类型：Word（字）和 Bit（位）。计数器编号可同时用于表示该计数器的当前值和计数器位。

④ 计数器可以通过系统块设置计数器的断电保持范围，参考图 1-83，如果需要设置 C5～C10 为断电保持型计数器，则在图 1-83 中的“数据区”选择 C，偏移量设置为 5，“元素数目”设置为 6。注意：对于计数器，只能保持当前值（每次上电时都将计数器位清零）。

2．加计数器

CTU 加计数器的 CU 端输入上升沿脉冲时，计数器当前值就会增加 1。计数器当前值大于或等于预设值 PV 时，计数器状态位置 1。当复位端 R 闭合或对计数器地址执行复位指令时，计数器状态位复位，当前计数器值清零。当计数值达到最大值 32 767 时，计数器停止计数。

如图 1-121（a）所示，当 R 输入端的 I0.2 闭合时，计数器脉冲输入端 CU 无效；当 I0.2 断开时，计数器脉冲输入端 CU 有效，CU 端常开触点 I0.1 每闭合一次，计数器 C1 的当前值加 1，当 C1 的当前值达到预置值 5 时，计数器 C1 的状态位置 1，其常开触点闭合，线圈 Q0.0 得电；当 I0.2 闭合时，计数器 C1 被复位，其当前值清零，C1 状态位置 0，线圈 Q0.0 失电。其时序图如图 1-121（b）所示。图 1-121（c）是加计数器的语句表。

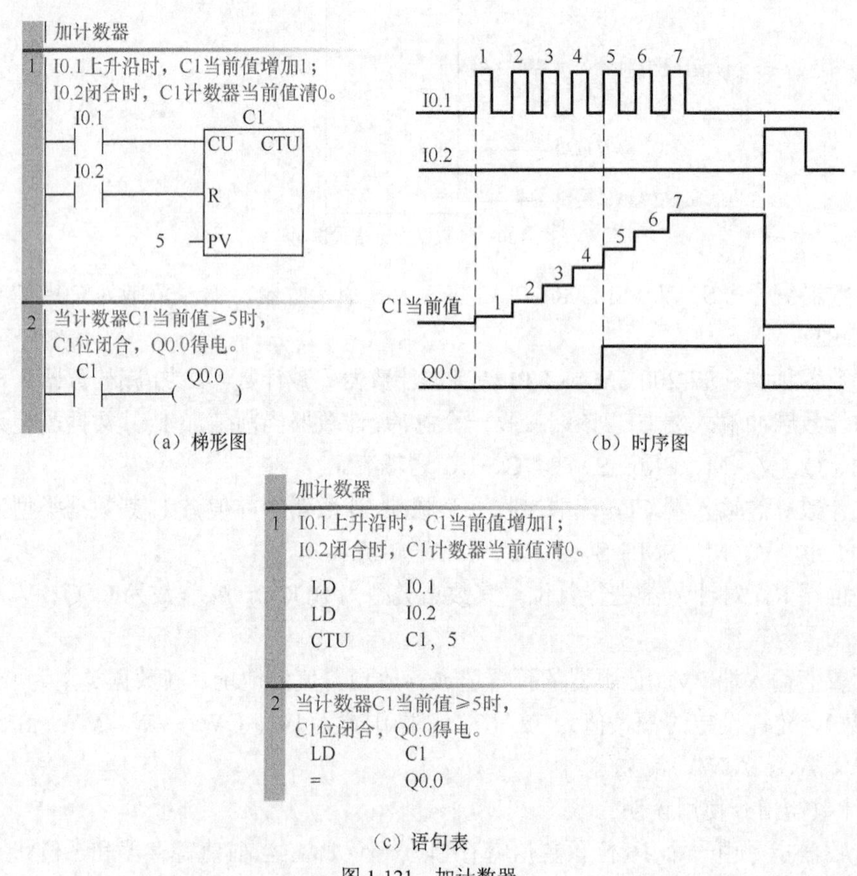

（a）梯形图

（b）时序图

（c）语句表

图 1-121 加计数器

3．减计数器

CTD 减计数器从预置值开始，在每一个输入端 CD 的上升沿时，计数器的当前值就会减 1，计数器当前值等于 0 时，计数器状态位置 1，计数器停止计数。装载输入 LD 闭合时，计数器复位，计数器状态位置 0，预置值 PV 被装载到计数器当前值寄存器中。

如图 1-122（a）所示，当 LD 输入端的 I0.1 闭合时，减计数器 C2 的状态位置 0，线圈 Q0.0 失电，其预置值被装载到 C2 当前值寄存器中；当 LD 端断开时，计数器脉冲输入端 CD 有效，I0.0 每闭合一次，其当前值就减 1，当当前值减为 0 时，减计数器 C2 的状态位置 1，其常开触点闭合，线圈 Q0.0 得电。其时序图如图 1-122（b）所示。图 1-122（c）是加减计数器的语句表。

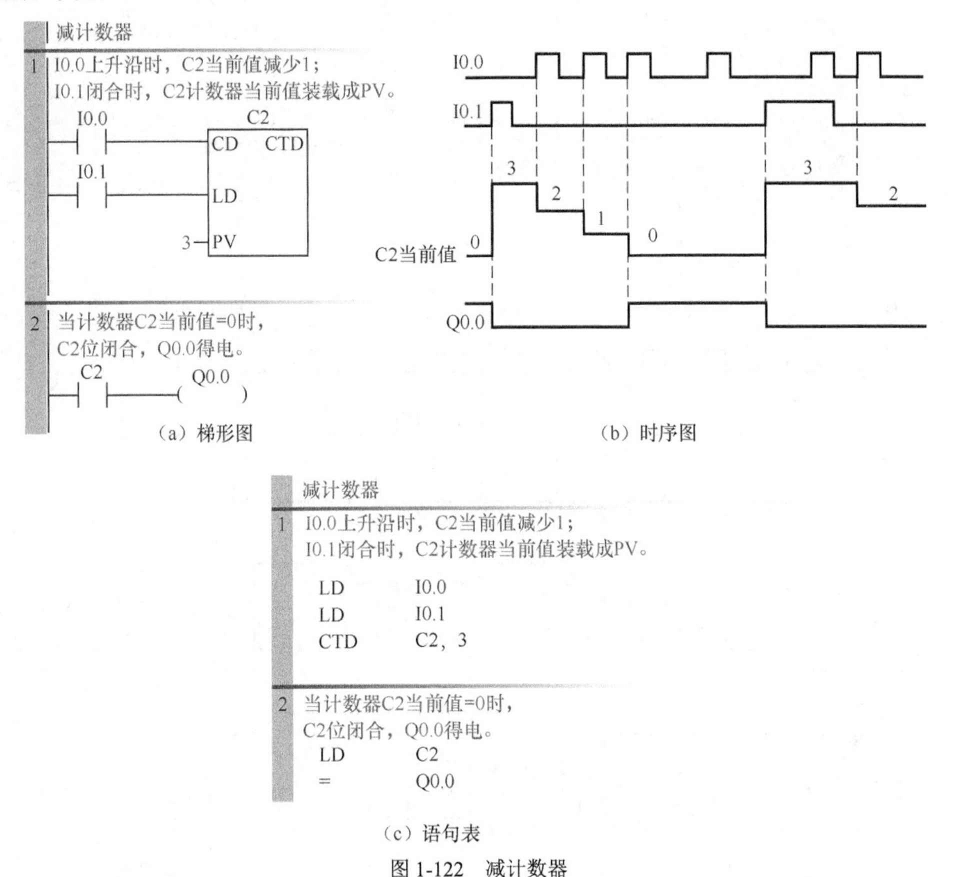

（a）梯形图　　（b）时序图

（c）语句表

图 1-122　减计数器

4．加/减计数器

CTUD 加/减计数器的 CU 端每接收一个脉冲，计数器当前值就加 1；CD 端每接收一个脉冲，计数器当前值就减 1。每次执行计数器指令时，都会将 PV 预置值与当前值进行比较。当前值达到最大值 32 767 时，加计数输入端 CU 的下一上升沿导致当前计数值变为最小值−32 768。当前值达到最小值−32 768 时，减计数输入端 CD 的下一上升沿导致当前计数值变为最大值 32 767。计数器当前值大于或等于预置值 PV 时，计数器状态位置 1，否则，计数器状态位置 0。当 R 复位输入接通或对计数器执行复位指令时，计数器复位。

如图 1-123（a）所示，当与复位端 R 连接的 I0.2 断开时，脉冲输入端有效，此时 CU 输入端的 I0.0 每闭合一次，计数器 C48 的当前值就会加 1，CD 输入端的 I0.1 每闭合一次，计数器 C48 的当前值就会减 1，当当前值大于或等于预置值 4 时，C48 的状态位置 1，C48 的常开触点闭合，Q0.0 线圈得电；当计数器的当前值由 4→3 时，C48 的常开触点复位断开；当与复位端 R 连接的常开触点 I0.2 闭合时，C48 的状态位置 0，其当前值清零，Q0.0 线圈失电。其时序图如图 1-123（b）所示。图 1-123（c）是加/减计数器的语句表。

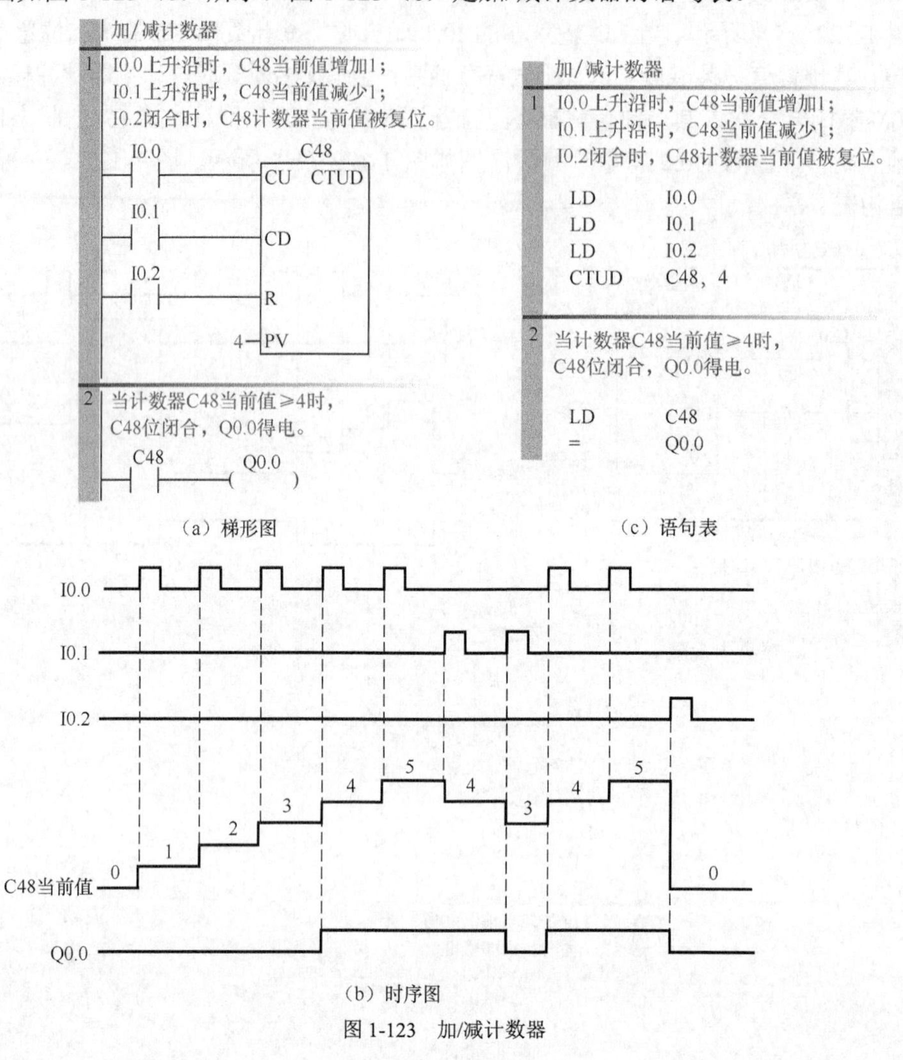

（a）梯形图　　（c）语句表

（b）时序图

图 1-123　加/减计数器

任务实施

1. 硬件电路

微课：产品出入库数量监控程序设计

根据控制要求，输入/输出分配如下。

入库检测光电传感器——I0.0。

出库检测光电传感器——I0.1。

复位按钮 SB——I0.2。

报警灯——Q0.0。

入库传感器和出库传感器都是 NPN 输出型传感器，因此 PLC 的公共端接 24V 电源正极，仓库监控系统的 I/O 接线图如图 1-124 所示。

2．程序设计

图 1-125 所示为仓库监控系统的程序。当有产品入库时，I0.0 由 OFF→ON 变化一次，C5 当前值加 1；当有产品出库时，I0.1 由 OFF→ON 变化一次，C5 当前值减 1。无论处于何种方式，计数器的当前值始终随计数信号的变化而变化，准确反映了库存产品的数量。当 C5 的计数值到达 30 000 时，C5 状态位置 1，其常开触点闭合，Q0.0 变为 ON，报警灯闪烁。

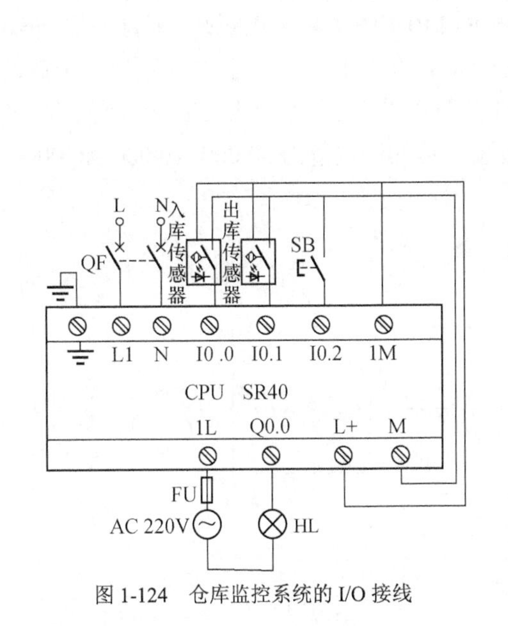

图 1-124　仓库监控系统的 I/O 接线

产品出入库数量监控程序

1　产品入库I0.0上升沿时，C5当前值增加1;
产品出库I0.1上升沿时，C5当前值减少1;
I0.2闭合时，C5计数器当前值被复位。

I0.0　I0.1　I0.2　C5　CU　CTUD　CD　R　30000-PV

2　当计数器C5当前值≥30000时，
C5位闭合，Q0.0闪烁。

C5　SM0.5　Q0.0

图 1-125　仓库监控系统的程序

如果需要在 PLC 断电时仍然保持仓库产品数量，就必须将 C5 计数器通过系统块设置为断电保持型计数器。

3．调试运行

按照如图 1-124 接线，输入程序并进行调试，注意调试时可以将计数器 C5 的预置值设置为较小的数值，方便调试。当计数器计够一定的数时，把 PLC 的电源切断，重新上电后，通过“程序状态”监控 C5 的当前值，观察此值是否是断电前的数值。

知识拓展——定时器与计数器构成长延时电路

1．计数器计数范围扩展程序

在工业生产中，常需要对加工零件进行计数，采用 S7-200 SMART 中的计数器进行计数只能计 32 767 个零件，远远达不到计数要求，那么如何拓展计数范围呢？只需要将多个计数器级联，即可解决计数器范围扩展问题。

控制要求：某个产品计数加工系统，每当产品数量达到 40 000 时，启动传输设备，将产品送入指定位置存放。

解决方案如下。

（1）I/O 分配

检测产品的光电传感器 I0.0，控制传送设备运行的 Q0.0。

（2）程序设计

程序如图 1-126 所示，利用两个计数器实现计数范围扩展。C10 计数器对 I0.0 的脉冲进行计数，此时 C11 计数器的复位端 R 接 M0.0 的常闭触点，C11 的脉冲输入端 CU 无效，C11 计数器不计数。当 C10 计到 30 000 时，程序段 3 中的 C10 的常开触点闭合，M0.0 得电，程序段 1 中 C10 计数器的复位端 R 接的 M0.0 常开触点闭合，计数器 C10 的脉冲输入端 CU 无效，C10 不计数，而程序段 2 中 C11 的复位端 R 接的 M0.0 的常闭触点断开，C11 的脉冲输入端有效，C11 开始计数，当计到 10 000 时，程序段 4 中的 C11 闭合，对 Q0.0 置位，传输设备启动运行，同时，程序段 1 和程序段 2 中的 Q0.0 常开触点闭合，C10 和 C11 在运输产品过程中不再计数。在程序段 5 中，按 I0.1，对 Q0.0 复位。总的计数值为 30 000+10 000=40 000。

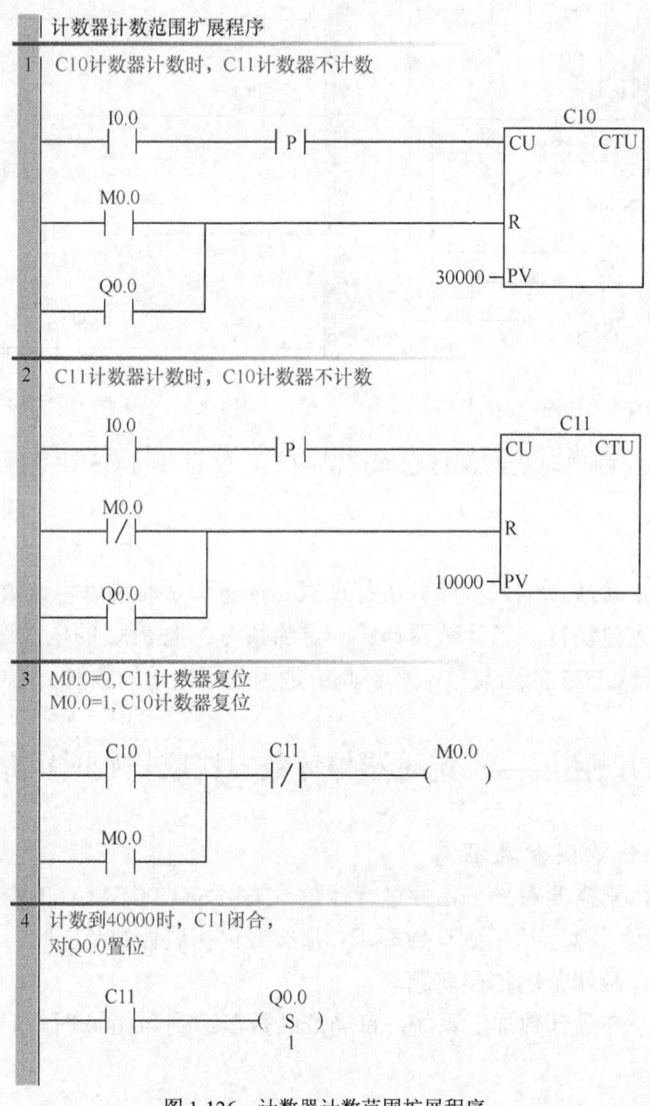

图 1-126　计数器计数范围扩展程序

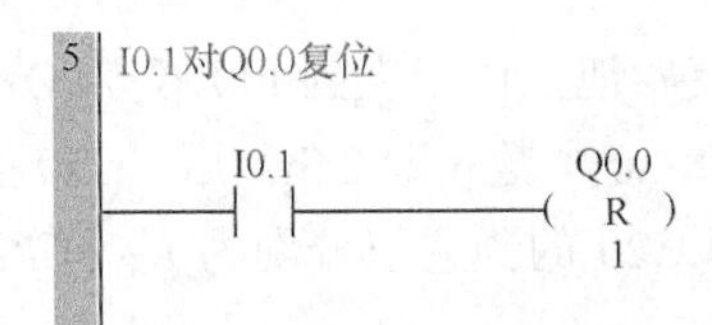

图 1-126　计数器计数范围扩展程序（续）

注　意

计数输入端 CU 串联上升沿脉冲指令，使计数更加准确。

2. 用计数器实现长延时程序

S7-200 SMART 定时器的最长定时时间为 3 276.7s，若需要更长的定时时间，可使用图 1-127 中的计数器 C6 来实现长延时。周期为 1min 的时钟脉冲 SM0.4 的常开触点为加计数器 C6 提供计数脉冲，定时时间为 1 440 分钟=24 小时，定时时间达到时，Q0.0 得电。I0.2 闭合时，对 C6 进行复位，Q0.0 失电。

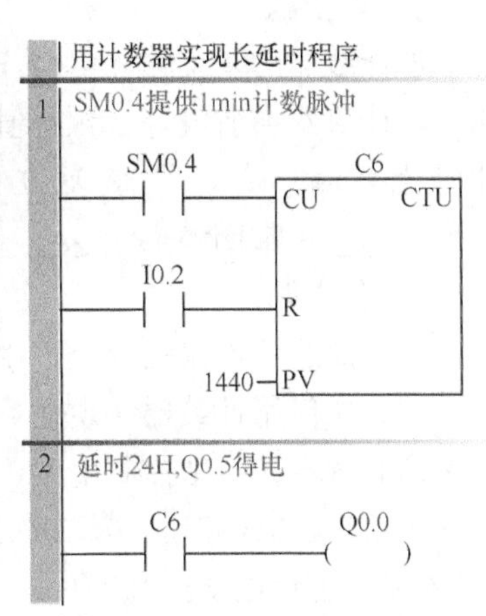

图 1-127　计数器实现长延时程序

3. 计数器和定时器实现长延时

如图 1-128 所示，当 I0.5 为 OFF 时，C20 和 T37 处于复位状态。当 I0.5 为 ON 时，其常开触点闭合，T37 开始定时，2 880s 后，定时器 T37 的定时时间到，其当前值等于预置值，T37 常开触点闭合，计数器当前值加 1；T37 常闭触点断开，使自己复位，复位后，T37 的当前值变为 0，同时其常闭触点

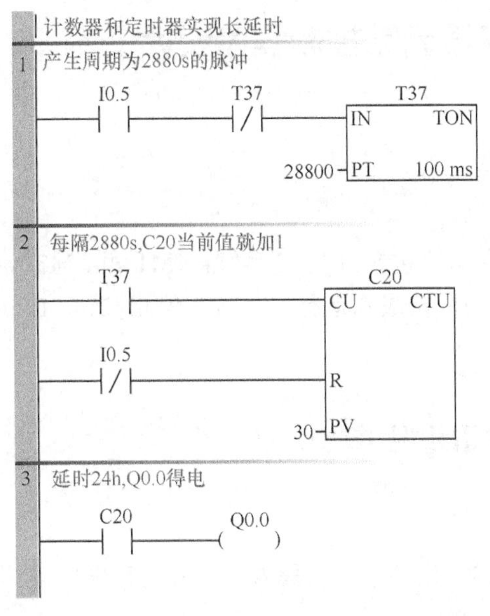

(a) 梯形图

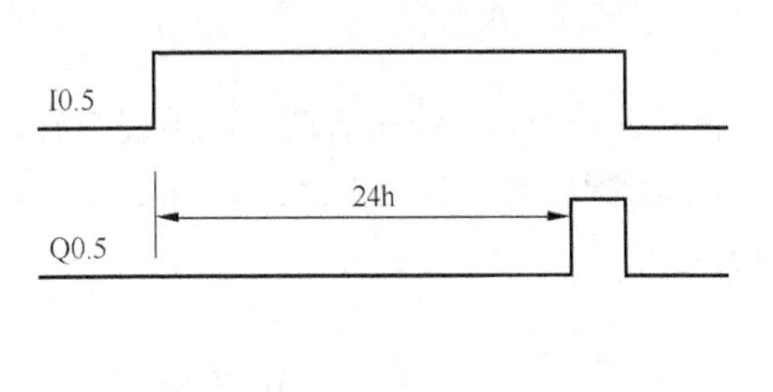

(b) 时序图

图 1-128　定时器范围扩展程序

闭合，定时器又开始定时。T37 将这样周而复始地工作，直到 I0.5 变为 OFF。

T37 产生的脉冲序列送给 C20 计数，计满 30 个数（即 24h）后，C20 的当前值等于预置值，其常开触点闭合，Q0.0 得电。设 T37 和 C20 的预置值分别为 K_T 和 K_C，对于 100ms 定时器，总的定时时间为

$$T = 0.1K_TK_C$$

思考与练习

1．填空题

加计数器的复位输入电路 R________、计数输入电路 CU________时，计数器的当前值加 1。计数器当前值等于预置值时，其常开触点________，常闭触点________。再来计数脉冲时当前值________。复位输入电路________时，计数器被复位，复位后其常开触点________，常闭触点________，当前值等于________。

2．分析题

（1）简述计数器的分类、用途。计数器的计数范围是多少？

（2）如何用计数器实现任务 1.5 中的单按钮启停程序？

（3）试设计一个控制电路，该电路中有 3 台电动机，并且它们用一个按钮控制。第 1 次按下按钮时，M1 启动；第 2 次按下按钮时，M2 启动；第 3 次按下按钮时，M3 启动；再按 1 次按钮，3 台电动机都停止。

（4）按下按钮 I0.0 后，Q0.0 变为 ON 并自锁，T37 计时 7s 后，用 C0 对 I0.1 输入的脉冲计数，计满 4 个脉冲后，Q0.0 变为 OFF，同时 C0 和 T37 被复位，在 PLC 刚开始执行用户程序时，C0 也被复位，设计出梯形图。

任务 1.8　电动机Y-△降压启动控制程序设计

任务导入

试设计一个Y-△降压启动控制系统，当按下启动按钮 SB1 时，接触器 KM1 和 KM3 得电，电动机接成Y启动，6s 后 KM1 和 KM2 得电，电动机接成△运行。当按下停止按钮 SB2 时，电动机停止。

相关知识——逻辑堆栈指令

1．指令格式与功能说明

逻辑堆栈指令包括进栈（LPS）、读栈（LRD）、出栈（又称弹栈）指令（LPP）。其指令格式及功能说明如表 1-17 所示。

LPS、LRD、LPP 这组指令的功能是将公共点的结果存储起来，以方便公共点后面电路的编程。在 S7-200 SMART 系列 PLC 中有 9 个存储运算中间结果的存储器，称为堆栈存储器。

堆栈采用先进后出的数据存储方式。逻辑堆栈指令是为了处理三路以上的多分支电路，配合 ALD 和 OLD 指令使用。

表 1-17　　逻辑堆栈指令格式与功能说明

指令名称	LAD	STL	功能	操作数
进栈	LPS bit	LPS	LPS 指令复制堆栈顶值并将该值推入堆栈。栈底值被推出并丢失	无
读栈	LRD bit	LRD	LRD 指令将堆栈第二层中的值复制到栈顶。 此时不执行进栈或出栈，但原来的栈顶值被复制值替代	
出栈	LPP bit	LPP	LPP 指令将栈顶值弹出。堆栈第二层中的值成为新的栈顶值	

逻辑进栈指令 LPS：进栈指令把中间运算结果送入堆栈的第一层堆栈单元（栈顶），同时让堆栈中原有的数据顺序下移一个堆栈单元，栈底的数据溢出，如图 1-129（a）所示。

逻辑读栈指令 LRD：读栈指令将堆栈第二层单元中的值复制到栈顶。此时不执行进栈或出栈操作，各层数据位置不变，如图 1-129（b）所示。

逻辑出栈指令 LPP：出栈指令将第二层单元的数据送入栈顶单元，同时将栈中其他各层单元数据依次上移，如图 1-129（c）所示。

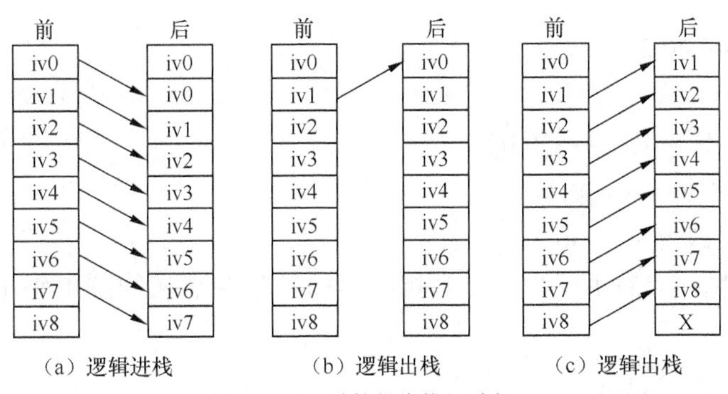

图 1-129　堆栈指令执行过程

2. 程序举例

图 1-130 中，因为 I0.0 常开触点分别控制 Q0.0、Q0.3、Q0.5，I0.0 的状态要使用 3 次。因此，在 LD I0.0 指令语句之后，先用 LPS 指令将 I0.0 的状态存入堆栈第 2 层单元，见图 1-129（a），然后与 I0.1 的状态作“与”逻辑运算后，控制 Q0.0 的输出；在执行 LRD 指令中，第二层单元 I0.0 的状态被读入栈顶单元，见图 1-129（b），与 M0.0 的状态作“与”逻辑运算后，控制 Q0.3 的输出；在 I0.0 的最后控制中，执行出栈指令 LPP，第 2 层单元数据（I0.0 的状态）上移栈顶单元与 I0.5 的状态作“与”逻辑运算后，控制 Q0.5 的输出。

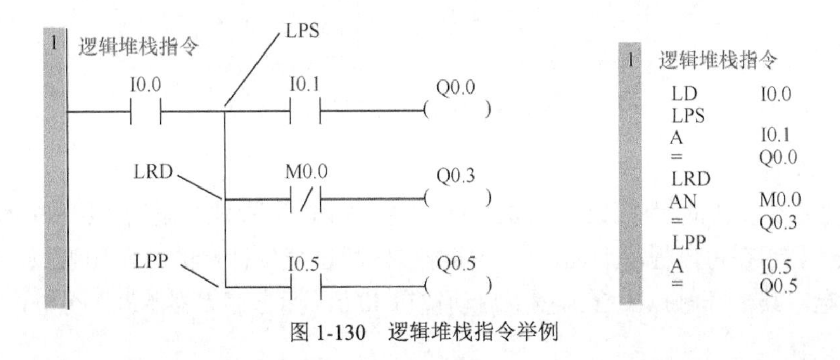

图 1-130　逻辑堆栈指令举例

3．指令说明

（1）LPS、LRD、LPP 指令无操作数。

（2）LPS 和 LPP 指令必须成对使用，中间的支路都用 LRD 指令，处理最后一条支路时必须用 LPP 指令。

（3）受堆栈空间的限制，LPS 指令和 LPP 指令连续使用不得超过 9 次。

（4）LPS、LRD、LPP 指令之后若有单个常开或常闭触点串联，则应该使用 A 或 AN 指令。

（5）LPS、LRD、LPP 指令之后若有由触点组成的电路块串联，则应该使用 ALD 指令。

任务实施

1．硬件电路

通过分析控制要求知，该控制系统有 3 个输入。

启动按钮 SB1—I0.0。

停止按钮 SB2——I0.1。

过载保护 FR——I0.2。

有 3 个输出。

电源接触器 KM1 线圈——Q0.0。

Y接触器 KM3 线圈——Q0.1。

△接触器 KM2 线圈——Q0.2。

其控制电路如图 1-131 所示，Y和△接触器的常闭触点在线圈电路中进行机械互锁。

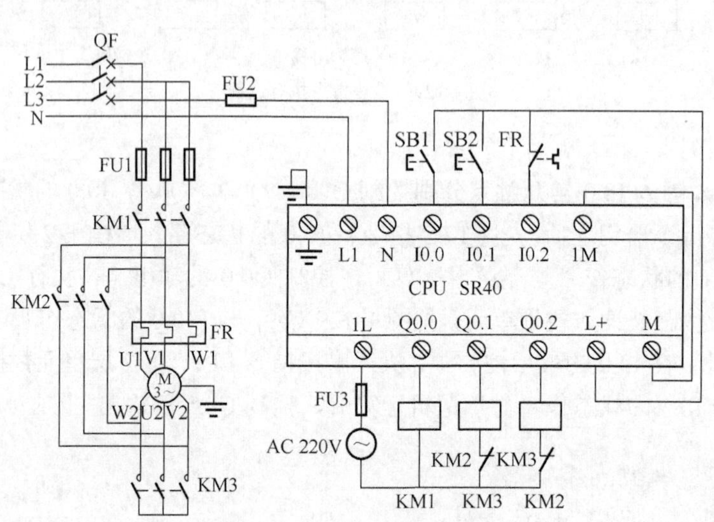

图 1-131 Y-△启动控制电路

2．程序设计

根据控制要求设计的程序如图 1-132 所示，程序中的变量地址采用“符号：绝对”，并将“符号信息表”显示在每段程序后面。由于热继电器的过载保护接的是常闭触点，所以输入继电器 I0.2 得电，其常开触点闭合，按下启动按钮 I0.0，标志存储器 M0.0 得电，其常开触点闭合，Q0.1 和 Q0.0 得电，接触器 KM3 和 KM1 吸合，其主触点闭合，电动机接成Y启动；同时定时器 T38 开始定时，定时时间到，其常闭触点断开，Q0.1 失电，解除Y连接，Q0.1 的常闭触点恢复闭合，为 Q0.2 得电做准备，T38 的常开触点闭合，接通 T39 延时 0.5s 后，Q0.2 得电，电动机接成△运行。在 Q0.1 和 Q0.2 线圈中互串对方的常闭触点，实现软件上的互锁。用 T39 定时器实现Y和△绕组换接时的 0.5s 延时，以防 KM2、KM3 同时通电，造成主电路短路。

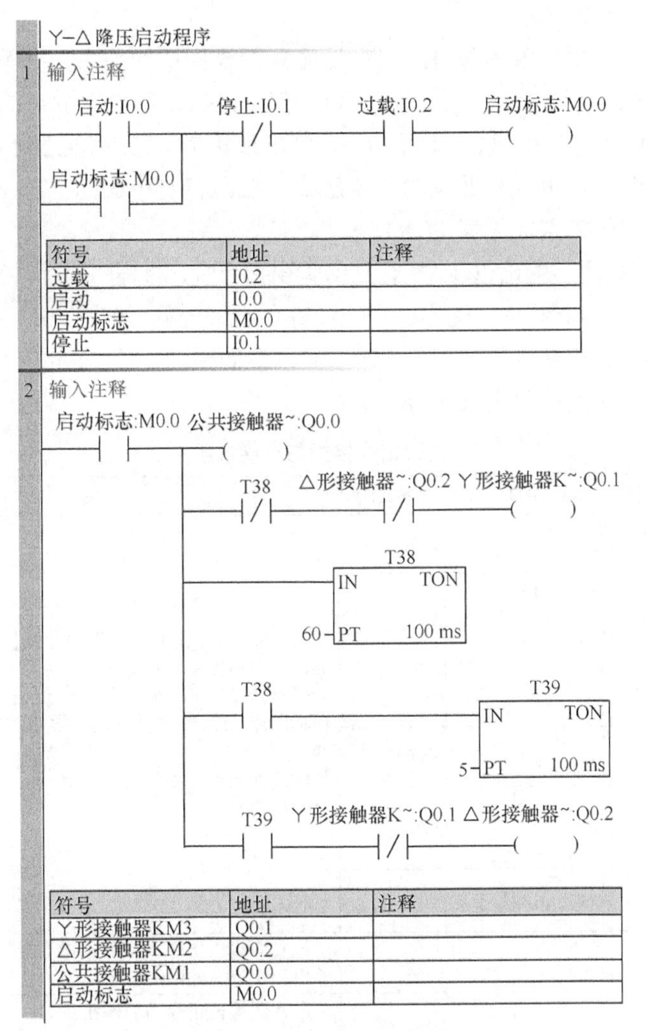

符号	地址	注释
过载	I0.2	
启动	I0.0	
启动标志	M0.0	
停止	I0.1	

符号	地址	注释
Y形接触器KM3	Q0.1	
△形接触器KM2	Q0.2	
公共接触器KM1	Q0.0	
启动标志	M0.0	

图 1-132　Y-△启动控制程序

3．调试运行

（1）按照图 1-131 将电路正确连接。

（2）将图 1-132 所示的程序下载到 PLC 中，让 PLC 处于 RUN 模式。

（3）按下启动按钮 SB1，首先看到 KM3 和 KM1 得电，电动机Y启动，经过大约 6s，KM3 失电，同时 KM2 通电，电动机△运行。按下停止按钮 SB2，电动机停止。

知识拓展

1．立即指令

为了不受 PLC 循环扫描工作方式的影响，提高 PLC 对输入/输出过程的响应速度，S7-200 SMART PLC 允许使用立即指令对输入/输出点进行快速直接存取。立即指令可分为立即触点指令、立即输出指令和立即置位、复位指令。

（1）指令格式与功能说明

立即触点指令只能用于输入位 I，它不受循环扫描周期的约束，在输入过程映像寄存器的值没有更新的情况下，立即读入物理输入点的值，根据该值决定触点的闭合/断开状态。在语句表中，分别用 LDI、AI、OI 来表示开始、串联和并联立即触点（见表 1-18）。分别用 LDNI、ANI、ONI 来表示开始、串联和并联的常闭触点。触点符号中间的“I”和“/I”用来表示立即常开触点和立即常闭触点（见表 1-18）。

立即输出指令只能用于输出位Q，执行立即输出指令时，将程序执行时得到的输出线圈的结果直接复制到物理输出点和相应的输出过程映像寄存器。线圈中的“I”表示立即输出，见表1-18。

立即置位和立即复位指令只能用于输出位Q，线圈中的“I”表示立即输出，见表1-18。

立即指令格式及功能说明见表 1-18。

表 1-18 立即指令格式与功能说明

指令名称	数据类型	LAD	STL	功能	操作数
立即装载	BOOL	bit ├─┤ I ├─	LDI	该立即指令执行时，该指令立即读取物理输入点的值，但不更新输入过程映像寄存器。立即触点不会等待 PLC 扫描周期进行更新，而是会立即更新物理输入点（位）状态为 1 时，常开立即触点闭合（接通） 物理输入点（位）状态为 0 时，常闭立即触点闭合（接通）	I
立即或		bit ─┤ I ├─（并联）	OI		
立即与		bit ─┤ ├──┤ I ├─	AI		
立即取非装载		bit ├─┤ /I ├─	LDNI		
立即或非		bit ─┤ /I ├─（并联）	ONI		
立即与非		bit ─┤ ├──┤ /I ├─	ANI		
立即输出	BOOL	bit ─(I)	=I bit	该立即输出指令执行时，指令会将新值写入物理输出和相应的过程映像寄存器单元	Q
立即置位	BOOL	bit ─(SI) N	SI bit, N	用立即置位指令访问输出点时，从指令指定地址（位）开始的 *N* 个（最多为 255 个点）物理输出点被立即置位，同时，相应的输出映像寄存器的内容也被刷新	
立即复位	BOOL	bit ─(RI) N	RI bit，N	用立即复位指令访问输出点时，从指令指定地址（位）开始的 *N* 个（最多为 255 个）物理输出点被立即复位，同时，相应的输出映像寄存器的内容也被刷新	

（2）程序举例

在图 1-133（a）中，Q0.0、Q0.1、Q0.2 的输入逻辑是 I0.0 的普通常开触点。Q0.0 是普通输出，当程序执行到 Q0.0 时，它的输出过程映像寄存器的状态会随着本扫描周期采集到的 I0.0 状态的改变而改变，而它的物理触点要等到本扫描周期的输出刷新阶段才改变。Q0.1、

Q0.2 为立即输出，当程序执行到它们时，它们的物理触点和输出过程映像寄存器同时改变。因为 Q0.3 的输入逻辑是 I0.0 的立即触点，所以在程序执行到它时，Q0.3 的输出过程映像寄存器的状态会随着 I0.0 即时状态的改变而立即改变，而它的物理触点要等到本扫描周期的输出刷新阶段才改变，其时序图如图 1-133（b）所示。

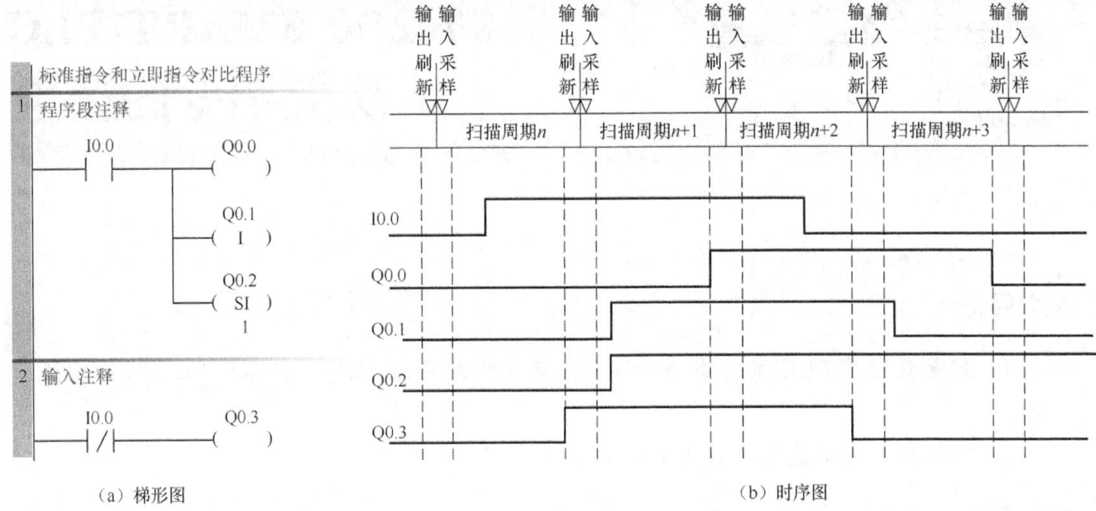

图 1-133 立即指令

2. 取非指令和空操作指令

（1）取非指令（NOT）

取非指令用于对存储器的位进行取反操作，改变能量流的状态。指令格式的梯形图形式用触点形式表示，如触点左侧为 1 时，右侧为 0，能流不能到达右侧，输出无效；反之，触点左侧为 0 时，右侧为 1，能流可以向右侧传递，其语句表格式为“NOT”。

（2）空操作指令（NOP）

空操作指令起增加程序容量的作用。使用空操作指令，将稍微延长扫描周期时间，但不会影响用户程序的执行，不会使能流断开。

指令格式为：NOP N。其中，N 为执行空操作指令的次数，N 为 0～255 的数。

思考与练习

分析题

（1）简述逻辑堆栈指令的使用方法。

（2）将图 1-134 所示的梯形图转换成语句表。

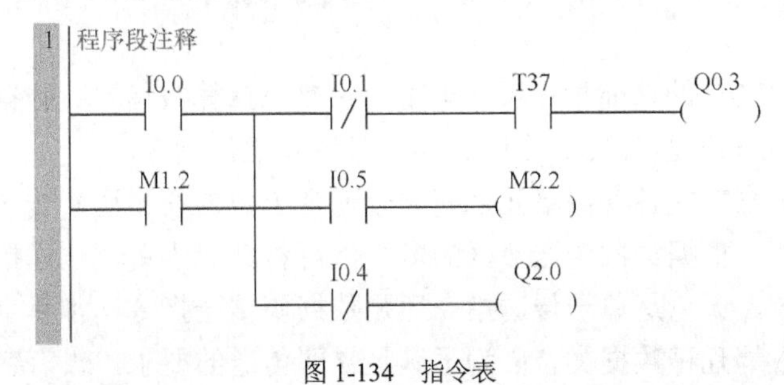

图 1-134 指令表

模块二 S7-200 SMART PLC 功能指令的应用

能力目标

1. 能熟练运用 PLC 的基本指令和功能指令编写 PLC 程序，并写入 PLC 进行调试运行。
2. 能熟练运用功能指令解决实际工程问题。

知识目标

1. 掌握功能指令的基本格式、表示方式、数据长度和执行方式等。
2. 掌握主要功能指令的使用方法。
3. 学会利用功能指令解决实际问题的编程方法，进一步熟悉编程软件的使用，通过学习，提高编程技巧。

任务 2.1　4 盏流水灯控制程序设计

任务导入

试设计 4 盏流水灯每隔 1s 顺序点亮，并不断循环的 PLC 控制系统。

相关知识——传送指令

S7-200 SMART PLC 的功能指令极其丰富，主要包括算数运算、数据处理、逻辑运算、高速处理、PID、中断、实时时钟和通信指令。

微课：数据传送指令

数据传送指令用来完成各存储单元之间一个或多个数据的传送，传送过程中数值保持不变。根据每次传送数据的多少，可将其分为单一传送指令和数据块传送指令，无论是单一传送指令还是数据块传送指令，都有字节、字、双字和实数等几种数据类型；为了满足立即传送的要求，设有字节立即传送指令，为了方便实现在同一字节内高低字节的互换，还设有字节交换指令。

数据传送指令适应于存储单元的清零、程序的初始化等场合。

1．单一传送指令的指令格式

单一传送指令用来传送一个数据，其数据类型可以为字节、字、双字和实数。在传递过程中，数据内容保持不变，其指令格式及功能说明如表 2-1 所示。

表 2-1 单一传送指令格式与功能说明

指令名称	IN/OUT 数据类型	LAD	STL	功能	操作数
字节传送	BYTE	MOV_B EN ENO IN OUT	MOVB IN，OUT	字节传送、字传送、双字传送和实数传送指令将数据值从源（常数或存储单元）IN 传送到新存储单元 OUT，而不会更改源存储单元中存储的值。 使用双字传送指令创建指针	IN：IB、QB、VB、MB、SMB、SB、LB、AC、常数； OUT：IB、QB、VB、MB、SMB、SB、LB、AC
字传送	WORD，INT	MOV_W EN ENO IN OUT	MOVW IN，OUT		IN：IW、QW、VW、MW、SMW、SW、T、C、LW、AC、AIW、常数； OUT：IW、QW、VW、MW、SMW、SW、T、C、LW、AC、AQW
双字传送	DWORD，DINT	MOV_DW EN ENO IN OUT	MOVD IN，OUT		IN：ID、QD、VD、MD、SMD、SD、LD、HC、AC、常数； OUT：ID、QD、VD、MD、SMD、SD、LD、AC
实数传送	REAL	MOV_R EN ENO IN OUT	MOVR IN，OUT		IN：ID、QD、VD、MD、SMD、SD、LD、AC、常数； OUT：ID、QD、VD、MD、SMD、SD、LD、AC
EN（使能端）	BOOL	当使能端 EN 有效时，将一个输入 IN 的字节、字、双字或实数传送到 OUT 的指定存储单元输出，在传送过程中，数据内容保持不变			I、Q、M、T、C、SM、V、S、L

2．程序举例

如图 2-1（a）所示，当 I0.2=ON 时，字节传送指令 MOVB 将常数 5 传送到 QB0 中，PLC 中的 Q0.0 和 Q0.2 输出指示灯点亮，当 I0.2=OFF 时，Q0.0 和 Q0.2 输出指示灯仍然点亮；当 I0.3=ON 时，字传送指令 MOVW 将输出 5 传送到 QW0 中，因为 QB0 是高有效字节，对应 Q0.0～Q0.7，QB1 是低有效字节，对应 Q1.0～Q1.7，因此 PLC 中的 Q1.0 和 Q1.2 输出指示灯点亮，当 I0.3=OFF 时，Q1.0 和 Q1.2 输出指示灯仍然点亮。图 2-1（b）是语句表。

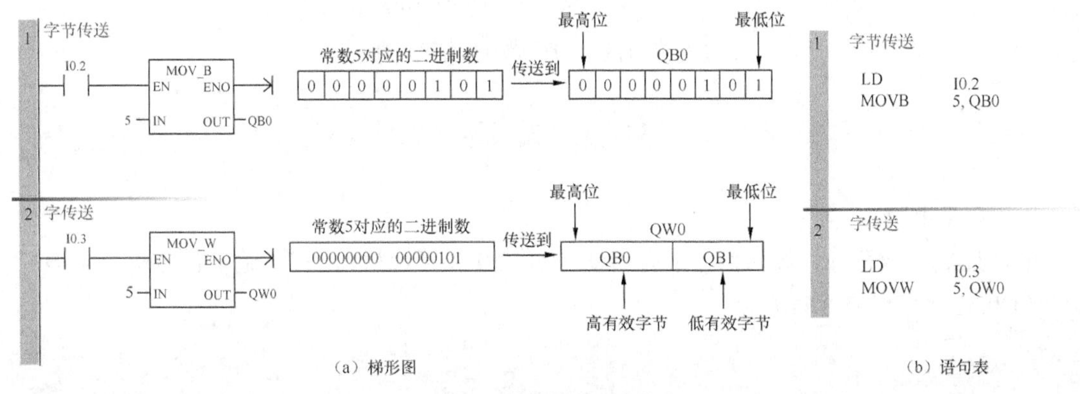

（a）梯形图 （b）语句表

图 2-1 字节传送和字传送

指令使用说明如下。

如图 2-2 所示，当 I0.0=ON 时，执行 MOVB 指令，将 IB1 中的数据（I1.0～I1.7）传送到 QB0（Q0.0～Q0.7）中，改变 I1.0～I1.7 的开关状态，Q0.0～Q0.7 的状态也会随之而改变，在图 2-2 中，T37 的常闭触点和它的指令盒组成一个脉冲发生器，T37 的当前值在 0～100 之间周期性地变化，SM0.5 是 1s 的时钟脉冲，用来给 C2 提供计数脉冲；当 I0.0=ON 时，执行 MOVW 指令，将 T37 的当前值和计数器 C2 的当前值不断传送到 VW0 和 VW2 中，进入“程序状态”监控，可以看到 VW0 中的值会随着 T37 的变化而变化，VW2 中的值会随着 C2 的变化而变化。当 I0.0=OFF 时，VW2 中的值不变。

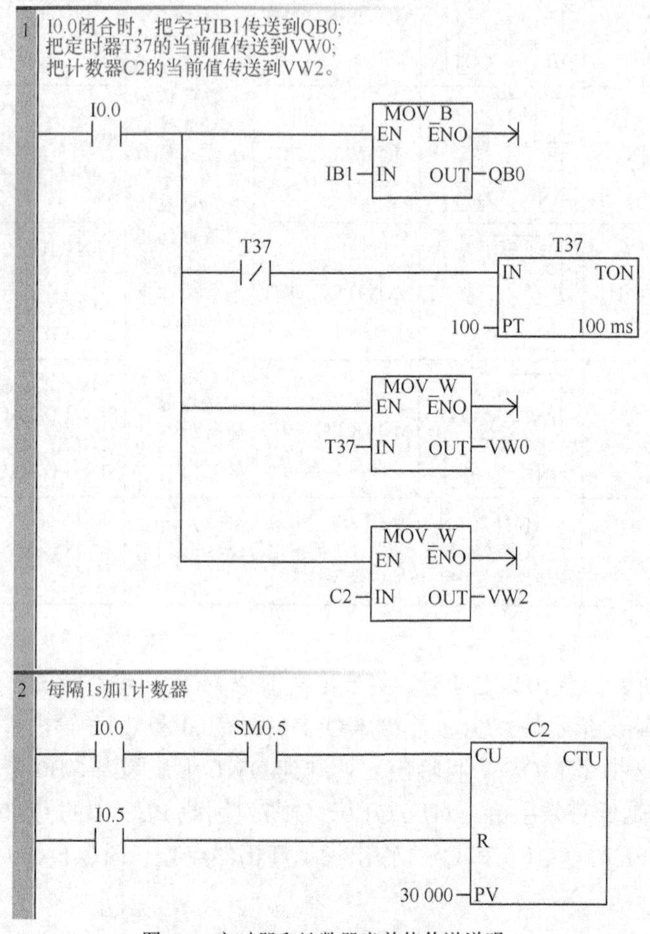

图 2-2 定时器和计数器当前值传送说明

任务实施

1. 硬件电路

依据控制要求可知，输入信号端有启动按钮 I2.0 和停止按钮 I2.1；输出信号端有 4 盏灯 Q0.0～Q0.3，如图 2-3 所示。

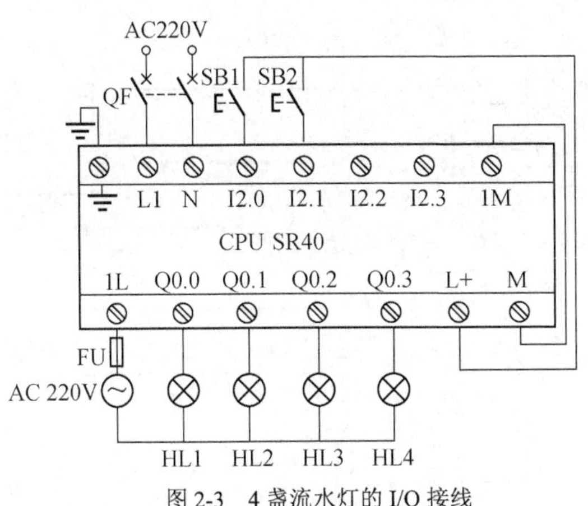

图 2-3　4 盏流水灯的 I/O 接线

根据控制要求列出传送数据与输出位的对照，如表 2-2 所示，用"1"表示灯亮，用"0"表示灯熄灭。所传送的 8 位数据可以用十进制数表示，也可以用十六进制数 16#表示，这里选用十六进制数表示较为方便。

表 2-2　传送数据与输出位对照

传送数据	输出字节 QB0							
	Q0.7	Q0.6	Q0.5	Q0.4	Q0.3	Q0.2	Q0.1	Q0.0
16#1	0	0	0	0	0	0	0	1
16#2	0	0	0	0	0	0	1	0
16#4	0	0	0	0	0	1	0	0
16#8	0	0	0	0	1	0	0	0

2．程序设计

4 盏流水灯的程序如图 2-4 所示。4 盏灯循环一个周期是 40s，所以在图 2-4 中使用 4 个定时器，然后采用定时器的常开触点将对应于每个时刻的十六进制数用 MOVB 指令传送给 QB0，从而点亮相应位置的灯。在程序段 3 中用 T40 的常闭触点对所有的定时器复位，开始下一个周期的循环。

在程序段 1 中，当按下停止按钮 I2.1 时，用 MOVB 指令对 QB0 清零。如果没有该段程序，则系统停止时仍有输出指示灯点亮。

3．调试运行

将图 2-4 所示的程序下载到 PLC 中，按下启动按钮 I2.0，可以观察到 4 盏灯依次点亮，并不断循环。按下停止按钮 I2.1，对所有灯复位。

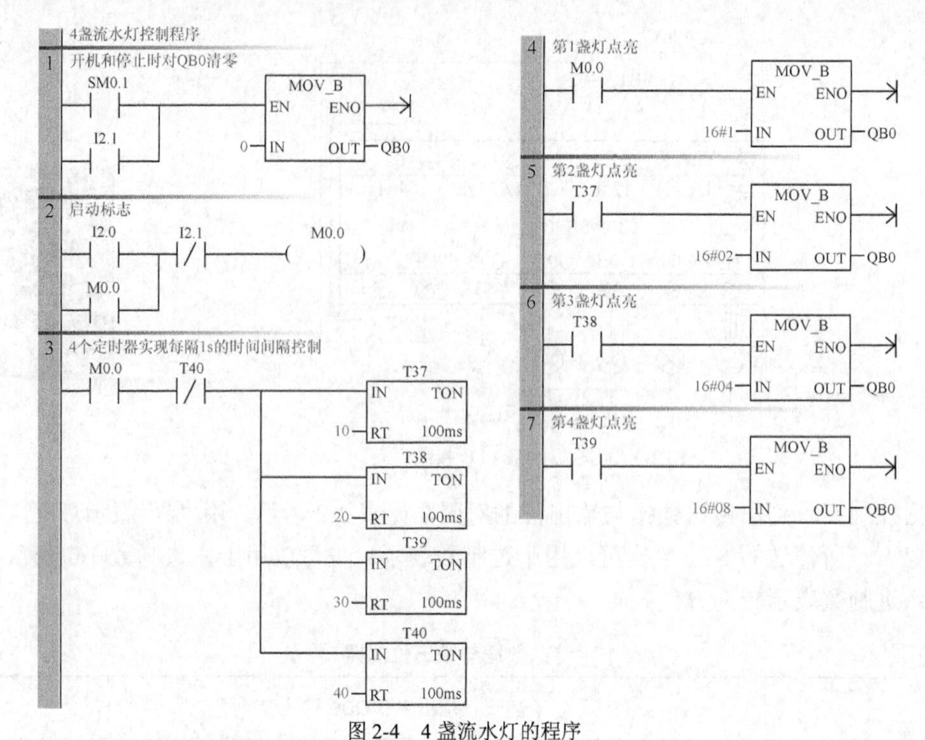

图 2-4　4 盏流水灯的程序

知 识 拓 展

一、数据块传送指令

数据块传送指令用来一次传送多个数据，块传送指令包括字节块传送、字块传送、双字块传送指令，数据块传送指令的格式及功能说明如表 2-3 所示。

表 2-3　　数据块传送指令的格式与功能说明

指令名称	IN/OUT 数据类型	LAD	STL	功能	操作数
字节块传送	BYTE	BLKMOV_B EN ENO IN OUT N	BMB IN，OUT，N	字节块传送、字块传送、双字块传送指令将已分配数据值块从源存储单元（起始地址 IN 和连续地址）传送到新存储单元（起始地址 OUT 和连续地址）。参数 N 分配要传送的字节、字或双字数。存储在源单元的数据值块不变。 N 的取值范围是 1～255	IN：IB、QB、VB、MB、SMB、SB、LB； OUT：IB、QB、VB、MB、SMB、SB、LB
字块传送	WORD，INT	BLKMOV_W EN ENO IN OUT N	BMW IN，OUT，N		IN：IW、QW、VW、MW、SMW、SW、T、C、LW、AIW； OUT：IW、QW、VW、MW、SMW、SW、T、C、LW、AQW
双字块传送	DWORD，DINT	BLKMOV_D EN ENO IN OUT N	BMD IN，OUT，N		IN：ID、QD、VD、MD、SMD、SD、LD； OUT：ID、QD、VD、MD、SMD、SD、LD

续表

指令名称	IN/OUT 数据类型	LAD	STL
EN	BOOL	当使能端EN有效时，将从输入IN开始的N个字节、字、双字传送到OUT的起始地址中，在传送过程中，数据内容保持不变。	I、Q、M、T、C、SM、V、S、L
N	BYTE	指定源数据个数	IB、QB、VB、MB、SMB、SB、LB、AC、常数

在图 2-5 中，当指令的执行条件 I2.1=ON 时，将源 4 字节地址序列 VB20 ～ VB23 中的数据传送（复制）到目标 4 字节地址序列 VB100 ～ VB103 中。

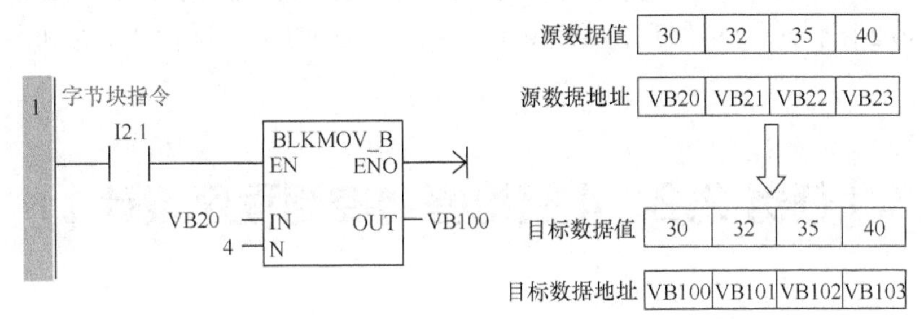

图 2-5 字节块传送指令使用说明

二、字节交换指令

字节交换指令用来实现字中高、低字节内容的交换。当使能端 EN 输入有效时，将输入字 IN 中的高、低字节内容交换，结果仍放回字 IN 中，其指令格式及功能说明如表 2-4 所示。

表 2-4 字节交换指令的格式与功能说明

指令名称	IN/OUT 数据类型	LAD	STL	功能	操作数
字节交换	WORD	SWAP EN ENO IN	SWAP IN	字节交换指令用于交换字 IN 的最高有效字节和最低有效字节	IN：IW、QW、VW、MW、SMW、SW、T、C、LW、AC
EN	BOOL	允许输入			I、Q、M、SM、V、S、L

如图 2-6 所示，当 I2.0=ON 时，执行置位和复位指令，QB0=16#FF，QB1=16#00，Q0.0～Q0.7 的输出指示灯点亮；当 I2.1=ON 时，将字 QW0 中最高有效字节 QB0 和最低有效字节 QB1 中的数据交换后仍然存在 QW0 中，此时 Q1.0～Q1.7 的输出指示灯点亮。

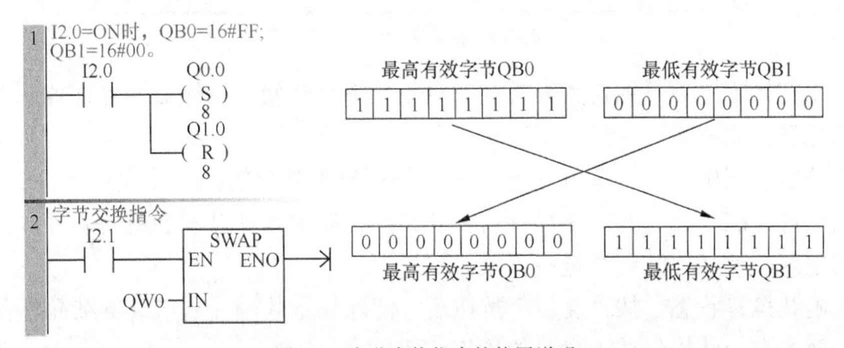

图 2-6 字节交换指令的使用说明

思考与练习

分析题

（1）执行指令语句“MOVB 10，QB0”后，Q0.0～Q0.7 的位状态是什么？

（2）执行指令语句“MOVD　16#0005AA55　VD100”后，VB100、VB101、VB102、VB103 中存储的数据各是多少？

（3）试用单一传送指令实现模块一中的电动机Y-△降压启动程序。

（4）某系统有 8 盏指示灯，控制要求是：当 I0.0 闭合时，全部灯亮；当 I0.1 闭合时，奇数灯亮；当 I0.2 闭合时，偶数灯亮；当 I0.3 闭合时，全部灯灭。试设计电路和用数据传送指令编写程序。

任务 2.2　4 路抢答器控制程序设计

任务导入

设计一个用 7 段数码管（简称 LED）显示的 4 人智力竞赛抢答器。抢答器的外形结构如图 2-7 所示。设有主持人总台及各个参赛队分台。总台设有总台开始按钮及总台复位按钮。分台设有分台灯、分台抢答按钮。

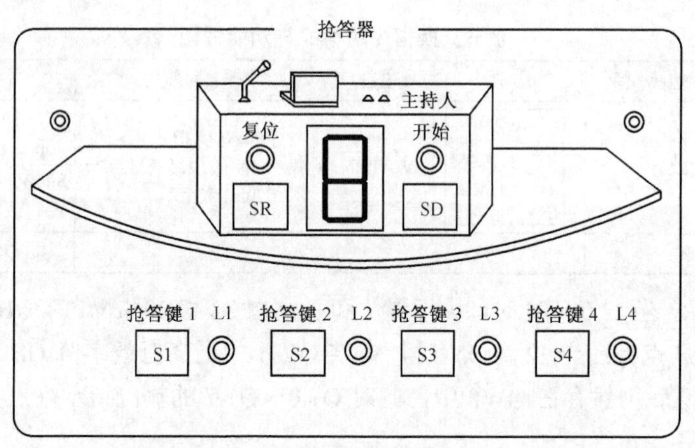

图 2-7　抢答器的外形结构

（1）系统初始上电后，主持人在总控制台上按下“开始”按钮后，允许各队人员开始抢答，即各队抢答按钮有效。

（2）在抢答过程中，1～4 队中的任何一队抢先按下各自的抢答按钮（S1、S2、S3、S4）后，该队指示灯（L1、L2、L3、L4）点亮，同时 LED 数码管显示当前的队号，并联锁其他参赛选手的电路，使其他队继续抢答无效。

主持人确认抢答状态，按“复位”按钮后，清除显示数码，系统又继续允许各队人员开始抢答，直至又有一队抢先按下自己的抢答按钮。

相关知识——子程序指令

1. S7—200 SMART PLC 的程序结构

S7-200 SMART PLC 的控制程序由主程序、子程序和中断程序组成。STEP7-Micro/WIN SMART 编程软件中在程序编辑器窗口为每个 POU（程序组织单元）提供一个独立的页，如图 2-8 所示，主程序总是在第一页，后面是子程序和中断程序。

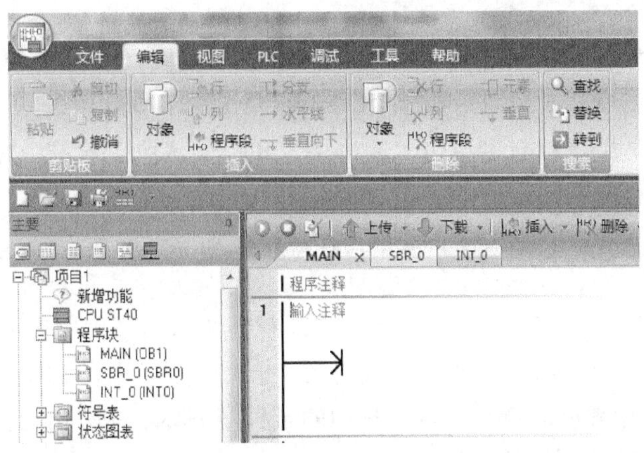

图 2-8 主程序、子程序和中断程序窗口

因为每个 POU 在程序编辑器窗口是分页存放的，所以子程序和中断程序在执行到末尾时自动返回，不必加返回指令；在子程序和中断程序中可以使用条件返回指令。

（1）主程序（OB1）。主程序是程序的主体。每个项目都必须并且只能有一个主程序，在主程序中可以调用子程序和中断程序。

（2）子程序（SBR）。子程序是指具有特定功能并且多次使用的程序段。子程序仅在被其他程序调用时执行，同一子程序可在不同的地方多次被调用，使用子程序可以简化程序代码和减少扫描时间。

（3）中断程序（INT）。中断程序用来及时处理与用户程序的执行无关的操作或者不能事先预测何时发生的中断事件。中断程序是用户编写的，它不由用户程序来调用，而是在中断事件发生时由操作系统来调用。

微课：子程序调用指令

2. 子程序的创建

在程序设计时，经常需要多次反复执行同一段程序，为了简化程序结构，减少程序编写工作量，只需要写一次程序，当别的程序需要时可以调用它，而无需重新编写该程序。

子程序的调用是有条件的，未调用它时不会执行子程序中的指令，因此使用子程序可以减少程序扫描时间；子程序使程序结构简单清晰，易于调试、检查错误和维修，因此在编写复杂程序时，建议将全部功能划分为几个符合控制工艺的子程序块。在子程序中尽量使用局部变量，避免使用全局变量，这样可以很方便地将子程序移植到其他项目中。

如图 2-8 所示，在默认情况下，STEP7-Micro/WIN SMART 会在项目中提供一个子例程。如果不需要，可将其删除，如果需要多个子程序时，可使用下列方法之一创建子程序。

① 在“编辑”菜单功能区的“插入”区域，单击“对象”下拉按钮，然后选择“子程

序”，如图 2-9（a）所示。

（a）菜单命令插入子程序

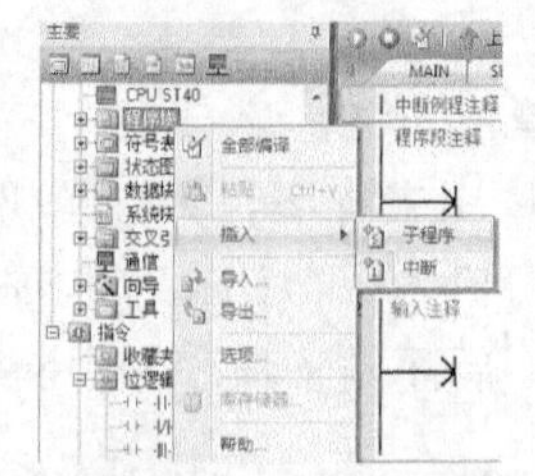

（b）项目树插入子程序

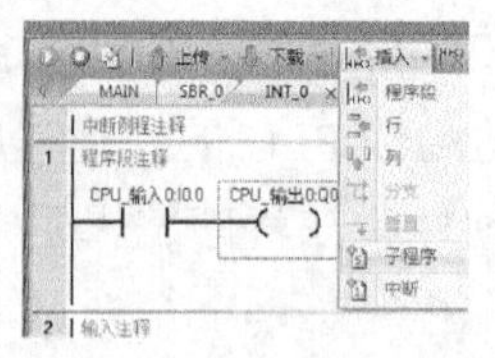

（c）程序编辑器插入子程序

图 2-9 插入子程序的方法

② 在项目树中，用鼠标右键单击“程序块”图标，从快捷菜单中选择“插入”→“子程序”，如图 2-9（b）所示。

③ 在程序编辑器窗口中用鼠标右键单击，从快捷菜单中选择“插入”→“子程序”，如图 2-9（c）所示。

创建好子程序后，在“程序块”文件夹可以看到新建的子程序图标，默认的程序名是“SBR_n”，编号 n 从 0 开始按递增顺序生成，系统自带一个子程序 SBR_0。一个项目最多可以有 128 个子程序。用鼠标右键单击项目树中的子程序图标，在弹出的快捷菜单中选择“重命名”选项，可以修改子程序的名称。

3．子程序调用指令和子程序返回指令

子程序有子程序调用和子程序返回两大指令，指令格式及功能说明如表 2-5 所示。

表 2-5 子程序调用和子程序返回指令格式与功能说明

指令名称	LAD	STL	功能	操作数
子程序调用	SBR_n —EN	CALL SBR_n	当使能输入端 EN 有效时，将程序执行转移至编号为 SBR_n 的子程序。子程序的编号 n 从 0 开始，随着子程序数量的增加自动生成	n：0～127
子程序返回	——(RET)	CRET	子程序返回	无

子程序指令使用说明如下。

① 可以在主程序、其他子程序或中断程序中调用子程序。调用子程序时将执行子程序中的指令，直至子程序结束，然后返回调用它的程序中该子程序调用指令的下一条指令处。

② 子程序返回又分为条件返回 CRET 和无条件返回 RET。若为条件返回，则必须在子程序的最后插入 CRET 指令；若为无条件返回，则编程人员无需在子程序最后插入任何返回指令，由 STEP7-Micro/WIN SMART 软件自动在子程序结尾处插入返回指令 RET。

③ 如果在子程序内部又对另一个子程序执行调用指令，则这种调用称为子程序的嵌套。子程序最多可以嵌套 8 级。

4．子程序指令举例

两台电动机运行选择控制系统的控制要求为：按下系统启动按钮，为两台电动机选择控制做准备。当选择开关闭合时，按下电动机 M1 的启动按钮，电动机 M1 工作；当选择开关断开时，按下电动机 M2 的启动按钮，电动机 M2 工作。按下系统停止按钮，两台电动机都停止工作。

（1）硬件电路

两台电动机选择控制的 I/O 分配如表 2-6 所示。

表 2-6　　两台电动机选择控制的 I/O 分配

输入			输出		
输入继电器	输入元件	作　用	输出继电器	输出元件	作　用
I0.0	SB1	系统启动按钮	Q0.1	KM1	电动机 M1
I0.1	SB2	系统停止按钮	Q0.2	KM2	电动机 M2
I0.2	SA	选择开关			
I0.3	SB3	M1 启动按钮			
I0.4	SB4	M2 启动按钮			

（2）程序设计

两台电动机选择控制的程序如图 2-10 所示。按下系统启动按钮 I0.0 时，M0.0=ON，当 I0.2=OFF 时，调用电动机 M2 子程序，此时按下 M2 启动按钮 I0.4，Q0.1=ON；当 I0.2=ON 时，调用电动机 M1 子程序，此时按下 M1 启动按钮 I0.3，Q0.0=ON。按下系统停止按钮 I0.1，两台电动机均停止。

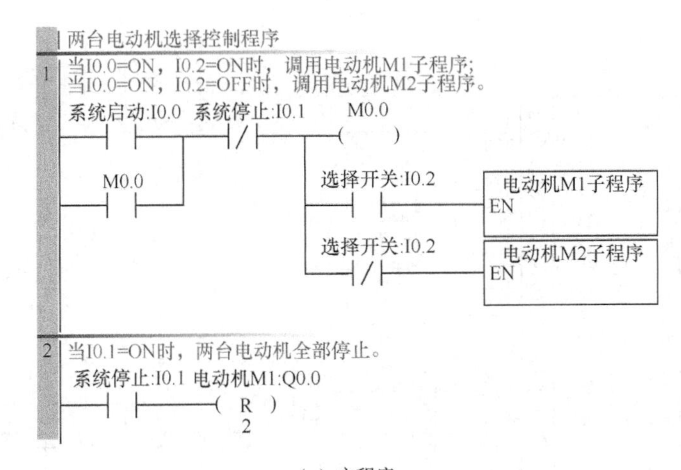

（a）主程序

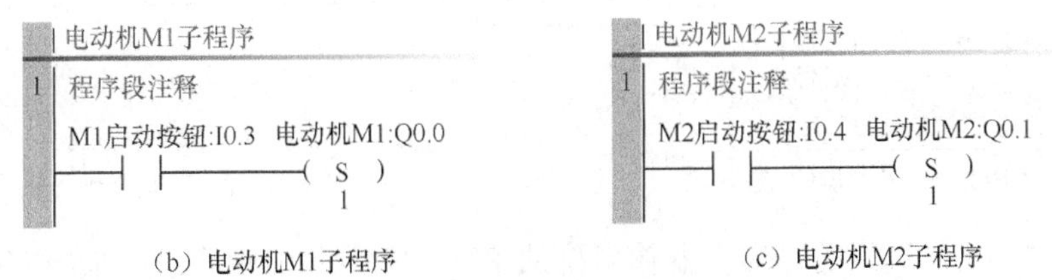

（b）电动机M1子程序　　（c）电动机M2子程序

图 2-10　两台电动机选择控制程序

任务实施

1．硬件电路

4 人智力竞赛抢答器需要 6 个输入端口，11 个输出端口。输入、输出端口的分配见表 2-7，抢答器的 I/O 接线图如图 2-11 所示。

微课：4 路抢答器控制系统的安装与调试

表 2-7　　抢答器 I/O 端口分配表

输入			输出	
输入继电器	输入元件	作用	输出继电器	控制对象
I0.0	SD	主持人开始	Q0.0～Q0.6	a～g7 段显示码
I0.1	SR	主持人复位	Q1.0、Q1.1、Q1.2、Q1.3	1～4 队显示
I0.2～I0.5	S1～S4	1～4 队抢答		

在图 2-11 中，PLC 的输出 Q0.0～Q0.6 接 7 段数码管，用来显示抢答队员的队号。

LED 数码管有两种显示接线方式：一种是共阴极，一种是共阳极。图 2-12（a）所示为共阴极接法，当给 COM 端加低电平时，LED 灯亮；图 2-12（b）所示为共阳极接法，当给 COM 端加高电平时，LED 灯亮。在图 2-12（a）中，当 a 端为正，COM 端为负时，a 段灯亮。若要显示数字“1”，则 b、c 端为高电平，其余 a、d、e、f、g 分别为低电平即可，这里的高电平一般指 TTL/CMOS 电路电平，使用时还需要在 LED 发光管电路中串入一个限流电阻（阻值约为 510Ω），见图 2-11。

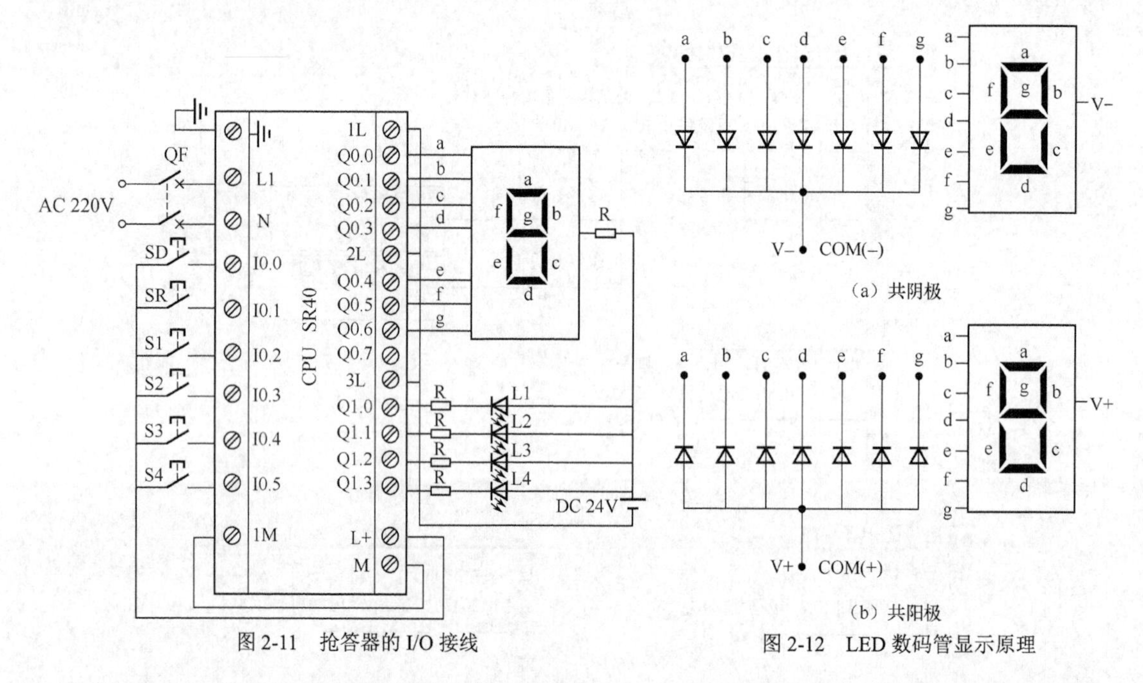

图 2-11　抢答器的 I/O 接线

图 2-12　LED 数码管显示原理

图 2-11 中的 PLC 选用的是继电器输出型的 PLC，7 段数码管既可以采用共阴极接法，也可以采用共阳极接法，图 2-11 中是共阳极接法；如果选择晶体管输出型的 PLC，7 段数码管必须采用共阴极接法。

2．程序设计

抢答器程序如图 2-13 所示。

图 2-13（a）中，主持人按下开始按钮 I0.0 时，进入各队抢答子程序，主持人按下 I0.1 按钮时，对 LED 显示对号及各队指示灯复位。

在按下 I0.0 调用子程序时，必须采用 M0.0 的自锁。因为没有 M0.0 的自锁，当主持人按下 I0.0 后，程序便进入抢答子程序，当子程序执行完毕，返回主程序段，执行 CALL 指令的下一条指令，所以不能再执行子程序了。抢答子程序只执行了几个扫描周期，这么短的时间供队员抢答当然不够。现在图 2-13（a）中有 M0.0 的自锁，所以在每个扫描周期中都执行抢答子程序，达到抢答的目的。

图 2-13（b）是各队抢答子程序。在子程序设计中，主要考虑用 LED 显示各队的队号。用 PLC 控制 LED 显示数字有两种方法，一种方法是输出 4 位 BCD 码给 LED 显示（如用后面讲到的 BCD 码指令显示）；另一种方法是由 PLC 编制程序进行译码，来控制显示 a～g 段。这里采用后一种方法，假如参赛选手 1 先抢答，需要将 LED 的 b 、c 段点亮，其对应的数字编码见表 2-8，显示数字“1”对应的编码应该是十六进制数 H06 或十进制数 K3，这里采用十六进制数更为方便。采用 MOV_B 指令将 H06 送到 QB0 中，显示驱动相应段 LED 点亮，显示对应数字。其余参赛选手的队号显示与此类似。用 S 指令将各参赛选手的指示灯置位。由于抢答器要求一旦一人先抢答，其余人再抢答就无效，所以在子程序的每个梯级中都串入其他 3 个队的输出常闭触点，以实现相互之间的联锁。

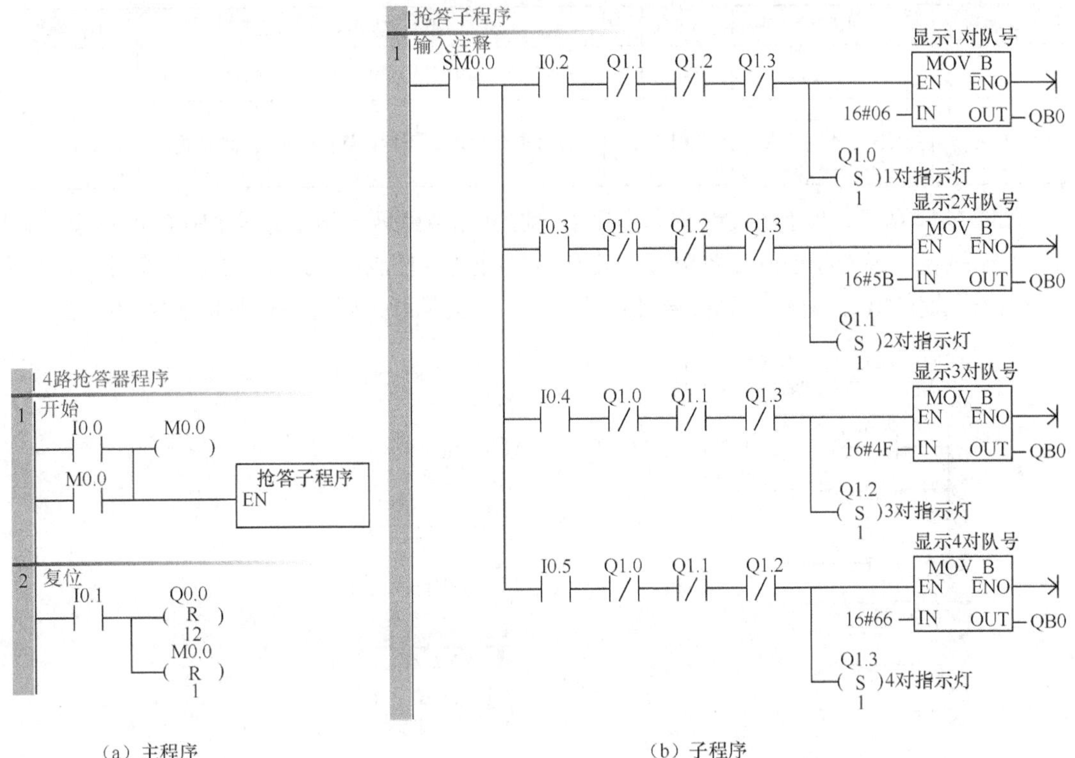

（a）主程序　　（b）子程序

图 2-13 抢答器程序

表 2-8 抢答器的传送数据

显示数字	十六进制	g（Q0.6）	f（Q0.5）	e（Q0.4）	d（Q0.3）	c（Q0.2）	b（Q0.1）	a（Q0.0）
1	H06	0	0	0	0	1	1	0
2	H5B	1	0	1	1	0	1	1
3	H4F	1	0	0	1	1	1	1
4	H66	1	1	0	0	1	1	0

3. 调试运行

（1）按图 2-11 所示连接 I/O 接线图。

（2）将图 2-13 所示的梯形图并下载至 PLC 中，并将 PLC 运行模式选择为 RUN 状态。

（3）按下“开始”按钮，允许 1～4 队抢答。分别按下 S1～S4 按钮及“复位”按钮，模拟 4 个队进行抢答，观察并记录系统响应情况。

知识拓展——跳转指令

1. 跳转指令

微课：条件跳转指令和标号指令用法

跳转指令 JMP 和标号指令 LBL 配合实现程序的跳转。跳转指令的指令格式及功能说明如表 2-9 所示。

表 2-9 跳转指令的指令格式与功能说明

指令名称	LAD	STL	功能	操作数
跳转	n —(JMP)	JMP n	跳转指令 JMP 对程序中的标号 N 执行分支操作	n：0～255
跳转标号	n LBL	LBL n	标号指令 LBL 用于标记跳转目的地 n 的位置	

如图 2-14 所示，当 I0.0=ON 时，程序由 JMP 0 指令跳转到指定标号 LBL0 处（同一程序内）开始执行，因为程序段 2 被跳过，此时不能用 I0.3 控制 Q0.2，Q0.2 保持跳转之前最后一个扫描周期的状态不变；当 I0.0=OFF 时，跳转不会执行，则程序按原顺序执行程序段 2。

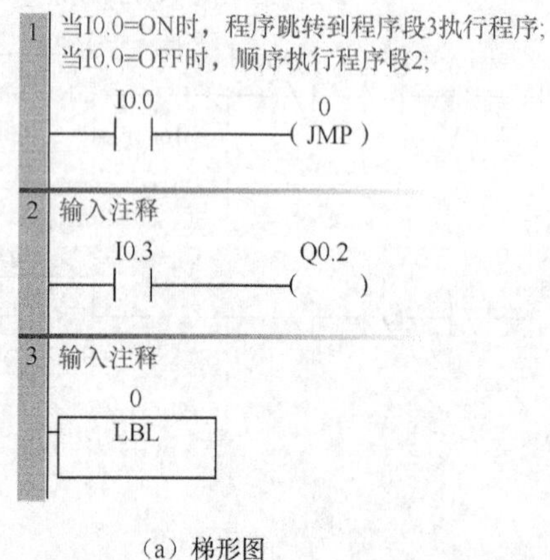

（a）梯形图

1 当I0.0=ON时，程序跳转到程序段3执行程序;
当I0.0=OFF时，顺序执行程序段2;

```
LD    I0.0
JMP   0
```

2 输入注释

```
LD    I0.3
=     Q0.2
```

3 输入注释

```
LBL   0
```

（b）语句表

图 2-14 跳转与标号指令

跳转指令使用说明如下。

（1）跳转指令和标号指令必须成对出现，且允许多条跳转指令使用同一标号，但不允许一个跳转指令对应两个标号，即在同一程序中不允许存在两个相同的标号。

（2）跳转指令只能在同一程序块中使用，如主程子、同一子程序或同一中断程序。不能在不同的程序块中相互跳转。

（3）执行跳转指令后，被跳过程序段中的各元器件的状态如下。

① Q、M、S、C 等元件器的位保持跳转发生前的状态；如图 2-15 中程序段 2 所示，如

果跳转前 Q0.3=ON，在执行跳转指令后，Q0.3=ON。

② 计数器 C 停止计数，当前值存储器保持跳转前的计数值；如图 2-15 中程序段 5 所示，如果跳转前计数器 C20 计到了 3，在执行跳转指令后，计数器 C20 不再计数，其当前值保持 3 不变。

③ 对于定时器来说，因刷新方式不同而工作状态不同。在跳转期间，时基为 1ms 和 10ms 的定时器会一直保持跳转前的工作状态，原来工作的继续工作，到预置值后，其状态位也会改变，其当前值存储器一直累计到最大值 32 767 才停止；对于时基为 100ms 的定时器来说，跳转期间停止工作，但不会复位，当前值存储器中的值为跳转时的值，跳转结束后，若输入条件允许，可继续计时，但已失去准确值的意义，所以在跳转程序段里的定时器要慎用。

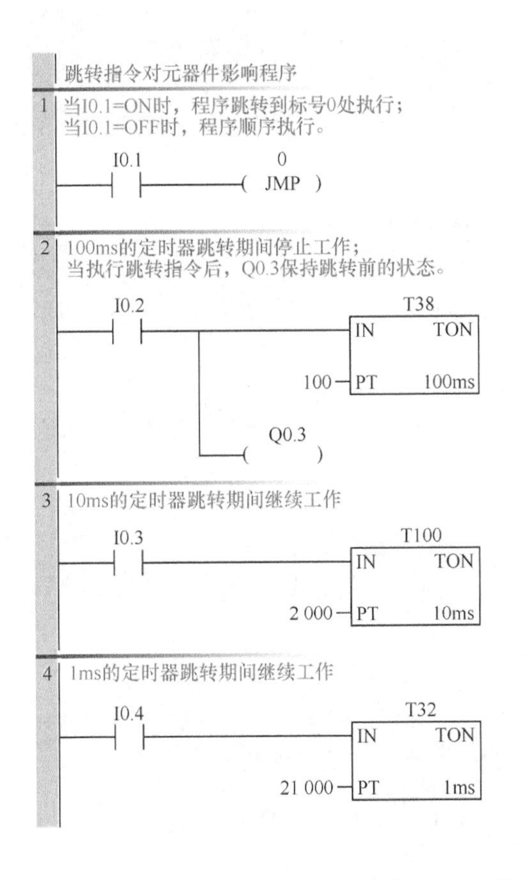

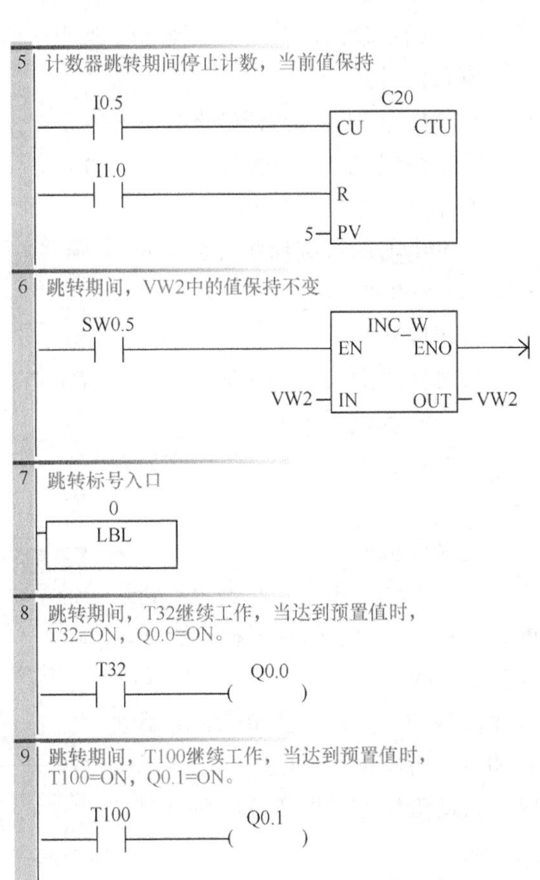

图 2-15 跳转指令对元器件的影响程序

如图 2-15 中程序段 2、3、4 所示，当 I0.1=OFF 时，不执行跳转指令 JMP 0，用 I0.2～I0.4 控制定时器 T38、T100、T32 开始定时，定时时间未到时，令 I0.1=ON，执行跳转指令，此时 100ms 定时器 T38 停止定时，当前值保持不变。10ms 和 1ms 定时器 T100、T32 继续定时，定时时间到时跳转区外（程序段 8 和 9）的触点 T100 和 T32 会闭合；令 I0.1=OFF，停止跳转，100ms 定时器 T38 在原当前值的基础上继续定时。

④ 如图 2-15 中程序段 6 所示，没有执行跳转指令时，INC_W 指令使 VW2 每扫描周期加 1。当跳转指令执行时，INC_W 指令被跳过，VW2 中的值保持不变。

（4）若在图 2-15 的程序段 1 中使用上升沿或下降沿脉冲指令时，跳转只执行一个周期；但若使用 SM0.0 代替 I0.1 作为跳转条件时，则 JMP 变成无条件跳转指令。

2．电动机手动/自动选择控制程序

（1）控制要求

某台设备具有手动和自动两种操作方式。SA 是操作方式选择开关，当 SA 处于断开状态时，选择手动操作方式；当 SA 处于接通方式时，选择自动操作方式，不同操作方式进程如下。

手动操作方式：按启动按钮 SB2，电动机运转；按停止按钮 SB1，电动机停止。

自动操作方式：按启动按钮 SB2，电动机连续运转 1min 后，自动停机，按停止按钮 SB1，电动机立即停机。

（2）确定输入、输出并分配 I/O 地址

输入信号：

启动按钮 SB2（常开触点）——I0.2；

停止按钮 SB1（常开触点）——I0.1；

操作方式选择开关 SA——I0.3；

热继电器的过载保护 FR（常闭触点）——I0.0。

输出信号：

接触器线圈 KM——Q0.0。

3．程序设计

根据控制要求，设计的程序如图 2-16 所示。

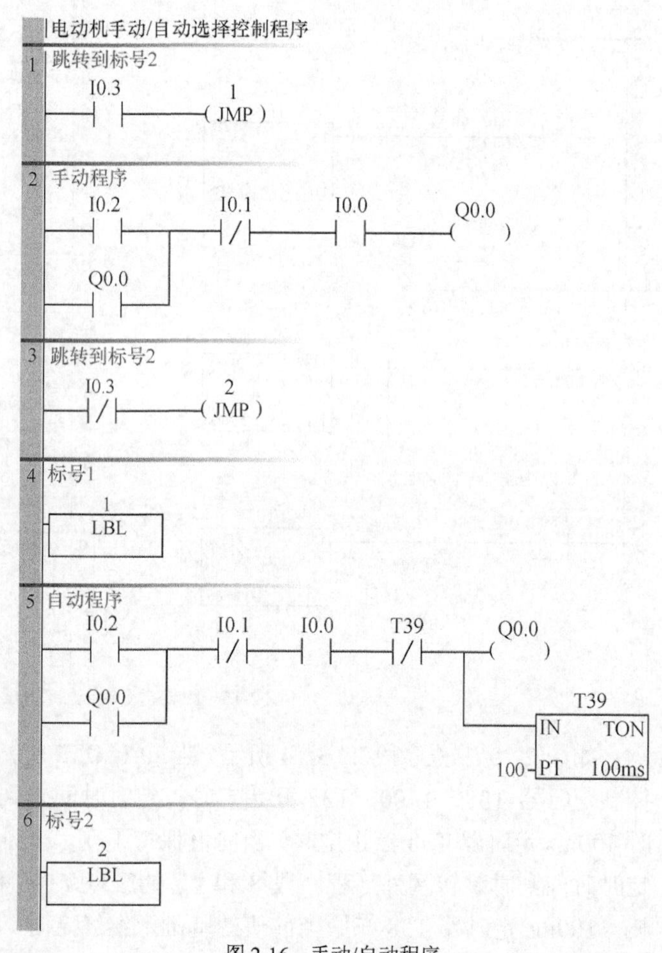

图 2-16 手动/自动程序

程序分析如下。

（1）手动工作方式。当 SA 处于断开状态时，I0.3 的常开触点断开，不执行“JMP 1”指令，而顺序执行程序段 2、3。此时，因 I0.3 的常闭触点闭合，所以执行“JMP 2”指令，跳过自动工作方式程序段 5 到标号 2 处结束。

（2）自动工作方式。当 SA 处于接通状态时，I0.3 的常开触点闭合，执行“JMP 1”指令，跳过程序段 2 和 3 到标号 1 处，执行自动程序段 5，然后顺序执行到指令语句结束。

如图 2-16 所示，由于手动程序和自动程序不能同时执行，所以程序中的线圈 Q0.0 不能视为双线圈。

注　意

若在图 2-16 的程序段 1 中使用上升沿或下降沿脉冲指令，则跳转只执行一个周期；但若使用 SM0.0 代替 I0.3 作为跳转条件，则 JMP 变成无条件跳转指令。

思 考 与 练 习

分析题

（1）简述跳转指令对定时器的影响。

（2）JMP 指令和 CALL 指令有什么区别？

（3）应用跳转指令，设计一个既能点动控制，又能自锁控制的电动机控制程序。设 I0.0=ON 时实现点动控制，I0.0=OFF 时，实现自锁控制。

任务 2.3　8 台电动机顺序启动控制程序

任 务 导 入

某台设备有 8 台电动机，为了减小电动机同时启动对电源的影响，利用位移指令实现间隔 10s 的顺序通电控制。按下停止按钮时，同时停止工作。

相关知识——移位与移位寄存器指令

一、移位指令

1．移位指令的格式

移位指令根据移位数据长度的不同，可分为字节移位、字移位和双字移位。移位指令的格式及功能说明如表 2-10 所示。

移位指令使用说明如下。

① 移位指令可以以字节、字和双字作为移位长度进行移位。

② 只要满足移位指令的使能端条件，IN 中的数据就会左移或右移 N 位，并将结果保存在 OUT 中。

③ 因为满足移位指令使能端的执行条件时，每一个扫描周期都会执行移位指令。所以在实际应用中，常采用上升沿或下降沿脉冲，保证使能端的条件满足时，只移位一次。

④ 移位指令对移出位自动补零。如果移动位数 N 大于或等于允许的最大值（字节操作为 8，字操作为 16，双字操作为 32），则实际移动的位数为最大允许值。

⑤ 如果移位位数 N 大于 0，则最后移出位的数值将保存在溢出位 SM1.1 中；如果移位结果为 0，则零标志位 SM1.0 将被置 1。

表 2-10　　　　移位指令的格式与功能说明

指令名称	LAD	STL	功能	操作数
字节左移	SHL_B EN ENO IN OUT N	SLB　OUT，N	当使能端 EN 有效时，移位指令将 IN 中的数据向左或向右移动 *N* 位后，把结果保存到 OUT 指定的存储单元中	IN（数据类型 BYTE）：IB、QB、VB、MB、SMB、SB、LB、AC、常数； OUT（数据类型 BYTE）：IB、QB、VB、MB、SMB、SB、LB、AC； N（数据类型 BYTE）：IB、QB、VB、MB、SMB、SB、LB、AC、常数
字节右移	SHR_B EN ENO IN OUT N	SRB　OUT，N		
字左移	SHL_W EN ENO IN OUT N	SLW　OUT，N		IN（数据类型 WORD）：IW、QW、VW、MW、SMW、SW、T、C、LW、AC、AIW、常数； OUT（数据类型 WORD）：IW、QW、VW、MW、SMW、SW、T、C、LW、AC； N（数据类型 BYTE）：IB、QB、VB、MB、SMB、SB、LB、AC、常数
字右移	SHR_W EN ENO IN OUT N	SRW　OUT，N		
双字左移	SHL_DW EN ENO IN OUT N	SLD　OUT，N		IN（数据类型 DWORD）：ID、QD、VD、MD、SMD、SD、LD、AC、HC、常数； OUT（数据类型 DWORD）：ID、QD、VD、MD、SMD、SD、LD、AC； N（数据类型 BYTE）：IB、QB、VB、MB、SMB、SB、LB、AC、常数
双字右移	SHR_DW EN ENO IN OUT N	SRD　OUT，N		

⑥ 字节操作是无符号操作。对于字操作和双字操作，使用有符号数据值时，也对符号位进行移位。

2．字节左移指令举例

如图 2-17 所示，按下 I0.2 时，将 16#07（2#0000 0111）传送到 QB0 中，此时 Q0.0、Q0.1 和 Q0.2 灯点亮；当 I0.3=ON 时，执行 SHL_B 指令，将 QB0 中的数据顺次向左移动 3 位，最后一位移出值“0”保存在溢出位 SM1.1 中，高 2 位“00”溢出。在移位的同时，通过 MOV_B 指令，将指令执行状态存储器 SMB1 中的数据传送到 VB2 中，并通过 M0.0 和 M0.1 监视零标志位 SM1.0 和溢出位 SM1.1 的状态。

注　意

因为在图 2-17 中，移位指令 SHL_B 的使能端 EN 有效时，每一个扫描周期都会移位一次。所以在实际控制中，常采用上升沿或下降沿脉冲，保证 I0.3 每次按下时只移位一次。

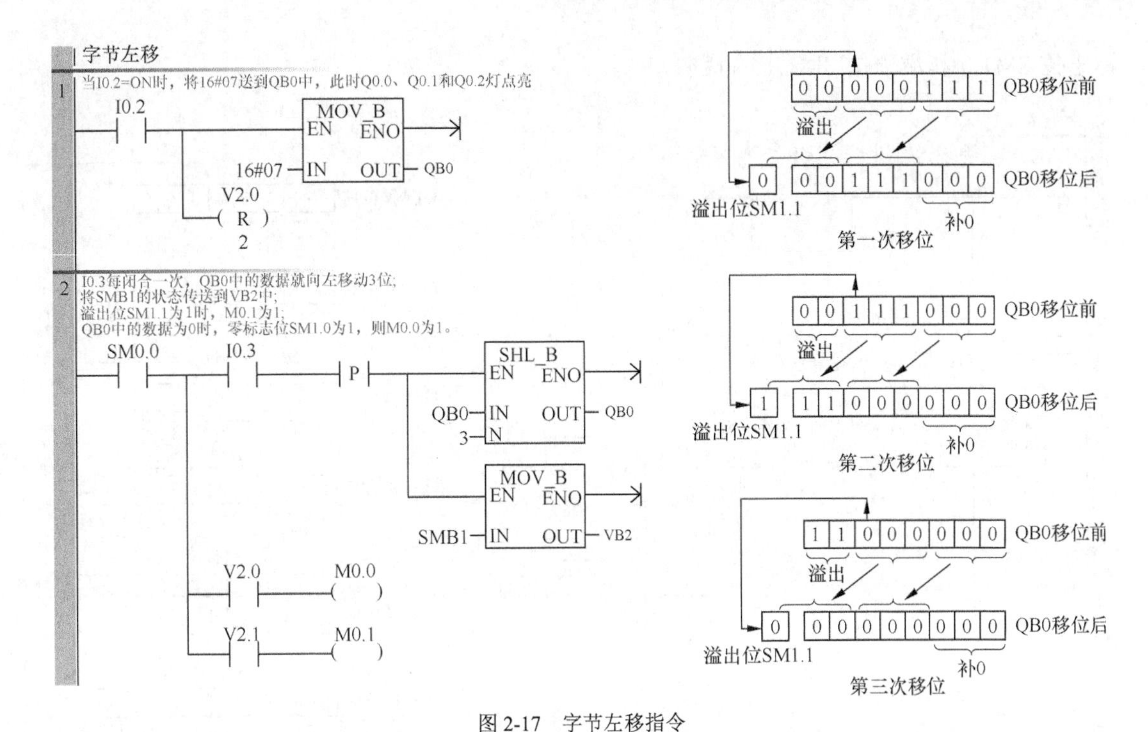

图 2-17　字节左移指令

【例 2-1】16 盏流水灯每隔 1s 由低位向高位顺序点亮，并不断循环。其程序如图 2-18 所示。注意其点亮顺序是 Q1.0～Q1.7，然后是 Q0.0～Q0.7。

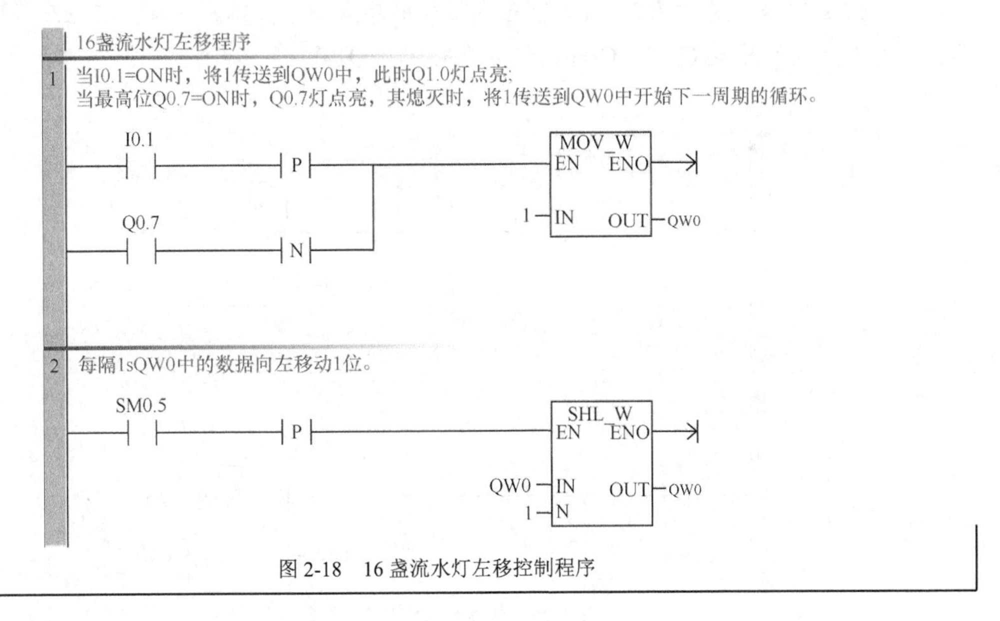

图 2-18　16 盏流水灯左移控制程序

3．字节右移指令举例

如图 2-19 所示，按下 I0.2 时，将 16#E0（2#1110 0000）传送到 QB0 中，此时 Q0.5、Q0.6 和 Q0.7 灯点亮；当 I0.3=ON 时，执行 SHR_B 指令，将 QB0 中的数据顺次向右移动 3 位，最后一位移出值“0”保存在溢出位 SM1.1 中，低 2 位“00”溢出。在移位的同时，通过 MOV_B 指令，将指令执行状态存储器 SMB1 中的数据传送到 VB2 中，并通过 M0.0 和 M0.1 监视零标志位 SM1.0 和溢出位 SM1.1 的状态。

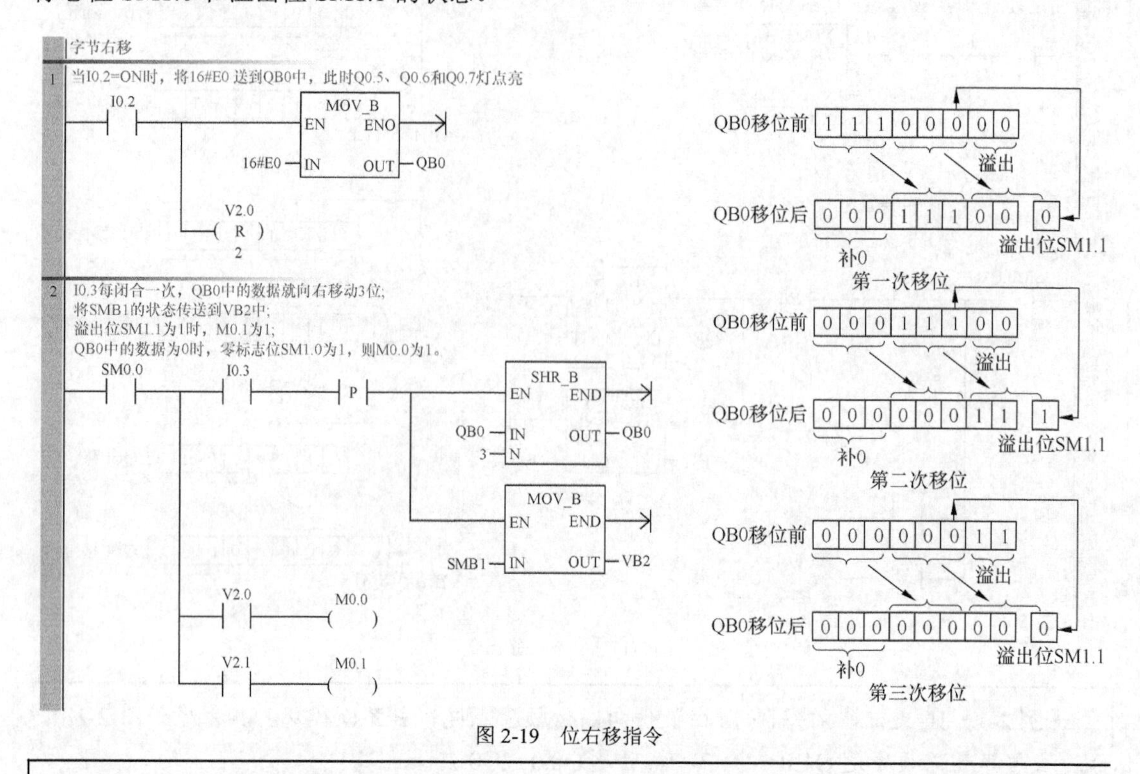

图 2-19　位右移指令

【例 2-2】16 盏流水灯每隔 1s 由高位向低位顺序点亮，并不断循环。其程序如图 2-20 所示。注意其点亮顺序是 Q0.7～Q0.0，然后是 Q1.7～Q1.0。

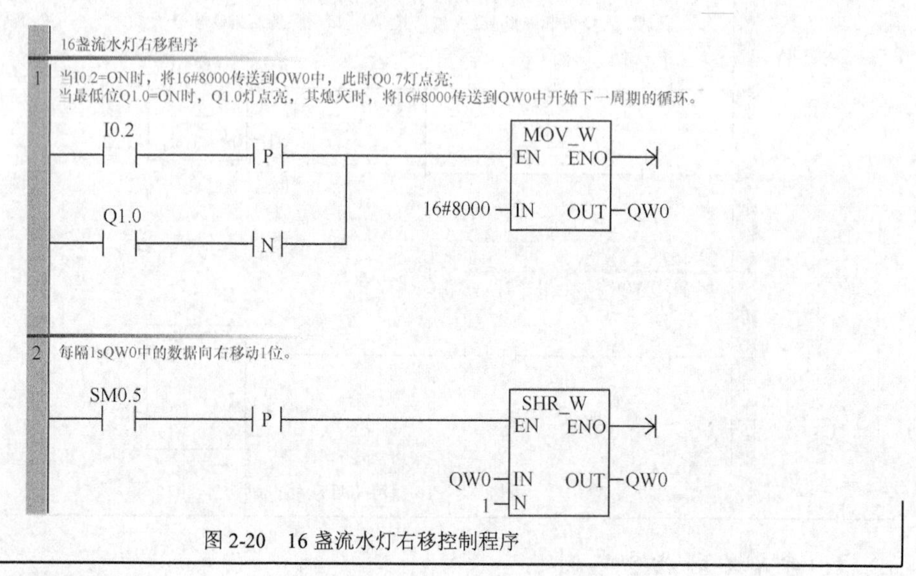

图 2-20　16 盏流水灯右移控制程序

二、移位寄存器指令

1．移位寄存器的格式

移位寄存器指令是可以指定移位寄存器的长度和移位方向的移位指令，其指令格式如图 2-21 所示。在梯形图中，当使能信号 EN=1 时，位数据 DATA 填入移位寄存器移位的最低位

（S-BIT），移位寄存器的长度为 N，每次移一位，第 N 位溢出到 SM1.1 中。移位寄存器指令在顺序控制、物流及数据流控制等场合应用广泛。

① EN：使能输入端，连接移位脉冲信号，每次使能有效时，整个移位寄存器移动 1 位。

② DATA：数据输入端，连接移入移位寄存器的二进制数值，执行指令时，将该位的值移入寄存器。

③ S_BIT：指定移位寄存器的最低有效位。

④ N：指定移位寄存器的长度和移位方向，移位寄存器的最大长度为 64 位。

SHRB
① EN　ENO
② DATA
③ S_BIT
④ N

图 2-21　移位寄存器指令格式

当 $N<0$ 时为反向移位，即右移位，将 DATA 的输入值移入移位寄存器的最高有效位中，由 S_BIT 指定的最低有效位的数值被移出并存放在溢出位 SM1.1 中。当 $N>0$ 时为正向移位，即左移位，将 DATA 的输入值移入移位寄存器中由 S_BIT 指定的最低有效位中，然后移出移位寄存器的最高有效位数值并被放置在溢出位 SM1.1 中。

⑤ 移位寄存器的最高位可以由最低位 S_BIT 和移位寄存器的长度 N 决定。设移位寄存器的最高位为 MSB.b，则有

MSB.b 的字节号={(S_BIT 的字节号)+[(N_1)+(S_BIT 的位号)]/8}的商

MSB.b 的位号={[(S_BIT 的字节号)+(N_1)+(S_BIT 的位号)]/8}的余数

例如，S_BIT=V33.4，N=14，因为[33+(11+4)/8]=35 余 1，所以有 MSB.b 的字节号=V35，MSB.b 的位号=1，则 MSB.b=V35.1。

⑥ DATA 和 S_BIT 的数据类型为：BOOL，操作数为 I、Q、V、M、SM、S、T、C、L。N 的数据类型为 BYTE，操作数为 IB、QB、VB、MB、SMB、SB、LB、AC、常数。

2．移位寄存器指令举例

如图 2-22（a）所示，当 I0.2 第一次闭合时，P 触点接通一个扫描周期，执行移位寄存器指令 SHRB，将 V100.0（S_BIT）为最低位的 4（N）个连续位单元 V100.3～V100.0 定义为一个移位寄存器，并把 I0.3（DATA）位单元送来的数据“1”移入 V100.0 中，V100.3～V100.0 原先的数据都会随之移动一位，V100.3 中先前的数据“0”被移到溢出位 SM1.1 中；当 I0.2 第二次闭合时，P 触点又接通一个扫描周期，执行 SHRB 指令，将 I0.3 送来的数据“0”移入 V100.0 中，V100.3～V100.0 的数据也都会移动一位，V100.3 中的数据“1”被移到溢出位 SM1.1 中，如图 2-22（b）所示。

在图 2-22（a）中，如果 $N=-4$，则 I0.3 位单元送来的数据会从移位寄存器的最高位 V100.3 移入，最低位 V100.0 移出的数据会移到溢出位 SM1.1 中。

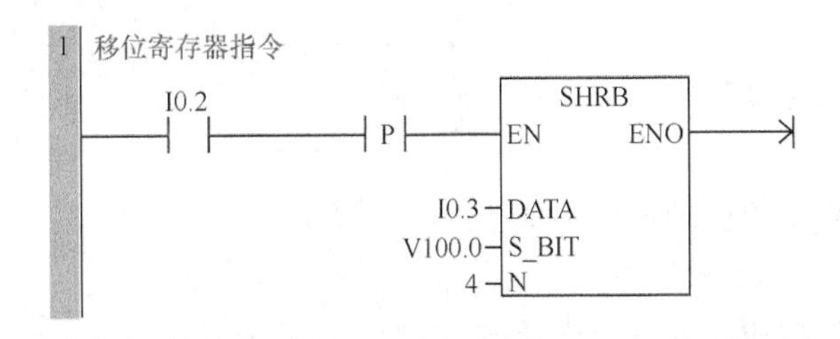

（a）梯形图

图 2-22　移位寄存器指令

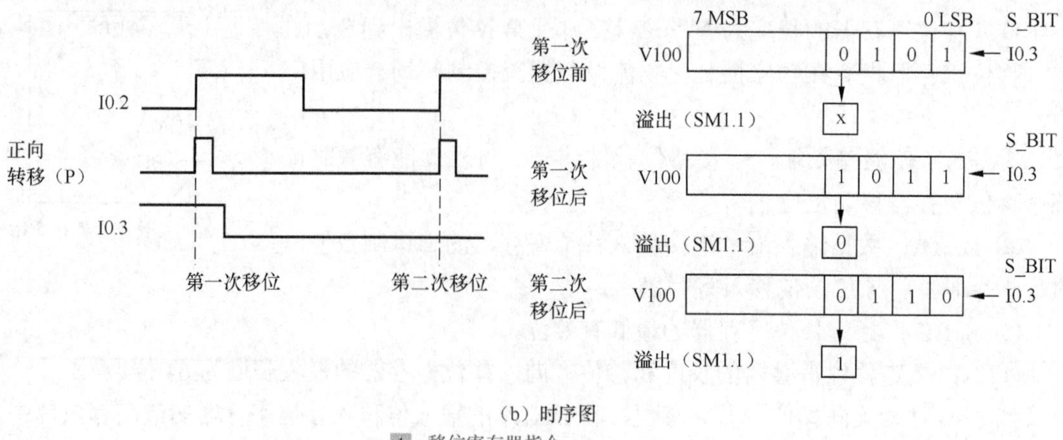

（b）时序图

```
1  移位寄存器指令
LD      I0.2
EU
SHRB    I0.3，V100.0，4
```

（c）语句表

图 2-22　移位寄存器指令（续）

任务实施

1．硬件电路

控制电路需要 2 个输入端口，8 个输出端口。其 I/O 分配见表 2-11。

8 台电机顺序启动的 I/O 接线图参考图 1-103。

表 2-11　8 台电动机控制程序的 I/O 分配表

输入		输出	
输入继电器	作用	输出继电器	控制对象
I0.2	启动按钮	Q0.0～Q0.7	8 个接触器
I0.3	停止按钮	—	—

2．程序设计

程序梯形图如图 2-23 所示。

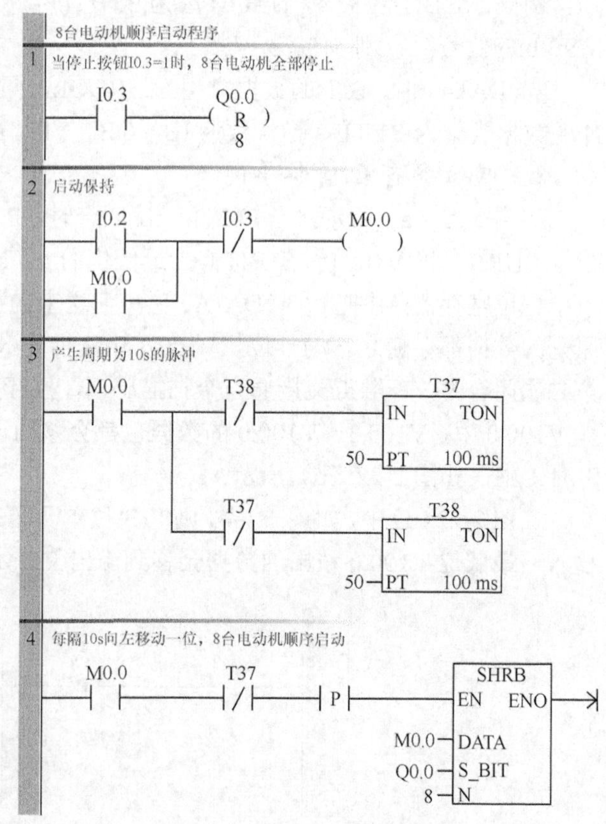

图 2-23　8 台电动机运行程序

3．调试运行

（1）将如图 2-23 所示的控制程序下载至 PLC 中，将 PLC 处于 RUN 状态。

（2）按下“启动”按钮，观察并记录 8 台电动机启动情况。

知识拓展——循环移位指令

1. 循环移位指令的格式

循环移位指令包括循环字节移位指令、循环字移位指令以及循环双字移位指令。循环移位指令的指令格式及功能说明如表2-12所示。

表2-12　　循环移位指令格式与功能说明

<table>
<tr><th>指令名称</th><th>LAD</th><th>STL</th><th>功能</th><th>操作数</th></tr>
<tr><td>循环字节左移</td><td>ROL_B
EN ENO
IN OUT
N</td><td>RLB OUT，N</td><td rowspan="6">当使能端EN有效时，移位指令将IN中的数据循环向左或向右移动N位后，把结果保存到OUT指定的存储单元中。循环移位操作为循环操作</td><td rowspan="2">IN（数据类型BYTE）：IB、QB、VB、MB、SMB、SB、LB、AC、常数；
OUT（数据类型BYTE）：IB、QB、VB、MB、SMB、SB、LB、AC；
N（数据类型BYTE）：IB、QB、VB、MB、SMB、SB、LB、AC、常数</td></tr>
<tr><td>循环字节右移</td><td>ROR_B
EN ENO
IN OUT
N</td><td>RRB OUT，N</td></tr>
<tr><td>循环字左移</td><td>ROL_W
EN ENO
IN OUT
N</td><td>RLW OUT，N</td><td rowspan="2">IN（数据类型WORD）：IW、QW、VW、MW、SMW、SW、T、C、LW、AC、AIW、常数；
OUT（数据类型WORD）：IW、QW、VW、MW、SMW、SW、T、C、LW、AC；
N（数据类型BYTE）：IB、QB、VB、MB、SMB、SB、LB、AC、常数</td></tr>
<tr><td>循环字右移</td><td>ROR_W
EN ENO
IN OUT
N</td><td>RRW OUT，N</td></tr>
<tr><td>循环双字左移</td><td>ROL_DW
EN ENO
IN OUT
N</td><td>RLD OUT，N</td><td rowspan="2">IN（数据类型DWORD）：ID、QD、VD、MD、SMD、SD、LD、AC、HC、常数；
OUT（数据类型DWORD）：ID、QD、VD、MD、SMD、SD、LD、AC；
N（数据类型BYTE）：IB、QB、VB、MB、SMB、SB、LB、AC、常数</td></tr>
<tr><td>循环双字右移</td><td>ROR_DW
EN ENO
IN OUT
N</td><td>RRD OUT，N</td></tr>
</table>

循环移位指令使用说明如下。

① 循环移位指令可以以字节、字和双字作为移位长度进行循环移位；

② 只要满足循环移位指令的使能端条件，IN中的数据就会循环左移或循环右移N位，并将结果保存在OUT中，循环移位是环形的，即被移出的位将返回到另一端空出来的位置（如图2-24所示）。移出的最后移位数值存放在溢出位SM1.1。

③ 如果满足循环移位指令使能端的执行条件，每一个扫描周期都会执行循环移位指令。在实际应用中，常采用上升沿或下降沿脉冲，保证使能端的条件满足时，只循环移位一次。

④ 如果循环移位位数N大于或等于操作的最大值（字节操作为8、字操作为16、双字操作为32），执行循环移位之前先对N进行求模运算以获得有效循环移位位数。例如执行字循环移位指令时，将N除以16后取余数，从而得到一个有效的移位位数，字节操作为0～7，字操作为0～15，双字操作为0～31。如果求模运算的结果为0，不进行循环移位

操作。

⑤ 如果循环移位位数不是 8 的整倍数（对于字节操作）、16 的整倍数（对于字操作）或 32 的整倍数（对于双字操作），则将循环移出的最后一位的值复制到溢出存储器位 SM1.1。如果要循环移位的值为零，则零存储器位 SM1.0 将置位。

⑥ 字节操作是无符号操作。对于字操作和双字操作，使用有符号数据类型时，也会对符号位进行循环移位。

2. 循环字节移位指令举例

如图 2-24 所示，单击程序编辑器上方的“程序状态”按钮，让程序处于监控调试状态，此时用光标选中 ROL_B 指令框左侧的输入“QB0”，单击右键弹出快捷菜单，选中“写入”，在弹出的窗口中给 QB0 写入“16#03”，此时 Q0.0 和 Q0.1 输出指示灯点亮，按下 I0.2 时，执行 ROL_B 指令，将 QB0 中的数据顺次向左移动 2 位，最后一位移出值“0”保存在溢出位 SM1.1 中，由于循环左移指令是环形的，其高 2 位数值移动到低 2 位中；通过“写入”功能，将“16#03”写入到 QB1 中，此时 Q1.0 和 Q1.1 输出指示灯点亮，按下 I0.3 时，执行 ROR_B 指令，将 QB1 中的数据顺次向右移动 2 位，最后一位移出值“1”保存在溢出位 SM1.1 中，此时 M0.1 为“1”。由于循环右移指令是环形的，其低 2 位数值移动到高 2 位中；在移位的同时，通过 MOV_B 指令，将指令执行状态存储器 SMB1 中的数据传送到 VB2 中，并通过 M0.0 和 M0.1 监视零标志位 SM1.0 和溢出位 SM1.1 的状态。

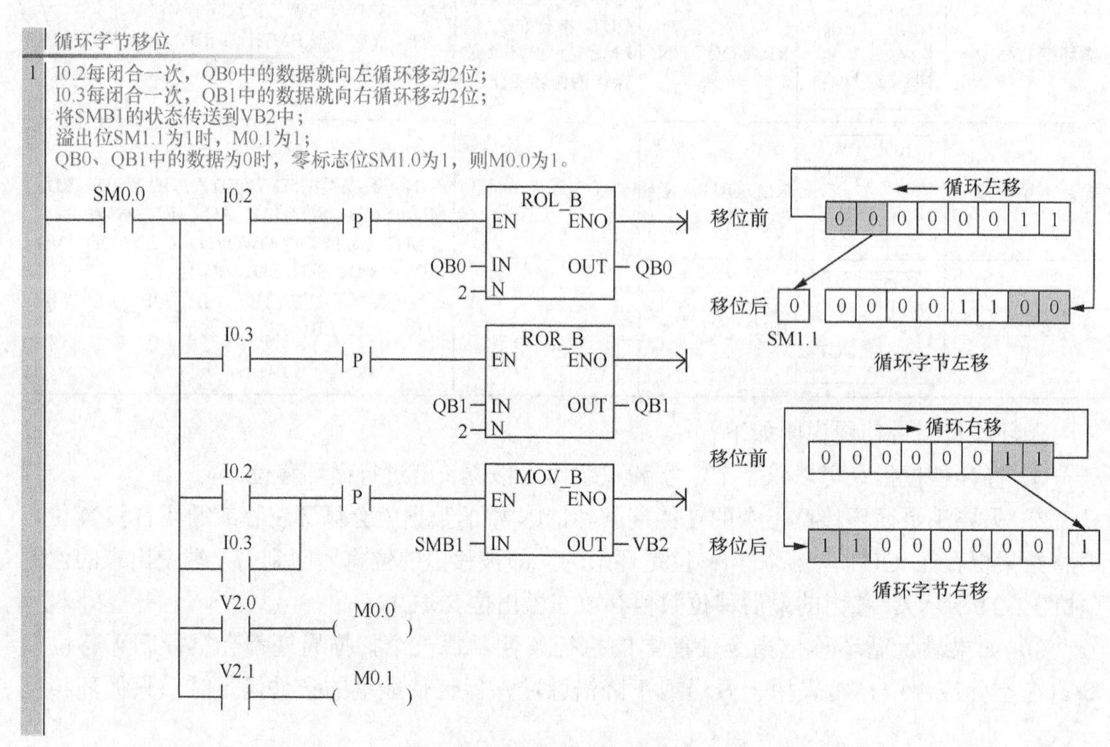

图 2-24 循环字节移位指令

【例 2-3】 利用 PLC 实现流水灯控制。某灯光招牌有 12 盏灯，要求按下启动开关 I0.3 时，灯以正、反序每间隔 1s 轮流点亮；按下停止按钮 I0.2，停止工作。

【解】（1）确定输入、输出并分配 I/O 地址由于输出动作频繁，应选择晶体管输出型的PLC。流水灯控制需要两个输入信号：启动开关I0.3和停止按钮I0.2；12个输出信号：Q1.0～Q1.7，Q0.0～Q0.3。

（2）程序设计

程序如图2-25所示，由于输出是12盏灯，因此使用循环字左移和循环字右移指令，其输出使用QW0，多用了4个输出端口。程序段1，按下停止按钮I0.2，对Q0.0～Q1.7进行复位；程序段2，闭合启动开关I0.3，首先赋初值给QW0，使Q1.0=1，由于只在第一个扫描周期给Q1.0置1，因此串联一个上升沿脉冲指令EU；程序段3，将M0.1复位，接通正序移位指令ROL_W，同时将M0.2置位，切断反序移位；程序段4是每隔0.1s向左循环移动一位，形成正序移动；程序段5，当最后一盏灯Q0.3点亮1s后利用其下降沿将M0.1置位，切断正序移位，同时复位M0.2，接通反序移位ROR_W指令。当反序移位到最低位Q1.0为1时，重复执行程序段3，开始下一周期的循环移位。

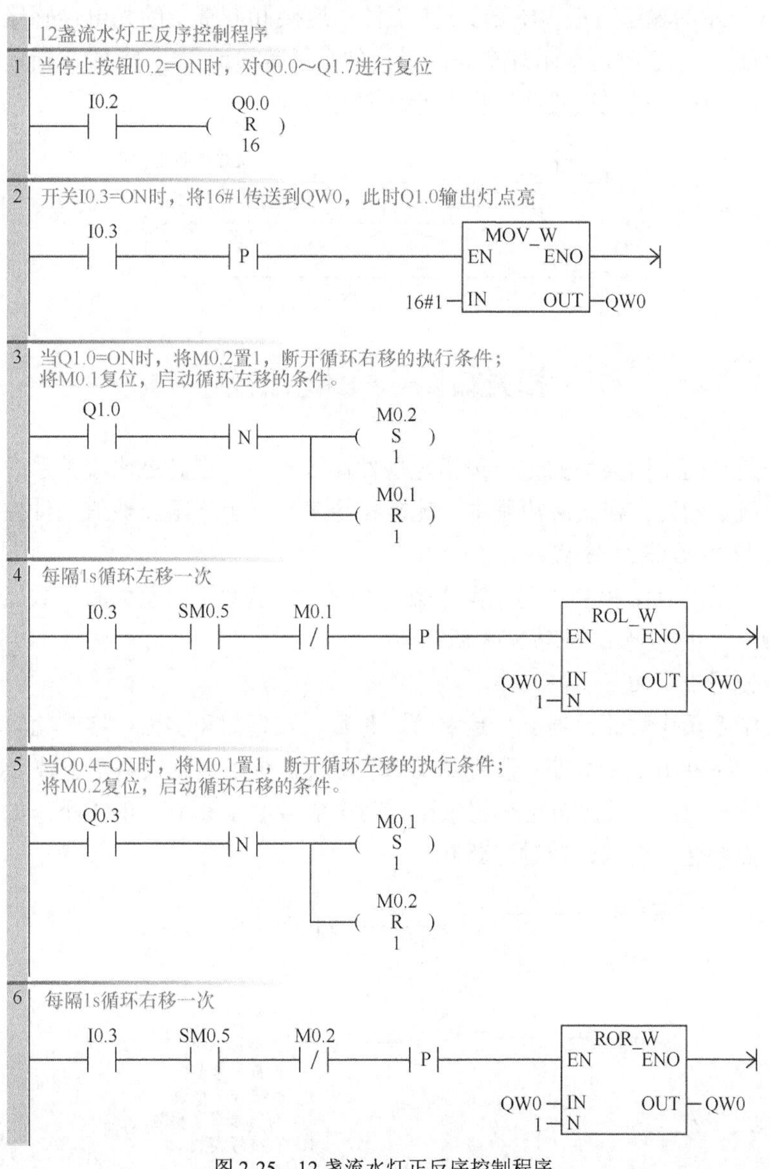

图2-25　12盏流水灯正反序控制程序

思考与练习

分析题

设 VW0=D016#1A2B，则执行一次“RLW VW0，4”指令后，VW0 中的数据为多少，溢出位 SM1.1 为多少？

任务 2.4 输送带控制程序设计

任务导入

如图 2-26 所示的输送带最多输送 20 个工件。连接 I0.0 端子的光电传感器对工件进行计数。当计件数量小于 15 时，指示灯常亮；当计件数量等于或大于 15 时，指示灯闪烁；当计件数量为 20 时，10s 后传送带停止，同时指示灯熄灭。

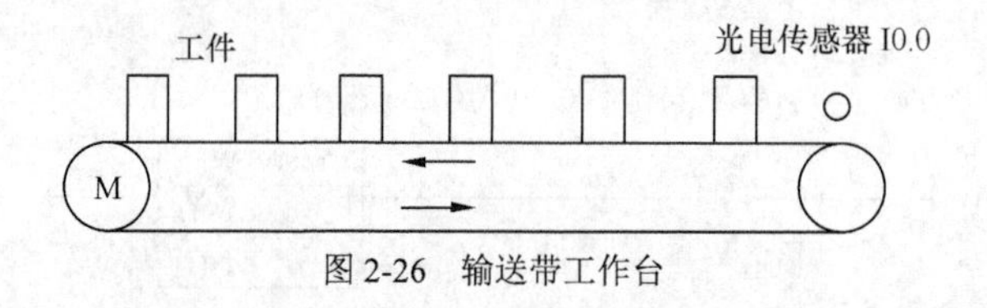

图 2-26　输送带工作台

相关知识——比较指令

比较指令是将两个同类型的数据按指定条件比较大小，当满足比较关系时，比较触点接通，否则比较触点断开。在实际应用中，比较指令多用于上下限及数值条件控制。

1. 比较指令的指令格式

比较指令可以对 IN1 和 IN2 两个操作数进行字节、整数、双整数和实数比较，其指令格式如图 2-27 所示，比较指令如表 2-13 所示。

比较指令使用说明如下。

（1）比较指令操作数的数据类型是字节、整数、双整数和实数；字节比较指令用来比较两个无符号数 IN1 和 IN2 的大小；整数和双整数比较指令用来比较两个整数 IN1 和 IN2 的大小，最高位为符号位；实数比较指令用来比较两个实数 IN1 和 IN2 的大小；如果满足比较条件，则比较触点接通，否则比较触点断开。

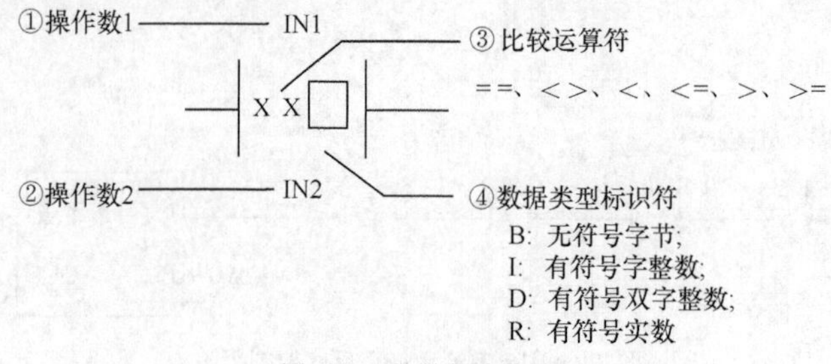

图 2-27　比较指令格式

表 2-13 比较指令

类型	字节比较	整数比较	双整数比较	实数比较	比较条件
梯形图（以 = = 为例）	IN1 ─┤==B├─ IN2	IN1 ─┤==I├─ IN2	IN1 ─┤==D├─ IN2	IN1 ─┤==R├─ IN2	
装载比较	LDB= IN1，IN2	LDW= IN1，IN2	LDD= IN1，IN2	LDR= IN1，IN2	IN1=IN2
	LDB<> IN1，IN2	LDW<> IN1，IN2	LDD<> IN1，IN2	LDR<> IN1，IN2	IN1≠IN2
	LDB< IN1，IN2	LDW< IN1，IN2	LDD< IN1，IN2	LDR< IN1，IN2	IN1<IN2
	LDB<= IN1，IN2	LDW<= IN1，IN2	LDD<= IN1，IN2	LDR<= IN1，IN2	IN1≤IN2
	LDB> IN1，IN2	LDW> IN1，IN2	LDD> IN1，IN2	LDR> IN1，IN2	IN1>IN2
	LDB>= IN1，IN2	LDW>= IN1，IN2	LDD>= IN1，IN2	LDR>= IN1，IN2	IN1≥IN2
与比较	AB= IN1，IN2	AW= IN1，IN2	AD= IN1，IN2	AR= IN1，IN2	IN1=IN2
	AB<> IN1，IN2	AW<> IN1，IN2	AD<> IN1，IN2	AR<> IN1，IN2	IN1≠IN2
	AB< IN1，IN2	AW< IN1，IN2	AD< IN1，IN2	AR< IN1，IN2	IN1<IN2
	AB<= IN1，IN2	AW<= IN1，IN2	AD<= IN1，IN2	AR<= IN1，IN2	IN1≤IN2
	AB> IN1，IN2	AW> IN1，IN2	AD> IN1，IN2	AR> IN1，IN2	IN1>IN2
	AB>= IN1，IN2	AW>= IN1，IN2	AD>= IN1，IN2	AR>= IN1，IN2	IN1≥IN2
或比较	OB= IN1，IN2	OW= IN1，IN2	OD= IN1，IN2	OR= IN1，IN2	IN1=IN2
	OB<> IN1，IN2	OW<> IN1，IN2	OD<> IN1，IN2	OR<> IN1，IN2	IN1≠IN2
	OB< IN1，IN2	OW< IN1，IN2	OD< IN1，IN2	OR< IN1，IN2	IN1<IN2
	OB<= IN1，IN2	OW<= IN1，IN2	OD<= IN1，IN2	OR<= IN1，IN2	IN1≤IN2
	OB> IN1，IN2	OW> IN1，IN2	OD> IN1，IN2	OR> IN1，IN2	IN1>IN2
	OB>= IN1，IN2	OW>= IN1，IN2	OD>= IN1，IN2	OR>= IN1，IN2	IN1≥IN2

（2）比较指令有 6 种比较类型：==（IN1 等于 IN2）、<>（IN1 不等于 IN2）、>=（IN1 大于或等于 IN2）、<=（IN1 小于或等于 IN2）、>（IN1 大于 IN2）、<（IN1 小于 IN2）。

（3）比较指令的触点和普通触点一样，可以装载（LD）、串联（A）和并联（O）编程。

（4）IN1 和 IN2 的数据类型和操作数如表 2-14 所示。

注 意

使用比较指令的前提是数据类型必须相同。

表 2-14 比较指令的操作数

输入	数据类型	操作数
IN1、IN2	BYTE（字节）	IB、QB、VB、MB、SMB、SB、LB、AC、常数
	INT（整数）	IW、QW、VW、MW、SMW、SW、T、C、LW、AC、AIW、常数
	DINT（双整数）	ID、QD、VD、MD、SMD、SD、LD、AC、HC、常数
	REAL（实数）	ID、QD、VD、MD、SMD、SD、LD、AC、常数

2．比较指令举例

应用比较指令产生断电 6s、通电 4s 的脉冲输出信号程序如图 2-28 所示。T37 的预置值为 100，接成自复位电路，产生 10s 的脉冲信号。当 T37 的当前值大于或等于 60 时，比较触点接通，Q0.0 得电，否则 Q0.0 失电。

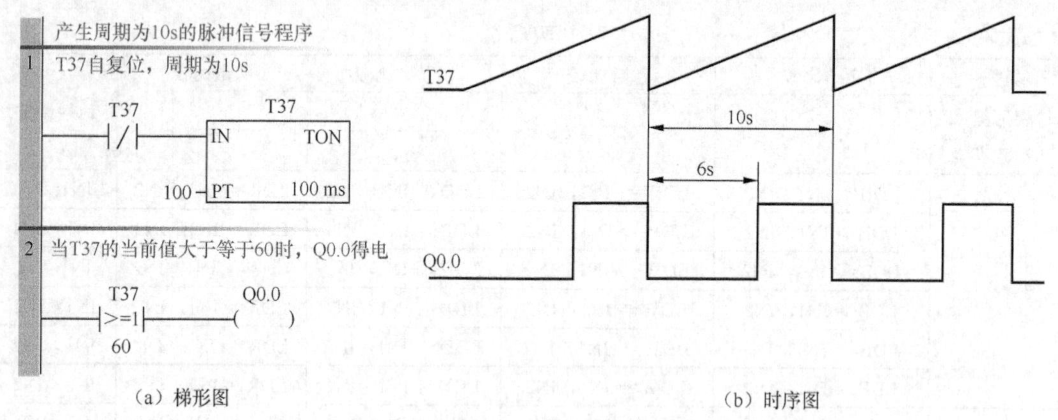

（a）梯形图　　（b）时序图

图 2-28　周期为 10s 的脉冲输出程序

任务实施

1．硬件电路

输送带的 I/O 分配表见表 2-15。输送带电路如图 2-29 所示。

表 2-15　输送带的 I/O 分配表

输　入			输　出		
输 入 元 件	输入继电器	作　用	输 出 元 件	输出继电器	作　用
光电传感器	I0.0	计数	KM	Q0.0	传送带
SB1	I0.1	启动	HL	Q0.1	指示灯
SB2	I0.2	停止			
FR	I0.3	过载			

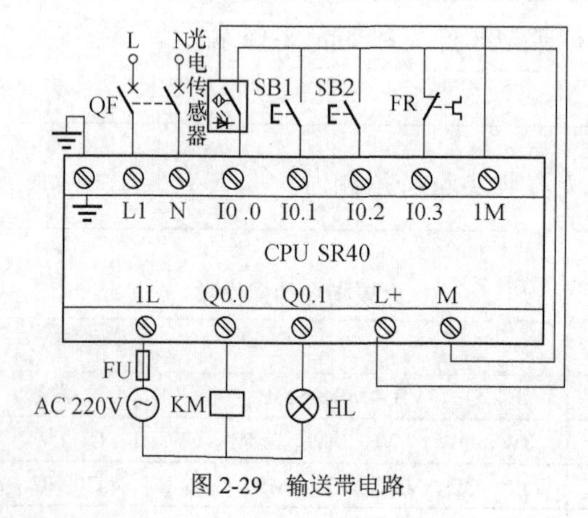

图 2-29　输送带电路

2．程序设计

用比较指令实现输送带控制程序，如图 2-30 所示。

3．调试运行

（1）根据图 2-29 连接输送带电路。

（2）将如图 2-30 所示的控制程序下载至 PLC 中，并使 PLC 处于 RUN 状态，此时 I0.3

输入指示灯亮。

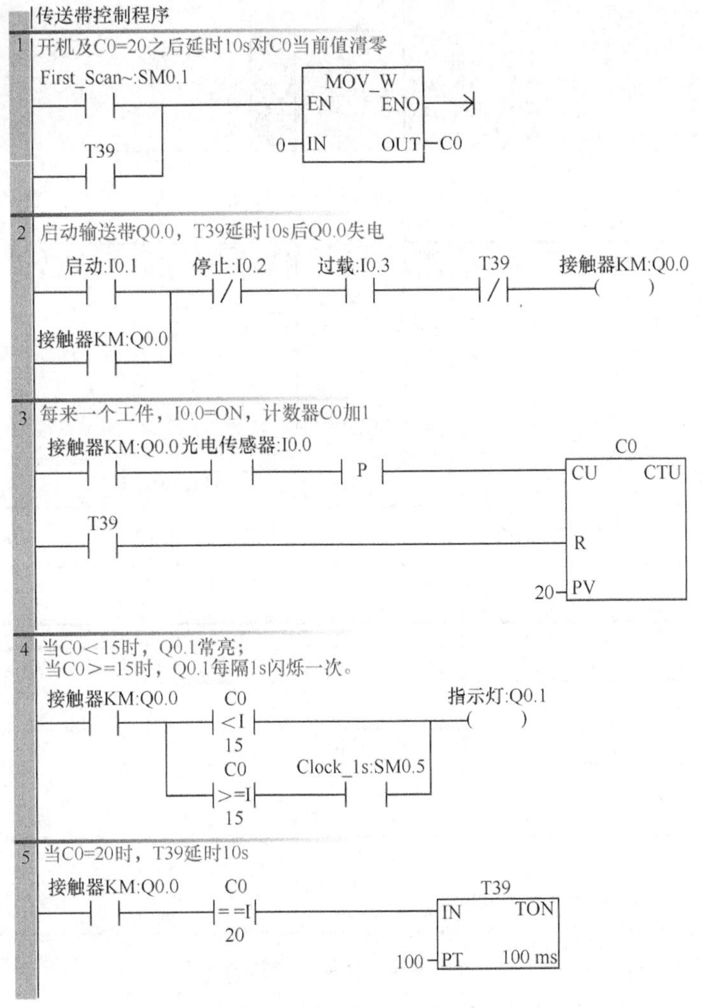

图 2-30 输送带控制程序

（3）按下启动按钮 I0.1，Q0.0 和 Q0.1 输出指示灯亮，输送带开始运行。

（4）反复按下 I0.0，模拟光电开关通断，当 I0.0 接通 15 次后，Q0.1 输出指示灯闪烁。当 I0.0 接通 20 次后，定时器 T39 开始定时，延时 10s 后，Q0.0 和 Q0.1 失电，输出指示灯熄灭。

知识拓展——触点比较指令实现单车道交通灯控制程序

用触点比较指令实现交通灯控制，其控制要求如下。

十字路口交通灯的布置如图 2-31 所示。当按下启动按钮时，信号灯系统开始工作，且先南北红灯亮，东西绿灯亮。当按下停止按钮时，所有的信号灯全部熄灭。工作时绿灯亮 25s，并闪烁 3 次（即 3s），黄灯亮 2s，红灯亮 30s。各方向三色灯的工作时序图如图 2-32 所示。

根据控制要求设计的程序如图 2-33 所示。

程序段 1 是控制整个系统的启停，用定时器 T39 控制交通灯一个周期（60s）的定时时间，定时时间到，T39 的常闭触点断开，使定时器 T39 复位，重新开始下一个周期的定时。

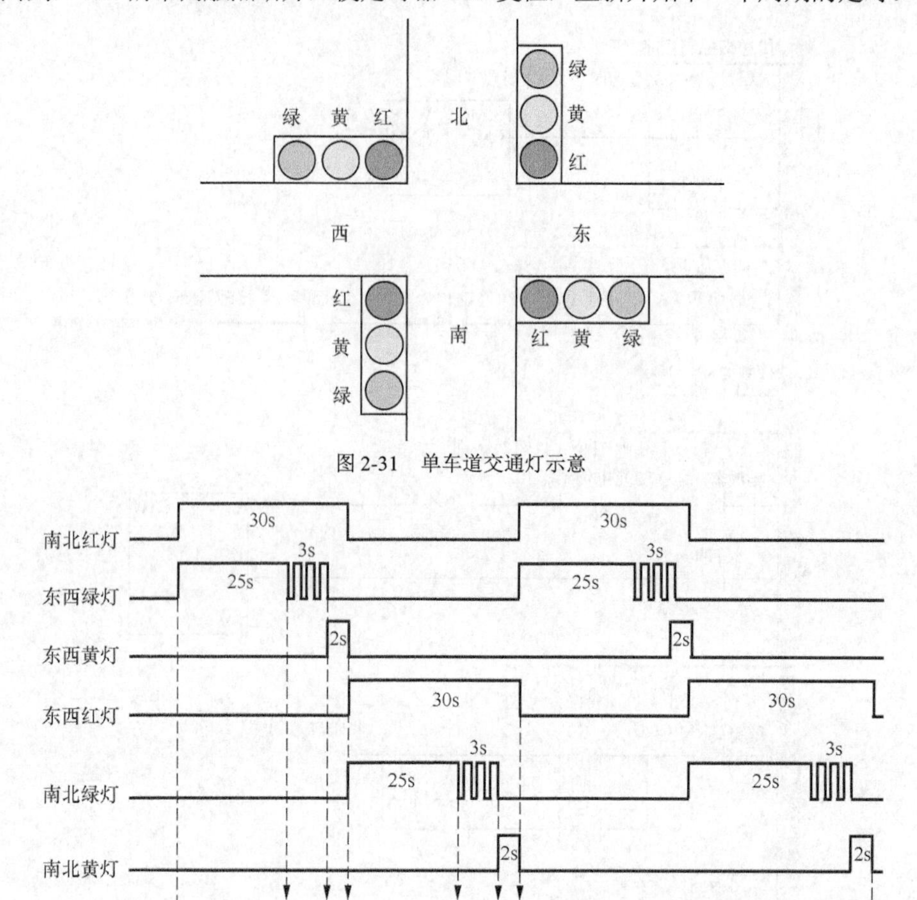

图 2-31　单车道交通灯示意

图 2-32　单车道交通灯控制时序图

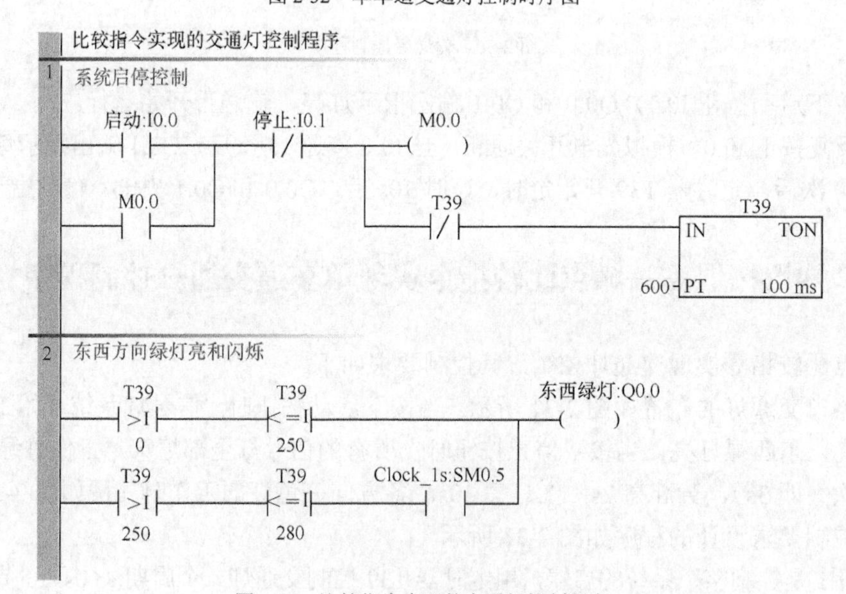

图 2-33　比较指令实现的交通灯控制程序

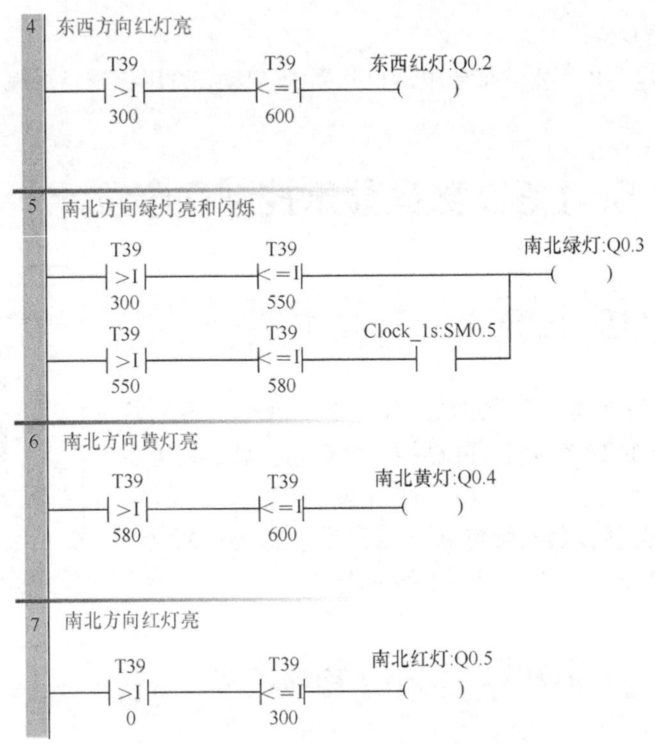

图 2-33　比较指令实现的交通灯控制程序（续）

程序段 2～7 是控制东西方向和南北方向 6 盏灯的程序，通过比较指令控制 6 盏灯按照控制要求依次点亮。

在调试图 2-33 所示的程序时，在不同时刻按下系统启动按钮 I0.0 时，绿灯闪烁时的状态可能不一样，原因是使用特殊存储器 SM0.5 控制绿灯进行秒级闪烁时，按下系统启动按钮的时刻与 SM0.5 的上升沿不同步，只需要在系统启动程序段加上 SM0.5 的上升沿指令，即可保证绿灯闪烁时间为一个完整的周期（1s）。绿灯闪烁时间同步的控制程序如图 2-34 所示。

图 2-34　绿灯闪烁时间同步的控制程序

思考与练习

分析题

（1）用比较指令实现下面功能：I0.0 为脉冲输入，当脉冲数大于 5 时，Q0.1 为 ON；反之，Q0.0 为 ON。编写此程序。

（2）设计程序实现下列功能：当 I0.1 接通时，计数器每隔 1s 计数；当计数数值小于 50 时，Q1.0 为 ON；当计数数值等于 50 时，Q1.1 为 ON；当计数数值大于 50 时，Q1.2 为 ON；

当 I0.1 为 OFF 时，计数器复位。

（3）某生产线有 5 台电动机，要求每台电动机间隔 5s 启动，试用比较指令编写启动控制程序。

任务 2.5 LED 数码显示控制程序设计

任 务 导 入

LED 数码管由 7 段条形发光二极管组成，如图 2-35 所示。根据各段管的亮暗可以显示 0～9 的 10 个数字。PLC 控制的数码管显示系统要求如下。

按下启动按钮后，7 段 LED 数码管每隔 1s 显示数字 9、8、7、6、5、4、3、2、1、0，并循环不止。按下停止按钮即停止显示。

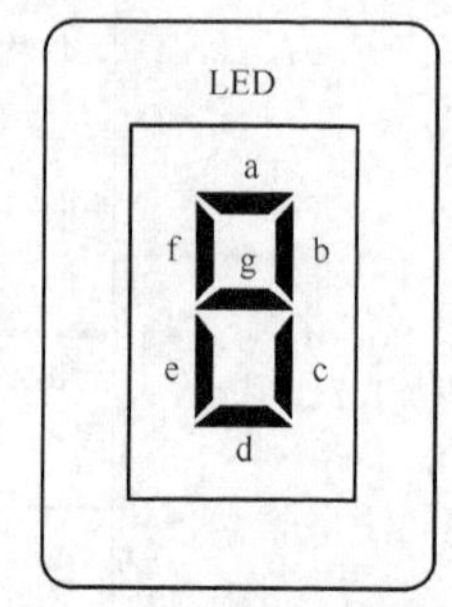

图 2-35　LED 数码显示

相关知识——数学运算指令

一、算术运算指令

S7-200 SMART PLC 的算术运算指令包括加法（ADD）运算、减法（SUB）运算、乘法（MUL）运算、除法（DIV）运算以及递增（INC）运算和递减（DEC）运算，其中每一种运算方式又有整数型、双整数型和实数型 3 种。

当运算结果为 0 时，零标志位 SM1.0 状态置 1；运算结果溢出时，溢出标志位 SM1.1 状态置 1；运算结果为负数时，负数标志位 SM1.2 状态置 1；做除法运算时，除数为零标志位 SM1.3 状态置 1。

1．加法指令

当使能输入端 EN 为 ON 时，输入端 IN1 和 IN2 中的整数、双整数或实数相加，结果送入 OUT 中。IN1 和 IN2 中的数可以是常数。加法的表达式是 IN1+IN2=OUT。加法指令的指令格式如表 2-16 所示。

表 2-16　加法指令的指令格式

指令名称	LAD	STL	功能	操作数
整数加法指令	ADD_I EN ENO IN1 OUT IN2	+I IN1，OUT	整数加法指令将两个 16 位整数相加，产生一个 16 位的和	IN1、IN2（字）：IW、QW、VW、MW、SMW、SW、T、C、LW、AC、AIW、常数； OUT（字）：IW、QW、VW、MW、SMW、SW、LW、T、C、AC
双整数加法指令	ADD_DI EN ENO IN1 OUT IN2	+D IN1，OUT	双整数加法指令将两个 32 位整数相加，产生一个 32 位的和	IN1、IN2（双字）：ID、QD、VD、MD、SMD、SD、LD、AC、HC、常数； OUT（双字）：ID、QD、VD、MD、SMD、SD、LD、AC
实数加法指令	ADD_R EN ENO IN1 OUT IN2	+R IN1，OUT	实数加法指令将两个 32 位实数相加，产生一个 32 位实数的和	IN1、IN2（双字）：ID、QD、VD、MD、SMD、SD、LD、AC、常数； OUT（双字）：ID、QD、VD、MD、SMD、SD、LD、AC

加法指令使用说明如下。

（1）加法运算指令将影响特殊存储器 SM 中的 SM1.0（零）、SM1.1（溢出）、SM1.2（负数）。

（2）执行加法运算时，源操作数和目标操作数的数值都不能超过其运算范围，整数加法的运算范围为–32 768～32 767；双整数的运算范围为–2 147 483 648～2 147 483 647。若运算结果超出允许的范围，则溢出标志位 SM1.1 置 1。

图 2-36（a）是加法指令的程序，当 I0.0 闭合时，执行 16 位整数加法指令，VW1+VW2=VW6。在图 2-36（b）所示的状态图表中，在 VW0 中写入–2，在 VW2 中写入 20，–2+20 的结果+18 存储在 VW6 中，由于计算结果没有超出运算范围，所以 Q0.0 为 1；如果在图 2-36（b）中的状态图表中令 VW0=0，VW2=0，则 VW0+VW2=0，由于运算结果为 0，所以零标志位 SM1.0 状态置 1，Q0.1 输出指示灯点亮；如果在图 2-36（c）中的状态图表中令 VW0=32 000，VW2=1 000，则 VW0+VW2=33 000（整数加法的范围为–32 768～32 767），由于运算结果溢出，所以溢出标志位 SM1.1 状态置 1，Q0.2 输出指示灯点亮，此时加法指令框变红，Q0.0=0。

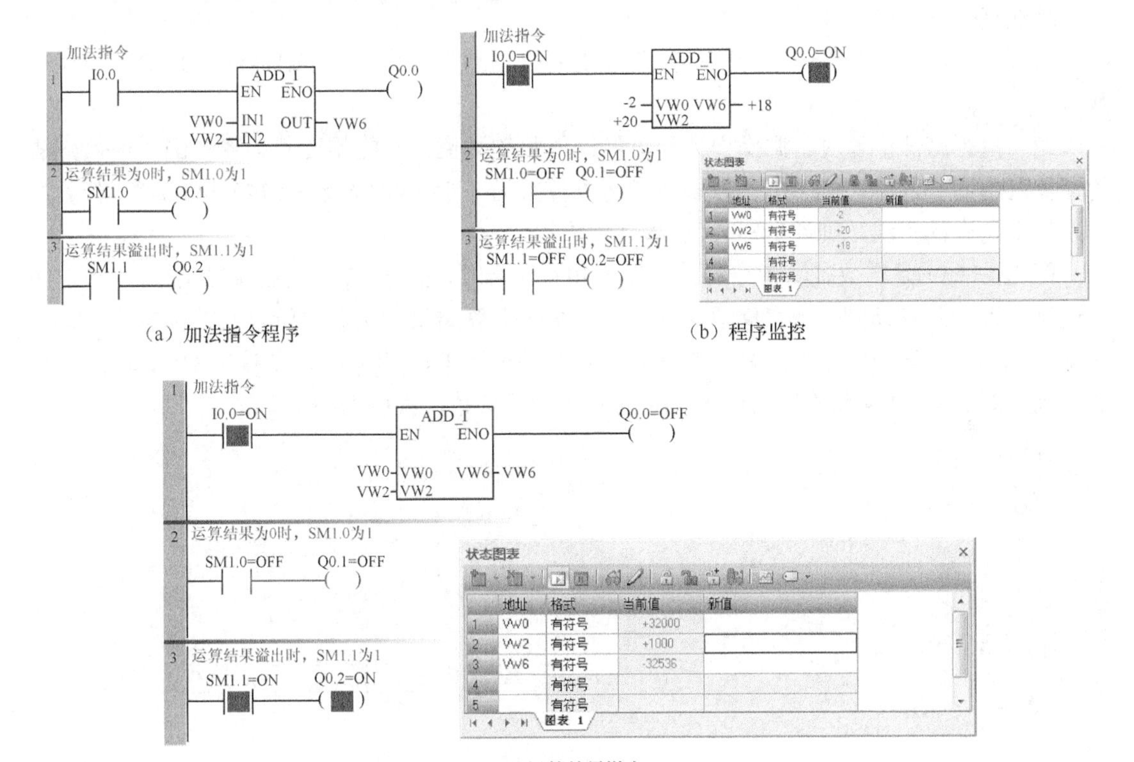

（a）加法指令程序　　（b）程序监控

（c）运算结果溢出

图 2-36　加法指令举例

2. 减法指令

当使能输入端 EN 为 ON 时，输入端 IN1 和 IN2 中的整数、双整数或实数相减，结果送入 OUT 中。IN1 和 IN2 中的数可以是常数。减法的表达式是 IN1–IN2=OUT。减法指令的指令格式如表 2-17 所示。

表 2-17　　减法指令的指令格式

指令名称	LAD	STL	功能	操作数
整数减法指令	SUB_I EN ENO IN1 OUT IN2	-I IN1，OUT	整数减法指令将两个 16 位整数相减，产生一个 16 位的差	IN1、IN2（字）：IW、QW、VW、MW、SMW、SW、T、C、LW、AC、AIW、常数； OUT（字）：IW、QW、VW、MW、SMW、SW、LW、T、C、AC
双整数减法指令	SUB_DI EN ENO IN1 OUT IN2	-D IN1，OUT	双整数减法指令将两个 32 位整数相减，产生一个 32 位的差	IN1、IN2（双字）：ID、QD、VD、MD、SMD、SD、LD、AC、HC、常数； OUT（双字）：ID、QD、VD、MD、SMD、SD、LD、AC
实数减法指令	SUB_R EN ENO IN1 OUT IN2	-R IN1，OUT	实数减法指令将两个 32 位实数相减，产生一个 32 位实数的差	IN1、IN2（双字）：ID、QD、VD、MD、SMD、SD、LD、AC、常数； OUT（双字）：ID、QD、VD、MD、SMD、SD、LD、AC

减法指令使用说明如下。

（1）减法运算指令将影响特殊存储器 SM 中的 SM1.0（零）、SM1.1（溢出）、SM1.2（负数）。

（2）执行减法运算时，源操作数和目标操作数的数值都不能超过其运算范围，整数减法的运算范围为–32 768～32 767；双整数的运算范围为–2 147 483 648～2 147 483 647。若运算结果超出允许的范围，则溢出标志位 SM1.1 置 1。

图 2-37（a）是实数减法指令的程序，当 I0.0 闭合时，执行 32 位实数减法指令，8.0–17.0 的运算结果–9.0 存储到变量存储器 VD10 中，由于运算结果为负数，所以负数标志位 SM1.2 状态置 1，Q0.1 输出指示灯点亮。实数减法指令的输入 IN1 和 IN2 以及输出 OUT 均为浮点数，因此图 2-37（b）状态图表中 VD10 的格式为浮点数，其值为–9.0。

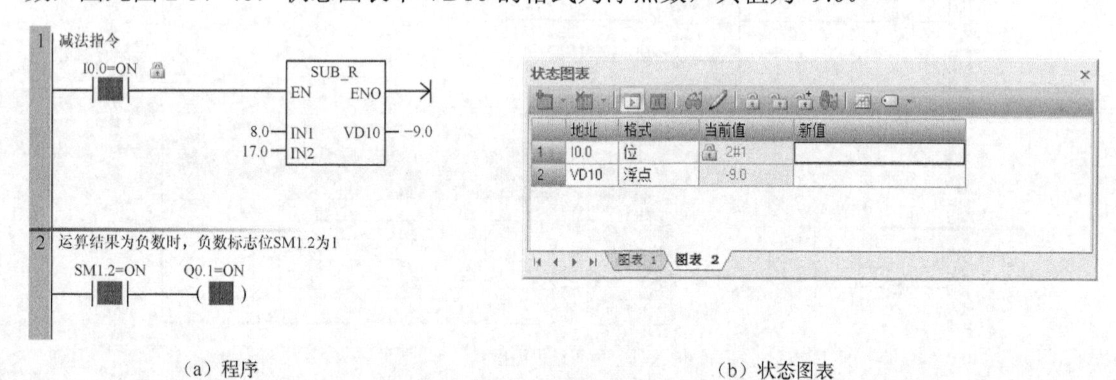

（a）程序　　（b）状态图表

图 2-37　减法指令举例

3. 乘法指令

当使能输入端 EN 为 ON 时，输入端 IN1 和 IN2 中的整数、双整数或实数相乘，结果送入 OUT 中。IN1 和 IN2 中的数可以是常数。乘法的表达式是 IN1×IN2=OUT。乘法指令的指令格式如表 2-18 所示。

表 2-18　　　　乘法指令的指令格式

指令名称	LAD	STL	功能	操作数
整数乘法指令	MUL_I EN ENO IN1 OUT IN2	*I IN1，OUT	整数乘法指令将两个 16 位整数相乘，产生一个 16 位的积	IN1、IN2（字）：IW、QW、VW、MW、SMW、SW、T、C、LW、AC、AIW、常数； OUT（字）：IW、QW、VW、MW、SMW、SW、LW、T、C、AC
双整数乘法指令	MUL_DI EN ENO IN1 OUT IN2	*D IN1，OUT	双整数乘法指令将两个 32 位整数相乘，产生一个 32 位的积	IN1、IN2（双字）：ID、QD、VD、MD、SMD、SD、LD、AC、HC、常数； OUT（双字）：ID、QD、VD、MD、SMD、SD、LD、AC
实数乘法指令	MUL_R EN ENO IN1 OUT IN2	*R IN1，OUT	实数乘法指令将两个 32 位实数相乘，产生一个 32 位实数的积	IN1、IN2（双字）：ID、QD、VD、MD、SMD、SD、LD、AC、常数； OUT（双字）：ID、QD、VD、MD、SMD、SD、LD、AC
产生双整数的整数乘法指令	MUL EN ENO IN1 OUT IN2	MUL IN1，OUT	两个整数的整数乘法指令将两个 16 位整数相乘，产生一个 32 位的积	IN1、IN2（字）：IW、QW、VW、MW、SMW、SW、T、C、LW、AC、AIW、常数； OUT（双字）：ID、QD、VD、MD、SMD、SD、LD、AC

乘法指令使用说明如下。

（1）在表 2-18 中，整数乘法指令 MUL_I、双整数乘法指令 MUL_DI 以及实数乘法指令 MUL_R 的源操作数 IN1 和 IN2 以及目标操作数 OUT 的数据类型不变。产生双整数的整数乘法指令 MUL 的源操作数和目标操作数的数据类型不同，它是两个 16 位整数相乘，产生一个 32 位的结果。

（2）乘法指令将影响特殊存储器 SM1.0（零）、SM1.1（溢出）、SM1.2（负数）。若在乘法运算中溢出标志位 SM1.1 为 1，则运算结果不写到输出，且其他状态位均清零。

（3）整数数据作乘 2 运算，其二进制数据左移 1 位；作乘 4 运算，左移 2 位；作乘 8 运算，左移 3 位；……

图 2-38 是乘法指令程序，当 I0.0 闭合时，40 和 50 相加得到的结果 90 再与 5 相乘，得到的结果存入 VD20 中，此时运算结果为 450，比较指令条件成立，Q0.1 输出指示灯点亮。

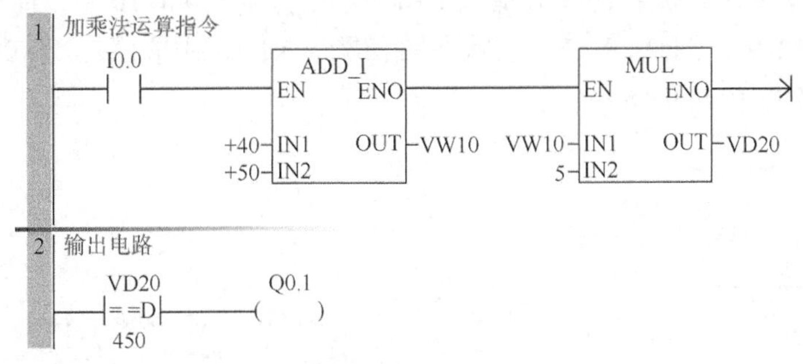

图 2-38　乘法指令举例

4．除法指令

当使能输入端 EN 为 ON 时，输入端 IN1 和 IN2 中的整数、双整数或实数相除，结果送入 OUT 中。IN1 和 IN2 中的数可以是常数。除法的表达式是 IN1÷IN2=OUT。除法指令的指令格式如表 2-19 所示。

表 2-19　　除法指令的指令格式

指令名称	LAD	STL	功能	操作数
整数除法指令	DIV_I EN ENO IN1 OUT IN2	/I IN1，OUT	整数除法指令将两个 16 位整数相除，产生一个 16 位的商，不保留余数	IN1、IN2（字）：IW、QW、VW、MW、SMW、SW、T、C、LW、AC、AIW、常数； OUT（字）：IW、QW、VW、MW、SMW、SW、LW、T、C、AC
双整数除法指令	DIV_DI EN ENO IN1 OUT IN2	/D IN1，OUT	双整数除法指令将两个 32 位整数相除，产生一个 32 位的商，不保留余数	IN1、IN2（双字）：ID、QD、VD、MD、SMD、SD、LD、AC、HC、常数； OUT（双字）：ID、QD、VD、MD、SMD、SD、LD、AC
实数除法指令	DIV_R EN ENO IN1 OUT IN2	/R IN1，OUT	实数除法指令将两个 32 位实数相除，产生一个 32 位实数的商	IN1、IN2（双字）：ID、QD、VD、MD、SMD、SD、LD、AC、常数； OUT（双字）：ID、QD、VD、MD、SMD、SD、LD、AC
带余数的整数除法指令	DIV EN ENO IN1 OUT IN2	DIV IN1，OUT	带余数的整数除法指令将两个 16 位整数相除，产生一个 32 位结果，该结果包括一个 16 位的余数（最高有效字）和一个 16 位的商（最低有效字）	IN1、IN2（字）：IW、QW、VW、MW、SMW、SW、T、C、LW、AC、AIW、常数； OUT（双字）：ID、QD、VD、MD、SMD、SD、LD、AC

除法指令使用说明如下。

（1）在表 2-19 中，整数除法指令 DIV_I、双整数除法指令 DIV_DI 以及实数除法指令 DIV_R 的源操作数 IN1 和 IN2 以及目标操作数 OUT 的数据类型不变。带余数的整数除法指令 DIV 的源操作数和目标操作数的数据类型不同，它是两个 16 位整数相除，产生一个 32 位的结果，该结果中的最高有效字是余数，最低有效字是商。

（2）除法指令将影响特殊存储器 SM1.0（零）、SM1.1（溢出）、SM1.2（负数）、SM1.3（除数为零）。若在除法运算中溢出标志位置 1，则运算结果不写到输出，且其他状态位均清零。在除法运算中，除数为 0，则其他状态状态位不变，操作数也不改变。

（3）整数数据作除以 2 运算，其二进制数据右移 1 位；作除以 4 运算，右左移 2 位；作除以 8 运算，右移 3 位；……

图 2-39（a）是除法指令程序的监控状态，当 I0.0 闭合时，执行除法指令，将 25÷3 的结果存储到 VD10 中，其中余数+1 存储到高有效字的低字节 VW10 中，商+8 存储到低有效字的高字节 VW12 中。图 2-39（b）的状态图表显示 VD10 中的值是 16#00010008，VW10 中是余数+1，VW12 中是商+8。

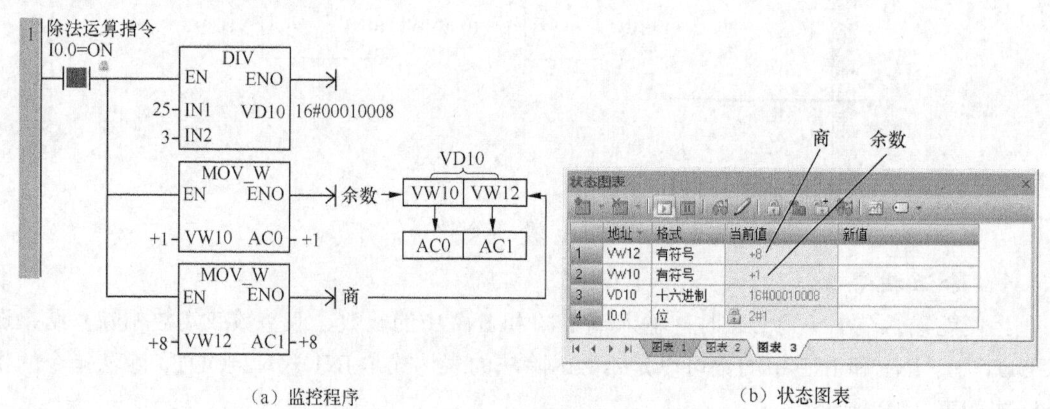

（a）监控程序　　（b）状态图表

图 2-39　除法指令举例

5．递增/递减指令

当使能输入端EN为ON时，在输入端IN上增加1或减少1，并将结果送入OUT中。递增/递减指令的操作数类型为字节、字和双字。递增/递减指令的指令格式如表2-20所示。

表2-20 递增/递减指令的指令格式

指令名称	LAD	STL	功能	操作数
字节递增指令	INC_B EN ENO IN OUT	INCB OUT	字节递增指令将一个字节的无符号数IN增加1，并将结果存储到OUT指定的目标操作数中	IN（字节）：IB、QB、VB、MB、SMB、SB、LB、AC、常数； OUT（字节）：IB、QB、VB、MB、SMB、SB、LB、AC
字递增指令	INC_W EN ENO IN OUT	INCW OUT	字递增指令将一个字节的有符号数IN增加1，并将结果存储到OUT指定的目标操作数中	IN（字）：IW、QW、VW、MW、SMW、SW、T、C、LW、AC、AIW、常数； OUT（字）：IW、QW、VW、MW、SMW、SW、T、C、LW、AC
双字递增指令	INC_DW EN ENO IN OUT	INCD OUT	双字递增指令将一个双字节的有符号数IN增加1，并将结果存储到OUT指定的目标操作数中	IN（双字）：ID、QD、VD、MD、SMD、SD、LD、AC、HC、常数； OUT（双字）：ID、QD、VD、MD、SMD、SD、LD、AC
字节递减指令	DEC_B EN ENO IN OUT	DECB OUT	字节递减指令将一个字节的无符号数IN减少1，并将结果存储到OUT指定的目标操作数中	IN（字节）：IB、QB、VB、MB、SMB、SB、LB、AC、常数； OUT（字节）：IB、QB、VB、MB、SMB、SB、LB、AC
字递减指令	DEC_W EN ENO IN OUT	DECW OUT	字递减指令将一个字节的有符号数IN减少1，并将结果存储到OUT指定的目标操作数中	IN（字）：IW、QW、VW、MW、SMW、SW、T、C、LW、AC、AIW、常数； OUT（字）：IW、QW、VW、MW、SMW、SW、T、C、LW、AC
双字递减指令	DEC_DW EN ENO IN OUT	DECD OUT	双字递减指令将一个双字节的有符号数IN减少1，并将结果存储到OUT指定的目标操作数中	IN（双字）：ID、QD、VD、MD、SMD、SD、LD、AC、HC、常数； OUT（双字）：ID、QD、VD、MD、SMD、SD、LD、AC

递增/递减指令使用说明如下。

（1）字节递增/递减指令是无符号循环数。最大值255加1结果为0，即执行加1指令后，数据分别为0→1→2…→254→255→0；最小值0减1结果为255，即执行减1指令后，数据分别为0→255→254…→1→0。

（2）字递增/递减指令是有符号循环数。+32 767加1结果为–32 768，–32 768减1结果为+32 767。

（3）双字递增/递减指令是有符号循环数。2 147 483 647加1结果为–2 147 483 648，–2 147 483 648减1结果为2 147 483 647。

（4）递增/递减指令的运算结果影响特殊存储器SM1.0（零）、SM1.1（溢出）、SM1.2（负数）标志位。

图2-40（a）是递增/递减指令举例，当I0.2闭合时，VW10中的数值增加1，当I0.3闭合时，VW10中的值减少1；如果在图2-40（b）所示的状态图表中的VW10中写入32767，此时按下I0.2，就执行递增指令，即32 767加1，VW10中的数值就会变为–32 768；如果在图2-40（b）所示的状态图表中的VW10中写入–32 768，此时按下I0.3，执行递减指令，即–32 768减1，则VW10中的数值就会变为32 767。

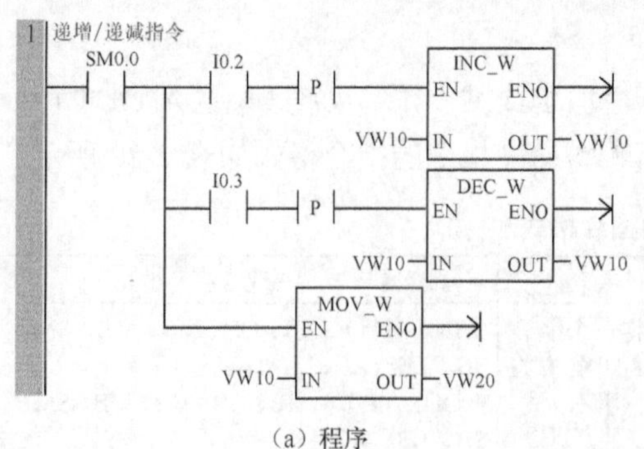

（a）程序

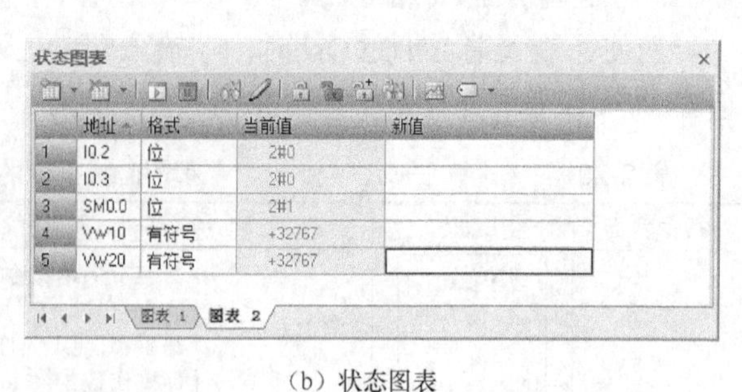

（b）状态图表

图 2-40　递增/递减指令举例

注　意

在图 2-40（a）中，递增指令和递减指令的前面需要加上升沿指令，以保证每次按下 I0.2 或 I0.3 时，VW10 中的数值加 1 或减 1，否则 VW10 中的二进制数在每个扫描周期都增加 1 或减少 1。

二、段码指令 SEG

在任务 2.2 中，要显示 4 位抢答选手的数字需要人工计算出 7 段显示码，其实 PLC 有一条段码指令 SEG，可以自动编出待显示数字的 7 段显示码。

段码指令 SEG 的指令格式及功能说明如表 2-21 所示。

对译码指令 SEG 说明如下。

（1）IN 为要译码的源操作数，OUT 为存储 7 段译码的目标操作数。IN、OUT 数据类型为字节（B）。

（2）SEG 指令是对低 4 位二进制数译码，如果源操作数大于 4 位，则只对最低 4 位译码。

表 2-21　　SEG 指令格式与功能说明

LAD	SEG EN ENO IN OUT
STL	SEG IN，OUT
功能	使能输入有效时，将输入字节 IN 中的低 4 位对应的十六进制数（16#0～F）转换成点亮 7 段数码管各段的代码，并将其输出到 OUT 指定的单元中
操作数	IN：IB、QB、VB、MB、SMB、SB、LB、AC、常数； OUT：IB、QB、VB、MB、SMB、SB、LB、AC

（3）SEG 指令的译码范围为十六进制数字 0～9、A～F，对数字 0～9 和数字 A～F 的 7 段译码见表 2-22。

译码指令 SEG 的示例如图 2-41 所示，当 I0.0 闭合时，对数字 5 执行段码指令 SEG，并将译码 16#6D 存入输出继电器 QB0，即输出继电器 Q0.7～Q0.0 的位状态为 0110 1101，7 段数码管显示“5”；当 I0.1 闭合时，将数字 8 通过传送指令 MOV_B 送到 VB0 中，然后对数字 8 执行段码指令 SEG，并将译码 16#7F 存入输出继电器 QB1，即输出继电器 Q1.7～Q1.0 的位状态为 0111 1111，7 段数码管显示“8”。QB0 和 QB1 的状态监控表如图 2-42 所示。

表 2-22　　　　　　　　　　　　7 段译码指令转换表

IN	段显示	OUT -g f e　dcba	IN	段显示	OUT -g f e　dcba
0	0	0011　1111	8	8	0111　1111
1	1	0000　0110	9	9	0110　0111
2	2	0101　1011	A	A	0111　0111
3	3	0100　1111	B	b	0111　1100
4	4	0110　0110	C	C	0011　1001
5	5	0110　1101	D	d	0101　1110
6	6	0111　1101	E	E	0111　1001
7	7	0000　0111	F	F	0111　0001

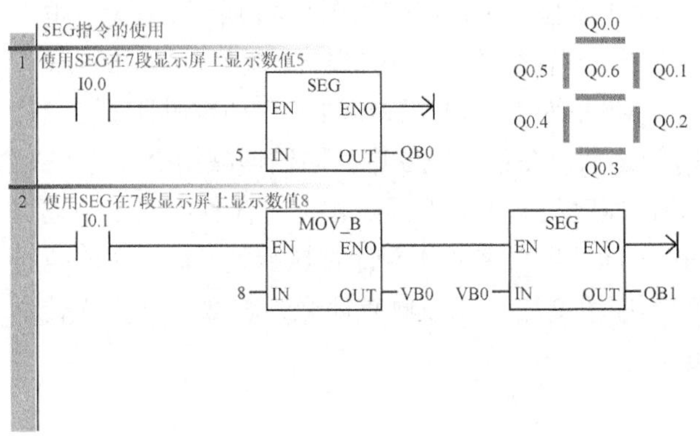

图 2-41　7 段译码指令的使用

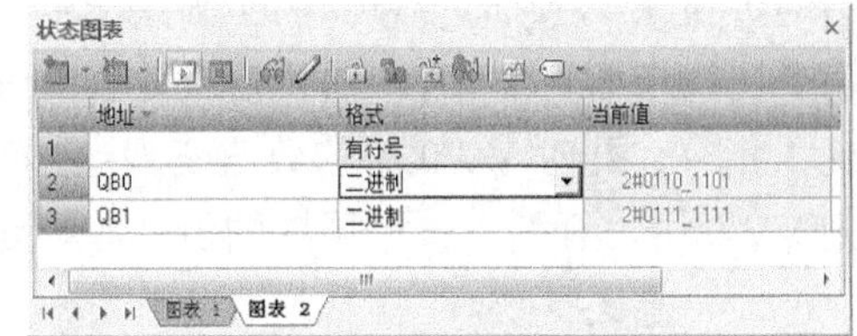

图 2-42　状态图表

任 务 实 施

1．硬件电路

LED 数码显示控制程序的 I/O 分配表见表 2-23。其电路如图 2-43 所示。

表 2-23　　　　　　　　　　　　输送带的 I/O 分配表

输　入			输　出		
输 入 元 件	输入继电器	作　用	输 出 元 件	输出继电器	作　用
SB1	I0.1	启动	a b c d e f g（7 段数码管）	Q0.0～Q0.6	显示数字
SB2	I0.2	停止			

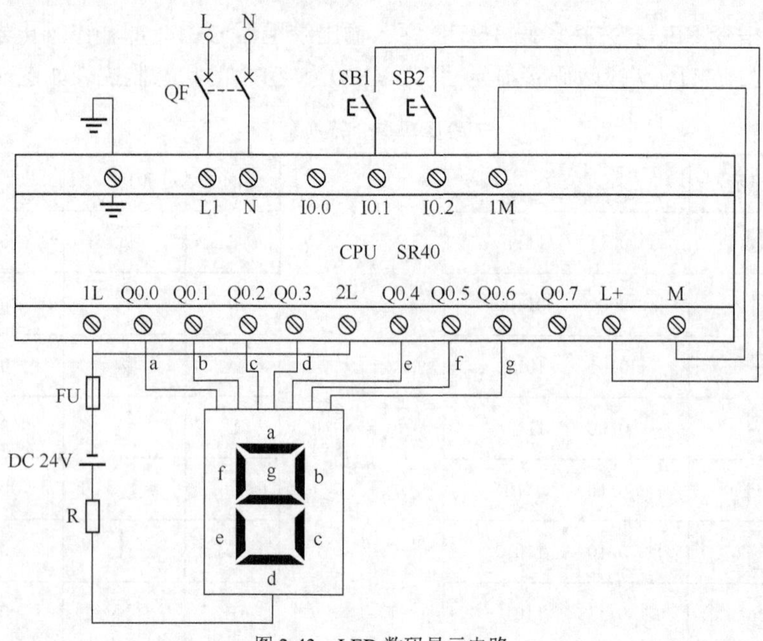

图 2-43 LED 数码显示电路

2．程序设计

用段码指令 SEG，可以编出待显示数字的 7 段显示码，程序如图 2-44 所示。在程序段 1 中，按下启动按钮 I0.1，启动标志位 M0.0 为 1，并将待显示的数字 9 传送到 VW0 中；在程序段 6 通过段码指令 SEG 将 9 显示出来；当 M0.0 为 1 时，在程序段 4 启动定时器 T39，产生周期为 1s 的脉冲信号；当 T39 计够 1s 时间之后，在程序段 5 中，通过递减指令，将 VW0 中的数值减 1，此时 VW0 中的数字为 8，并在程序段 6 中将 8 显示出来，在程序段 5 中通过两个比较指令将 VW0 中的数值限定在 0～9 之间。当数字从 9 倒计时显示到 0 时，再次执行减 1 指令，此时 VW0 中的数值变为–1，在程序段 2 中，比较触点闭合，将数字 9 再次传送到 VW0 中，开始下一个周期的倒计时显示。

3．调试运行

（1）根据图 2-43 连接 LED 数码显示电路。

（2）将如图 2-44 所示的控制程序下载至 PLC 中，并使 PLC 处于 RUN 状态。

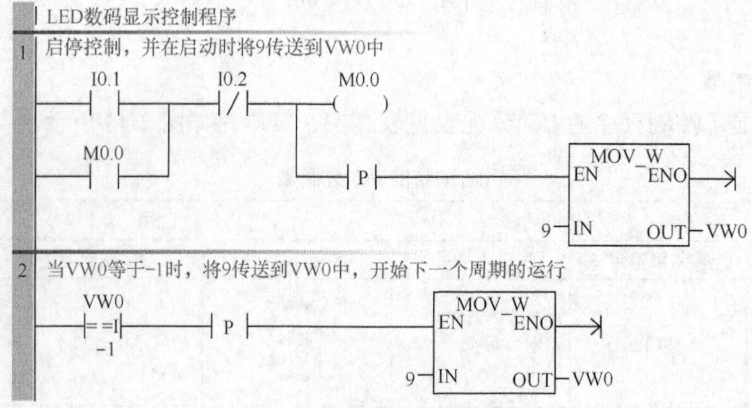

图 2-44 LED 数码显示控制程序

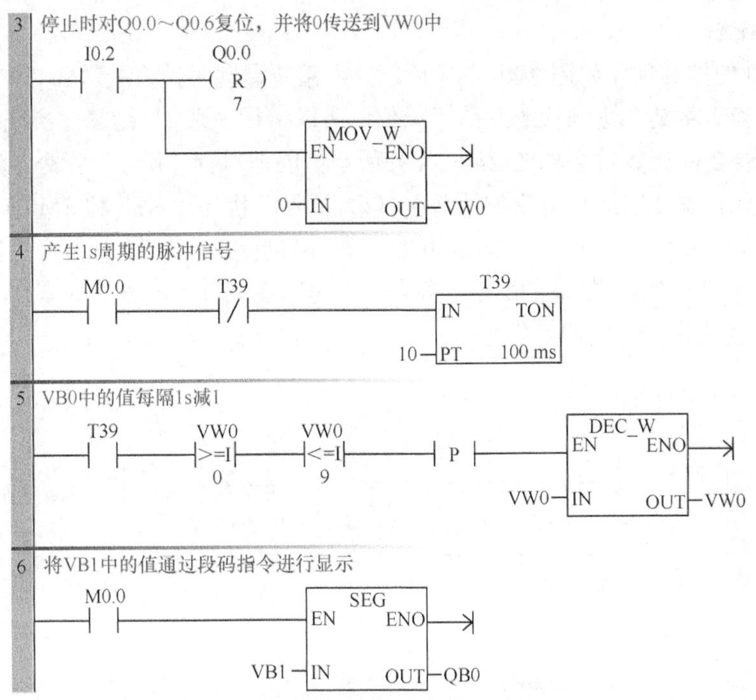

图 2-44　LED 数码显示控制程序（续）

（3）按下启动按钮 I0.1，Q0.0、Q0.1、Q0.2、Q0.5、Q0.6 输出指示灯点亮，LED 7 段数码管显示数字 9。此后每隔 1s，数字减 1 并显示。可以在图 2-45 所示的状态图表中监控 VW0 和 VB1 显示的数字以及 QB0 中二进制数每位的状态，观察 VB1 中的数字与 QB0 中的二进制数是否匹配，图 2-45 中 VB1 是+7，QB0 是 2#0000 0111，与表 2-22 中的段码显示一致。

状态图表

	地址	格式	当前值	新值
1	I0.1	位	2#0	
2	VB1	有符号	+7	
3	QB0	二进制	2#0000_0111	
4	I0.2	位	2#0	
5	VW0	有符号	+7	
6	T39	位	2#0	

图表 4

图 2-45　LED 数码显示的状态图表

知识拓展——乘除指令实现流水灯控制程序

1．控制要求

用乘除法指令实现 8 盏流水灯的移位点亮循环。有一组灯共 8 盏，接于 Q1.0～Q1.7，要求：当 I0.2=1 时，灯每隔 1s 正序单个移位点亮，接着，灯每隔 1s 反序单个移位点亮，并不断循环。

2．程序设计

8 盏流水灯的控制程序如图 2-46（a）所示，在系统启动时，将 1 送到 QW0 中，当 QW0“乘 2”时，相当于将其二进制代码左移了一位，所以执行“乘 2”运算，实现了 Q1.0→Q1.7 的正序变化，乘 2 的运算效果如图 2-46（b）所示；同理执行“除 2”指令，实现了 Q1.7→Q1.0 的反序变化，除 2 的运算效果如图 2-46（c）所示。程序中 T37 和 SM0.5 配合，使乘法指令和除法指令轮流执行：先是从 Q1.0 开始，做 8s 的乘法，每隔 1s，将“1”向上传递 1 个单位；再从 Q1.7 开始，做 8s 的除法，每隔 1s，将“1”向下传递 1 个单位，并循环。

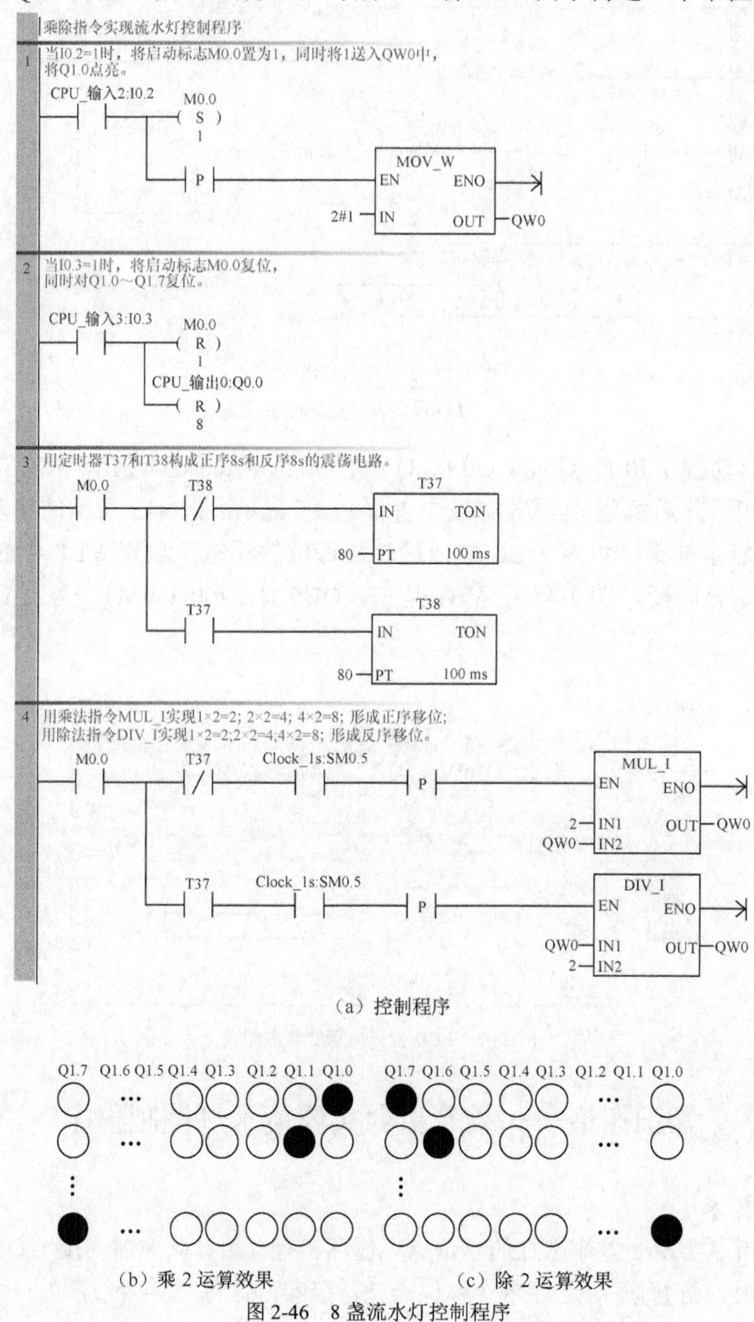

（a）控制程序

（b）乘 2 运算效果　　（c）除 2 运算效果

图 2-46　8 盏流水灯控制程序

思 考 与 练 习

分析题

（1）现要求设计一个电子四则运算器，完成 $Y=20X/35-8$ 的计算，当结果 $Y=0$ 时，红灯点亮，否则绿灯点亮。

（2）用段码指令 SEG 设计任务 2.2 的 4 路抢答器程序。

（3）设计一个程序，将 70 传送到 VW0，25 传送到 VW10，并完成以下操作。

① 求 VW0 与 VW10 的和，结果送到 VW20 中存储。

② 求 VW0 与 VW10 的差，结果送到 VW30 中存储。

③ 求 VW0 与 VW10 的积，结果送到 VW40 中存储。

④ 求 VW0 与 VW10 的余数和商，结果送到 VW50、VW52 中存储。

任务 2.6　停车场车位控制程序设计

任 务 导 入

如图 2-47 所示，某停车场最多可停 50 辆车，在入口处用两位数码管显示停车数量。用出入传感器检测进出车辆数，每进一辆车停车数量增 1，每出一辆车停车数量减 1。场内停车数量小于 45 时，入口处显示“有空位”绿灯，允许入场；大于等于 45 时，“有空位”绿灯闪烁，提醒待进车辆注意将满场；等于 50 时，显示“车位已满”，禁止车辆入场。

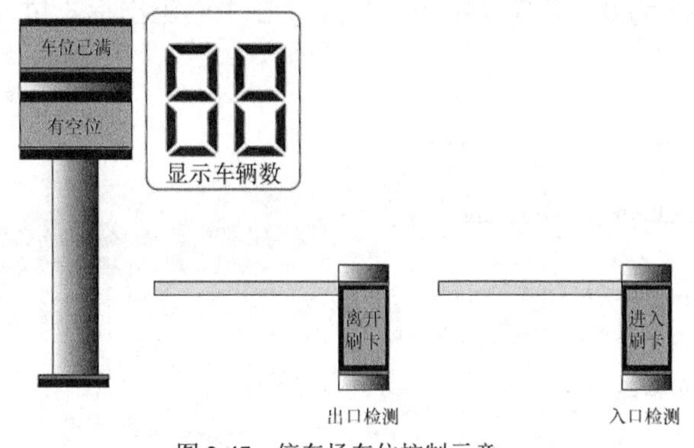

图 2-47　停车场车位控制示意

根据控制要求，要想显示停车场的车辆数，需要将变量存储器中的二进制数转换成 BCD 码，最后用译码指令将相应的数据显示出来，这就需要用到 BCD 码指令和 SEG 指令。

相关知识——数据转换指令

编程时，当实际的数据类型与需要的数据类型不符时，需要对数据类型进行转换。数据转换指令就是完成这类任务的指令。

数据转换指令包括数据类型转换指令、编码与译码指令以及前面学过的段码指令。其中数据类型转换指令又包括字节（B）与整数（I）之间（数值范围为 0～255）、整数（I）与双整数（DI）之间、双整数（DI）与实数（R）之间、BCD 码与整数之间的转换指令。

一、字节（B）与整数（I）之间的转换指令

1．指令格式

字节（B）与整数（I）之间的转换指令的格式与功能说明如表 2-24 所示。

表 2-24　字节与整数转换指令的格式与功能说明

指令名称	LAD	STL	功能	操作数
字节转换为整数	B_I EN ENO IN OUT	BTI IN，OUT	将字节值 IN 转换为整数值，并将结果存入目标地址 OUT 中。字节是无符号的，因此没有符号扩展位	IN（字节）：IB、QB、VB、MB、SMB、SB、LB、AC、常数； OUT（字）：IW、QW、VW、MW、SMW、SW、T、C、LW、AIW、AC、常数
整数转换为字节	I_B EN ENO IN OUT	ITB IN，OUT	将字值 IN 转换为字节值，并将结果存入目标地址 OUT 中。 注意：该指令只能转换 0～255 的值，转换其他值将导致溢出，且输出不会改变	IN（字）：IW、QW、VW、MW、SMW、SW、T、C、LW、AIW、AC、常数； OUT（字节）：IB、QB、VB、MB、SMB、SB、LB、AC

2．指令举例

如图 2-48（a）所示，按下按钮 I0.2，首先通过传送指令将 3 和 256 分别传送到 VB0 和 VW20 中，然后通过 BTI 指令将 3 转换成整数存储到 VW10 的低字节中。图 2-48（b）所示的状态图表显示 VW10 中的值为+3；通过 ITB 指令将 256 转换成字节存储到 VB30 中，由于 ITB 指令的输入 IN 只能转换 0～255 的值，而 256 超出了转换范围，因此图 2-48（b）所示的状态图表显示 VB30 为 0，且梯形图中的程序段 2 中的溢出标志位 SM1.1 为 1，Q0.0 输出指示灯点亮。

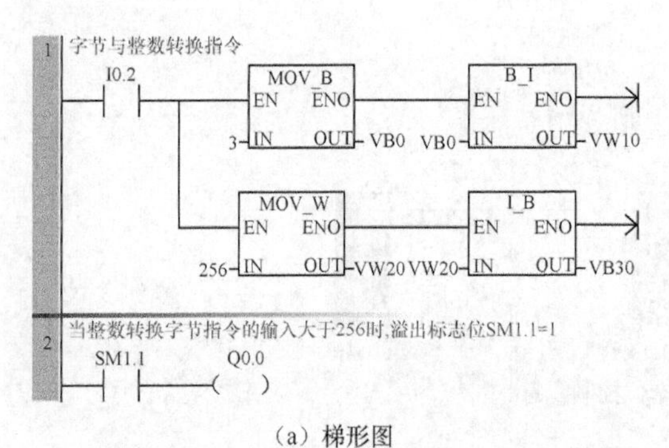

（a）梯形图

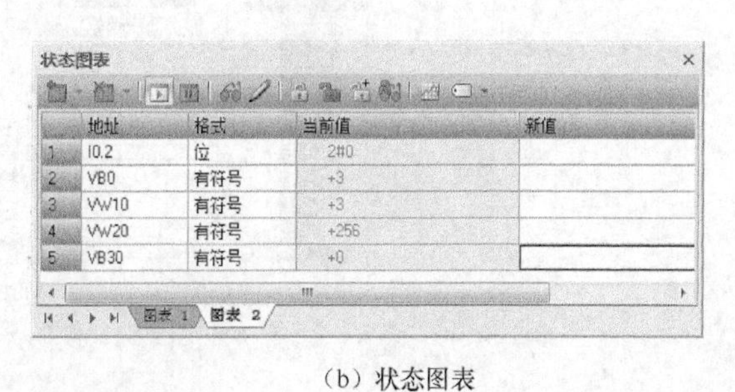

	地址	格式	当前值	新值
1	I0.2	位	2#0	
2	VB0	有符号	+3	
3	VW10	有符号	+3	
4	VW20	有符号	+256	
5	VB30	有符号	+0	

（b）状态图表

图 2-48　字节与整数转换指令举例

二、整数（I）与双整数（DI）之间的转换指令

1．指令格式

整数（I）与双整数（DI）之间的转换指令的格式与功能说明如表 2-25 所示。

表 2-25　　整数与双整数转换指令的格式与功能说明

指令名称	LAD	STL	功能	操作数
整数转换双整数	I_DI EN ENO IN OUT	ITD IN，OUT	将整数值 IN 转换为双精度整数值，并将结果存入目标地址 OUT 中。符号位扩展到高字节中	IN（字）：IW、QW、VW、MW、SMW、SW、T、C、LW、AIW、AC、常数； OUT（双字）：ID、QD、VD、MD、SMD、SD、LD、AC
双整数转换整数	DI_I EN ENO IN OUT	DTI IN，OUT	将双精度整数值 IN 转换为整数值，并将结果存入目标地址 OUT 中。如果转换的值过大以至于无法在输出中表示，则溢出标志位 SM1.1 置位，并且输出不受影响	IN（双字）：ID、QD、VD、MD、SMD、SD、LD、HC、AC、常数； OUT（字）：IW、QW、VW、MW、SMW、SW、T、C、LW、AC

2. 指令举例

如图 2-49（a）所示，当按下 I0.2 时，执行 ITD 指令，将 IN 中的 16#0016 转换成双整数存储到 VD10 中，此时在图 2-49（b）中显示 VD10 为 16#00000016；执行 DTI 指令，将 IN 中的 16#1234 转换成整数存储到 VW20 中，此时在图 2-49（b）中显示 VW20 为 16#1234。

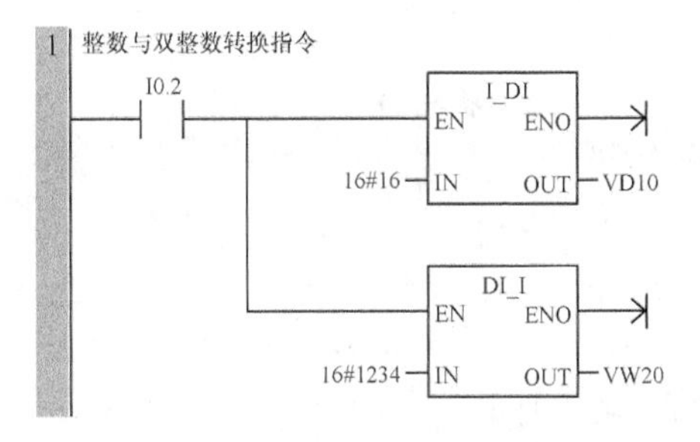

（a）梯形图

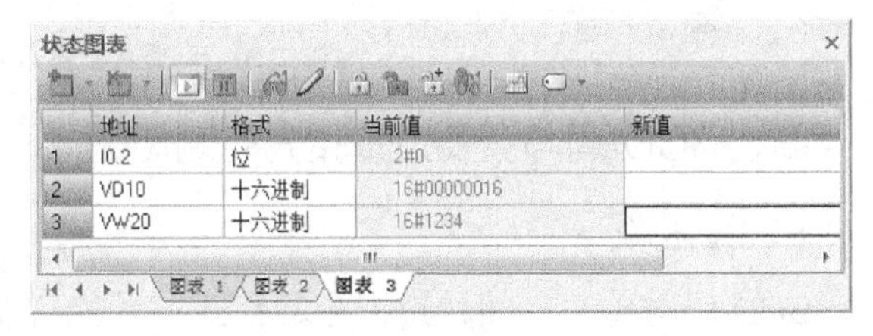

（b）状态图表

图 2-49　整数与双整数转换指令举例

三、双整数（DI）与实数（R）之间的转换指令

1. 指令格式

双整数（DI）与实数（R）之间的转换指令的格式与功能说明如表 2-26 所示。

表 2-26　　双整数与实数转换指令的格式与功能说明

指令名称	LAD	STL	功能	操作数
双整数转换实数	DI_R EN ENO IN OUT	DTR IN，OUT	将 32 位有符号整数 IN 转换为 32 位实数，并将结果存入目标地址 OUT 中	IN（双字）：ID、QD、VD、MD、SMD、SD、LD、HC、AC、常数； OUT（实数）：ID、QD、VD、MD、SMD、SD、LD、AC
实数四舍五入取整	ROUND EN ENO IN OUT	ROUND IN，OUT	按小数部分四舍五入的原则，将 32 位实数值 IN 转换为双整数值，并将取整后的结果存入目标地址 OUT 中	IN（实数）：ID、QD、VD、MD、SMD、SD、LD、AC、常数； OUT（双字）：ID、QD、VD、MD、SMD、SD、LD、AC
实数截断取整	TRUNC EN ENO IN OUT	TRUNC IN，OUT	按将小数部分直接舍去的原则，将 32 位实数值 IN 转换为双整数值，并将结果存入目标地址 OUT 中	IN（实数）：ID、QD、VD、MD、SMD、SD、LD、AC、常数； OUT（双字）：ID、QD、VD、MD、SMD、SD、LD、AC

注：要将整数转换为实数，先执行整数转换为双整数指令，然后执行双整数转换为实数指令。

2．指令举例

如图 2-50（a）所示，当按下 I0.2 时，执行 DTR 指令，将 678 转换成实数（即浮点数）存储到 VD10 中，图 2-50（b）中显示 VD10 为 678.0；执行 ROUND 指令，将 256.6 四舍五入取整后存储到 VD20 中，图 2-50（b）中显示 VD20 为+257；执行 TRUNC 指令，将 256.6 的小数部分直接舍去后取整存储到 VD30 中，图 2-50（b）中显示 VD30 为+256。

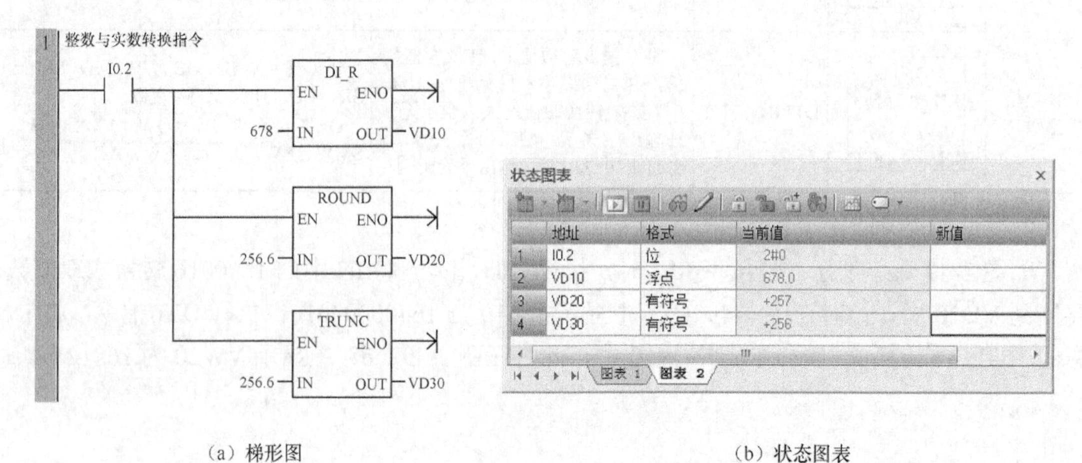

（a）梯形图　　（b）状态图表

图 2-50　双整数与实数转换指令举例

四、BCD 码与整数之间的转换指令

1．指令格式

BCD 码与整数之间转换指令的格式与功能说明如表 2-27 所示。

表 2-27　BCD 码与整数转换指令的格式与功能说明

指令名称	LAD	STL	功能	操作数
BCD 码转换为整数	BCD_I EN ENO IN OUT	BCDI OUT	将 IN 中的 BCD 码转换为整数，并将结果存入目标地址 OUT 中。IN 的有效范围是 BCD 码 0～9 999	IN（字）：IW、QW、VW、MW、SMW、SW、T、C、LW、AIW、AC、常数； OUT（字）：IW、QW、VW、MW、SMW、SW、T、C、LW、AC
整数转换为 BCD 码	I_BCD EN ENO IN OUT	IBCD OUT	将输入整数 IN 转换为 BCD 码，并将结果存入目标地址 OUT 中。IN 的有效范围为 0～9 999 的整数	IN（字）：IW、QW、VW、MW、SMW、SW、T、C、LW、AIW、AC、常数； OUT（字）：IW、QW、VW、MW、SMW、SW、T、C、LW、AC

2．指令举例

在 PLC 中，参加运算和存储的数据无论是以十进制形式输入还是以十六进制形式输入，都是以二进制的形式存在。如果直接使用 SEG 指令对数据进行编码，则会出现差错。例如，十进制数 21 的二进制形式为 0001 0101，对高 4 位应用 SEG 指令编码，则得到“1”的 7 段显示码；对低 4 位应用 SEG 指令编码，则得到“5”的 7 段显示码，显示的数码“15”是十六进制数，而不是十进制数 21。显然，要想显示“21”，就要先将二进制数 0001 0101 转换成反映十进制进位关系（即逢十进一）的 0010 0001，然后对高 4 位“2”和低 4 位“1”分别用 SEG 指令编出 7 段显示码。

这种用二进制形式反映十进制进位关系的代码称为 BCD 码，其中最常用的是 8421BCD 码，它是用 4 位二进制数来表示 1 位十进制数，该代码从高位至低位的权分别是 8、4、2、1，故称为 BCD 码。

十进制、十六进制、二进制与 8421BCD 码的对应关系如表 2-28 所示。

表 2-28　　十进制、十六进制、二进制与 8421BCD 码关系

十进制数	十六进制数	二进制数	8421BCD 码
0	0	0000	0000
1	1	0001	0001
2	2	0010	0010
3	3	0011	0011
4	4	0100	0100
5	5	0101	0101
6	6	0110	0110
7	7	0111	0111
8	8	1000	1000
9	9	1001	1001
10	A	1010	0001 0000
11	B	1011	0001 0001
12	C	1100	0001 0010
13	D	1101	0001 0011
14	E	1110	0001 0100
15	F	1111	0001 0101
16	10	1 0000	0001 0110
50	32	11 0010	0101 0000
258	102	1 0000 0010	0010 0101 1000

从表 2-28 可以看出，8421BCD 码从低位起每 4 位为一组，高位不足 4 位补 0，每组表示 1 位十进制数。

如图 2-51（a）所示。当按下 I0.2 时，先将 5 028 存入 VW0，然后将 VW0= 5 028 转换为 BCD 码输出到 QW0。从图 2-51（b）所示的状态图表可以看出，VW0 中存储的二进制数据与 QW0 中存储的 BCD 码完全不同。从图 2-51（c）可以看出，QW0 以 4 位 BCD 码为 1 组，从低至高分别表示个位、十位、百位、千位，从高至低分别是十进数 5、0、2、8 的 BCD 码。

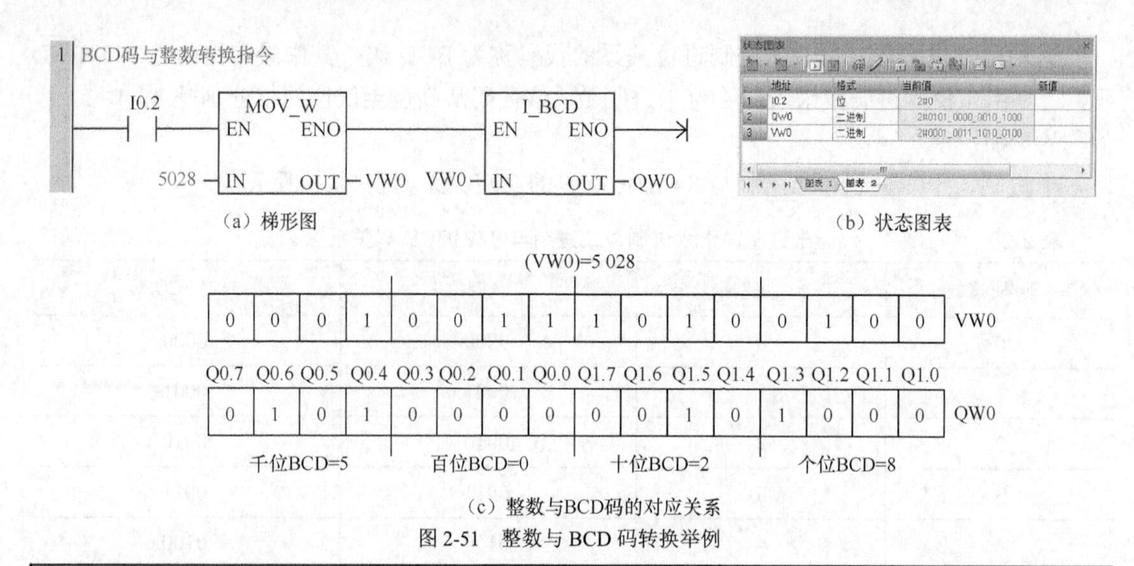

（a）梯形图　　（b）状态图表

（c）整数与BCD码的对应关系

图 2-51　整数与 BCD 码转换举例

【例 2-4】　拨码开关的接线如图 2-52 所示，按动拨码开关的按键可以向 PLC 输入十进制数码（0～9）。

（1）将图 2-52 所示的拨码开关数据经 BCDI 变换后存储到变量存储器 VW10 中。

（2）将图 2-52 所示的拨码开关数据不经 BCDI 变换直接传送到变量存储器 VW20 中。

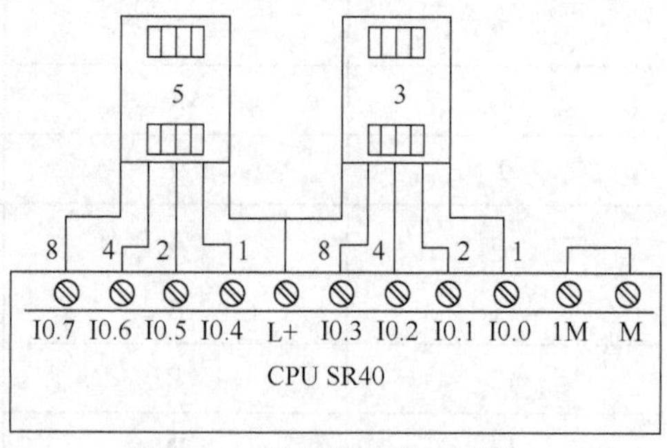

图 2-52　两位拨码开关的接线

【解】拨码开关产生的是 BCD 码，而在 PLC 程序中数据的存储和操作都是二进制形式。因此，要使用 BCDI 指令将拨码开关产生的 BCD 码变换为二进制数，在源操作数中每 4 位表示 1 位十进制数，从低到高分别表示个位、十位、百位、千位，图 2-52 中的 2 位拨码开关显示的十进制数是 53。梯形图如图 2-53（a）所示。

如果将图 2-52 所示的拨码开关置为 53，即 IB0=0101 0011，则从图 2-53（b）所示的状态图表可以看出，经 BCDI 变换后，变量存储器 VW10 中的数据是 53，而不经 BCDI 变换，直接传送到变量存储器 VW20 中的数据则是 83，这和输入的数据是不一致的，因此，PLC 通过拨码开关采集数据时，一定要经过 BCDI 指令进行变换才能得到正确的数据。

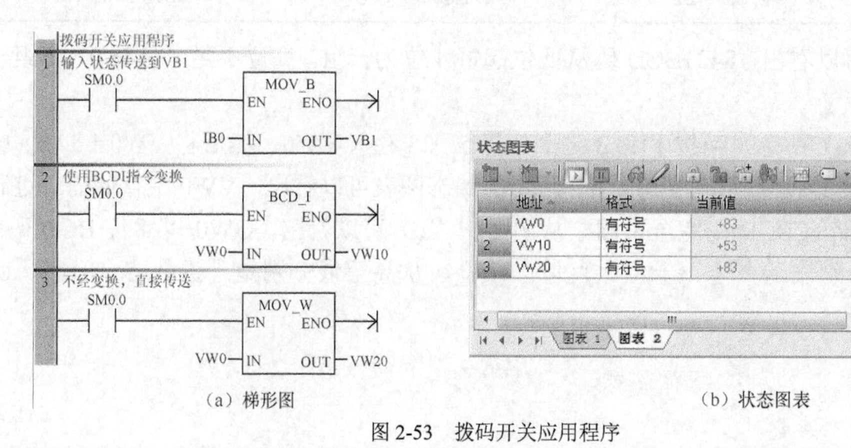

（a）梯形图　　（b）状态图表

图 2-53　拨码开关应用程序

任务实施

1．硬件电路

通过分析控制要求，确定 PLC 的 I/O 分配，见表 2-29。

表 2-29　　停车场车位控制 I/O 端口分配功能表

输　入		输　出		其他软元件	
输入继电器	作　用	输出继电器	作　用	名　称	作　用
I0.0	入口传感器	Q0.7	绿灯	VW0	车辆数
I0.2	出口传感器	Q1.7	红灯	VB21	车辆个位数的 BCD 码
		Q0.6～Q0.0	显示车辆个位	VB31	车辆十位数的 BCD 码
		Q1.6～Q1.0	显示车辆十位		

根据 I/O 分配表，画出 PLC 的硬件电路如图 2-54 所示。

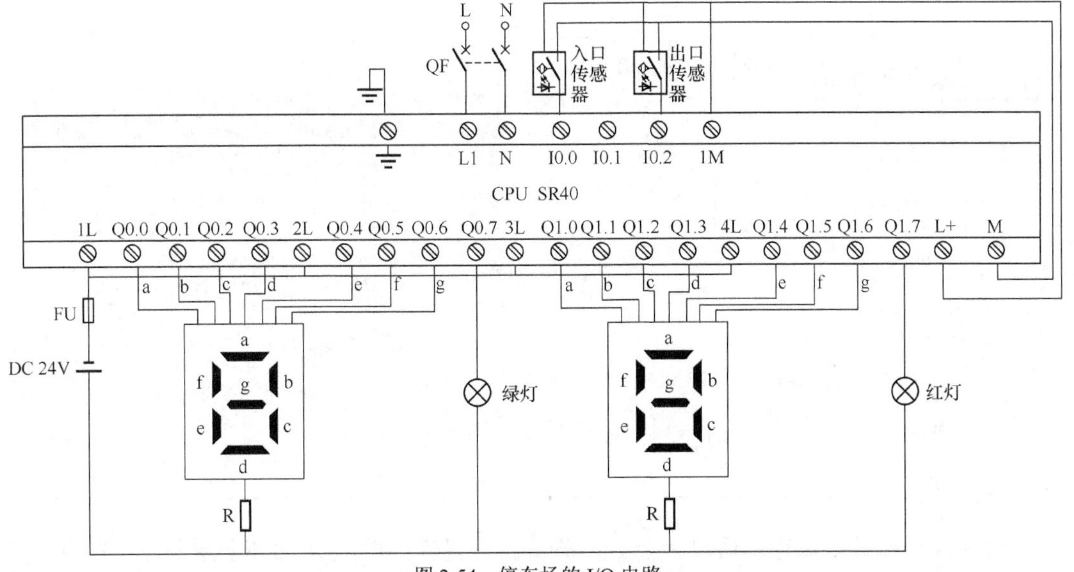

图 2-54　停车场的 I/O 电路

2．程序设计

程序梯形图如图 2-55（a）所示，其状态图表如图 2-55（b）所示。

程序段 1：开机对 VW0 清零。

程序段 2～程序段 3：用递增和递减指令计算进出停车场的车辆数并存入 VW0 中。

程序段 4：首先用 IBCD 指令将 VW0 中的车辆数转换成 8 位 BCD 码储存到 VW20 中，其中车辆个位数的 BCD 码存储在 VB21 的低 4 位中，并通过 SEG 指令显示；车辆十位数的 BCD 码存储在 VB21 的高 4 位中，将 VW20 除以 16，相当于将 VB21 中的高 4 位右移 4 位存储到 VW30（VB31）中，取 VB31 的低 4 位送 QB1 显示车辆的十位数。图 2-55（b）所示的状态图表显示此时的车辆数 VW0=46，车辆个位数的 BCD 码 VB21=2#0100 0110（即低 4 位为 6），十位数的 BCD 码 VB31=2#0000 0100（即低 4 位为 4）。

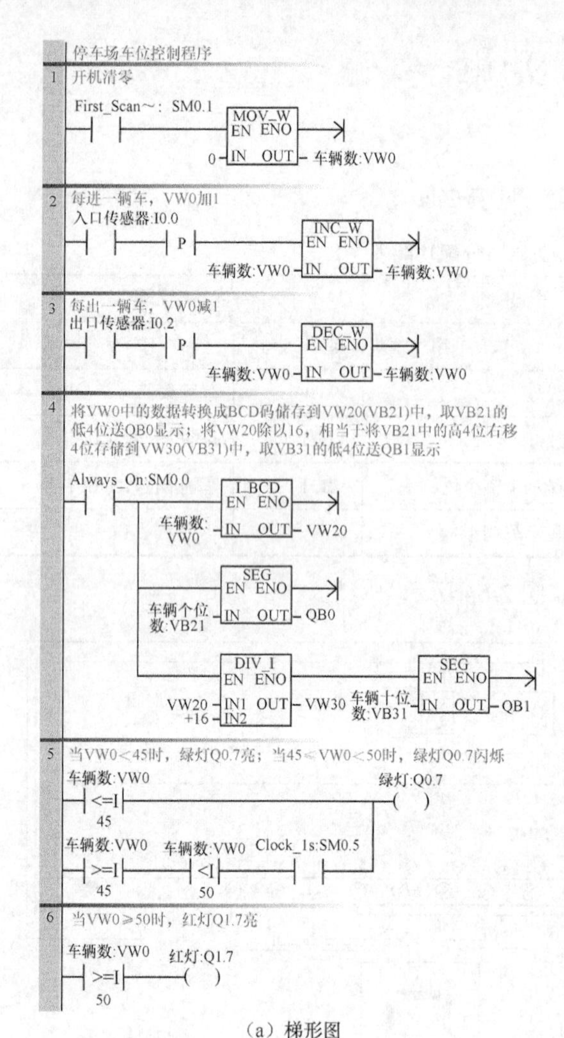

（a）梯形图

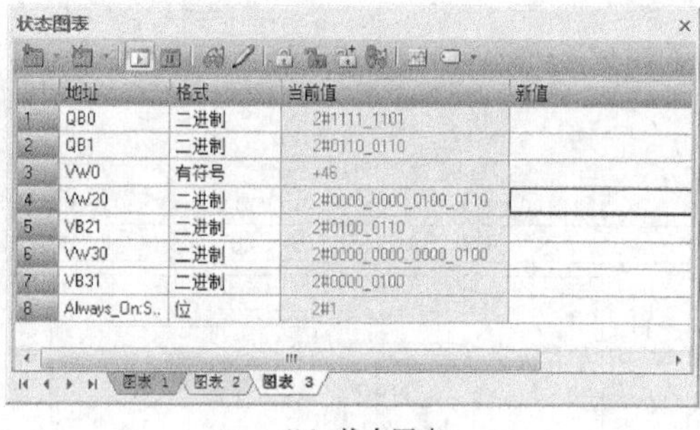

状态图表

	地址	格式	当前值	新值
1	QB0	二进制	2#1111_1101	
2	QB1	二进制	2#0110_0110	
3	VW0	有符号	+46	
4	VW20	二进制	2#0000_0000_0100_0110	
5	VB21	二进制	2#0100_0110	
6	VW30	二进制	2#0000_0000_0000_0100	
7	VB31	二进制	2#0000_0100	
8	Always_On:S..	位	2#1	

图表 1　图表 2　图表 3

（b）状态图表

图 2-55　停车场车位控制程序

注 意

两位数据的显示还可以通过带余数的除法指令实现，图 2-56 可以代替图 2-55（a）所示的程序段 4 显示车辆数。该方法通过除法指令分离 VW0 中的两位数的十位数和个位数，其中最高有效字 VW50 存储的余数就是车辆数的个位数，最低有效字 VW52 存储的商就是车辆数的十位数，最后通过 SEG 指令将 VB51 和 VB53 中的低 4 位显示出来。

程序段 5～程序段 6：通过比较指令控制红灯和绿灯的亮灭。

3. 调试运行

（1）按图 2-54 连接 I/O 电路。

（2）将如图 2-55（a）所示的梯形图下载至 PLC 中，并使 PLC 处于 RUN 状态。

（3）按下模拟开关 I0.0 或 I0.2，观察两个 7 段数码管显示的车辆数以及两盏灯的状态。

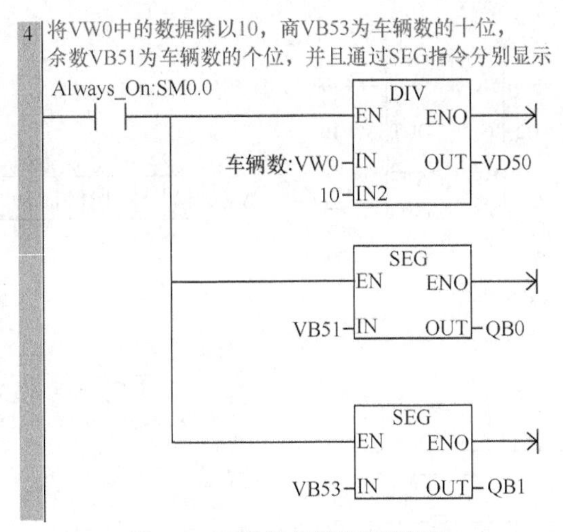

图 2-56　两位数的数码显示程序

知识拓展——编码与解码指令的应用

在 PLC 中，字数据可以是 16 位的二进制数，也可以用 4 位十六进制数表示，编码过程就是将输入字 IN 最低有效位的位号写入输出字节的低 4 位中；而解码过程是根据输入字节 IN 的低 4 位表示的输出字的位号，将输出字的对应位置 1。

1．指令格式

编码指令与解码指令的格式及功能说明如表 2-30 所示。

表 2-30　　编码指令与解码指令的格式与功能说明

指令名称	LAD	STL	功能	操作数
编码	ENCO EN ENO IN OUT	ENCO IN，OUT	编码指令将输入字 IN 中的最低有效位（有效位的值为 1）的位号写入输出字节 OUT 的最低 4 位中	IN（字）：IW、QW、VW、MW、SMW、SW、T、C、LW、AIW、AC、常数； OUT（字节）：IB、QB、VB、MB、SMB、SB、LB、AC
解码	DECO EN ENO IN OUT	DECO IN，OUT	解码指令根据输入字节 IN 的最低 4 位表示的位号，将输出字 OUT 对应的位置为 1，输出字的其他位均为 0	IN（字节）IB、QB、VB、MB、SMB、SB、LB、AC、常数； OUT（字）：IW、QW、VW、MW、SMW、SW、T、C、LW、AC、AQW

2．指令举例

如图 2-57（a）所示，当按下 I0.2 时，执行解码指令 DECO，假设输入 IN 的变量存储器 VB0=5，则在输出变量存储器 VW10 的第 5 位置 1，其他位均为 0，如图 2-57（b）和图 2-57（d）所示；从图 2-57（c）可以看出，执行编码指令 ENCO 时，假设输入 IN 的变量存储器 VW6 的最低有效位（有效位的值为 1）是第 5 位，则编码指令将“5”送入 VB20 的低 4 位，从图 2-57（d）所示的状态图表可以看到 VB20 的数据为 5。

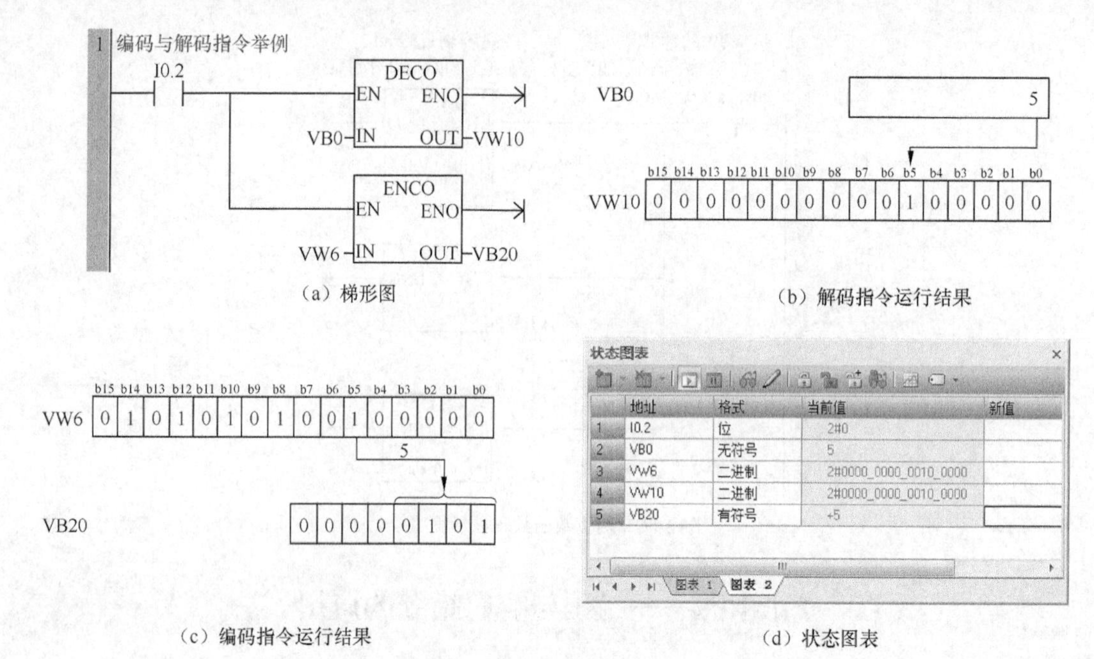

（a）梯形图

（b）解码指令运行结果

（c）编码指令运行结果

（d）状态图表

图 2-57　解码与编码指令举例

3．8 站小车的呼叫控制程序设计

某车间有 8 个工作台，送料车往返于工作台之间送料，如图 2-58 所示。每个工作台设有一个到位开关（SQ）和一个呼叫按扭（SB）。设送料车现暂停于 *m* 号工作台（SQ*m* 为 ON）处，这时 *n* 号工作台呼叫（SB*n* 为 ON），当 *m*>*n* 时，送料车左行，直至 SQ*n* 动作，到位停车；当 *m*<*n* 时，送料车右行，直至 SQ*n* 动作，到位停车；当 *m*=*n*，即小车所停位置等于呼叫号时，送料车原位不动。用 7 段 LED 数码管显示小车行走位置，系统具有左行、右行指示。

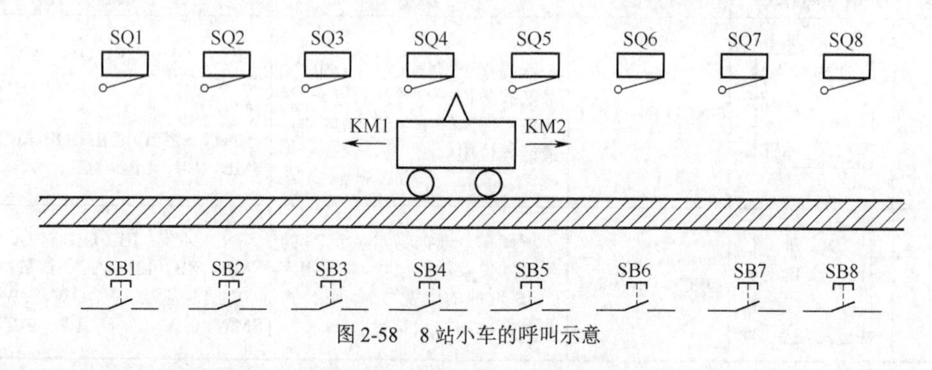

图 2-58　8 站小车的呼叫示意

（1）通过分析控制要求，确定 PLC 的 I/O 分配，见表 2-31。

表 2-31　　8 站小车呼叫控制 I/O 端口分配功能

输　入		输　出		其他软元件	
输入继电器	作　用	输出继电器	作　用	名　称	作　用
IB0	站台呼叫	Q0.1	左行	VB10	呼叫信息
IB1	小车位置	Q0.2	右行	VB20	位置信息
I2.0	启动	Q0.4	左行指示灯	VB50	小车位置编码
I2.1	停止	Q0.5	右行指示灯	VB81	小车实际位置
		Q1.6～Q1.0	7 段数码管		

小车呼叫控制系统的主电路是电动机正反转控制的主电路，其 PLC 的硬件接线如图 2-59 所示。

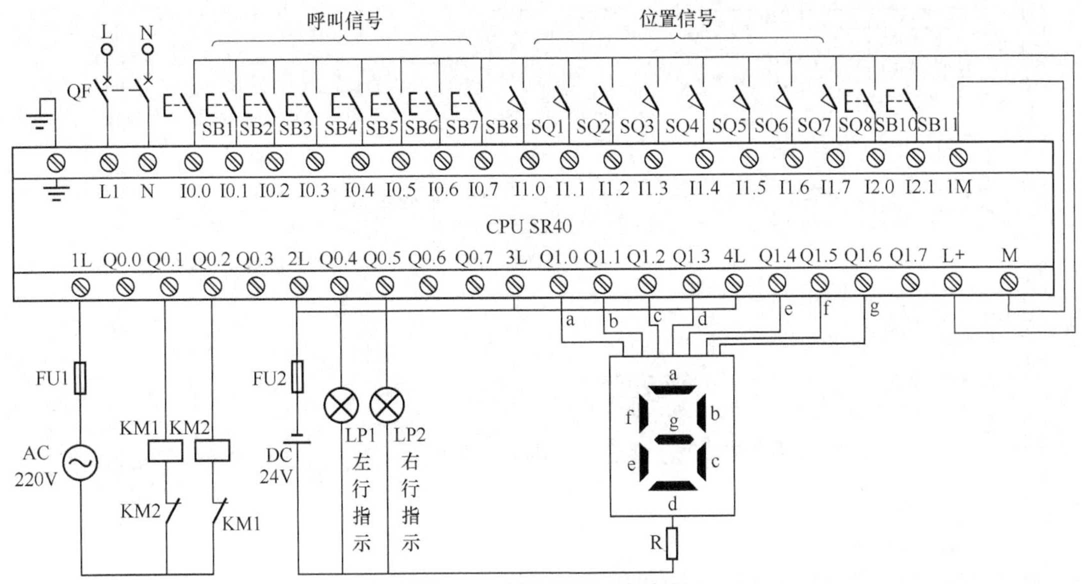

图 2-59　小车呼叫的 I/O 接线

（2）程序设计。

小车呼叫的控制程序程序段如图 2-60 所示。

程序段 1。系统启停控制。

程序段 2。当小车没有左行和右行时，通过传送指令将 IB0 的呼叫信息传送到 VB10 中。即只要有呼叫信号，I0.7～I0.0 中就有一个为“1”。

程序段 3。将小车位置信息 IB1 传送到 VB20 中。即只要小车处于某一位置，I1.7～I1.0 中就有一个为“1”。

程序段 4 和程序段 5。利用比较指令比较呼叫号和位置号的大小，以此确定小车的运行方向。若 VB20>VB10，即位置号大于呼叫号，则 Q0.1=1，小车左行；若 VB20<VB10，即位置号小于呼叫号，则 Q0.2=1，小车右行；如果呼叫号等于位置号，则比较触点断开，小车停止运行。

程序段 6～程序段 8。ENCO 编码指令将小车的位置信息 VB20 进行编码后送入 VB50 中。假设现在小车在如图 2-58 所示的第 4 个位置（从左至右的顺序），则 I1.7～I1.0 为 0000 1000，即 VB20 为 0000 1000，通过数据类型转换，将小车位置信息存储到 VW30 中，ENCO 指令将 VW30 中“1”对应的位数“3”编制为二进制数 011 送入 VB50 中。因为 VB20 中的数位是从“0”开始的，所以要想显示车的实际位置是“4”，就必须用 ADD 加法指令再将 VB50（变换后为 VW60）中的数加“1”后将其低有效字节 VB81 送给 Q1.6～Q1.0 显示。

ENCO 指令常用在位置显示中，例如，电梯的楼层显示。电梯的每一层都有一个检测开关，电梯运行至该层时，检测开关为 ON，相当于一个位元件中的“1”的位置位，通过 ENCO 指令转换成该楼层的编码号，然后再把编码显示到轿厢的显示板上，程序如图 2-60 中的程序段 6～程序段 8。

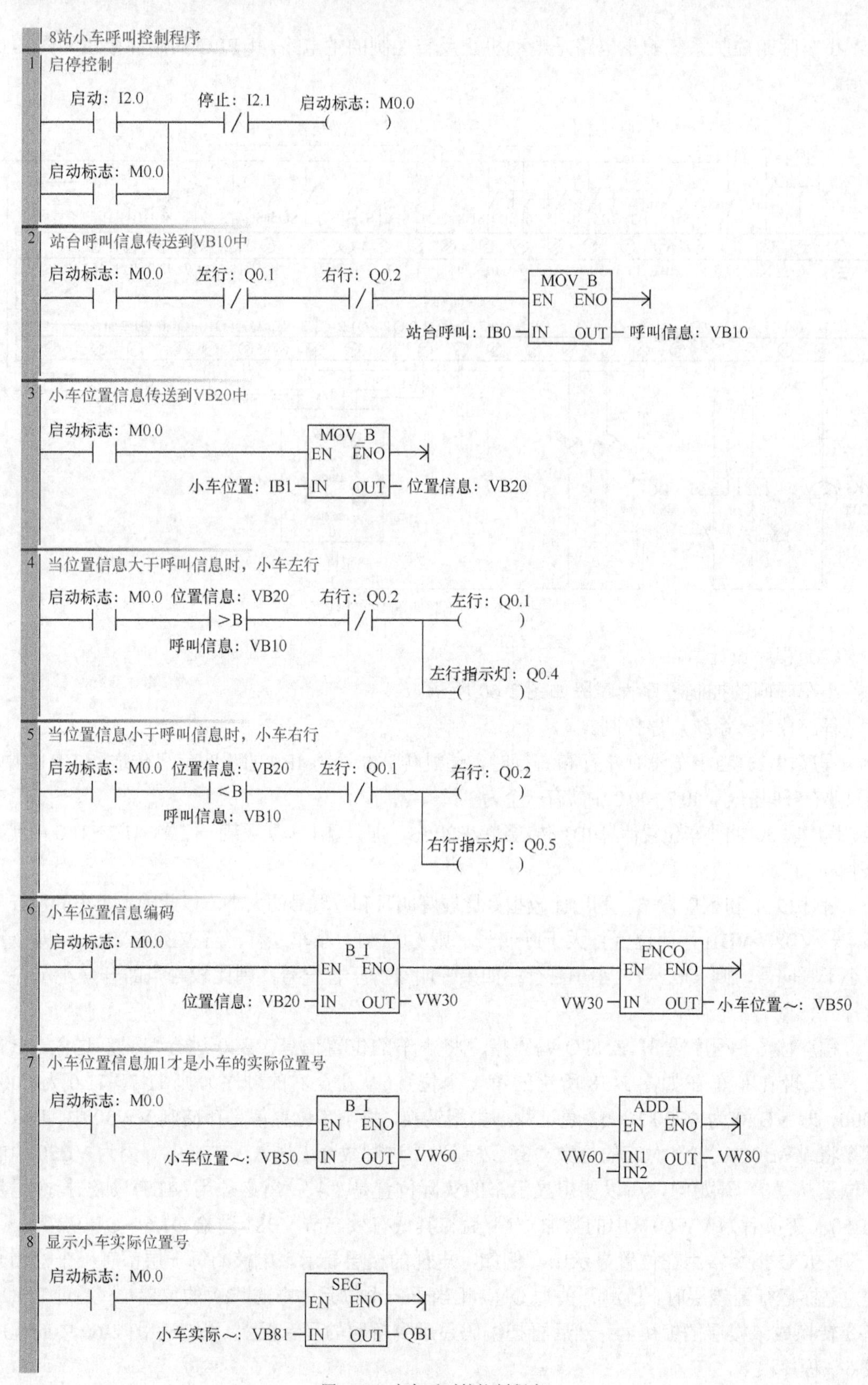

图 2-60　小车呼叫的控制程序

思考与练习

分析题

（1）编写下列各数的 8421BCD 码。

35　2345　987　456

（2）设 VW0=3498，将 VW0 中的数据编为 8421BCD 码后存储到 VW10 中，并将该数据的千位、百位、十位、个位的 7 段显示码分别存储到 VB20、VB21、VB22、VB23 中。

（3）某拨码开关的数据是 356，经 BCDI 变换后存储到变量存储器 VW30 中，请编写程序，问现在 VW30 中的十进制数是多少？

（4）试用 DECO 指令编写 5 台电动机顺序启动程序。

模块三 顺序功能图编程及应用

能力目标

1. 能熟练运用顺序控制继电器指令编写 PLC 程序。
2. 能熟练运用启保停电路以及置位复位指令编写顺序控制程序。
3. 能根据控制系统的控制要求，构建 PLC 控制系统的硬件系统以及程序设计。

知识目标

1. 掌握顺序功能图的结构和工作原理。
2. 熟悉顺序功能图的分类。
3. 掌握顺序控制继电器指令。
4. 掌握顺序功能图的编程规则和编程技巧。

任务 3.1 气动夹具控制系统设计

任务导入

简易机械气动加工夹具用于固定工件。如图 3-1 所示，气缸 1 和气缸 2 分别受两个电磁阀的控制，气缸上装有磁性开关用于检测气缸的伸缩状态。其工作过程为：气动夹具的原点位置是气缸 1 和气缸 2 均处于缩回状态时的位置，按下启动按钮，气缸 1 伸出→气缸 1 伸出到位→延时 1s→气缸 2 伸出→气缸 2 伸出到位→延时 20s→气缸 2 缩回→气缸 2 缩回到位→延时 1s→气缸 1 缩回→气缸 1 缩回到位，气动夹具回到原点位置。

本书的模块一和模块二中的程序设计方法一般称为经验设计法，使用经验设计法编制的程序存在以下一些问题。

（1）工艺动作表达烦琐。

（2）梯形图涉及的连锁关系较复杂，处理起来较麻烦。

（3）梯形图可读性差，很难从梯形图看出具体控制工艺过程。

我们需要寻求一种易于构思、易于理解的图形程序设计工具。它应有流程图的直观特点，又有利于复杂控制逻辑关系的分解与综合，这种图就是顺序功能图。顺序功能图是描述控制系统的控制过程、功能和特性的一种图形，也是设计 PLC 顺序控制程序的有力工具。

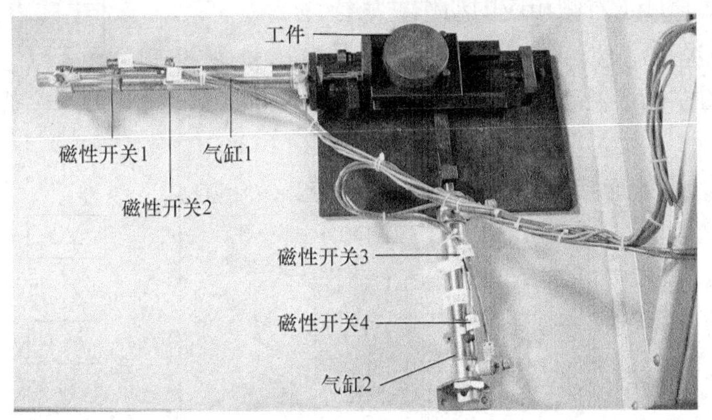

图 3-1　气动夹具

所谓顺序控制，就是将一个复杂的控制过程按照生产工艺预先规定的顺序分解为若干个工作步，弄清各个步的工作细节（步的功能、转移条件和转移方向），再依据总的控制顺序要求，将这些步联系起来，形成顺序功能图，进而编制梯形图程序。

顺序功能图设计法是一种先进的设计方法，很容易被初学者接受，对于有经验的电气工程师，也会提高设计效率，程序的调试、修改和阅读也很方便。

S7-200 SMART CPU 的顺序控制指令专门用来编写顺序控制程序，也可以用启保停电路编程法、置位复位指令编程法以及移位寄存器指令编写顺序控制程序。

通过气动夹具的控制要求可知，该系统是按照时间的先后次序，遵循一定规律的典型顺序控制系统。这种类型的程序最适合用顺序控制的思想编程。

相 关 知 识

一、顺序功能图

顺序功能图（SFC）是一种通用的 PLC 程序设计语言。图 3-2 所示的是运料小车的顺序功能图。它主要由步、动作、有向连线、转移条件组成，如图 3-2 所示。

微课：顺序功能图设计法的基本知识

微课：顺序功能图的画法

1．顺序功能图的组成

（1）步

将系统的一个工作周期划分为若干个顺序相连的状态，这些状态称为步。例如，图 3-2 所示的运料小车的顺序功能图一共由初始步（S0.0）、装料（S0.1）、左行（S0.2）、卸料（S0.3）和右行（S0.4）共 5 步组成。步是根据输出量的状态变化来划分的，它用单线方框表示，框中编号可以是 PLC 中的顺序控制继电器 S 或标志存储器 M 的编号。步通常涉及以下几个概念。

① 初始步。初始状态对应的步，即系统等待命令的相对静止状态。一个顺序功能图必须有一个初始步，如图 3-2 中的 S0.0 步，通常用双线方框表示，放在顺序功

能图的最上端。初始步一般由初始化脉冲 SM0.1 激活。

② 活动步。活动步是指当前正在运行的步。当步处于活动状态时，步右侧相应的动作被执行。

③ 静步。静步是没有运行的步。步处于不活动状态时，相应的非保持型动作被停止。

（2）动作

步方框右边用线条连接的符号为本步的工作对象，简称为动作，如图 3-2 中的 Q0.0、T37、Q0.1、Q0.2、T38 和 Q0.3。一步中可能有一个或几个动作，通常动作用矩形方框中的文字或地址表示。当顺序控制继电器 S 或标志存储器 M 接通（ON）时，工作对象通电动作。

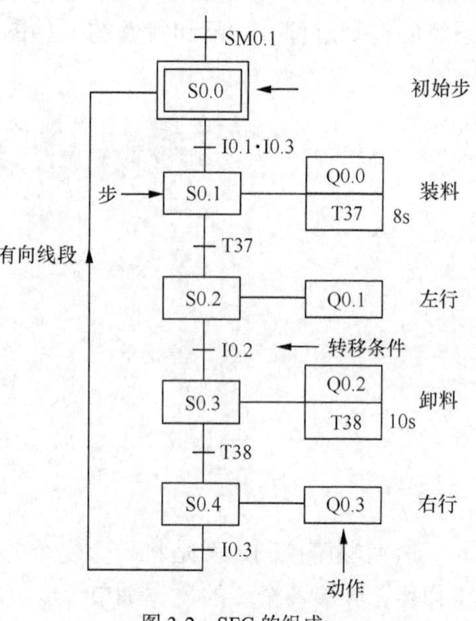

图 3-2 SFC 的组成

动作分保持型动作和非保持型动作两类。若为保持型动作（用 S 指令对其置位），则该步变为静步时继续执行该动作；若为非保持型动作，则该步变为静步时，动作也停止执行。

（3）有向线段

有向线段表示步的转移方向。在画顺序功能图时，将代表各步的方框按先后顺序排列，并用有向线段将它们连接起来。表示从上到下或从左到右这两个方向的有向线段的箭头可以省略，如果不是上述的方向，则应在有向线段上用箭头注明进展方法，如图 3-2 所示。

（4）转移条件

转移用与有向连线垂直的短画线来表示，将相邻两步隔开。转移条件标注在转移短线的旁边，如图 3-2 中的 T38、I0.3 等。转移条件是与转移逻辑相关的触点，可以是动合触点、动断触点或它们的串并联组合（如图 3-2 中的 I0.1 • I0.3）。

2．顺序功能图的分类

根据生产工艺和系统复杂程度的不同，SFC 的基本结构可分为单循环序列、选择序列、并行序列 3 种。

（1）单循环序列

单循环序列由一系列相继激活的步组成，每个步的后面仅有一个转移，每个转移后面只有一个步，当 S0.2 步为活动步，且满足转移条件 c 时，回到 S0.0 步开始新一轮的循环，如图 3-3（a）所示。

（2）选择序列

选择序列既有分支又有合并。选择序列的开始叫分支，转换条件 d 和 e 只能标在水平连线之下，根据分支转移条件 d、e 来决定究竟选择哪一个分支，假设 S0.0 为活动步，并且转移条件 d=1，则发生由步 S0.0→步 S0.1 的转移。选择序列的结束叫合并，转移条件 i 和 j 只能标在水平连线之上，假设 S0.4 为活动步，并且转移条件 j=1，则发生由步 S0.4→步 S0.5 的转移。

（3）并行序列

若在某一步执行完后，需要同时启动若干条分支，那么这种结构称为并行序列，如图 3-3

(c) 所示。

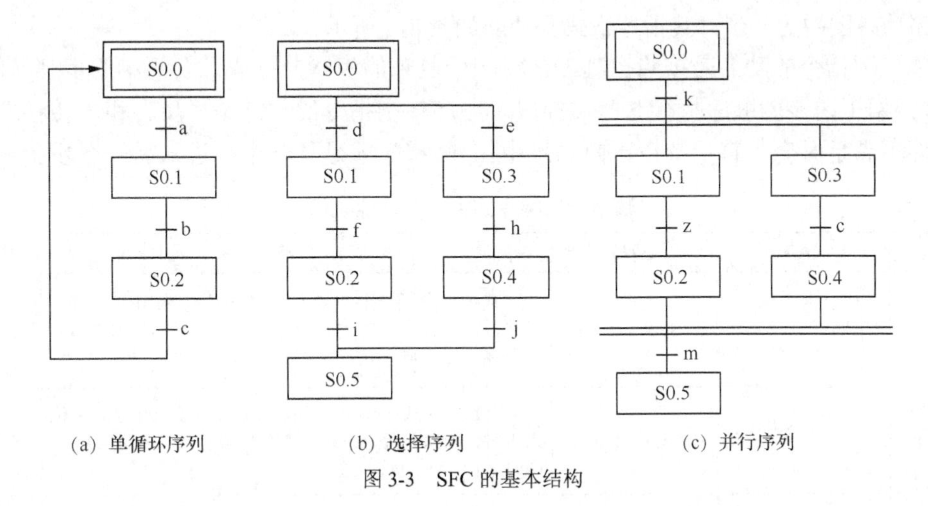

(a) 单循环序列　　(b) 选择序列　　(c) 并行序列

图 3-3 SFC 的基本结构

并行序列的开始叫分支，分支开始时采用双水平线将各个分支相连，双水平线上方需要一个转移，转移对应的条件 k 称为公共转移条件。若 S0.0 为活动步，公共转移条件 k=1，则发生由步 S0.0→步 S0.1 和步 S0.3 的转移。并行序列的结束叫合并，转移条件只能标在双水平线之下。当直接连接在双水平线之上的所有前级步 S0.2 和 S0.4 为活动步，并且转移条件 m=1 时，发生由步 S0.2 和 S0.4→步 S0.5 的转移。

3．转移实现的条件

在顺序功能图中，步的活动状态的进展是由转移实现来完成的。转移实现必须同时满足以下两个条件。

（1）该转移所有的前级步都是活动步。

（2）相应的转移条件得到满足。

4．绘制顺序功能图的规则

（1）步与步之间必须由转移隔开。

（2）转移和转移之间必须由步隔开。

（3）步和转移、转移和步之间用有向线段连接，正常顺序功能图的方向是从上到下或从左到右，按照正常顺序画图时，有向线段可以不加箭头，否则必须加箭头。

（4）一个顺序功能图中至少有一个初始步。

（5）自动控制系统应能多次重复执行同一工艺过程，因此在 SFC 中应由步和有向连线构成一个闭环回路，以体现工作周期的完整性。即在完成一次工艺过程的全部操作后，应从最后一步返回到初始步，使系统停留在初始状态（单周期操作）；在连续循环工作方式时，将从最后一步返回到下一工作周期开始运行的第一步。

（6）仅当某步所有的前级步均为活动步且转移条件满足时，该步才有可能变为活动步，同时其所有的前级步都变换为静步。

二、顺序控制指令

S7-200 SMART 系列 PLC 有专门用于编写顺序控制程序的顺序控制指

令 LSCR、SCRT、SCRE，顺序控制指令将顺序控制程序划分为若干个 SCR 段。一个 SCR 段对应顺序功能图中的一步，其指令格式及功能如表 3-1 所示。

顺序控制指令的功能是按照控制工艺将一个复杂的步骤分割成几个简单的步骤（即顺控段），并根据工艺步骤顺序执行这些顺控段。顺序控制指令的关键是“步”和“转移”，当转移的条件不满足时会一直保持在当前的步中。“转移”就是从一个步进入另一个步。

表 3-1　顺序控制指令的格式与功能说明

指令名称	LAD	STL	功能	操作数
装载指令	S_bit SCR	LSCR　S_bit	装载指令表示一个 SCR 段（顺序功能图中的步）的开始，当该指令指定的 S 位为 1 时，执行对应 SCR 段的程序，反之则不执行	S（位）
转移指令	S_bit —(SCRT)	SCRT　S_bit	SCRT 指令执行 SCR 段的转移。当该指令指定的 S 位为 1 时，SCRT 指令的后续步 S 位被置 1（活动步），同时当前步 S 位被复位（静步）	S（位）
结束指令	—(SCRE)	SCRE	在梯形图编程中，直接连接 SCRE 指令到能流线上，表示该 SCR 段结束	无

顺序控制指令的使用说明如下。

（1）顺序控制指令只对顺序控制继电器 S 有效，S7-200 SMART 系列 PLC 的顺序控制继电器共 256 位，采用八进制（S0.0～S0.7，…，S31.0～S31.7）。为了保证程序可靠运行，驱动顺序控制继电器 S 的信号应采用短脉冲。

（2）SCR 标记 SCR 程序段的开始， SCRE 标记 SCR 程序段的结束。SCR 和 SCRE 指令之间的所有逻辑是否执行取决于 S 堆栈的值。SCRE 和下一条 SCR 指令之间的逻辑与 S 堆栈的值无关。

（3）当输出动作需要保持时，可使用 S/R 指令。

（4）SCRT 转移指令有能流时，执行该指令，将复位当前激活的 SCR 段的 S 位，并会置位引用段的 S 位。SCRT 转移指令执行时，复位激活段的 S 位不会影响 S 堆栈。因此，SCR 段保持接通直至退出该段。

（5）在 SCR 段中不能使用 JMP 和 LBL 指令。即不允许跳入或跳出 SCR 段，也不允许在 SCR 段内跳转。

三、顺序功能图与步进梯形图之间的转换

使用顺序控制继电器指令可以将顺序功能图转换为步进梯形图，其对应关系如图 3-4 所示。将顺序功能图转化为步进梯形图时，编程顺序为第 1 步写“步的开始”，用装载指令 LSCR，将 S2.0 置为 1 变为活动步；第 2 步写“步的动作”，用 SM0.0 常开触点来驱动该步中对应的各种线圈（可以是 Q、M、T、C 的线圈）及前面讲到的功能指令或通过触点驱动线圈，此时 Q0.5=1，假设 I0.5=1，则 Q1.0=1；第 3 步写“步的转移”，用转移条件 I0.0 的常开触点来驱动转移后续步 S2.1 的 SCRT 指令，如果 I0.0=1，则将 S2.0 步变为静步，同时将 S2.1 步变为活动步；第 4 步写“步的结束”，用结束指令 SCRE，结束步 S2.0 的程序段。

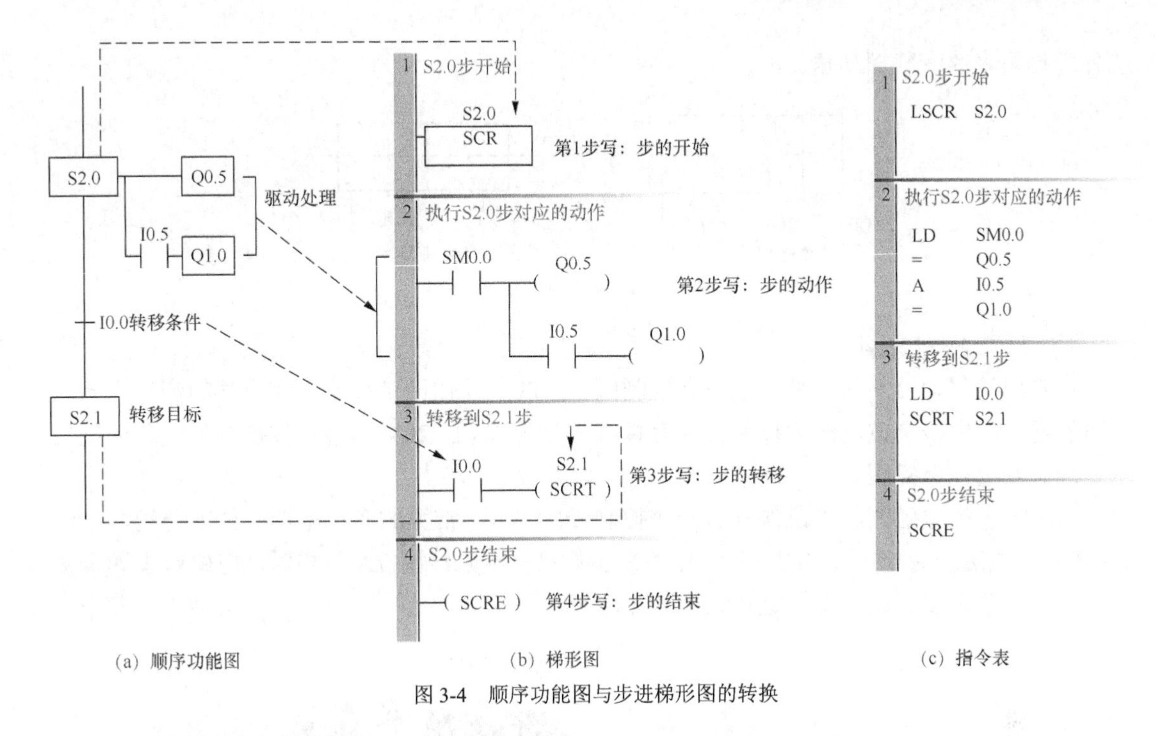

图 3-4 顺序功能图与步进梯形图的转换

四、认识气动元件

气动夹具装置是由气动系统实现的。它利用空气压缩机将电动机输出的机械能转变为空气的压力能，通过执行元件把空气的压力能转变为机械能，从而完成直线或回转运动。气动系统主要由气源装置、气动执行元件、气动控制元件及各种辅助元件组成。

1. 气源装置

气源装置的主体部分是空气压缩机。它将原动机供给的机械能转变为气体的压力能，为各类气动设备提供动力。

2. 气动执行元件

气缸是气动系统的主要执行元件，它把压缩空气的压力能转化为机械能，带动工作部件运动。常见的气缸有单作用气缸、双作用气缸和摆动气缸。

（1）单作用气缸。单作用气缸的工作特点是：气缸活塞的一个运动方向靠空气压力驱动，另一个运动方向靠弹簧力或其他外部的方法使活塞复位，如图 3-5 所示。

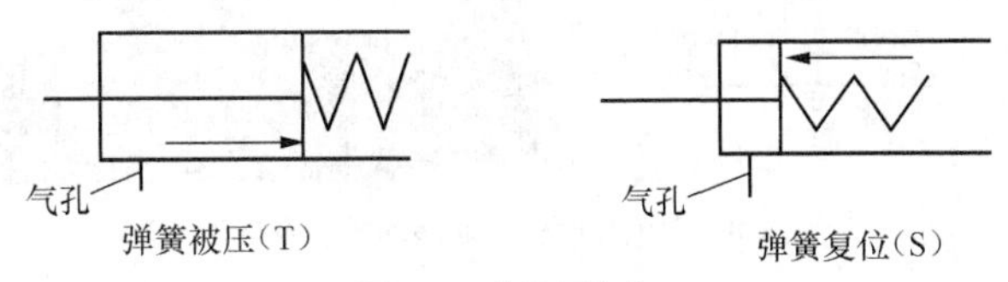

图 3-5 单作用气缸

（2）双作用气缸。双作用气缸的工作特点是：气缸活塞的两个运动方向都由空气压力推动，因此在活塞两边，气缸有两个气孔作供气和排气用，以实现活塞的往复运动，如图 3-6 所示。

（3）叶片式摆动气缸。叶片式摆动气缸的工作原理为：将气压力作用在叶片上，由于叶片与转轴连在一起，因此受气压作用的叶片带动转轴摆动，并输出力矩。气缸用内部止动块或外部挡块来改变其摆动角。

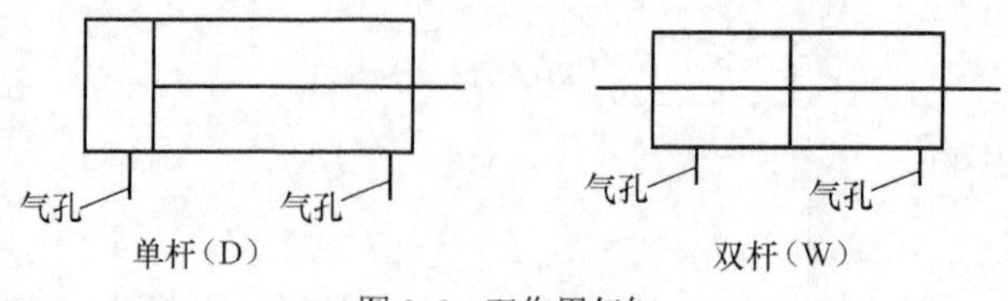

图 3-6　双作用气缸

3．气动控制元件

最常用的气动控制元件是电磁方向控制阀。它的主要作用是控制压缩空气的流动方向和气路的通断。电磁阀按电源的控制方式有直流 24V 和交流 220V 两种；按控制形式分单电控电磁阀和双电控电磁阀。

（1）单电控电磁阀。电磁阀只有一个控制线圈 YA，常见的有单电控两位五通阀，如图 3-7 所示。电磁线圈 YA 通电时，气动回路发生切换；电磁线圈 YA 失电时，电磁阀由弹簧复位，气动回路恢复到原状态，这相当于“点动”。

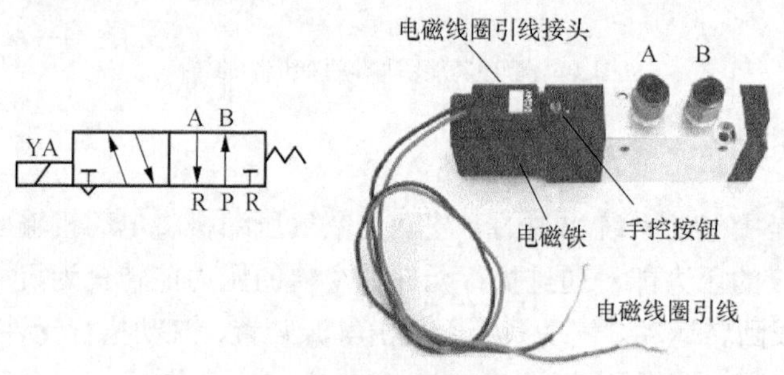

图 3-7　单电控两位五通阀的符号及外形

（2）双电控电磁阀。电磁阀有两个控制线圈 YA0 和 YA1，常见的有两位五通电磁阀，如图 3-8 所示。任何一个电磁线圈通电，都会使电磁阀换向；双线圈电磁阀有记忆功能，即线圈通电后立即失电，电磁阀也会保持通电时的状态不变。只有当另一控制线圈通电时，电磁阀才会切换为另一状态，这相当于“自锁”。基于双电控电磁阀的这种特性，在设计机电控制回路或编制 PLC 程序时，可以让控制线圈只动作 1～2s，这样可以保护电磁阀线圈不容易损坏。

图 3-8　双电控两位五通阀的符号及外形

4．磁性开关

气动夹具装置使用的气缸都是带磁性开关的气缸。这些气缸在非磁性体的活塞上安装一个永久磁铁的磁环，这样就提供了一个反映气缸活塞位置的磁场。磁性开关的电路如图 3-9（a）所示，磁性开关安装在气缸两侧，如图 3-9（b）所示。当气缸活塞杆的磁环接近开关时，舌簧开关的两根簧片被磁化而相互吸引，触点闭合，指示灯（红色）发光；当磁环移开开关后，簧片失磁，触点断开。触点闭合或断开时发出电控信号，在PLC的自动控制中可以利用该信号判断气缸的活塞杆伸出到位或缩回到位。

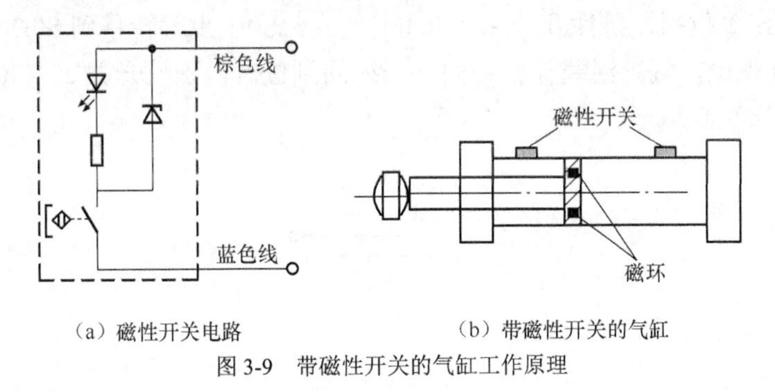

（a）磁性开关电路 （b）带磁性开关的气缸

图3-9 带磁性开关的气缸工作原理

5．气动控制回路的实现

（1）单电控电磁阀控制单作用气缸。图3-10（a）所示为单电控二位五通电磁阀控制的单作用气缸。图3-10（b）中的YA为控制气缸的单线圈电磁阀，由PLC的输出Q0.0控制。a1、a2为安装在气缸上两个极限位置的磁性开关，用于检测气缸的活塞位置以及活塞的运动行程，为PLC提供位置信号，其在PLC上的接线如图3-10（c）所示。在图3-10（d）中，驱动S0.1步，Q0.0得电，电磁阀YA通电后，气缸活塞杆伸出；当伸出到位后，磁性开关a1（I0.0）闭合，S0.1步就转移到S0.2步，电磁阀线圈（Q0.0）失电，气缸活塞杆就缩回；当缩回到位时，磁性开关a2（I0.1）闭合，S0.2步转移。

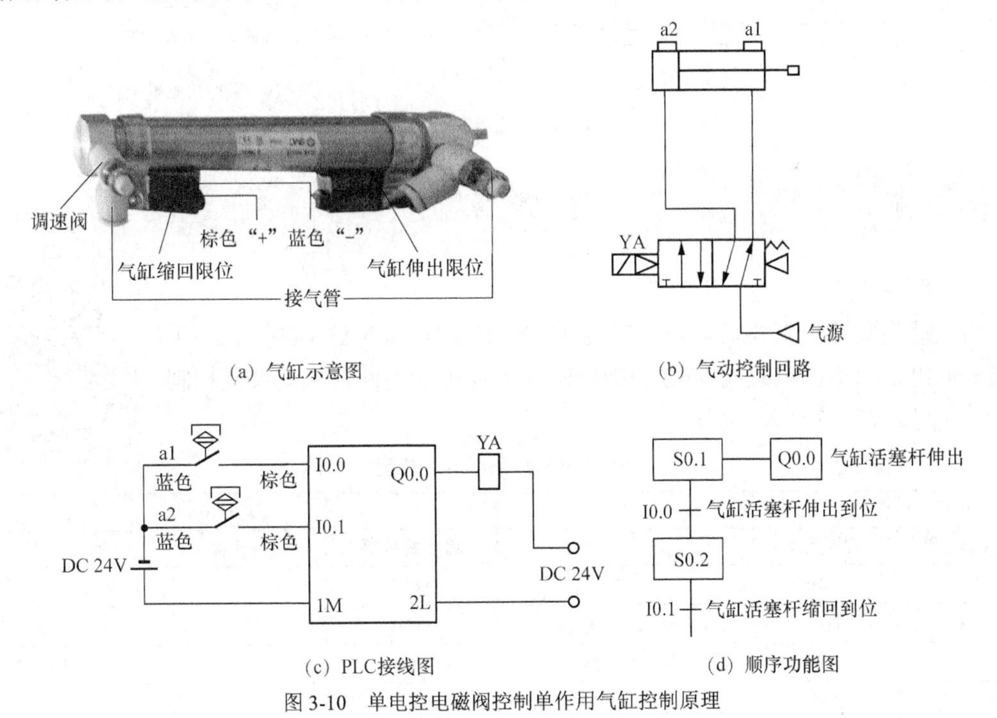

（a）气缸示意图 （b）气动控制回路

（c）PLC接线图 （d）顺序功能图

图3-10 单电控电磁阀控制单作用气缸控制原理

（2）双电控电磁阀控制双作用气缸。图3-11（a）所示为双电控二位五通电磁阀控制的双作用气缸。YA0、YA1为控制气缸的电磁阀，由PLC的输出Q0.0、Q0.1控制。a1、a2为安装在气缸上两个极限位置的磁性开关，为PLC提供位置信号，其在PLC上的电路如图3-11

（b）所示。在图 3-11（c）中，驱动 S0.1 步，Q0.1 得电，换向电磁阀 YA1 通电后，气缸活塞杆伸出，由于双电控电磁阀具有记忆功能，所以此时即使断电，气缸活杆也会继续伸出，直至伸出到位；伸出到位后，磁性开关 a1（I0.0）闭合，S0.1 步就转移到 S0.2 步，Q0.0 得电，换向电磁阀 YA0 得电，气缸活塞杆就缩回；当缩回到位时，磁性开关 a2（I0.1）闭合，S0.2 步转移，完成一次往复运行。

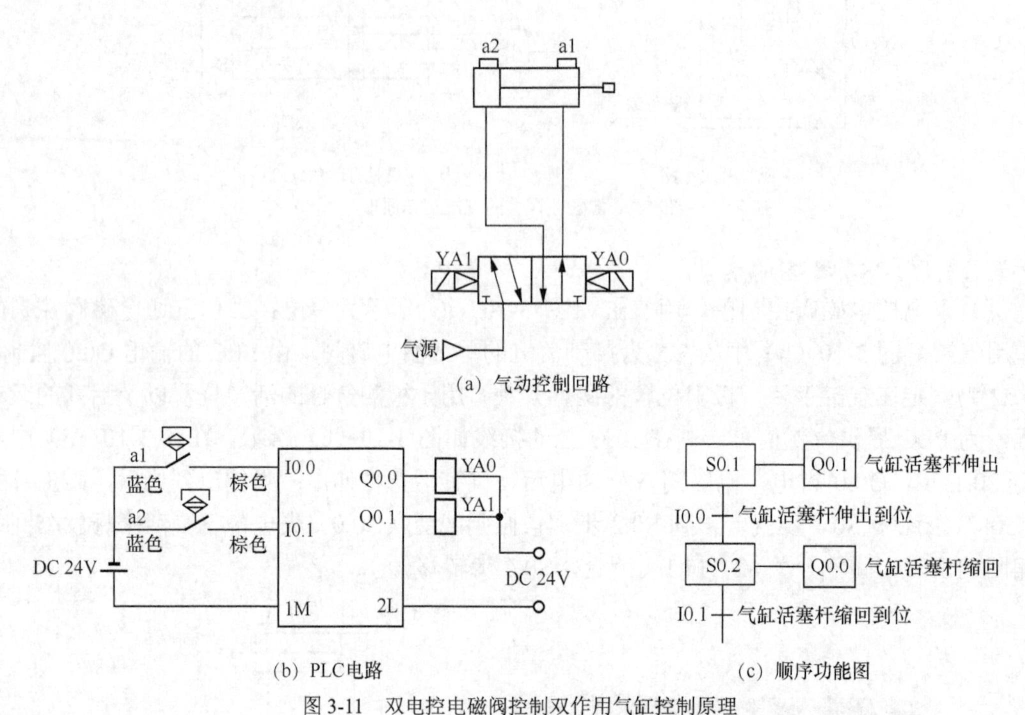

图 3-11　双电控电磁阀控制双作用气缸控制原理

任务实施

1．硬件电路

由气动夹具的控制要求可知，双线圈电磁阀 YA0 和 YA1 控制气缸 1 的缩回和伸出，单线圈电磁阀 YA2 控制气缸 2 的伸出和缩回，气动夹具控制的 I/O 分配如表 3-2 所示。

表 3-2　气动夹具控制的 I/O 分配

输　入			输　出		
输入继电器	输入元件	作　用	输出继电器	输出元件	作　用
I0.1	SB1	启动按钮	Q0.3	YA0	气缸 1 缩回
I2.0	1B1	气缸 1 缩回到位检测开关	Q0.4	YA1	气缸 1 伸出
I2.1	1B2	气缸 1 伸出到位检测开关	Q0.5	YA2	气缸 2 伸出
I2.2	2B1	气缸 2 伸出到位检测开关			
I2.3	2B2	气缸 2 缩回到位检测开关			

本例使用 CPU ST40 的 PLC 对气动夹具进行控制，根据气动夹具的 I/O 分配表，画出该系统的 I/O 接线图如图 3-12 所示。

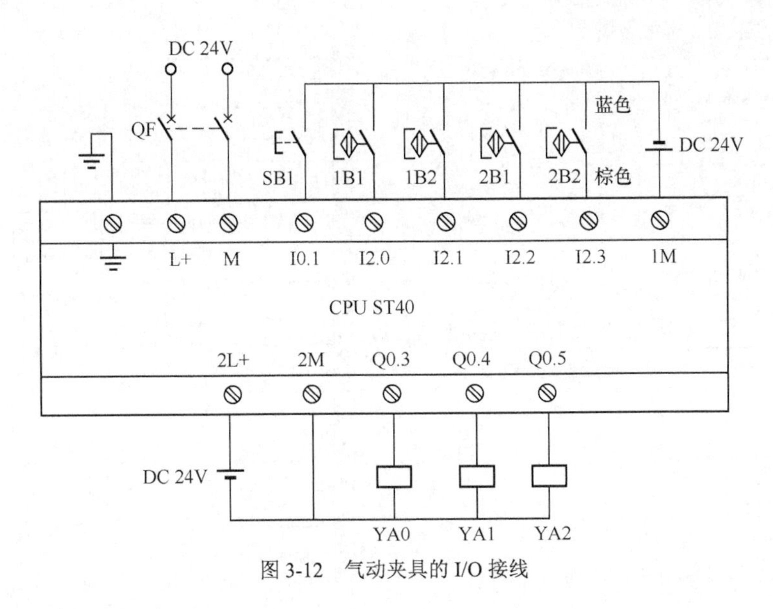

图 3-12　气动夹具的 I/O 接线

2．绘制顺序功能图

根据控制要求得到的气动夹具控制系统的顺序功能图，如图 3-13 所示。

注　意

西门子 S7-200 SMART PLC 的顺序功能图中是不允许出现双线圈的，因此在图 3-13 的 S0.1 步、S0.3 步和 S0.7 步中对 Q0.4、Q0.5 以及 Q0.3 都用 S 指令进行双线圈处理。

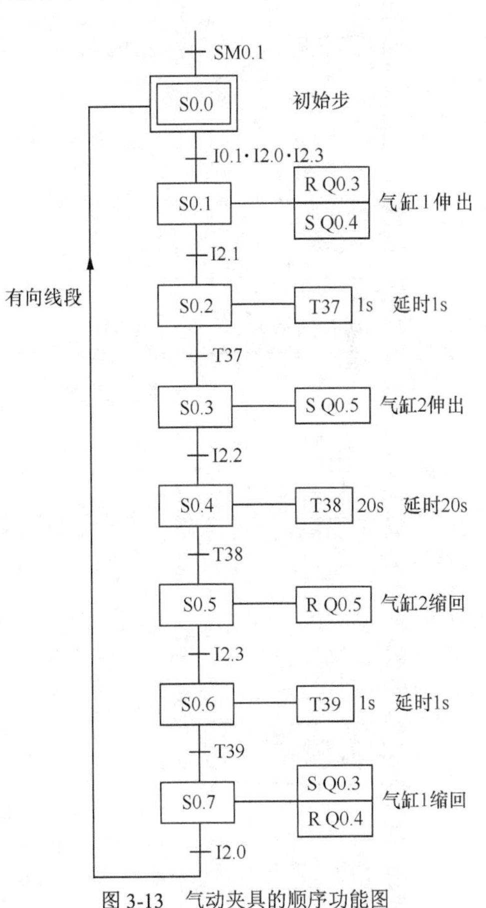

图 3-13　气动夹具的顺序功能图

3．将顺序功能图转换成梯形图

将图 3-13 所示的顺序功能图转换成图 3-14 所示的梯形图。

4．调试运行

将图 3-14 所示的程序下载到 PLC 中，然后调试。用编程软件的“程序状态”功能来监视处于运行模式的梯形图，可以看到因为直接接在左母线上，所以每一个 SCR 方框都是蓝色的。当只执行活动步对应的 SCR 段时，该活动步对应的 SCRE 线圈通电（用蓝色方框表示），并且只有活动步对应的SCR段内的SM0.0常开触点闭合，静步的SCR段内的 SM0.0 的常开触点处于断开状态（用灰色显示），因此 SCR 段内所有的线圈（通电时用蓝色方框表示）受到对应的顺序控制继电器的控制，SCR 段内线圈还受与它串联的触点或电路控制。

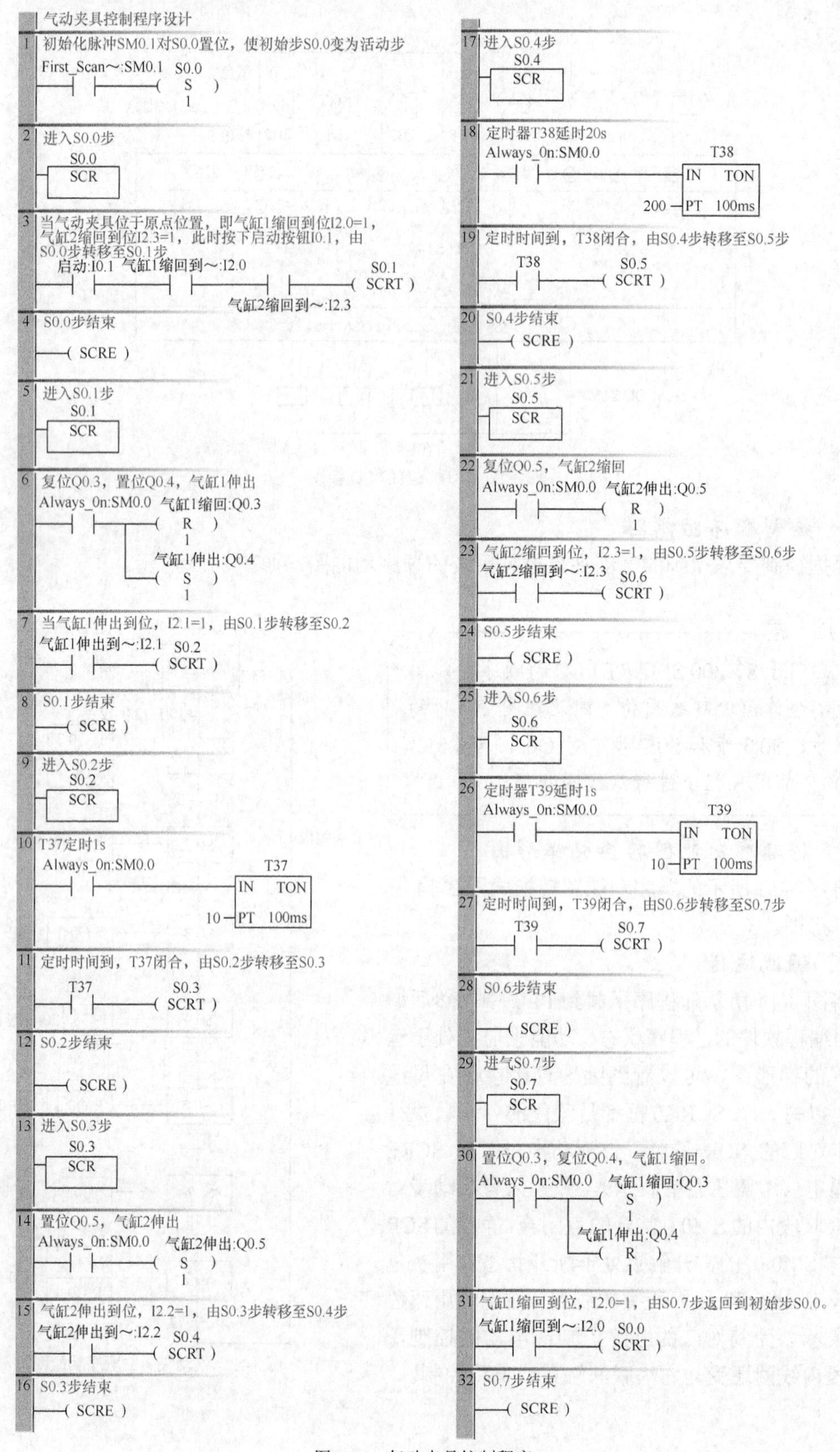

图 3-14 气动夹具控制程序

首先同时按下 I0.1、I2.0 和 I2.3，Q0.4 得电，气缸 1 伸出，伸出到位，延时 1s 后，Q0.5 得电，以此类推，按照顺序功能图的顺序调试程序，观察程序能否达到控制要求。

知识拓展——单周期和连续工作方式的编程

气动夹具的自动工作方式分为单步、单周期和连续等。各种工作方式的含义如下。

（1）单步工作方式。按一次启动按钮，前进一个工步（或工序）。系统每进行一步都会停止下来，适用于系统的调试和检修。

（2）单周期工作方式。按下启动按钮，系统从原点位置开始，自动运行一个周期后返回原点并停留在原点位置。

（3）连续工作方式。按下启动按钮，系统从原点位置开始，周期性循环运行。

图 3-14 所示实现的是气动夹具的单周期运行，如果需要气动夹具实现上述 3 种工作方式，就需要加一个单刀三掷选择开关 K1 控制气动夹具自动运行（连续、单周期、单步）。在图 3-14 中，程序只能运行，不能停止，因此，还需要增加一个停止按钮 SB2，如图 3-15（a）所示。

如图 3-15（b）所示，在顺序功能图的最后一步加一个选择分支，如果选择开关 K1 置于连续位置，那么只要满足 I0.2 • I0.4=1，就转移到 S0.1 步，即选择连续运行方式工作；如果选择开关 K1 置于单周期位置，那么只要满足 I0.2 • I0.3=1，就转移到 S0.0 步，即选择单周期工作方式；选择分支转换成梯形图的方法请参照任务 3.2。如果选择单步工作方式，则需要在图 3-14 所示的自动程序前面加上一段程序，如图 3-15（c）所示，并且需要在图 3-14 所示的自动程序中的每一个转移指令 SCRT 中串联转移允许标志存储器 M0.0，如图 3-15（c）中的程序段 4 所示。在程序段 1 中，当气动夹具工作在单步工作方式时，I0.5 的常闭触点断开。当按下启动按钮 I0.1 时，转换允许标志存储器 M0.0=1（只得电一个扫描周期），串联在程序段 4 中的 M0.0 的常开触点闭合，允许顺序功能图由 S0.0 步转移到 S0.1 步，如果需要继续运行 S0.2 步，就必须再次按下启动按钮 I0.1，才能实现由 S0.2 步转移到 S0.3 步。其他步的转移也需要每次按下启动按钮 I0.1 才可以实现单步运行。在程序段 1 中，如果气动夹具运

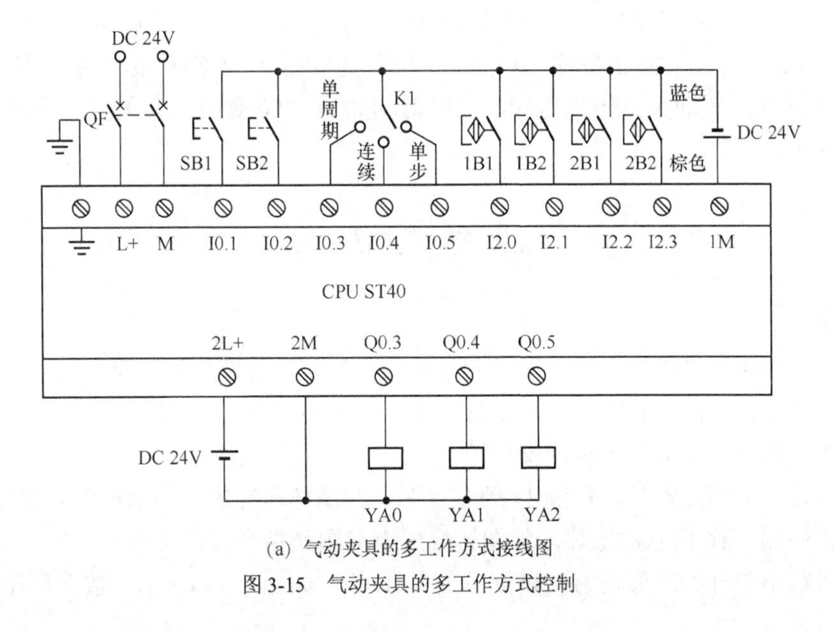

(a) 气动夹具的多工作方式接线图

图 3-15 气动夹具的多工作方式控制

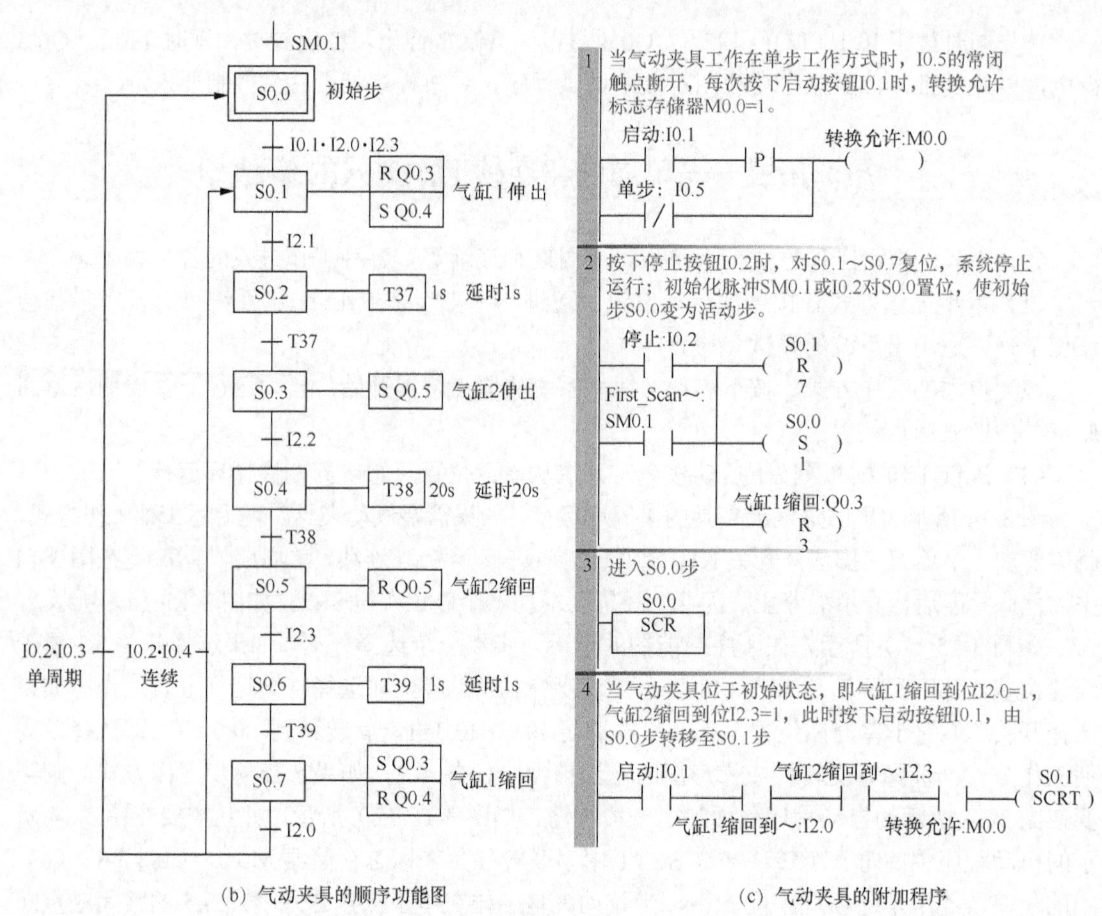

(b) 气动夹具的顺序功能图　　　　(c) 气动夹具的附加程序

图 3-15　气动夹具的多工作方式控制（续）

行在单周期或连续工作方式，则 I0.5=0，其常闭触点闭合，M0.0=1（处于一直得电状态），其串联在每一个转移指令 SCRT 中的常开触点都会一直闭合，此时程序按照气动夹具的工艺要求自动运行。

在图 3-14 所示的程序中，系统是不能停止的。在图 3-15（c）所示的程序段 2 中加上停止按钮 I0.2。当按下停止按钮 I0.2 时，利用复位指令 R 对除初始步之外的所有状态 S0.1～S0.7 复位，气动夹具停止运行，同时对初始步 S0.0 置位（目的是让下一个周期初始步为活动步）。

思考与练习

分析题

（1）什么叫顺序功能图，它由哪几部分组成？顺序功能图分为几类？

（2）S7-200 SMART 系列 PLC 的顺序控制指令有哪几条，如何使用？

（3）如何将顺序功能图转换成梯形图？

（4）试设计 4 盏流水灯，每隔 1s 顺序点亮，并循环运行的顺序功能图和梯形图。

（5）将如图 3-16 所示的顺序功能图转换成梯形图和指令表。

（6）送料小车开始时停在右侧限位开关 I0.1 处，如图 3-17 所示。按下启动按钮 I0.3，

Q0.2 为 ON 时，打开料斗的闸门，开始装料，同时定时器 T37 定时，8s 后关闭料斗的闸门，Q0.2 变为 OFF，Q0.1 变为 ON，开始左行。碰到限位开关 I0.2 后停下来卸料，Q0.1 变为 OFF，Q0.3 变为 ON，同时定时器 T38 开始定时。10s 后，Q0.3 变为 OFF，Q0.0 变为 ON，开始右行，碰到限位开关 I0.1 后返回原点位置，此时 Q0.0 变为 OFF，小车停止运行。请画出运料小车的 I/O 接线图和顺序功能图，并编写程序。

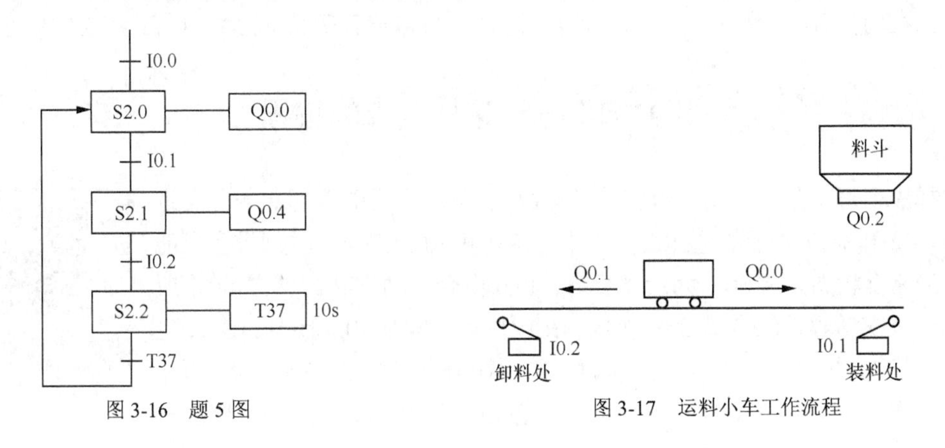

图 3-16　题 5 图

图 3-17　运料小车工作流程

| 任务 3.2　自动门控制系统设计 |

任 务 导 入

许多公共场所都采用自动门，如图 3-18 所示。人靠近自动门时，微波感应器 SB 为 ON，驱动门电动机开门；当人通过后，再将门关上。其控制要求如下。

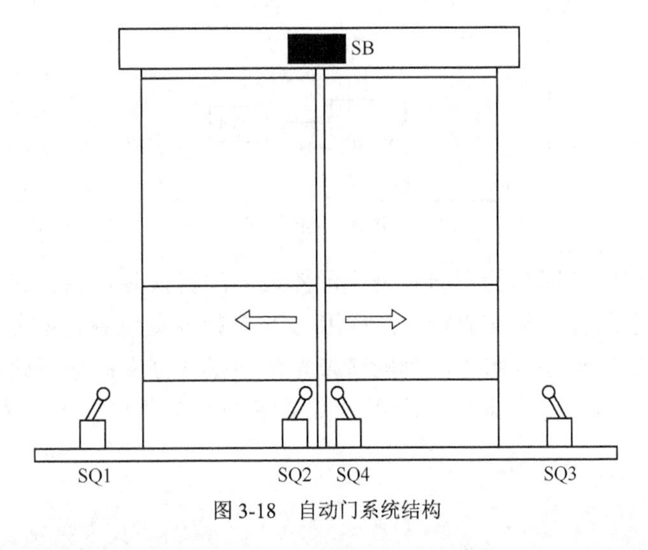

图 3-18　自动门系统结构

（1）当有人通过微波感应器 SB 时，门电动机正转开门，到达开门限位开关 SQ1、SQ3

时，电动机停止运行。

（2）自动门在开门位置停留 8s 后，自动进入关门过程，门电动机反转，当门移动到关门限位开关 SQ2、SQ4 时，电动机停止运行。

（3）在关门过程中，如果微波感应器探测到有人通过，应立即停止关门，并自动进入开门程序。

（4）在门打开 8s 等待时间内，若有人通过，必须重新等待 8s 后，再自动进入关门过程。

相关知识——选择分支的编程

选择序列每个分支的动作由转移条件决定，但每次只能选择一条分支进行转移。在图 3-19 所示的选择性分支中，I0.0 和 I0.3 在同一时刻最多只能有一个为闭合状态。当 S0.0 为活动步时，I0.0 闭合，动作状态就向 S0.1 所在的第 1 分支转移，S0.0 就变为静步。在此以后，即使 I0.3 闭合，S0.3 也不会变为活动步；当 S0.0 为活动步时，I0.3 闭合，动作状态向 S0.3 所在的第 2 分支转移，S0.0 变为静步。合并状态 S0.5 可由 S0.2 或 S0.4 任意一个驱动。

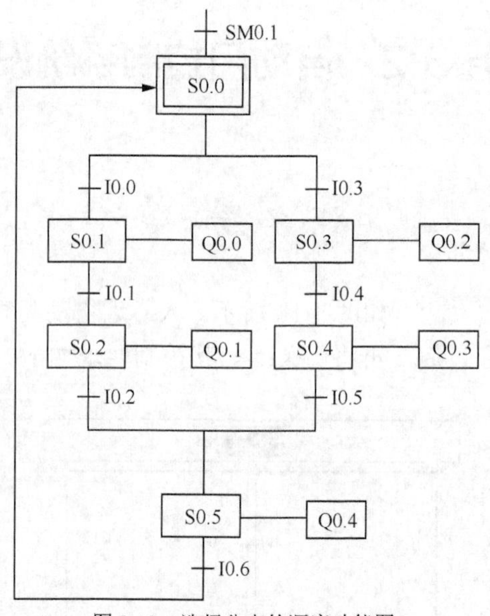

图 3-19　选择分支的顺序功能图

在进行选择分支的顺序功能图与步进梯形图之间的转换时，应首先处理分支状态的元件。处理方法为：按照各个分支的转移条件用 SCRT 指令置位各转移分支的首转移状态 S 元件；接着每个分支依顺序按照单序列的转换方法转换各分支；最后处理合并状态。合并状态的处理方法为：每一分支最后一步用 SCRT 指令对合并点的 S 进行置位，如图 3-20 所示。

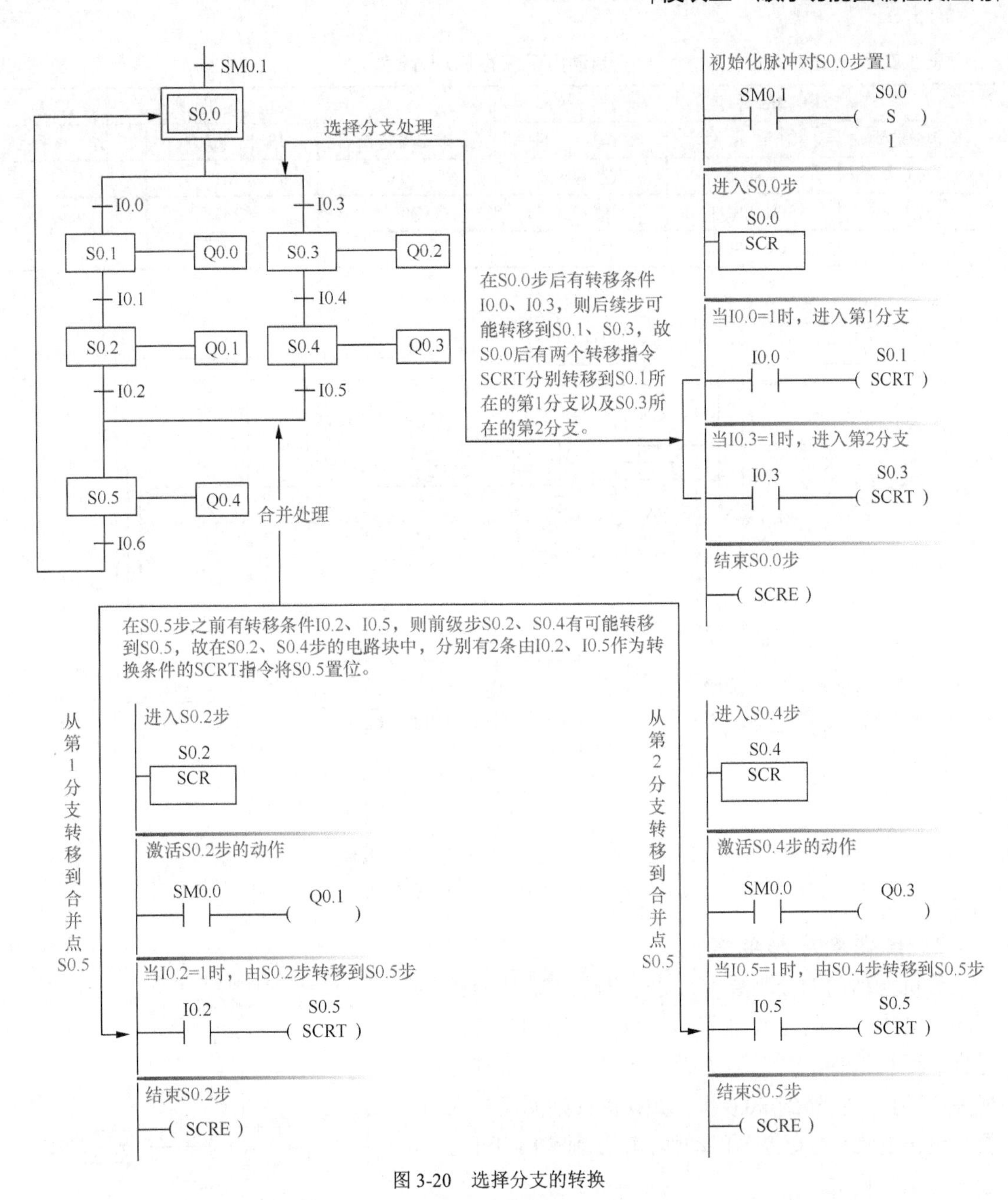

图 3-20　选择分支的转换

任务实施

1．硬件电路

根据系统的控制要求，分析该系统的输入与输出，见表 3-3。

自动门系统的 I/O 电路如图 3-21 所示。为了保证两扇门全部开到位或者关到位，将 SQ1 和 SQ3 以及 SQ2 和 SQ4 串联接入 PLC 的输入端。

表 3-3　　　　自动门系统的 I/O 分配表

输　入			输　出		
输入继电器	输 入 元 件	作　用	输出继电器	输 出 元 件	作　用
I0.0	SB	微波感应器	Q0.0	KM1	开门
I0.1	SQ1、SQ3	开门到位	Q0.1	KM2	关门
I0.2	SQ2、SQ4	关门到位			

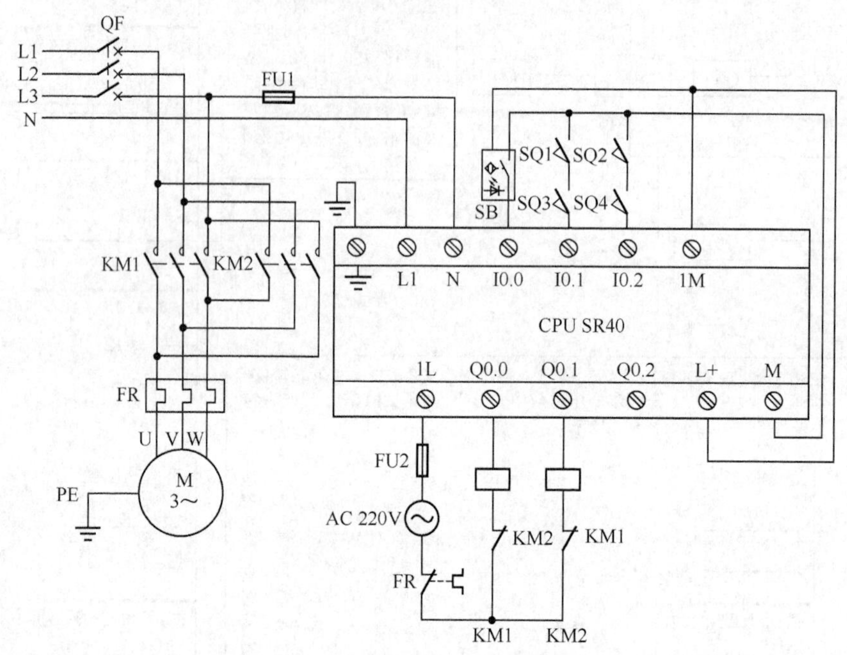

图 3-21　自动门系统的 I/O 电路

2．绘制顺序功能图

分析自动门的控制要求，可得出图 3-22 所示的顺序功能图。从图 3-22 中可以看到：自动门在关门时会有两种选择，关门期间无人要求进出时继续完成关门动作，转移到 S0.0 步；如果关门期间又有人要求进出的话，则暂停关门动作，转移到 S0.1 开门，让人进出后再关门。

3．将顺序功能图转换成梯形图

将图 3-22 所示的顺序功能图转换成图 3-23 所示的梯形图。

4．调试运行

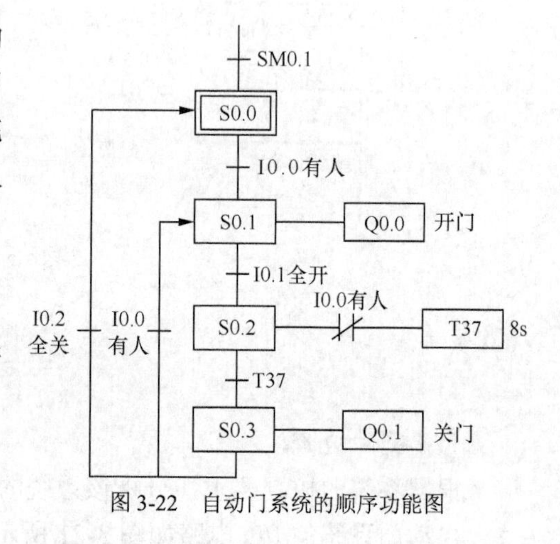

图 3-22　自动门系统的顺序功能图

（1）按照图 3-21 的接线图接线。

（2）将图 3-23 所示的程序下载至 PLC。

（3）将 PLC 置于 RUN 状态，开始运行程序。

（4）将 I0.0 按下，Q0.0 得电，开始开门。按下 I0.3（开门到位），停 8s，Q0.1 得电，开始关门，按下 I0.2（关门到位），返回到 S0.0 步。在关门过程中，如果按下 I0.0（有人通过），则返回到 S0.1 步继续开门。

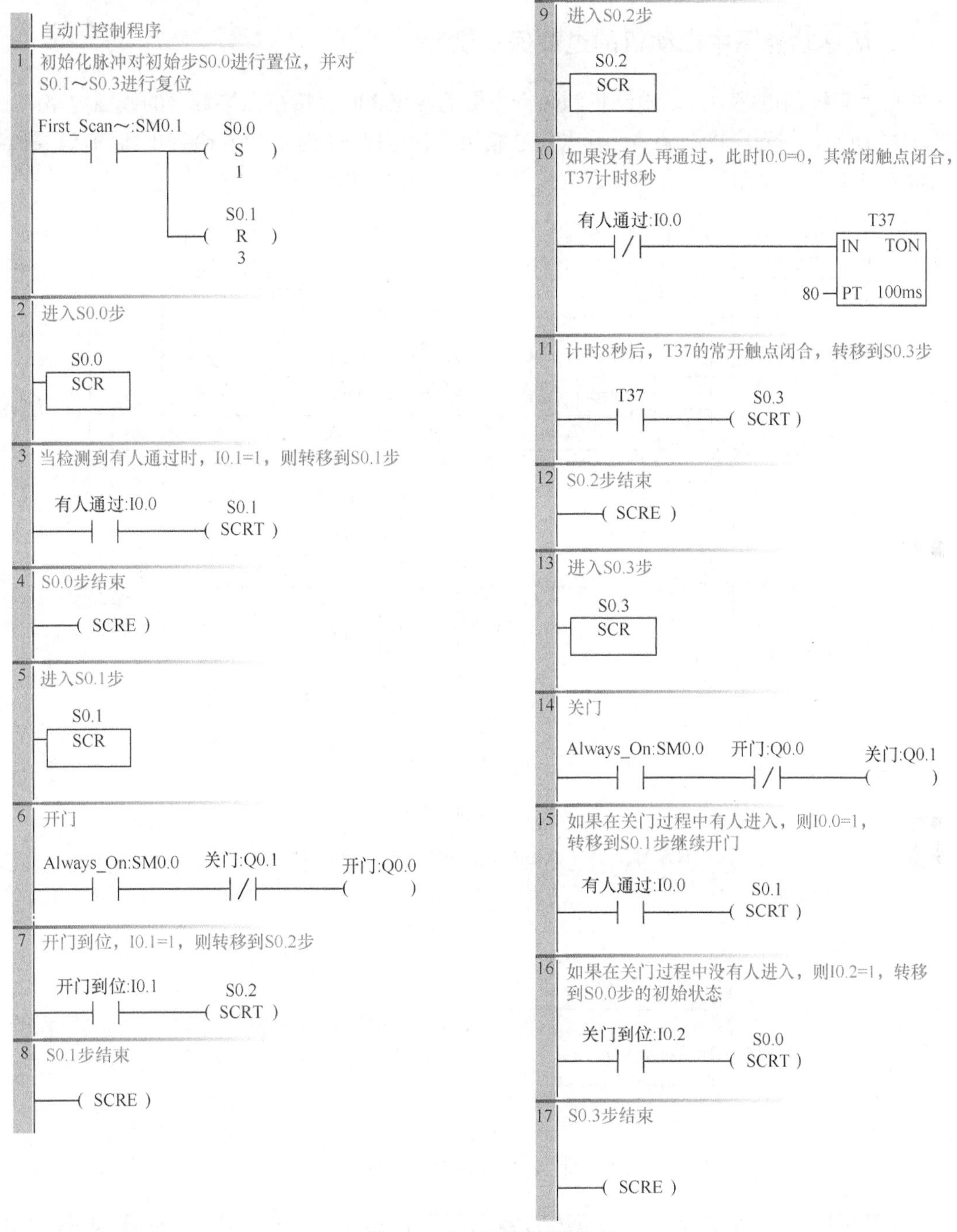

图 3-23 自动门系统的梯形图

在调试程序时，启动编程软件上的“程序状态”将程序置于监控功能，注意观察每一步的 S 的状态和输出的状态，可以帮助解决调试中出现的问题。

知 识 拓 展

一、顺序功能图中电动机的过载保护设计

在自动门控制电路中，门电动机的热继电器的触点 FR 直接接在接触器的线圈电路中，如图 3-21 所示，与程序控制无关。若需要过载保护参与程序控制，可将热继电器的常闭触点接入输入继电器 I0.4 端口，紧急停止按钮接入 I0.3 端口，如图 3-24（a）所示。

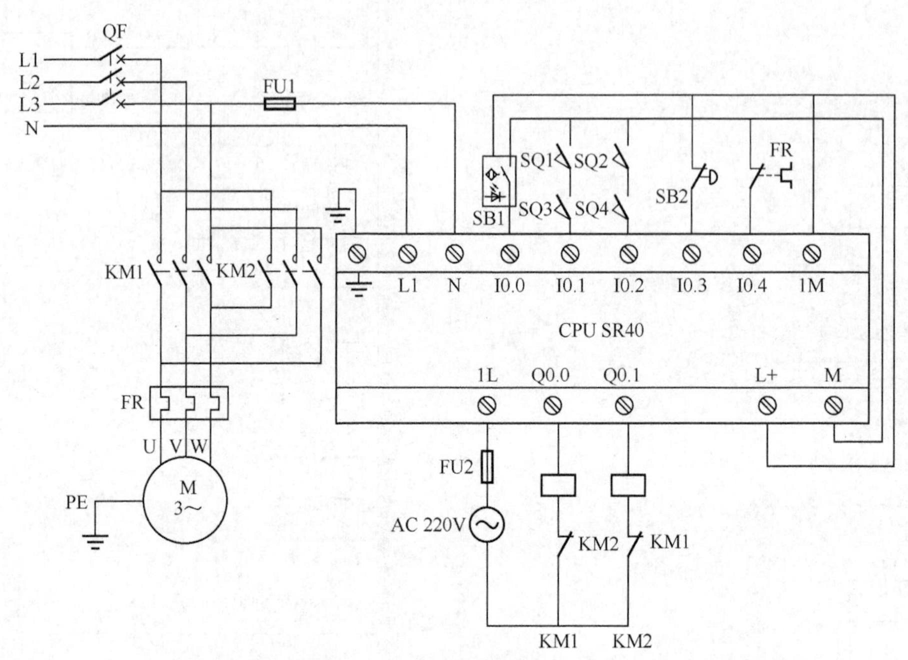

（a）电动机过载保护的接法

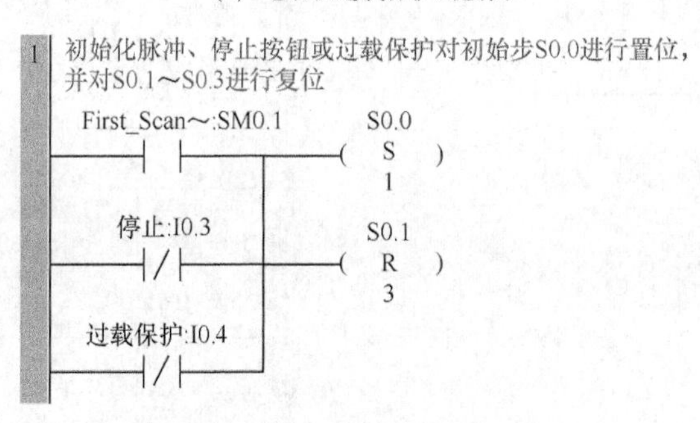

（b）过载保护程序

图 3-24　电动机的过载保护设计

利用复位指令 R 修改图 3-23 所示的程序段 1，如图 3-24（b）所示，将过载保护 I0.4、停止按钮 I0.3 与初始化脉冲触点 SM0.1 并联，发生过载时，I0.4 失电，其常闭触点恢复闭合，执行复位指令 R，顺序控制继电器 S0.1～S0.3 全部复位，程序被终止。故障排除后，程序重新运行。

二、顺序功能图中的停止设计

顺序控制过程是一个状态接着一个状态依次进行的过程，在不同情况下，停止的方式可

能不一样，根据具体的工艺要求，停止按钮的设置也可能不止一个，且含义和作用也不一样。下面介绍在顺序功能图中实现不同停止的方法。

1. 用复位指令R实现紧急停止控制

如图3-24（b）所示，按下紧急停止按钮I0.3，执行复位指令R，不管程序执行到哪步，都立即对系统运行过程进行急停控制，同时I0.3将初始步S0.0置位。若不同时将S0.0置位，则程序不处在待机状态，就不能按启动按钮重新启动。

注　意

程序中若有置位的元件，停止时要同时将其复位。

2. 按下停止按钮后，完成一周期的工作后才能停止

在连续工作方式的运行过程中，按下停止按钮I0.1，不管系统正在哪个状态工作，都需要完成本周期全部工作任务并回到原点后，才允许停止运行。因此，需要用S指令将停止信号I0.1保持住。如图3-25所示，不管系统正在哪个状态工作时按下停止按钮，都将继续执行顺序流程中余下的任务，直到执行到最后一步S0.2时，由于此时M0.0为1，系统就转移到S0.0停止运行，在S0.0步，用R指令复位停止保持信号M0.0。如果在执行最后一步S0.2时，没有检测到停止保持信号M0.0，就转移到S0.1步继续下一个周期的运行。

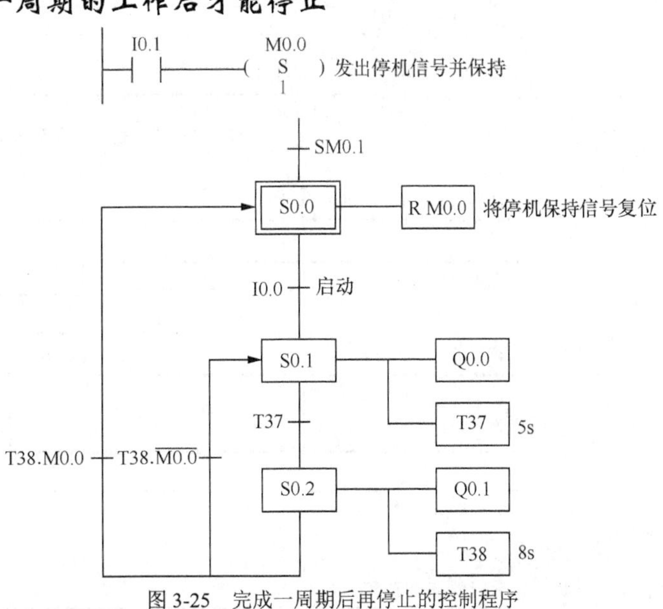

图3-25　完成一周期后再停止的控制程序

思考与练习

1. 选择分支的顺序功能图在分支和合并上有什么特点，如何编程？
2. 用选择分支设计电动机正反转的控制程序。
3. 将图3-15（a）所示的顺序功能图转换成梯形图。

任务3.3　按钮式人行横道交通灯控制系统设计

任务导入

图3-26所示为按钮式人行横道红、绿灯交通管理器。正常情况下，汽车通行，即Q0.3

绿灯亮，Q0.5 红灯亮；当行人需要过马路时，按下按钮 I0.0（或 I0.1），30s 后主干道交通灯的变化为绿灯→黄灯→红灯（其中黄灯亮 10s）；当主干道红灯亮时，人行道从红灯转成绿灯亮，15s 后人行道绿灯开始闪烁，闪烁 5 次后转入主干道绿灯亮，人行道红灯亮。各方向三色灯的工作时序图如图 3-27 所示。

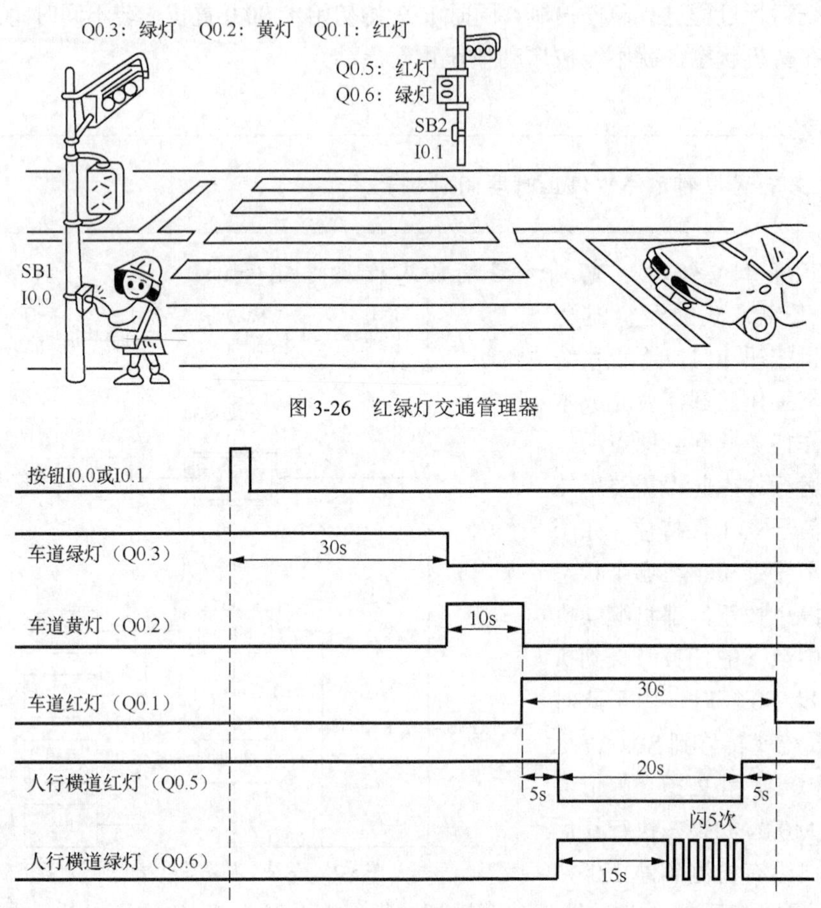

图 3-26　红绿灯交通管理器

图 3-27　交通灯控制时序

从交通灯的控制要求可知：人行横道灯和车道灯是同时工作的，因此，它是一个并行分支与汇合序列，可以采用并行分支编写交通灯控制程序。

相关知识——并行分支的编程

图 3-28 所示为并行分支的顺序功能图，并行分支是指同时处理的程序流程。在图 3-28 中，S0.0 为活动步时，只要 I0.0 一闭合，S0.1、S0.3 就同时被激活，即其状态均变为 ON，各分支流程也开始运行。待各流程的动

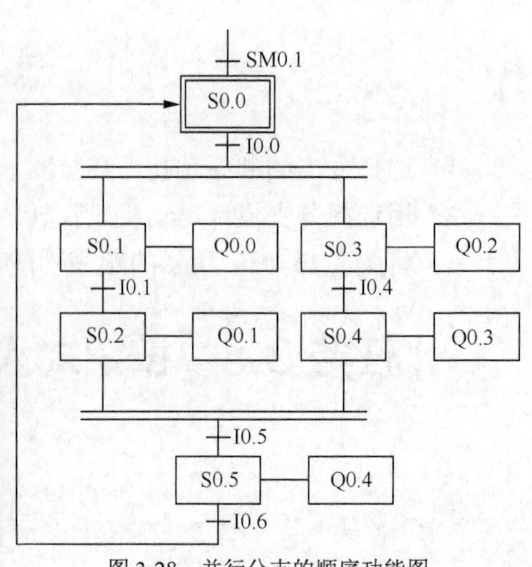

图 3-28　并行分支的顺序功能图

作全部结束，即 S0.2、S0.4 的状态同时为“1”，且 I0.5 闭合时，合并到状态 S0.5 动作，而 S0.2、S0.4 全部变为“0”状态，这种合并又被称为排队汇合。

在进行并行分支顺序功能图与梯形图的转换时，进入并行分支处后，首先用公共转移条件以及 SCRT 指令同时对各分支的首状态继电器 S 进行置位，再依顺序进行各分支的编程，注意在每个分支的最后一步都暂不编写该步的转移，最后在分支合并处将各分支最后一个顺序控制继电器 S 的触点串联，并串入其对应的转移条件，对合并点的 S 进行置位，同时复位每个分支的最后一步。其梯形图如图 3-29 所示。

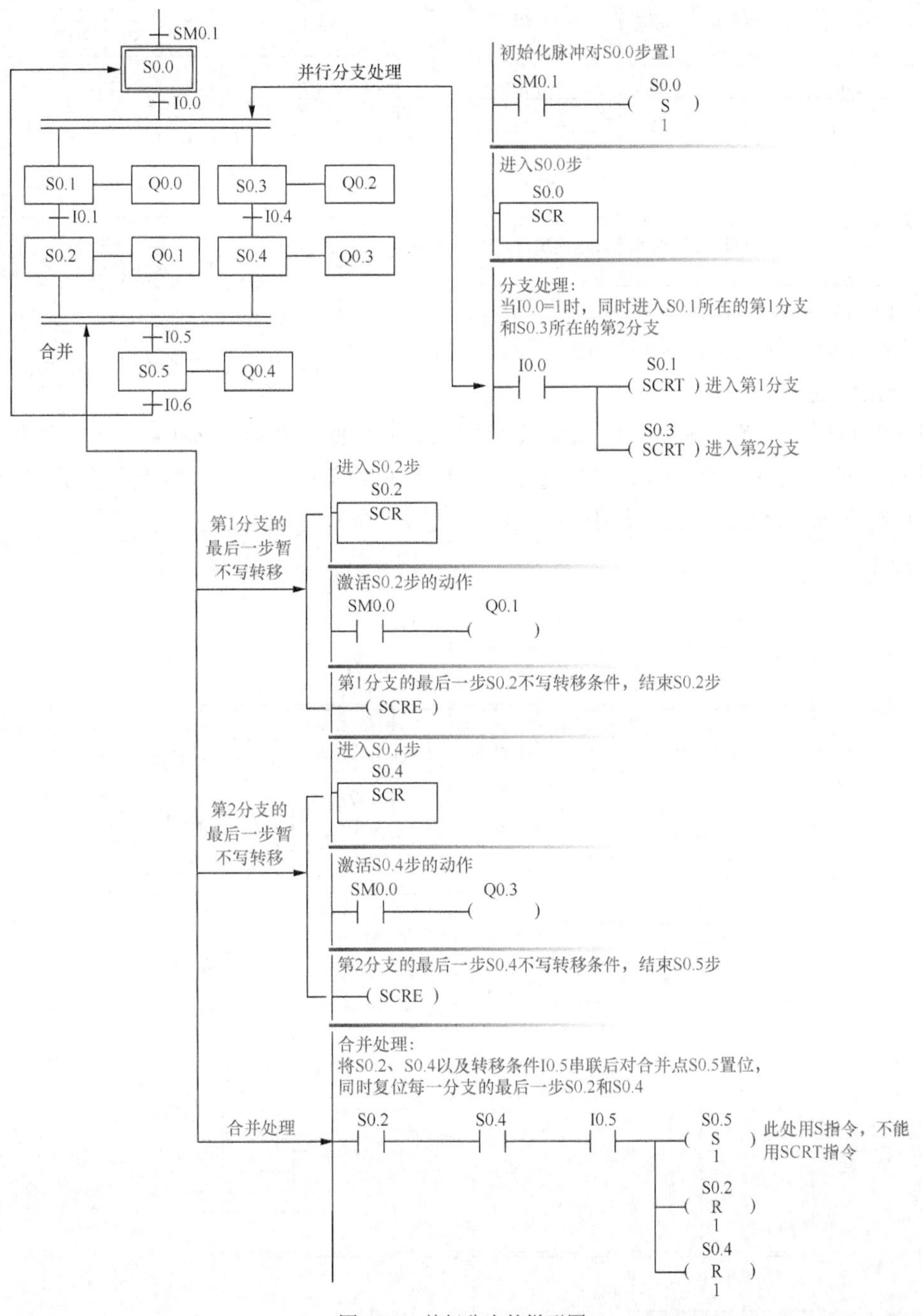

图 3-29　并行分支的梯形图

任务实施

1. 硬件电路

（1）I/O 端口分配及功能。根据控制要求，交通灯的 I/O 端口分配及功能见表 3-4。

表 3-4　交通灯的 I/O 端口分配及功能

输入		输出		
输入继电器	作用	输出继电器	输出元件	作用
I0.0	过马路按钮 1	Q0.1	HL1	车道红灯指示
I0.1	过马路按钮 2	Q0.2	HL2	车道黄灯指示
I0.2	停止	Q0.3	HL3	车道绿灯指示
		Q0.5	HL4	人行横道红灯指示
		Q0.6	HL5	人行横道绿灯指示

（2）I/O 接线图。根据表 3-4，采用 CPU ST40 PLC 作为控制器，其 I/O 电路如图 3-30 所示。

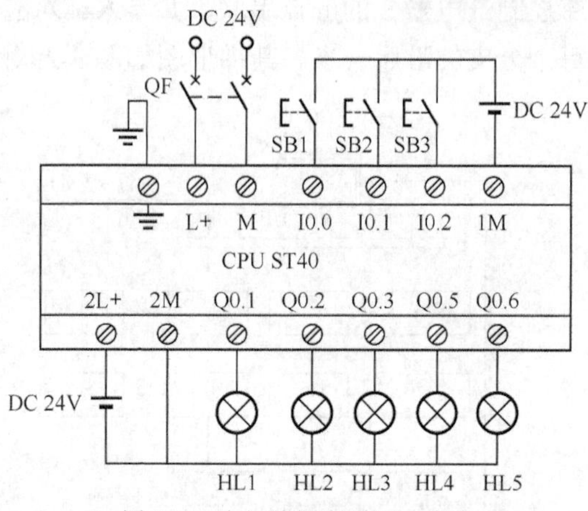

图 3-30　人行道交通灯的 I/O 电路

2. 程序设计

根据控制要求，当未按下按钮 SB1 或 SB2 时，人行横道红灯和车道绿灯亮；当按下按钮 SB1 或 SB2 时，人行横道指示灯和车道指示灯同时开始运行，是具有两个分支的并行流程。其顺序功能图如图 3-31 所示。使用顺序控制继电器指令来完成顺序功能图的转换，其梯形图如图 3-32 所示。

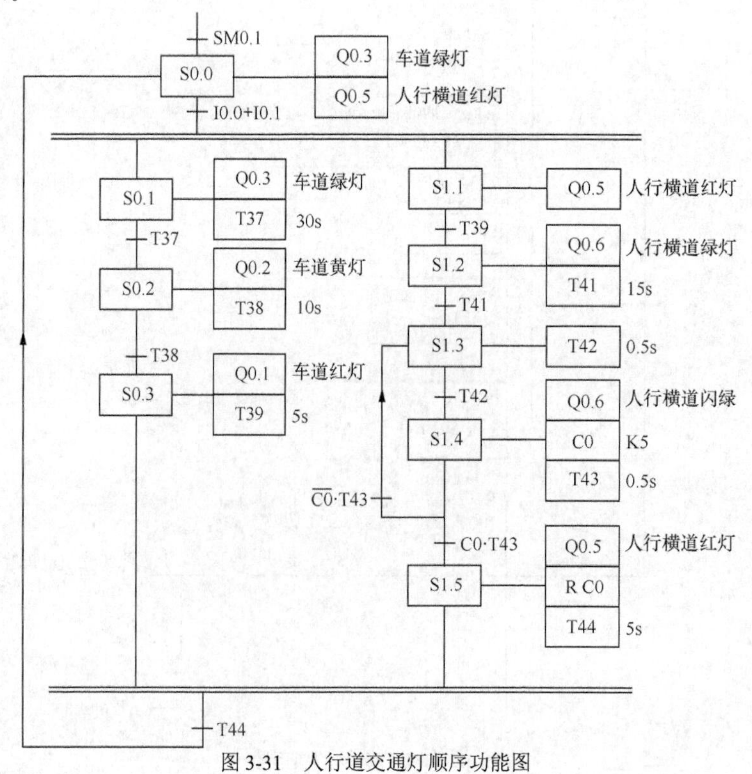

图 3-31　人行道交通灯顺序功能图

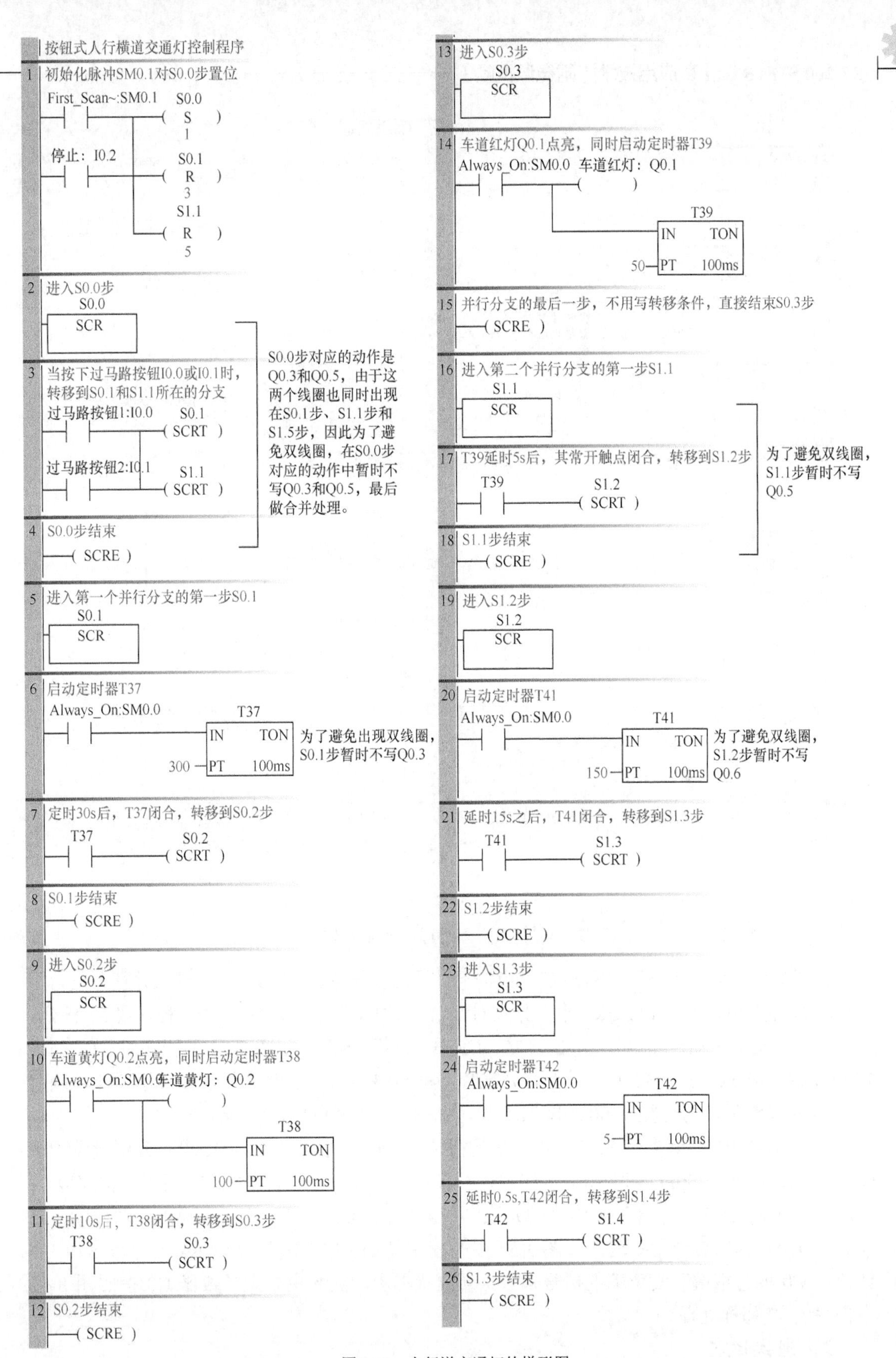

图 3-32 人行道交通灯的梯形图

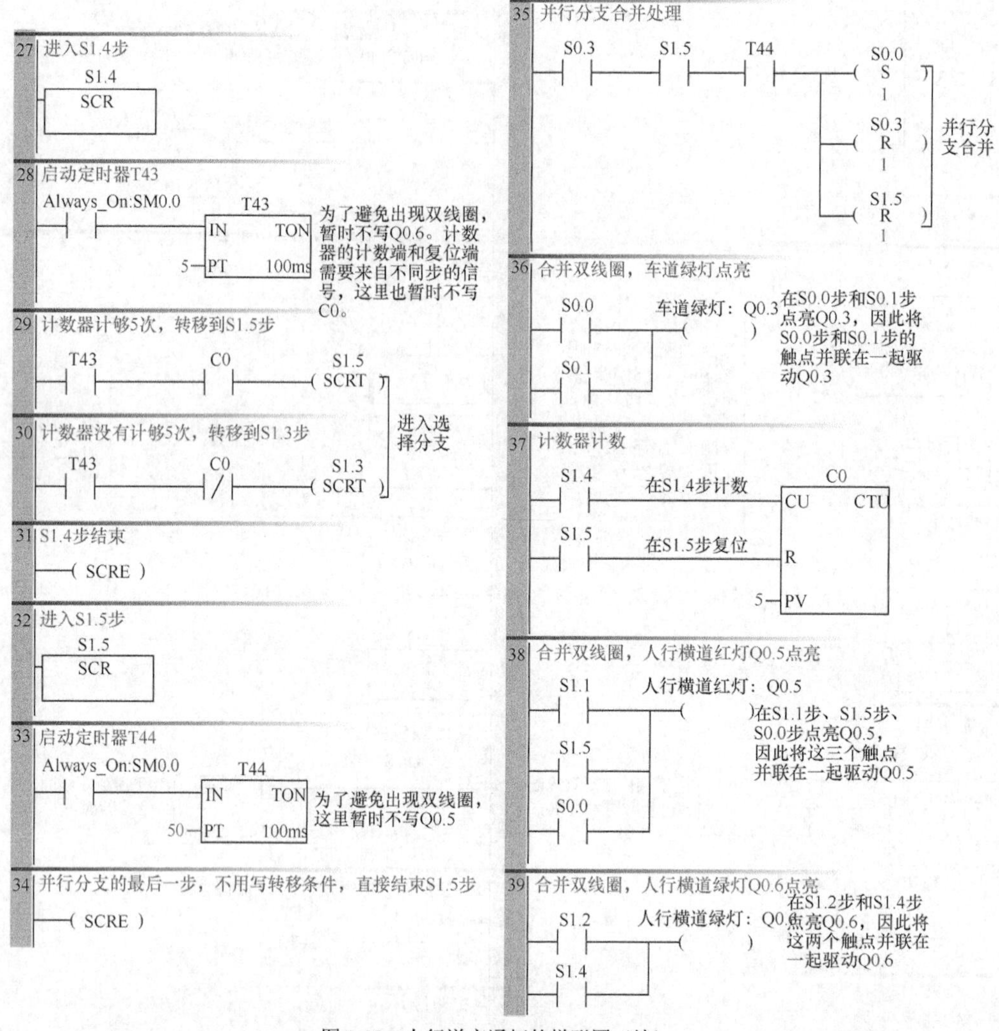

图 3-32　人行道交通灯的梯形图（续）

人行横道交通灯是一个并行分支，当按下过马路按钮 I0.0 或 I0.1 时，进入并行分支，用公共转移条件 I0.0+I0.1 和 SCRT 指令分别对 S0.1 和 S1.1 置位，如图 3-32 的程序段 3；注意，两个并行分支的最后一步 S0.3 和 S1.5 的 SCR 段都不写转移，如图 3-32 的程序段 13、14、15 以及程序段 32、33、34 所示，合并分支时，将 S0.3、S1.5 的触点与转移条件 T44 串联起来对 S0.0 步置位，同时复位 S0.3 和 S1.5 步，如图 3-32 的程序段 35 所示。

在图 3-31 中，Q0.3 在 S0.0、S0.1 步均得电，不能在这两步的 SCR 段内分别设置一个 Q0.3 线圈，因此在 S0.0 步和 S0.1 步都暂时不写 Q0.3 线圈，最后在图 3-32 所示的程序段 36 中用由 S0.0 和 S0.1 的常开触点组成的并联电路来驱动 Q0.3 线圈。为了避免出现双线圈，对 Q0.5 和 Q0.6 也做这样的处理，如图 3-32 中的程序段 38 和程序段 39 所示。程序段 37 中的计数器 C0 的计数端和复位端的信号来自不同的状态步，因此也要把计数器 C0 按照图 3-32 中程序段 37 那样处理。

3．调试运行

（1）按图 3-30 将 PLC 与对应输入输出设备连接起来。

（2）将如图 3-32 所示的梯形图程序下载到 PLC 中，并将 PLC 置于 RUN 状态。

（3）当 PLC 运行时，可以使用编程软件中的“程序状态”功能监控整个程序的运行过程，以方便调试程序。在监控画面中可以观察到定时器的定时值会随着程序的运行而动态变化，得电闭合的触点和线圈会变蓝。借助于编程软件的监控功能，可以检查哪些线圈和触点该得电时没有得电，从而为进一步修改程序提供帮助。

知识拓展——跳步、重复和循环序列编程

1．部分重复的编程方法

在一些情况下，需要返回某个状态重复执行一段程序，可以采用部分重复的编程方法，如图 3-33 所示。

2．同一分支内跳转的编程方法

在一条分支的执行过程中，由于某种原因需要跳过几个状态，执行下面的程序。此时，可以采用同一分支内跳转的编程方法，如图 3-34 所示。

3．跳转到另一条分支的编程方法

在某种情况下，要求程序从一条分支的某个状态跳转到另一条分支的某个状态继续执行。此时，可以采用跳转到另一条分支的编程方法，如图 3-35 所示。

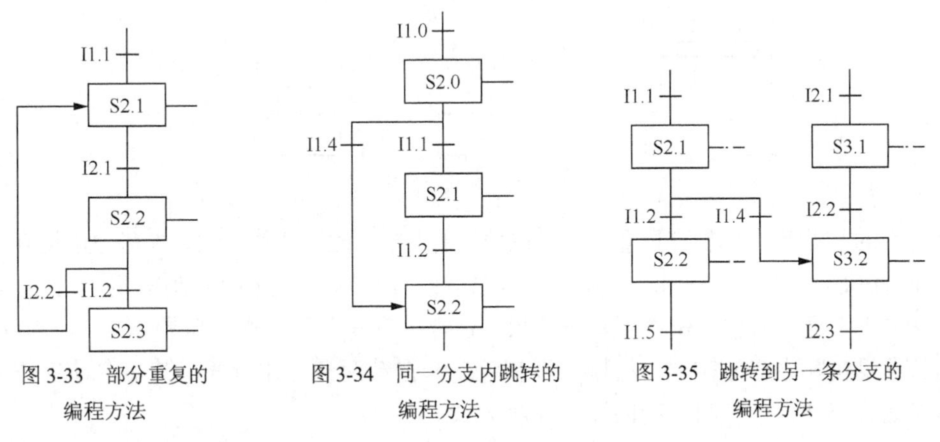

图 3-33　部分重复的编程方法

图 3-34　同一分支内跳转的编程方法

图 3-35　跳转到另一条分支的编程方法

思考与练习

分析题

（1）有一个并行分支的顺序功能图如图 3-36 所示。请对其进行编程。

（2）用顺序功能图编写模块二任务 2.4 中单车道交通灯控制程序。

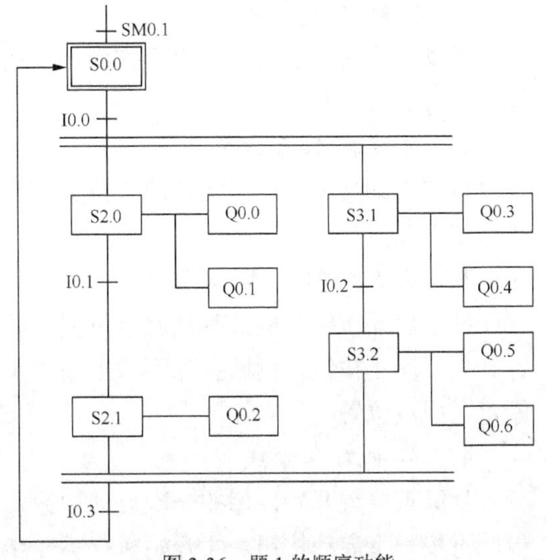

图 3-36　题 1 的顺序功能

任务 3.4　气动机械手控制系统设计

任务导入

图 3-37 所示是一台将工件从左工作台搬运到右工作台的气动机械手，运动形式为垂直和水平两个方向，垂直气缸和水平气缸控制机械手分别在水平方向做左右移动，在垂直方向做上下移动。其左移/右移和上升/下降的执行机构采用双线圈电磁阀推动气缸来完成，其左右限位和上下限位采用磁性开关检测。夹紧/放松用单线圈电磁阀推动夹紧气缸完成，线圈得电时执行夹紧动作，线圈失电时执行放松动作，夹紧和放松检测采用磁性开关。

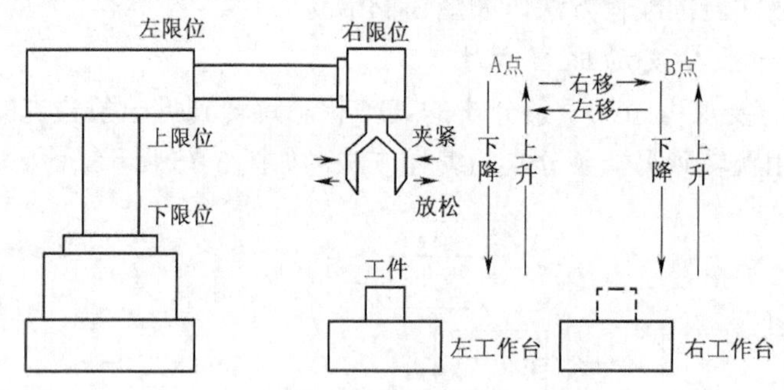

图 3-37　机械手结构

机械手的初始状态为原点位置，此时机械手的上限位磁性开关 1B1、左限位磁性开关 2B1 闭合，同时不夹紧工件。按下启动按钮后，从原点位置开始，机械手的动作顺序为：A 点下降→夹紧→A 点上升→右移→B 点下降→放松→B 点上升→左移→原点位置。

为了满足实际生产的需求，机械手设有手动和自动两种工作方式，其中自动工作方式又包括单周期、连续、单步和自动回原点 4 种方式。

1．手动工作方式

手动操作时，通过机械手操作面板上的 6 个手动按钮分别控制机械手的上升、下降、左行、右行、夹紧和放松。

2．单周期工作方式

按下启动按钮，机械手从原点位置开始，按照上述工作流程完成一个周期后，返回原点并停留在原点位置。

3．连续工作方式

按下启动按钮，机械手从原点位置开始，按照上述工作流程完成一个周期后继续循环运行。按下停止按钮，机械手并不马上停止工作，待完成最后一个周期工作后，系统才返回并停留在原点位置。

4．单步工作方式

从原点位置开始，每按一次启动按钮，系统就跳转一步，完成该步动作后自动停止在该步，再按一下启动按钮，才开始执行下一步动作。

5．自动回原点工作方式

机械手在急停时可能会停止在非原点位置，这时机械手无法进入自动工作方式，所以需要调整机械手的位置，当按下启动按钮时，机械手会按其回原点程序由其他位置回到原点位置。

相关知识

一、使用启保停电路的编程方法

使用启保停电路进行顺序功能图编程时，可以用标志存储器 M 来代表步。图 3-38 所示的步 M1.1、M1.2 和 M1.3 是顺序功能图中顺序相连的 3 步，I0.1 是步 M1.2 之前的转换条件。设计启保停电路的关键是找出它的启动条件和停止条件。根据转换实现的基本原则，转换实现的条件是它的前级步为活动步，并且满足相应的转换条件，因此步 M1.2 变为活动步的条件是它的前级步 M1.1 为活动步，且转换条件 I0.1=1。在启保停电路中，应将前级步 M1.1 和转换条件 I0.1 对应的常开触点串联，作为控制 M1.2 的启动电路。

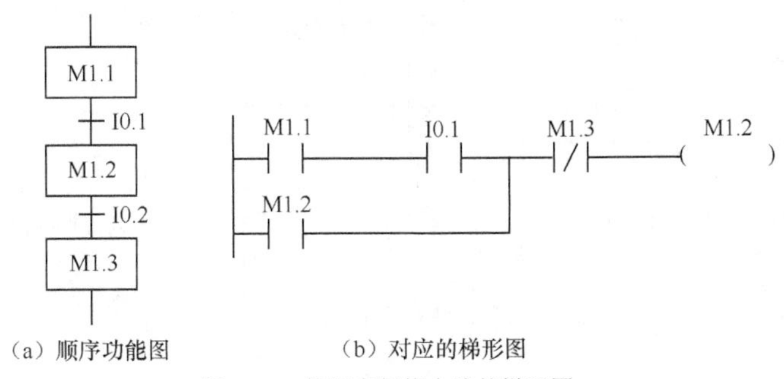

（a）顺序功能图　　（b）对应的梯形图

图 3-38　使用启保停电路的梯形图

当 M1.2 和 I0.2 均为 ON 时，步 M1.3 变为活动步，这时步 M1.2 应变为静步，因此可以将 M1.3=1 作为使标志存储器 M1.2 变为 OFF 的条件，即将后续步 M1.3 的常闭触点与 M1.2 的线圈串联，作为启保停电路的停止电路。

根据上述方法，将图 3-39 所示的单序列顺序功能图转换成的梯形图，如图 3-40 所示。

设计梯形图的输出电路部分时，应注意以下问题。

（1）如果某一输出量仅在某一步中为 ON，则可以将它们的线圈分别与对应步的标志存储器 M 的线圈并联，如图 3-40 中的定时器 T37 以及 Q0.1，也可以用标志存储器 M 的常开触点与输出量线圈串联。

（2）如果某一输出量在几步中都应为 ON，为了避免双线圈问题，应将代表各有关步的标志存储器的常开触点并联后，驱动该输出量的线圈，如图 3-40 中程序段 5 中的 Q0.0。

1．选择序列顺序功能图的编程方法

选择序列顺序功能图的编程方法是集中处理分支，然后处理每个分支内部的状态转移，最后集中处理合并。图 3-41（a）所示是选择序列的分支，在 M1.0 步之后有一个选择序列的分支，它的后续步 M1.1、M1.2 或 M1.3 变为活动步时，M1.0 应变为静步，因此需要将 M1.1、M1.2 和 M1.3 的常闭触点串联作为 M1.0 步停止的条件，如图 3-41（b）所示。

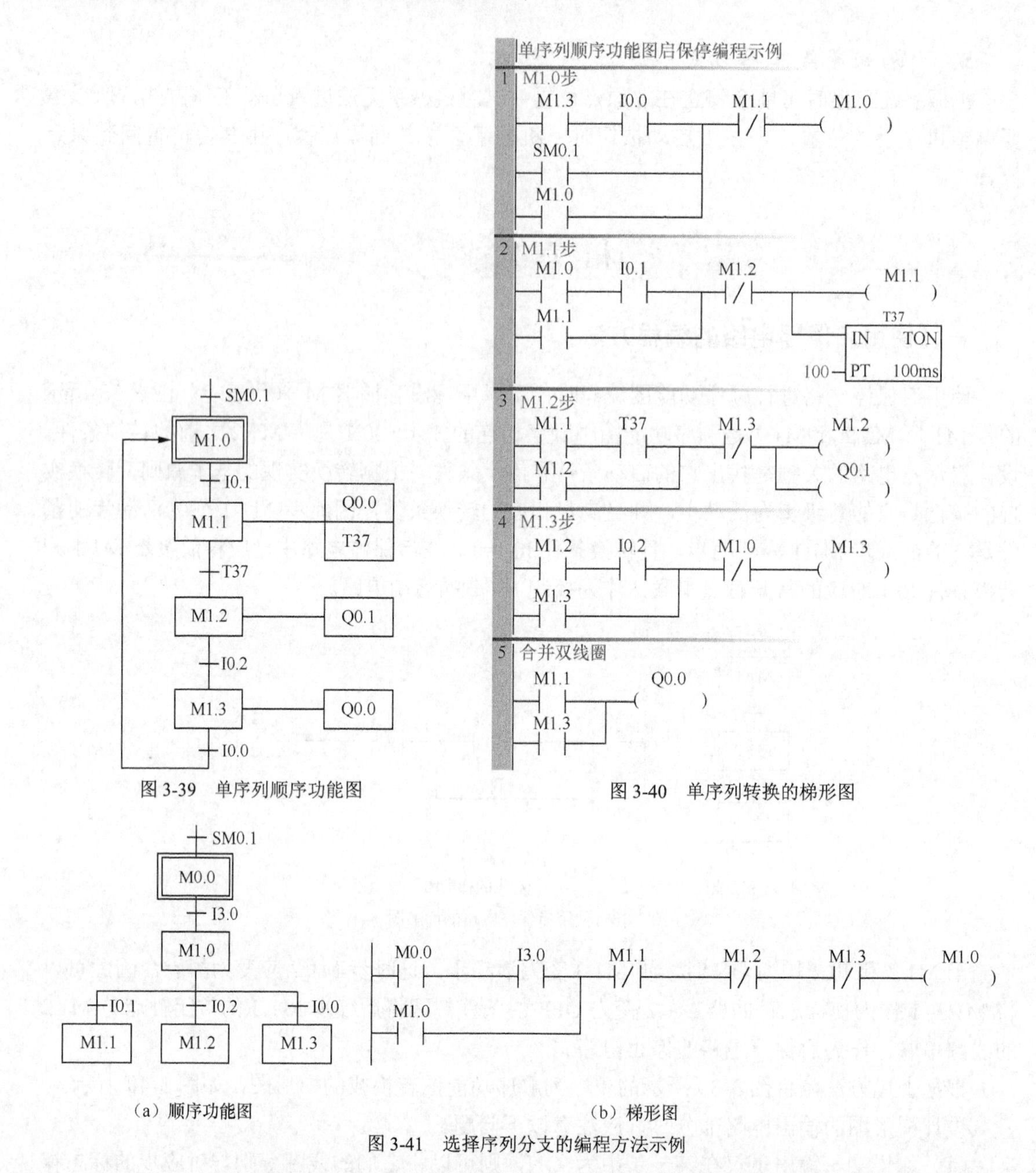

图 3-39　单序列顺序功能图

图 3-40　单序列转换的梯形图

（a）顺序功能图　　（b）梯形图

图 3-41　选择序列分支的编程方法示例

图 3-42（a）所示是选择序列的合并，在 M3.3 步之前有一个选择序列的合并，当其前级步 M3.0 为活动步，同时满足转移条件 I2.0，或 M3.1 为活动步同时满足转移条件 I2.1，或 M3.2 为活动步同时满足转移条件 I2.2 时，M3.3 步变为活动步，即 M3.3 的启动条件应为 M3.0·I2.0+M3.1·I2.1+M3.2·I2.2，对应的启动条件由 3 条并联支路组成，每条支路分别由 M3.0、I2.0 和 M3.1、I2.1 以及 M3.2、I2.2 的常开触点串联而成，如图 3-42（b）所示。

2．并行序列顺序功能图的编程方法

图 3-43（a）所示是并行序列的分支，在 M1.0 步之后有一个并行序列的分支，当 M1.0 为活动步，并满足转移条件 I0.1 时，它的后续步 M1.1 和 M1.2 同时变为活动步，因此需要将 M1.0 和 I0.1 的常开触点串联作为 M1.1 步和 M1.2 步的启动条件，如图 3-43（b）所示。

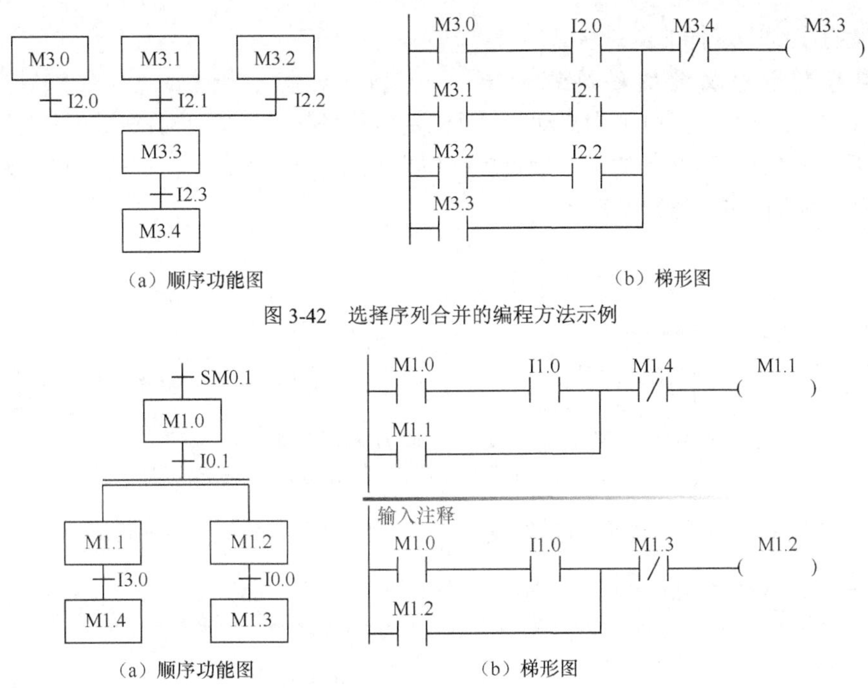

（a）顺序功能图　　（b）梯形图

图 3-42　选择序列合并的编程方法示例

（a）顺序功能图　　（b）梯形图

图 3-43　并行序列分支的编程方法示例

图 3-44（a）所示是并行序列的合并，在 M5.3 步之前有一个并行序列的合并，当其前级步 M5.0 和 M5.2 同时为活动步并满足转移条件 I0.5 时，M5.3 步变为活动步，即 M5.3 的启动条件应为 M5.0 • M5.2 • I0.5，对应的启动条件由这 3 个常开触点串联而成，如图 3-44（b）所示。

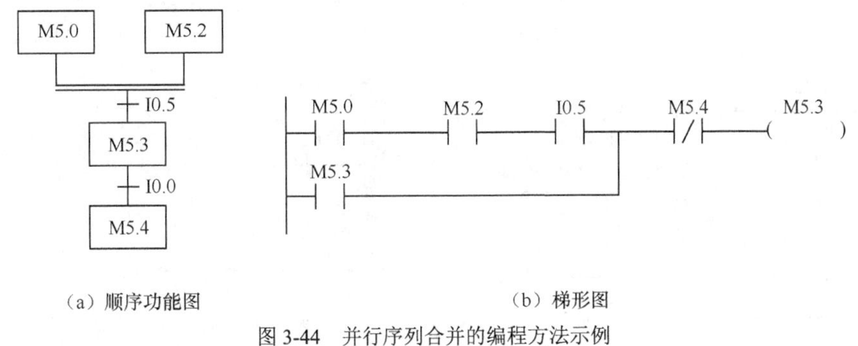

（a）顺序功能图　　（b）梯形图

图 3-44　并行序列合并的编程方法示例

二、使用置位复位指令的编程方法

置位复位指令编程方法，其中间编程元件仍为标志存储器 M，当前级步为活动步且满足转移条件的情况下，后续步被置位，同时前级步被复位。

需要说明的是，置位复位指令的编程方法也被称为以转换为中心的编程方法。在以转换为中心的编程方法中，用该转移所有前级步对应的标志存储器 M 的常开触点与转移对应的触点或电路串联，作为使所有后续步对应的标志存储器 M 置位（使用 S 指令）和使所有前级步对应的标志存储器复位（使用 R 指令）的条件。在任何情况下，代表步的标志存储器的控制电路都可以用这一原则来设计，每一个转换对应一个这样的控制置位和复位的电路块，有多少个转换就有多少个这样的电路块。

1．单序列顺序功能图的编程方法

在图 3-45（a）中，当 M1.1 为活动步，且满足转移条件 I0.1 时，M1.2 被置位，同时 M1.1 被复位，因此将 M1.1 和 I0.1 的常开触点串联作为 M1.2 的启动条件，同时它也作为 M1.1 步的停止条件，如图 3-45（b）所示。

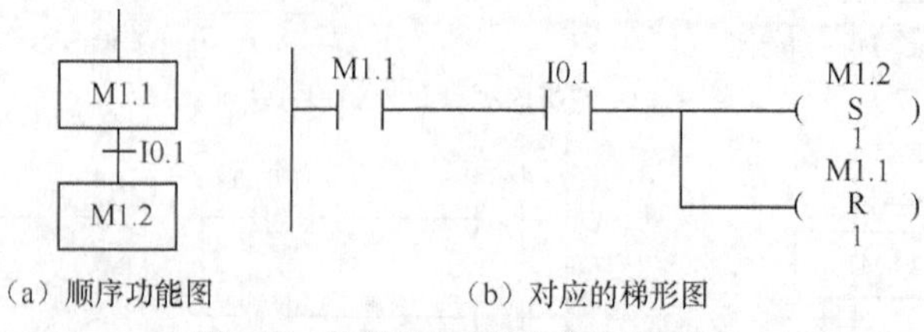

图 3-45　使用置位复位指令的控制步

将图 3-39 所示的顺序功能图用置位复位指令转换的梯形图如图 3-46 所示。

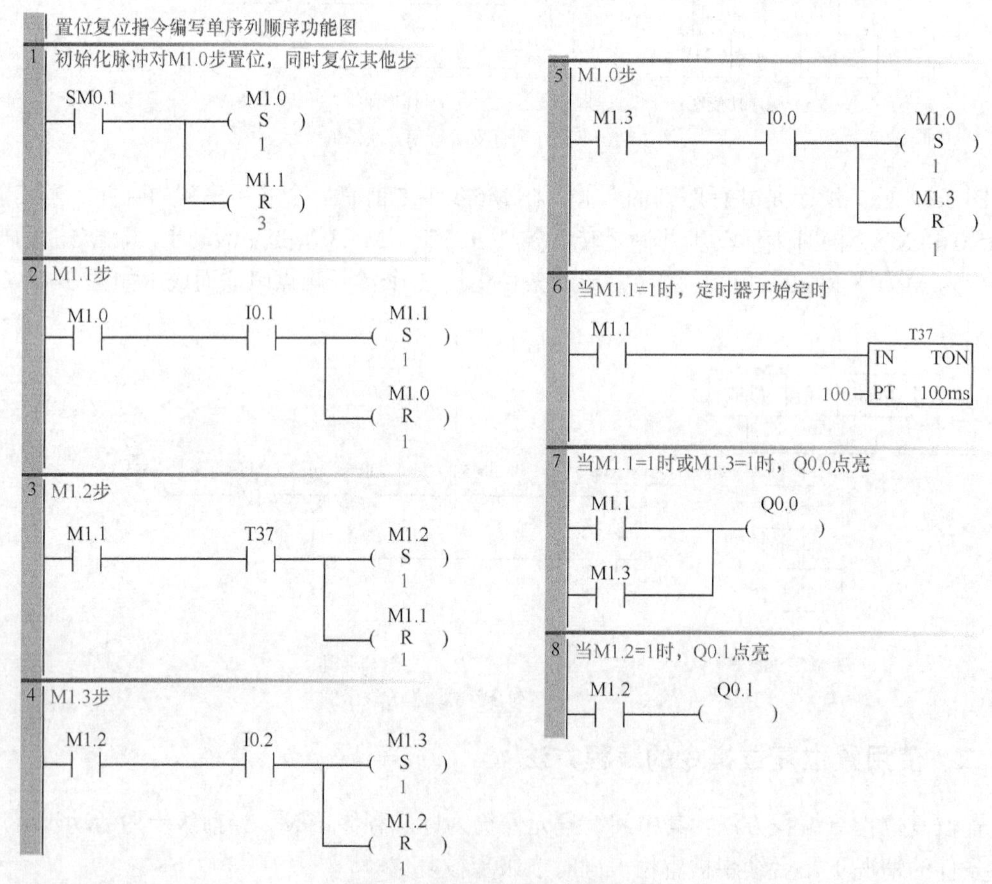

图 3-46　与图 3-39 对应的梯形图

需要说明的是，每一步对应的输出线圈 Q 或定时器不能与置位、复位指令直接并联，原因在于由 M 与转移条件的常开触点串联组成的电路通电时间很短，当转移条件满足后，前级步立即复位，而输出线圈 Q 至少应在某步为活动步的全部时间内接通。处理方法为：用所需步的常开触点驱动线圈 Q 或定时器，如图 3-46 中的程序段 6、7、8。

2．选择序列顺序功能图的编程方法

选择序列顺序功能图转化为梯形图的关键点在于分支处和合并处程序的处理，置位复位指令编程法的核心是转换，因此选择序列在处理分支和合并处编程上与单序列的处理方法一致，无需考虑多个前级步和后续步的问题，只考虑转换即可。

图 3-47（a）所示是选择序列的分支，该分支对应的梯形图如图 3-47（b）所示。

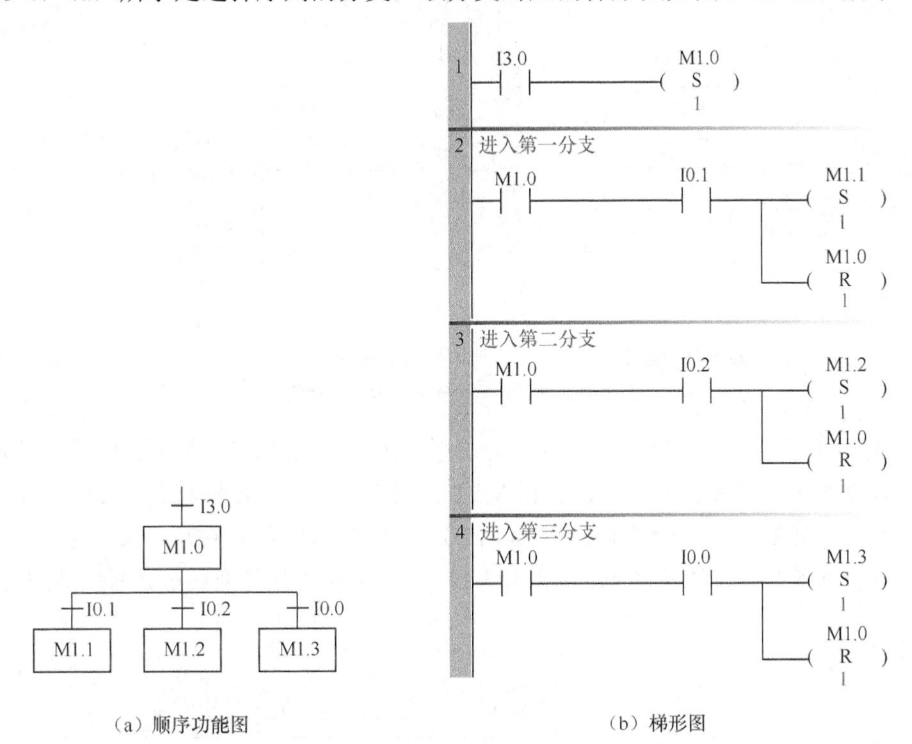

（a）顺序功能图　　（b）梯形图

图 3-47　选择序列分支的编程方法示例

图 3-48（a）所示是选择序列的合并，该合并对应的梯形图如图 3-48（b）所示。

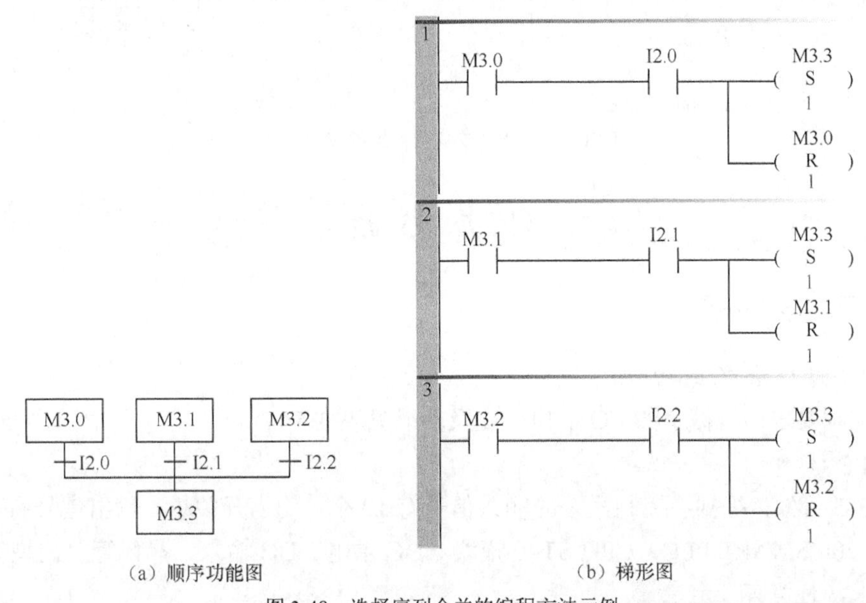

（a）顺序功能图　　（b）梯形图

图 3-48　选择序列合并的编程方法示例

3．并行序列顺序功能图的编程方法

图 3-49（a）所示的 M1.0 步的后面有两条分支，当 M1.0 为活动步并满足转移条件 I0.1 时，其后的 M1.1 步和 M1.2 步同时激活，故 M1.0 与转移条件 I0.1 的常开触点串联置位后续步 M1.1 和 M1.2，同时复位 M1.0 步。并行序列分支转换的梯形图如图 3-49（b）所示。

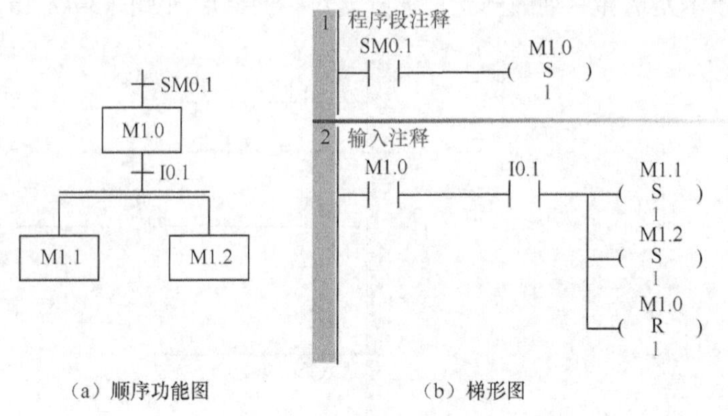

（a）顺序功能图　　（b）梯形图

图 3-49　并行序列分支的编程方法示例

图 3-50（a）所示是并行序列的合并，M5.3 步之前有两个分支，即有 2 条分支进入该步，则只有并行 2 个分支的最后一步 M5.0 和 M5.2 同时为 1，且满足转移条件 I0.5 时，方能完成合并。因此合并处的 2 个分支最后一步 M5.0 以及 M5.2 的常开触点与转移条件的常开触点串联，置位 M5.3 步同时复位 M5.0 和 M5.2。并行序列合并转换的梯形图如图 3-50（b）所示。

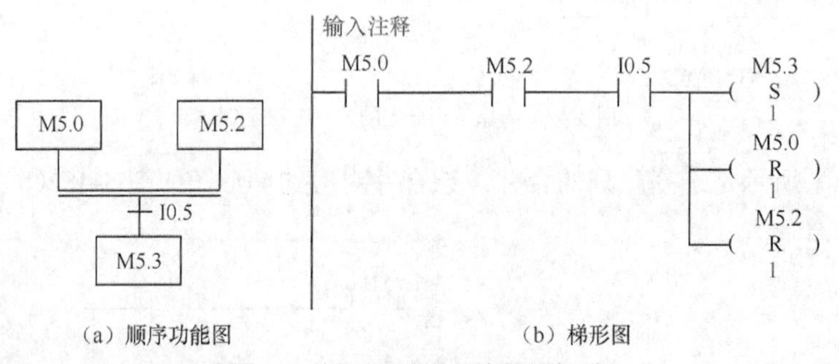

（a）顺序功能图　　（b）梯形图

图 3-50　并行序列合并的编程方法示例

任务实施

一、硬件电路设计

1．I/O 端口分配及功能

根据控制要求，机械手的 I/O 端口分配及功能见表 3-5。

2．PLC 选型

由表 3-5 可知，机械手控制系统的输入信号有 19 个，均为开关量，输出信号有 6 个，因此选择 S7-200 SMART PLC，CPU ST40 模块（DC 供电、DC 输入、晶体管输出型）完全符合控制要求，且留有一定余量。

表 3-5　　机械手的 I/O 端口分配及功能

输　入				输　出		
输入继电器	作　用	输入继电器	作　用	输出继电器	输出元件	作　用
I0.0	启动按钮	I1.2	单周期	Q0.0	KA1	左移
I0.1	停止按钮	I1.3	连续	Q0.1	KA2	右移
I0.2	上升按钮	I1.4	回原点	Q0.2	KA3	上升
I0.3	下降按钮	I1.5	上限位	Q0.3	KA4	下降
I0.4	左移按钮	I1.6	下限位	Q0.4	KA5	夹紧/放松
I0.5	右移按钮	I1.7	左限位	Q0.5	HL0	原点指示
I0.6	夹紧按钮	I2.0	右限位			
I0.7	放松按钮	I2.1	夹紧位			
I1.0	手动	I2.2	放松位			
I1.1	单步					

3. 操作面板

为满足生产要求，机械手的工作方式分为手动操作、单步操作、单周期操作、连续操作以及回原点操作 5 种。为了区分这几种操作且便于编程，可以设置相应的开关。这些开关集中安装在操作面板上，设计的操作面板如图 3-51 所示，工作方式选择开关的 5 个位置分别对应 5 种工作方式，操作面板下部的 8 个按钮包括 6 个手动操作按钮和 2 个系统启停按钮。为了保证在紧急情况下能可靠地切断 PLC 的电源，设置了接触器 KM，如图 3-52（a）所示，当按下操作面板上的启动按钮 SB2 时，KM 线圈得电并自锁，KM 主触点接通，操作面板上的电源指示灯点亮。出现紧急情况时，按下操作面板上的紧急停止按钮 SB0 切断直流电源。操作面板上指示机械手运行状态的 6 盏指示灯不接入 PLC 的输出端子上，原点指示灯接入 PLC 的输出端子 Q0.5 上。

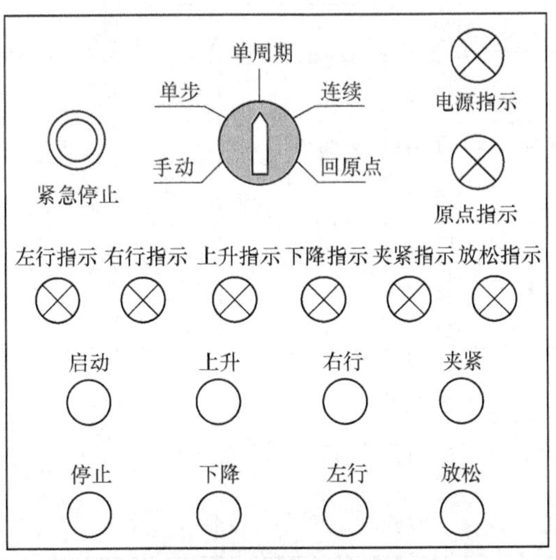

图 3-51　机械手操作面板

4. 电路图

机械手的电路图主要由主电路、PLC 控制电路、电磁阀及指示控制电路等组成。

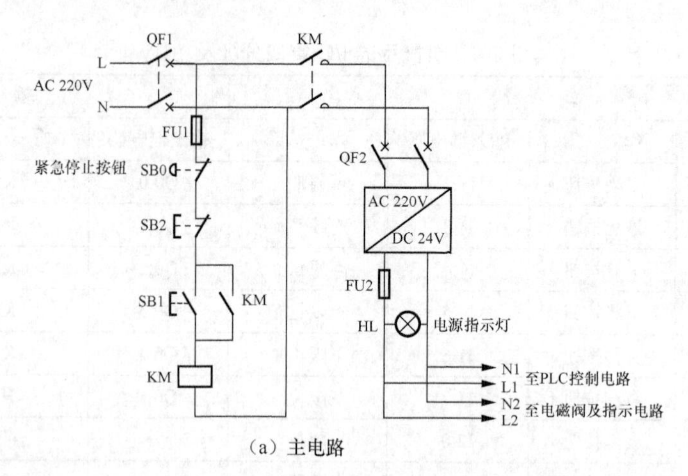

（a）主电路

外部电源 | PLC工作电源 | 启动 | 停止 | 上升 | 下降 | 左移 | 右移 | 夹紧 | 放松 | 手动 | 单步 | 单周期 | 连续 | 回原点 | 上限位 | 下限位 | 左限位 | 右限位 | 夹紧位 | 放松位 | 公共端

L1 N1 QF3 SA SB1 SB2 SB3 SB4 SB5 SB6 SB7 SB8 1B1 1B2 2B1 2B2 3B1 3B2

L+ M I0.0 I0.1 I0.2 I0.3 I0.4 I0.5 I0.6 I0.7 I1.0 I1.1 I1.2 I1.3 I1.4 I1.5 I1.6 I1.7 I2.0 I2.1 I2.2 1M

CPU ST40

2L+ 2M Q0.0 Q0.1 Q0.2 Q0.3 Q0.4 Q0.5

KA1 KA2 KA3 KA4 KA5 HL0

N1 L1

外部电源 | PLC负载电源 | 左移 | 右移 | 上升 | 下降 | 夹紧/放松 | 原点指示

（b）PLC电路

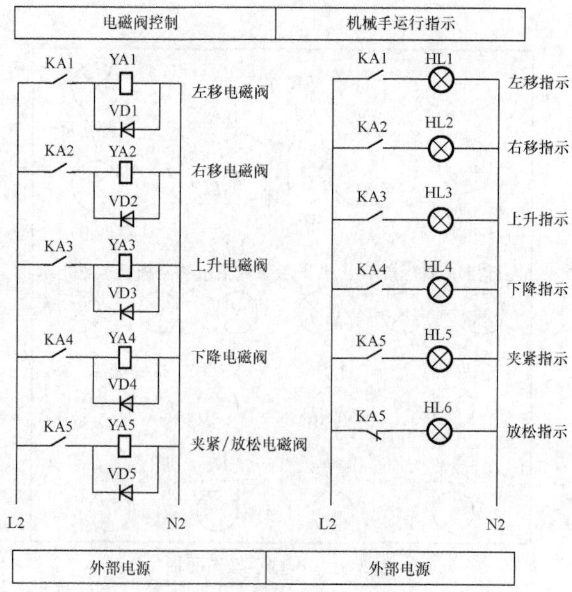

（c）电磁阀及指示控制电路

图 3-52 机械手硬件电路

（1）主电路

机械手的主电路如图 3-52（a）所示，按下启动按钮 SB2 时，接触器 KM 的两对常开触点闭合，此时，合上 QF2，开关电源将 AC220V 的交流电转变为 DC24V 的直流电，电源指示灯 HL 点亮，同时给 PLC 控制电路、电磁阀和指示电路提供 DC24V 电源。

（2）PLC 控制电路

根据表 3-5，采用 CPU ST40 作为控制器，PLC 的 I/O 接线图如图 3-52（b）所示，注意：PLC 的输出接中间继电器 KA1～KA5，通过中间继电器控制电磁阀，从而控制机械手的运行。

（3）电磁阀及指示控制电路

电磁阀及指示控制电路如图 3-52（c）所示。注意：图 3-52（c）中的指示灯均为运行指示灯，全选为绿色，DC24V；电磁阀为感性元件，且为直流电路，故加续流二极管。

二、程序设计

由于机械手控制系统工作方式较多，所以采用模块式程序结构。机械手的控制程序主要由 1 个主程序和 4 个子程序组成，如图 3-53 所示。4 个子程序包括公共程序、手动程序、自动程序和回原点程序。

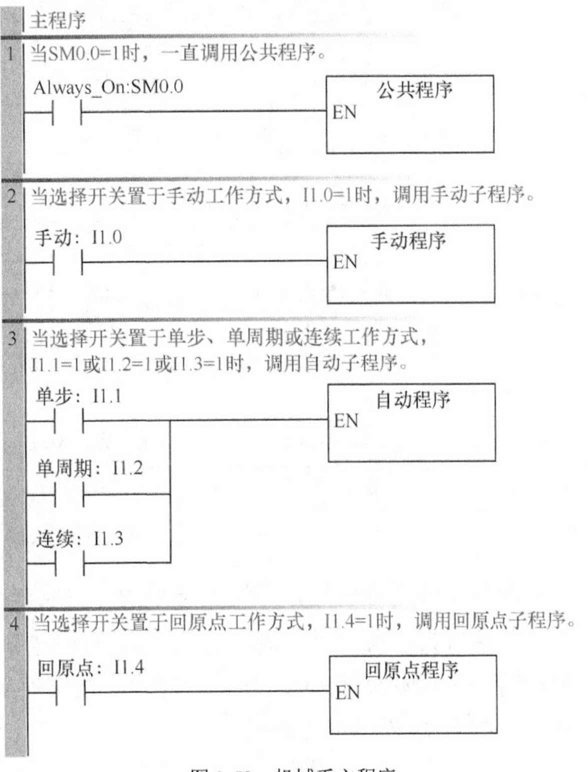

图 3-53 机械手主程序

图 3-53 所示的主程序中，用调用子程序的方法来实现机械手各种工作方式的切换。程序段 1 中的公共程序是无条件调用的，供各种工作方式公用。由图 3-52（b）可知，工作方式选择开关 SA 是单刀 5 掷开关，同时只能选择一种工作方式。当工作方式选择开关 SA 置于手动方式时，I1.0 闭合，执行手动子程序；当工作方式选择开关选择 SA 置于回原点方式时，I1.4 闭合，执行回原点子程序；单步、单周期和连续等 3 种工作方式使用相同的顺序功能图，程序有很多共同之处，为了简化程序，减少程序设计的工作量，将单步、单周期和连续这 3 种工作方式的程序合并为一个单独的自动子程序，当工作方式选择开关 SA 选择自动工作方式时，I1.1、I1.2、I1.3 分别闭合，执行自动子程序。

1. 公共程序

机械手公共程序如图 3-54 所示。公共程序用于处理各种工作方式都需要执行的任务以及不同工作方式之间互相切换的处理，公共程序的编写通常要考虑原点条件、初始状态、复位非初始步、复位回原点步和复位连续标志位 5 个部分。

机械手处于最上端和最左端且夹紧装置放松时为原点状态，因此原点条件由左限位 I1.7、上限位 I1.5 和表示机械手放松 Q0.4 的常闭触点的串联电路组成，当串联电路接通时，原点条件 M10.0=1，如图 3-54 中的程序段 1 所示。

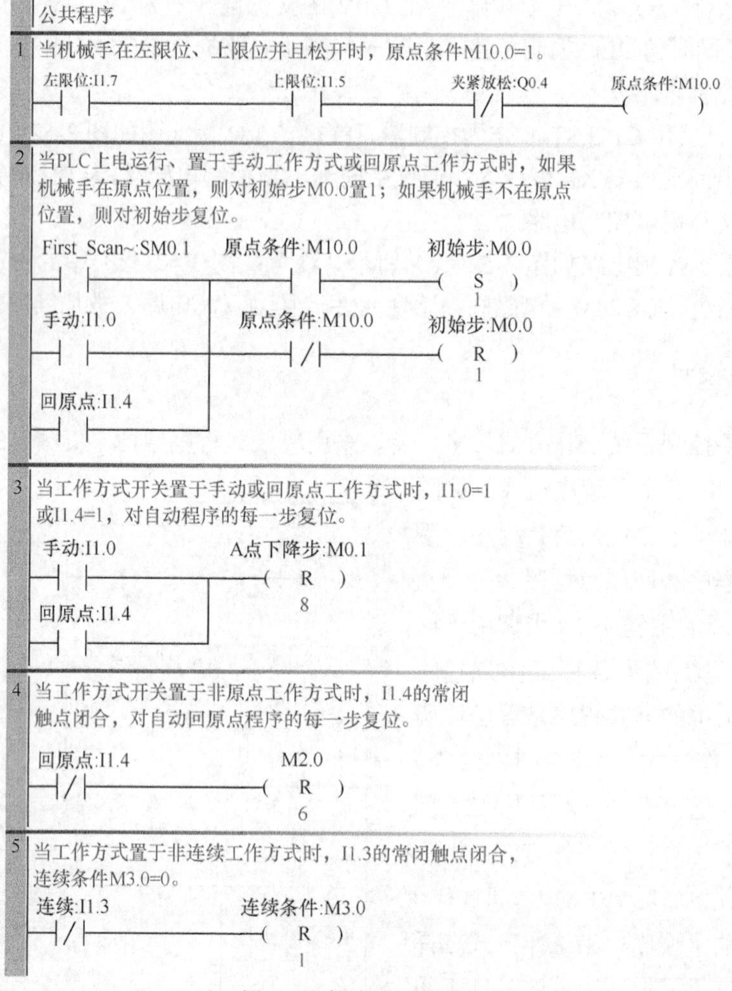

图 3-54　机械手公共程序

机械手在原点位置，系统处于手动、回原点或初始化状态时，初始步 M0.0 都会被置位，此时为执行自动程序做好准备；若此时 M10.0=0，则 M0.0 会被复位，初始步变为静步，即使此时按下启动按钮 I0.0，自动程序也不会转换到下一步，因此禁止了自动工作方式的运行，如图 3-54 中的程序段 2 所示。

当手动、自动、回原点 3 种工作方式相互切换时，自动程序可能会有两步被同时激活，为了防止误动作，在手动或回原点状态下，自动程序中的 M0.1～M1.0 要被复位，如图 3-54 中的程序段 3 所示。

在非回原点工作方式下，I1.4 常闭触点闭合，回原点程序中的 M2.0～M2.5 要被复位，如图 3-54 中的程序段 4 所示。

在非连续工作方式下，I1.3 常闭触点闭合，对连续条件 M3.0 复位，系统不能执行连续程序，如图 3-54 中的程序段 5 所示。

2．手动程序

机械手手动程序如图 3-55 所示，手动操作时用 6 个按钮控制机械手的上升、下降、左移、右移、夹紧和放松。为了保证系统安全运行，在手动程序中设置了一些必要的联锁。

（1）为了防止方向相反的两个动作同时被执行，手动程序设置了上升与下降之间、左移和右移之间的互锁，如图 3-55 中的程序段 1、2、5 和 6。

（2）机械手只有在最左端（I1.7=1）或最右端（I2.0=1）时，机械手才允许上升、下降和松开工件，因此在图 3-55 中的程序段 4、5、6 中，串联 I1.7 或 I2.0 的常开触点加以限制。

（3）为了防止机械手在最低位置与其他物体碰撞，在左右移电路中串联上限位 I1.5 的常开触点加以限制，如图 3-55 中的程序段 1 和 2。

3．自动程序

机械手自动程序的顺序功能图如图 3-56 所示，根据工艺流程的要求，机械手一个工作周期有“原点位置→A 点下降→夹紧→A 点上升→右移→B 点下降→放松→B 点上升→左移”共 9 步（从 M0.0～M1.0）。考虑到单周期和连续工作方式，在 M1.0 后应设置分支，一条分支转换到初始步，另一条分支转换到 M0.1 步。

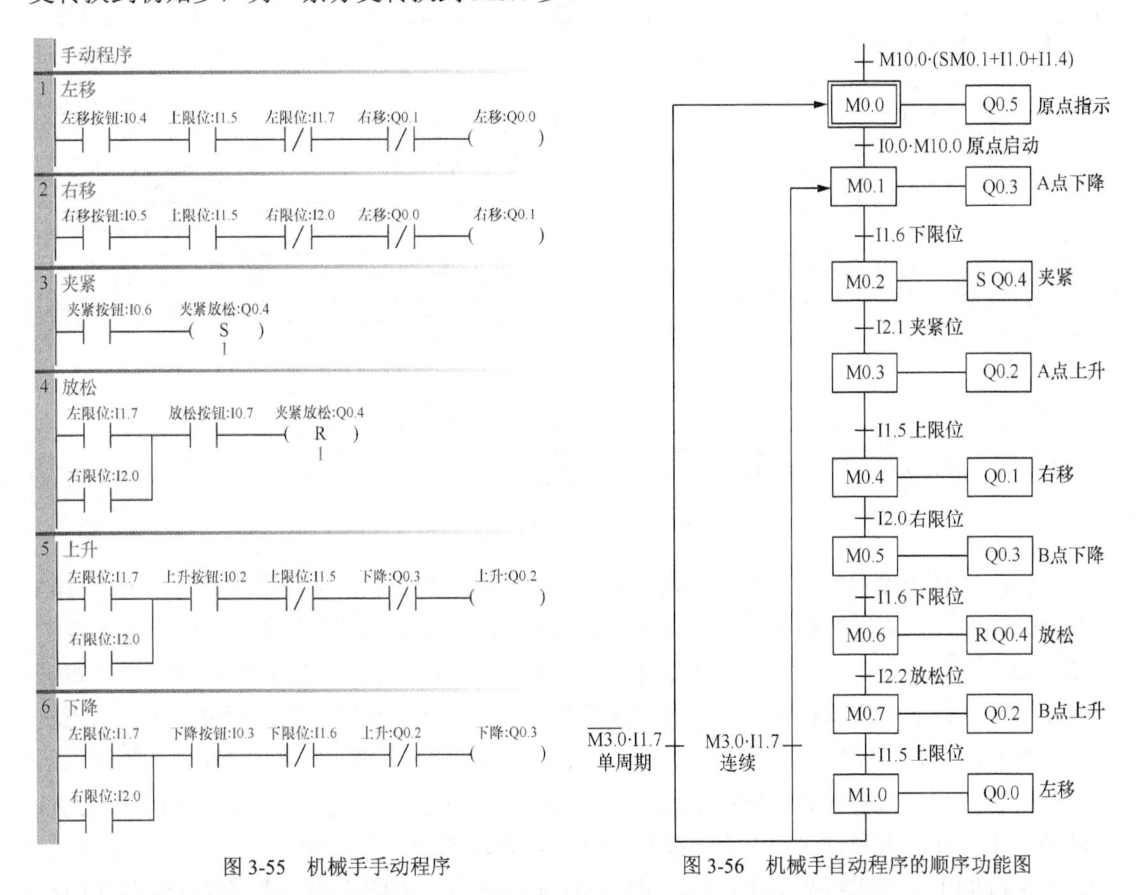

图 3-55　机械手手动程序　　　　图 3-56　机械手自动程序的顺序功能图

机械手的自动程序如图 3-57 所示。设计自动程序时，采用启保停电路编程方法，其中 M0.0～M1.0 为中间编程元件，连续、单周期和单步 3 种工作方式用连续条件 M3.0 和转换允许标志 M3.2 加以区别。

（1）单周期与连续工作方式

PLC 上电后，如果原点条件不满足，则首先进入手动或回原点工作方式，通过相应的操作使原点条件得到满足，公共程序使初始步 M0.0 置位，然后切换到自动工作方式。

机械手工作在单周期和连续工作方式时，单步开关 I1.1 的常闭触点闭合，如图 3-57 中的程序段 2 所示，转换允许 M3.2=1，控制程序段 3～程序段 11 中的 M3.2 的常开触点闭合，允许步与步之间的正常转换。

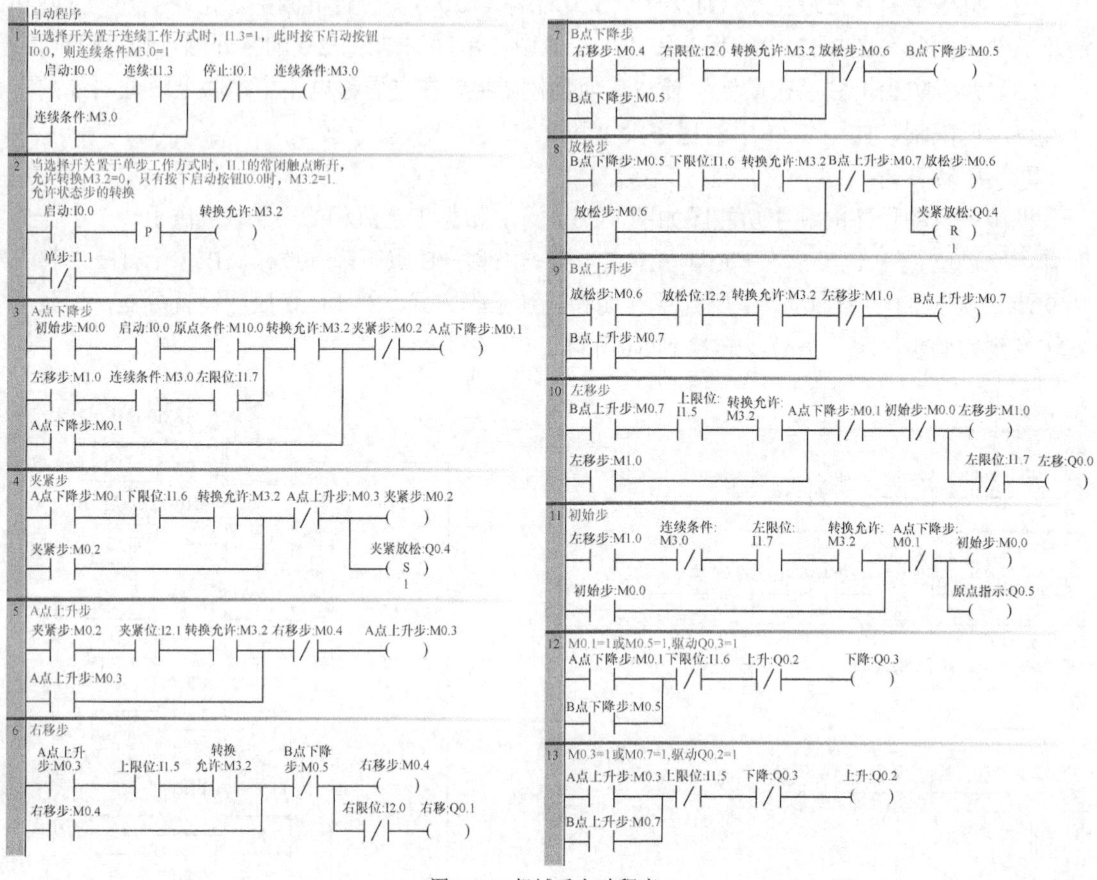

图 3-57 机械手自动程序

如果机械手工作在单周期工作方式，则图 3-57 中程序段 1 中的连续工作方式开关 I1.3 的常开触点断开，连续条件 M3.0=0。此时按下启动按钮 I0.0，如图 3-57 中程序段 3 所示，初始步 M0.0=1，I0.0=1，原点条件 M10.0=1，转换允许 M3.2=1，A 点下降步 M0.1=1，机械手开始下降。以后系统将让 M0.2～M1.0 步依次为 1，机械手按照工艺流程进行工作，当机械手工作到程序段 11 时，由于此时 M1.0=1，I1.7=1，M3.2=1，连续条件 M3.0 的常闭触点闭合，转换条件 $M1.0\cdot\overline{M3.0}\cdot I1.7\cdot M3.2$ 满足，则初始步 M0.0 置位，系统转换到 M0.0 步，此时机械手停止运行，直到再次按下启动按钮 I0.0 时，系统才会开始工作。

如果机械手工作在连续工作方式，则图 3-57 中程序段 1 中的连续工作方式开关 I1.3 的常开触点闭合，此时按下启动按钮 I0.0 后，连续条件 M3.0=1，与单周期最初的工作相同，图 3-57 中程序段 3 中的 M0.1=1，机械手开始下降。以后系统将这样让 M0.2～M1.0 步依次为 1，机械手按照工艺流程进行工作，当机械手工作到程序段 10 时，并左移到左限位 I1.7 时，I1.7=1，因为连续条件 M3.0=1，左移步 M1.0=1，转移条件 $M1.0\cdot M3.0\cdot I1.7$ 满足，所以机械手转换到程序段 3 的 A 点下降步 M0.1 继续下一个周期的工作。在机械手连续工作期间，如果按下停止按钮 I0.1，如图 3-57 中的程序段 1 所示，则连续条件 M3.0=0，但是系统不会立即停止工作，直到机械手完成当前工作周期的全部操作后，在 M1.0 步机械手返回到最左端，左限位 I1.7=1，转换条件 $M1.0 \cdot \overline{M3.0} \cdot I1.7 \cdot M3.2$ 满足，系统才返回并停留在初始步。

（2）单步工作方式

在单步工作方式下，图 3-57 所示的程序段 2 中的 I1.1 的常闭触点断开，转换允许 M3.2=0，不允许步与步之间的转换。当原点条件满足，初始步变为活动步时，按下启动按钮 I0.0，程序段 3 中的 M0.1=1，机械手开始下降；松开启动按钮 I0.0，转换允许 M3.2=0，在 M0.1 步中，当机械手下降到下限位 I1.6 时，在程序段 4 中，如果不按启动按钮 I0.0，则转换允许 M3.2=0，程序不会跳转到 M0.2 步，直至按下启动按钮 I0.0，使 M3.2=1，程序方可跳转到 M0.2 步。此后在某步完成后必须按启动按钮 I0.0 一次，系统才能转换到下一步。

需要指出的是，M0.0 的启保停电路放在 M0.1 启保停电路之后的目的是，防止在单步方式下程序连续跳转两步。若不如此，当步 M1.0 为活动步时，按下启动按钮 I0.0，M0.0 步和 M0.1 步同时被激活，这不符合单步的工作方式；此程序段 2 的外转换允许步中，启动按钮 I0.0 用上升沿的目的是使 M3.2 仅闭合一个扫描周期，它使 M0.0 接通后，下一扫描周期处理 M0.1 时，M3.2 已经为 0，故不会使 M0.1=1，只有当按下启动按钮 I0.0 时，M0.1 才会为 1，这样处理才符合单步的工作方式。

4．自动回原点程序

机械手自动回原点的程序如图 3-58 所示。在回原点工作方式下，I1.4=1，按下启动按钮 I0.0 时，机械手可能处于任意位置，根据机械手所处的位置及夹紧装置的状态，可以分以下几种情况讨论。

（1）夹紧装置放松。夹紧装置放松意味着机械手没有夹取工件，此时机械手应上升和左移，直接返回原点位置。按下启动按钮 I0.0，应进入图 3-58（a）中的 M2.4 步，转换条件为 $I0.0 \cdot \overline{Q0.4}$。如果机械手已经在最上面，上限位 I1.5=1，进入 M2.4 步后，将马上转换到左移步 M2.5。

自动返回原点操作结束后，原点条件满足，公共程序中的原点条件标志 M10.0=1，顺序功能图中的初始步 M0.0 在公共程序中被置位，为进入单周期、连续或单步工作方式做好了准备，因此可以认为图 3-57 中的初始步 M0.0 是左移步 M2.5 的后续步。

（2）夹紧装置处于夹紧状态，并且机械手在最右端：此时 Q0.4=1，右限位 I2.0=1，应将工件放到 B 点后再返回原点位置。按下启动按钮 I0.0，满足转换条件 $I0.0 \cdot I2.0 \cdot Q0.4$，应进入图 3-58（a）中的 M2.2 步，并依次执行 M2.2～M2.5 步，直至返回原点位置。

（3）夹紧装置处于夹紧状态，并且机械手不在最右端：此时 Q0.4=1，右限位 I2.0=0。按下启动按钮 I0.0，满足转换条件 $I0.0 \cdot \overline{I2.0} \cdot Q0.4$，应进入图 3-58（a）中的 M2.0 步，并依次执行 M2.0～M2.5 步，直至返回原点位置。如果机械手已经在最上面，上限位 I1.5=1，进入 M2.0 步后，因为转换条件已经满足，所以马上转换到右移步 M2.1，接着往下执行，直至返回原点位置。

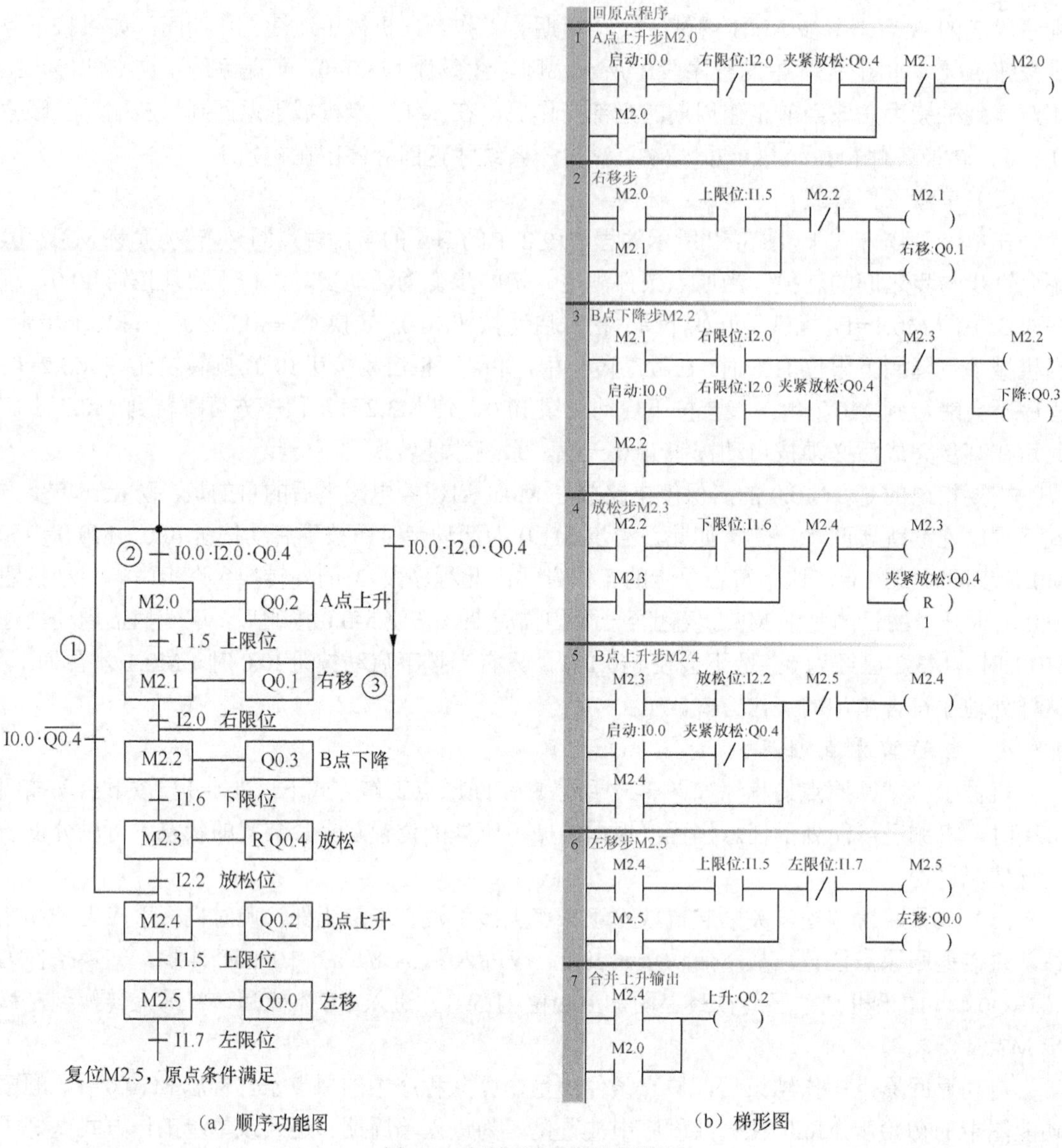

（a）顺序功能图　　（b）梯形图

图 3-58　机械手自动回原点程序

三、调试运行

（1）按图 3-52 将 PLC 与输入/输出设备连接起来。

（2）将如图 3-53、图 3-54、图 3-55、图 3-57 以及图 3-58（b）所示的机械手程序下载到 PLC 中，并将 PLC 处于 RUN 状态。

（3）调试运行。开始时，将 I1.5、I1.7 闭合，机械手处于原始位置，原点指示灯 Q0.5 点亮。将选择开关 SA 置于单周期位置，I1.2=1，按下启动按钮 I0.0，并按照图 3-56 所示的流程操作相应的开关，观察机械手是否按照控制要求运行。

知识拓展——移位寄存器指令编程法

单序列顺序功能图中的各步总是顺序通断，且每一时刻只有一步接通，因此可以用移位寄存器指令进行编程。

以图 3-17 所示的送料小车为例说明用移位寄存器指令编写程序的步骤。

图 3-59 是图 3-17 所示的运料小车的顺序功能图。根据移位寄存器指令的格式，在将图 3-17 所示的顺序功能图转化为梯形图时，需完成以下 4 步。

第 1 步：确定移位脉冲，即确定图 3-60 中的移位寄存器中的“EN”。

移位脉冲又叫移位条件，一般是由顺序功能图中的转换条件提供。同时，为了形成固定顺序，防止意外故障，并考虑到转换条件可能重复使用，每个转换条件必须有约束条件。在移位指令中，一般采用前级步的状态 “与”当前要进入后级步的转换条件来作为移位脉冲，图 3-60 中的移位脉冲为

$$EN=M0.0\cdot I0.0\cdot I0.1+M0.1\cdot T37+M0.2\cdot I0.2+M0.3\cdot T38+M0.4\cdot I0.1$$

第 2 步：确定数据输入，即确定图 3-60 中的移位寄存器中的“DATA”。

在使用移位寄存器编写程序时，必须确定“DATA”的数据，该数据在系统的初始状态时必须为“1”，而在其他状态为“0”。对单顺序控制系统，“DATA”可由表示系统初始位置的逻辑条件“与”顺序功能图中除了初始步之外所有状态（步）的“非”来表示。图 3-62 中数据输入“DATA”的逻辑表达式为

$$M0.0 = I0.1\cdot\overline{M0.1}\cdot\overline{M0.2}\cdot\overline{M0.3}\cdot\overline{M0.4}$$

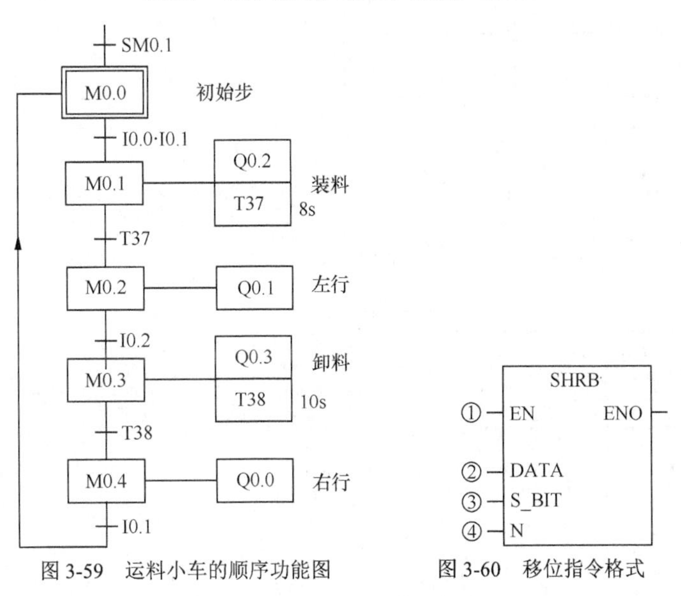

图 3-59　运料小车的顺序功能图　　图 3-60　移位指令格式

图 3-60 中的数据输入“DATA”初始状态时，M0.0＝1。而当系统运行到其他状态时，M0.1～M0.4 中总有一个为“1”，则 M0.0＝0，这就保证了在整个顺序程序运行的过程中，有且只有一步为“1”，并且这个逻辑“1”一位一位地在顺序功能图中移动，每移动一位表明开启下一个状态，关闭当前状态。

第 3 步：确定移位寄存器的最低位 S_BIT，一般是初始步后面的一步，即图 3-59 中的 M0.1 步。

第 4 步：确定移位长度 N。除初始步外，所有步数相加之和，如在图 3-60 中，N=4。

根据上述步骤，将图 3-59 所示的顺序功能图用移位寄存器编写的程序如图 3-61 所示。

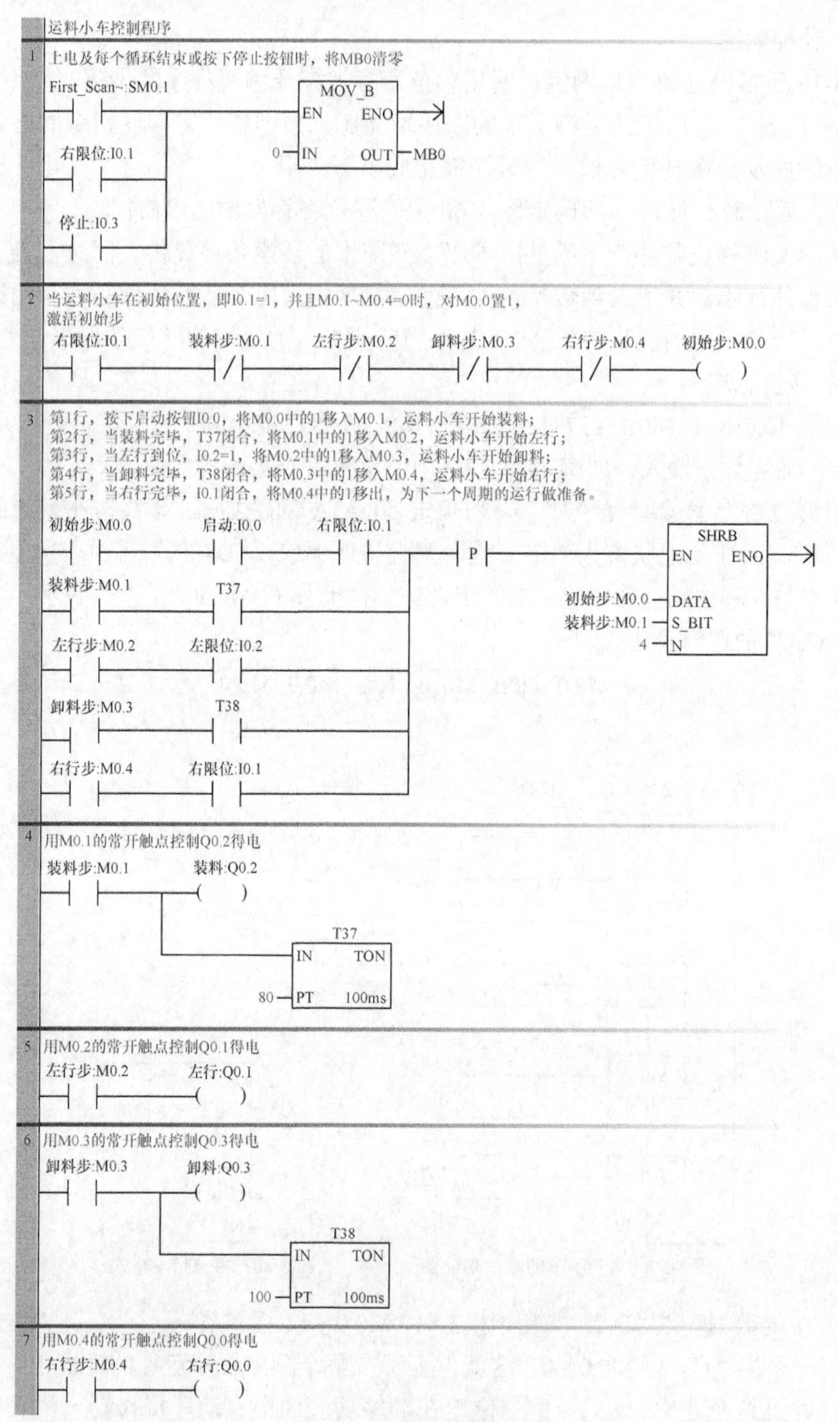

图 3-61 运料小车控制程序

思 考 与 练 习

分析题

用顺序控制指令编写机械手的自动控制程序。

模块四 S7-200 SMART PLC的通信及应用

能力目标

1. 能够实现 S7-200 SMART PLC 的以太网通信连接和简单编程。
2. 能够实现 S7-200 SMART PLC 的 Modbus RTU 通信连接和简单编程。

知识目标

1. 掌握以太网通信基础知识。
2. 掌握 Modbus RTU 通信基础知识。
3. 了解 S7-200 SMART 与变频器 USS 通信。

任务4.1 两台S7-200 SMART PLC之间的以太网通信

任务导入

有由两台 S7 200 SMART PLC 组成的控制系统。要求用第一台 PLC(PLC 1)的输入 I0.0～I0.7 来依次对应控制第二台 PLC（PLC 2）的输出 Q0.0～Q0.7。同时，将 PLC 2 的输出 Q0.0～Q0.7 的状态，映射到 PLC1 中的 M0.0～M0.7 中。两台 PLC 的数据交换，如图 4-1 所示。两台 PLC 的数据交换要求采用以太网进行通信。

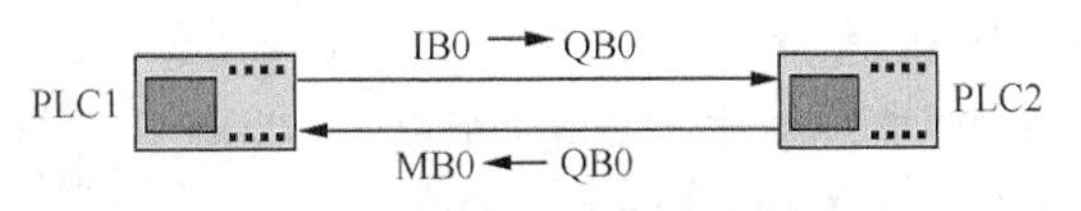

图 4-1　两台 PLC 的数据交换

根据控制要求，在两台 PLC 之间需能进行通信，通过通信来实现两台 PLC 之间的数据交换，那么，PLC 之间是如何进行通信的呢？

相关知识

一、通信基础

PLC 通信就是将地理位置不同的计算机、PLC、变频器及触摸屏等各种现场设备，通过通信介质连接起来，按照规定的通信协议，以某种特定的通信方式高效率地完成数据的传送、交换和处理。

1. 并行通信和串行通信

在数据信息通信时，按同时传送的位数来分，可以分为并行通信和串行通信。

（1）并行通信。并行通信是指所传送的数据以字节或字为单位同时发送或接收。

并行通信除了有 8 根或 16 根数据线、1 根公共线外，还需要有通信双方联络用的控制线。并行通信传送数据速度快，但是传输线的根数多，抗干扰能力较差，一般用于近距离数据传输，如 PLC 的基本单元、扩展单元和特殊模块之间的数据传送。

（2）串行通信。串行通信是以二进制的位为单位，一位一位地顺序发送或接收。

串行通信的特点是仅需一根或两根传送线，速度较慢，但适合于多数位、长距离通信。计算机和 PLC 都有通用的串行通信接口，如 RS-232C 或 RS-485 接口。在工业控制中计算机之间的通信方式一般采用串行通信方式。

2. 通信方式

在通信线路上按照数据传送方向可以划分为单工、半双工、全双工通信方式，如图 4-2 所示。

（1）单工通信。单工通信就是指信息的传送始终保持同一个方向，而不能进行反向传送，如图 4-2（a）所示。其中 A 端只能作为发送端，B 端只能作为接收端。

（2）半双工通信。半双工通信就是指信息流可以在两个方向上传送，但同一时刻只限于一个方向传送，如图 4-2（b）所示。其中 A 端发送 B 端接收，或者 B 端发送 A 端接收。

（3）全双工通信。全双工通信能在两个方向上同时发送和接收数据，如图 4-2（c）所示。A 端和 B 端双方都可以一边发送数据，一边接收数据。

PLC 使用半双工或全双工异步通信方式。

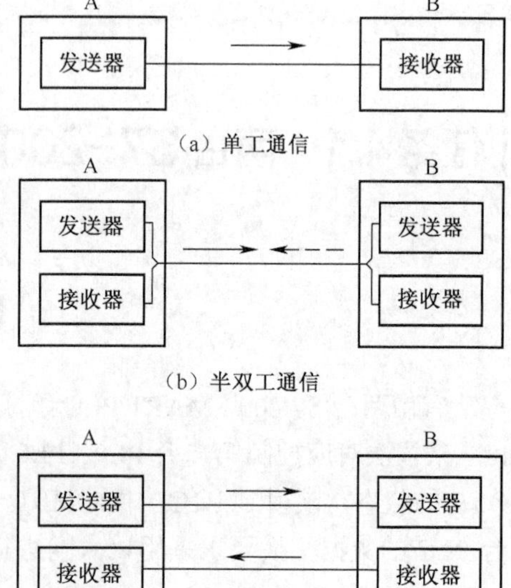

图 4-2　数据通信方式

3. S7–200 SMART 通信端口

每个 S7-200 SMART CPU 模块本体都集成 1 个以太网端口和 1 个 RS485 端口（端口 0），标准型 CPU 额外支持 SB CM01 信号板（端口 1），信号板可通过 STEP 7-Micro/WIN SMART 软件组态为 RS232 通信端口或 RS485 通信端口。SMART PLC 的通信端口数量最多可增至 3 个，满足小型自动化设备与 HMI（人机界面）、变频器及其他第三方设备进行通信的需求。S7-200 SMART 系列 PLC 的通信功能见表 4-1。

表 4-1　　S7-200 SMART 系列 PLC 的通信功能

分类	功　能
以太网通信	所有 CPU 模块配备以太网接口，支持西门子 S7 协议、有效支持多种终端连接。 ● CPU 与 STEP 7-Micro/WIN SMART 软件之间的数据交换（使用普通网线即可）； ● CPU 与 SMART LINE 触摸屏进行通信，最多支持 8 台设备； ● 通过交换机与多台以太网设备进行通信，实现数据的快速交互，包含 8 个主动 GET/PUT 连接、8 个被动 GET/PUT 连接
串口通信	所有 CPU 模块均集成 1 个 RS485 接口，可以与变频器、触摸屏等第三方设备通信。如果需要额外的串口，可通过扩展 CM01 信号板来实现，信号板支持 RS232/RS485 自由转换，最多支持 4 个设备。 ● CPU 与 HMI 之间的数据交换（PPI 协议）； ● CPU 使用自由端口模式与其他设备之间的串行通信（如 XMT/RCV 通信、Modbus RTU 通信、USS 通信等）
与上位机的通信	通过 PC Access，操作人员可以轻松通过上位机读取 S7-200 SMART 的数据，从而实现设备监控或者进行数据存档管理。 （PC Access 是专门为 S7-200 系列 PLC 开发的 OPC 服务器协议，专门用于小型 PLC 与上位机交互的 OPC 软件）

（1）S7-200 SMART CPU 本体集成了一个 RJ45 以太网端口，该端口连接到工业以太网网络中最常用的通信电缆为 IE FC TP 标准电缆 GP 2×2。

（2）S7-200 SMART CPU 集成的 RS485 通信端口（端口 0）是与 RS485 兼容的 9 针 D 型连接器。CPU 集成的 RS485 通信端口的引脚分配如表 4-2 所示。

表 4-2　　S7-200 SMART CPU 集成的 RS485 端口的引脚分配

连接器	引脚标号	信号	引脚定义
	1	屏蔽	机壳接地
	2	24V 返回	逻辑公共端
	3	RS485 信号 B	RS485 信号 B
	4	发送请求	RTS（TTL）
	5	5V 返回	逻辑公共端
	6	+ 5V	+5 V，100 Ω 串联电阻
	7	+24V	+24 V
	8	RS485 信号 A	RS485 信号 A
	9	不适用	10 位协议选择（输入）
	外壳	屏蔽	机壳接地

（3）标准型 CPU 额外支持 SB CM01 信号板，该信号板可以通过 STEP7-Micro/WIN SMART 软件组态为 RS485 通信端口或者 RS232 通信端口。其通信端口的引脚分配如表 4-3 所示。

表 4-3　　S7-200 SMART SB CM01 信号板端口（端口 1）的引脚分配表

连接器	引脚标号	信号	引脚定义
	1	接地	机壳接地
	2	Tx/B	RS232-Tx/RS484-B
	3	发送请求	RTS（TTL）
	4	M 接地	逻辑公共端
	5	Rx/A	RS232-Rx/RS484-A
	6	+ 5V	+5V，100Ω 串联电阻

二、以太网通信

工业以太网是用于 SIMATIC NET 开放通信系统的过程控制级和单元级的网络。物理上，工业以太网是一个基于屏蔽的、同轴双绞线的电气网络和光纤光学导线的光网络。工业以太网是由国际标准 IEEE 802.3 定义的。

1. S7—200 SMART CPU 的以太网网络物理连接

S7-200 SMART CPU 通过以太网端口可以在编程设备、HMI 和 CPU 之间建立物理连接。物理介质采用 RJ45 接口电缆（普通网线）。S7-200 SMART CPU 的以太网端口有两种硬件连接方式：直接连接和网络连接。

（1）直接连接。当一个 S7-200 SMART CPU 与一个编程设备、HMI 或者另外一个 S7-200 SMART CPU 通信时，实现的是直接连接。直接连接不需要使用交换机，使用网线直接连接两个设备即可，如图 4-3 所示。

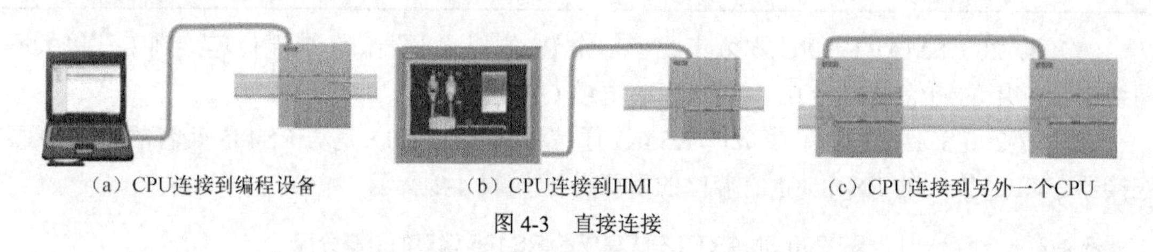

图 4-3　直接连接

（2）网络连接。当通信设备超过两个时，需要使用交换机来实现网络连接，可以使用导轨安装的西门子 CSM1277 4 端口交换机来连接多个 CPU 和 HMI 设备，如图 4-4 所示。

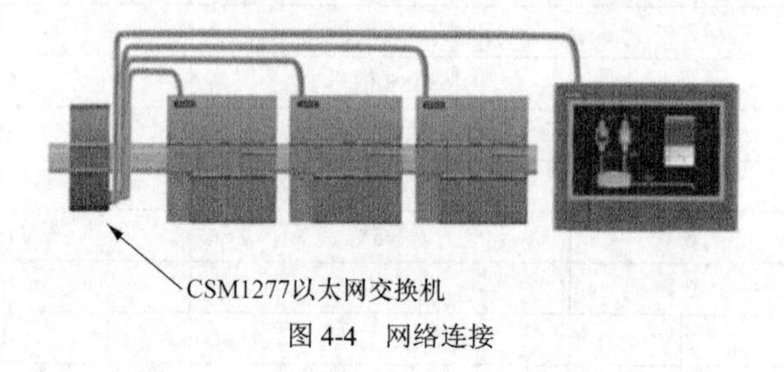

图 4-4　网络连接

2. S7 协议

S7 协议是专为西门子控制产品优化设计的通信协议，它是面向连接的协议，在进行数据交换之前，必须与通信伙伴建立连接。面向连接的协议具有较高的安全性。

连接是指两个通信伙伴之间为了执行通信服务建立的逻辑链路，而不是指两个站之间用物理介质实现的连接。S7 连接是需要组态的静态连接，静态连接要占用 CPU 的连接资源。

基于连接的通信分为单向连接和双向连接，S7-200 SMART 只有 S7 单向连接功能。单向连接中的客户机（Client）是向服务器（Server）请求服务的设备，客户机调用 GET/PUT 指令读、写服务器的存储区。服务器是通信中的被动方，用户不用编写服务器的 S7 通信程序，S7 通信是由服务器的操作系统完成的。

S7-200 SMART 的以太网端口支持以太网和基于 TCP/IP 的通信标准，该端口支持的通信类型有：①CPU 与 STEP 7-Micro/WIN SMART 软件之间的通信；②CPU 与 HMI 之间的通信；③CPU 与其他 S7-200 SMART CPU 之间的 GET/PUT 通信。S7-200 SMART CPU 在以太网通信中，既可作为主动设备，也可作为从动设备。

如图 4-5 所示，以太网端口除了一个用于与编程设备 PG 连接，还有 8 个专用的 HMI/OPC 连接以及 8 个 GET/PUT 的主动连接和被动连接。

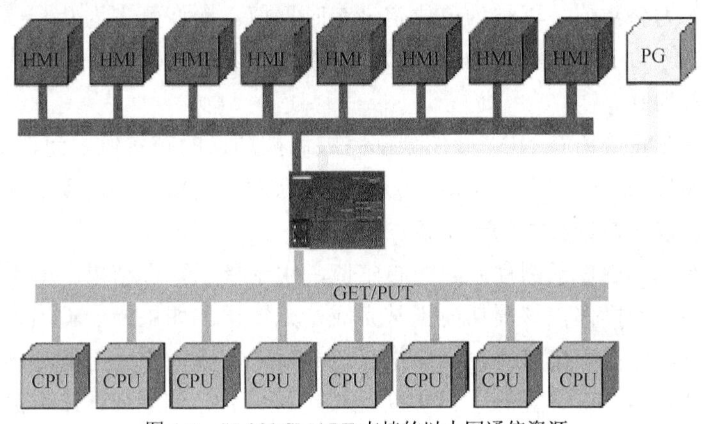

图 4-5　S7-200 SMART 支持的以太网通信资源

3. GET/PUT 指令

S7-200 SMART CPU 提供了 GET/PUT 指令，用于建立 S7-200 SMART CPU 之间的以太网通信。GET/PUT 指令的格式如表 4-4 所示。GET/PUT 指令只需要在主动建立连接的 CPU 中调用执行，被动建立连接的 CPU 不需要进行通信编程。

表 4-4　GET/PUT 指令格式

LAD	STL	IN/OUT 数据类型	功能	操作数
GET EN ENO TABLE	GET table	BYTE	GET 指令启动以太网端口上的通信操作，从远程设备获取数据	IB、QB、VB、MB、SMB、SB、*VD、*LD、*AC
PUT EN ENO TABLE	PUT table	BYTE	PUT 指令启动以太网端口上的通信操作，将数据写入远程设备	

4. 用 PUT 和 GET 向导生成客户机通信程序

直接用 GET/PUT 指令编程既繁琐又容易出错。STEP 7-Micro/WIN SMART V2.2 以上版本支持用 GET/PUT 向导实现以太网通信。

用 GET/PUT 向导建立的连接为主动连接，CPU 是客户机。当 CPU 作为通信的服务器时，它不需要用 GET/PUT 指令向导组态，建立的连接是被动连接。

双击 STEP7-Micro/WINSMART 编程软件左侧项目树的“向导”文件夹中的“GET/PUT”或在编程软件“工具”菜单功能区的“向导”区域单击“GET/PUT”按钮，均可启动 GET/PUT 向导，设置通信参数。

5. 调用子程序 NET_EXE

完成 GET/PUT 向导配置之后，客户机的 CPU 会生成一个网络执行子程序 NET_EXE，如图 4-6 所示。在客户机的项目的主程序中，调用 NET_EXE 子程序可以实现通信。

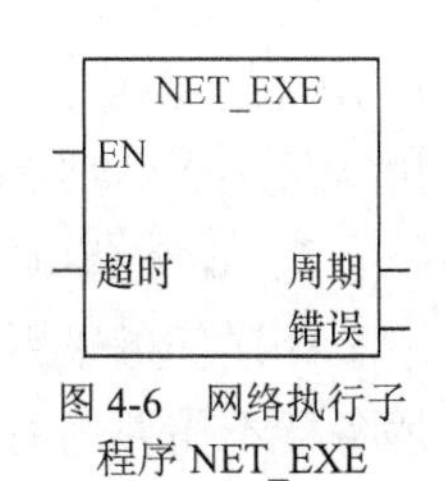

图 4-6　网络执行子程序 NET_EXE

NET_EXE 子程序主要有 4 个参数，包括使能参数 EN、超时参数、周期参数和错误参数。

需要使用 SM0.0 设置使能参数，在每个扫描周期，从 MAIN 程序中，调用该子程序。NET_EXE 子程序将依次执行已组态的 GET 和 PUT 操作。执行全部已组态的操作后，子程序将触发循环输出，表示完成一个循环。

超时参数输入为整数值，以秒为单位定义定时器值。允许范围为 0（=无定时器）和 1～36767（=以秒为单位的定时器值）。在 S7-200 SMART V2.1 中，NET_EXE 代码不使用超时输入。设置超时输入为 0。

周期参数是指在每次所有 NET 操作全部完成后被切换的布尔值。允许值为假值（0）和真值（1）。周期参数在一个周期为假值（0），下一周期为真值（1），接下来的第三个周期为假值（0）。周期参数的数据类型为一个位。

错误参数是 NET_EXE 子例程返回的布尔值，用于指示执行结果。如果错误输出和激活状态位为假值（0），则操作在该周期内正常完成，无错误。如果错误输出为真值（1），则一个或多个 GET/PUT 操作存在错误，或操作在该周期未完成。原因可能是远程设备处于离线状态，且 S7-200 SMART CPU 正在尝试重新连接远程设备。如果问题未得到解决，最终会在 Get/Put 指令状态字节中看到一条针对操作的错误代码，该代码指明了问题本质。错误输出保持当前设置状态，直到一个周期内的所有设备实现连接和通信为止。错误参数的数据类型为一个位。

任 务 实 施

1. 硬件连接

本次任务所需硬件有两台 S7-200 SMART CPU、一个以太网交换机 CSM1277、一台编程计算机和 3 根普通网线。在实验过程中，以太网交换机 CSM1277 可以用普通的网络分流器代替。连接的方式如图 4-7 所示。

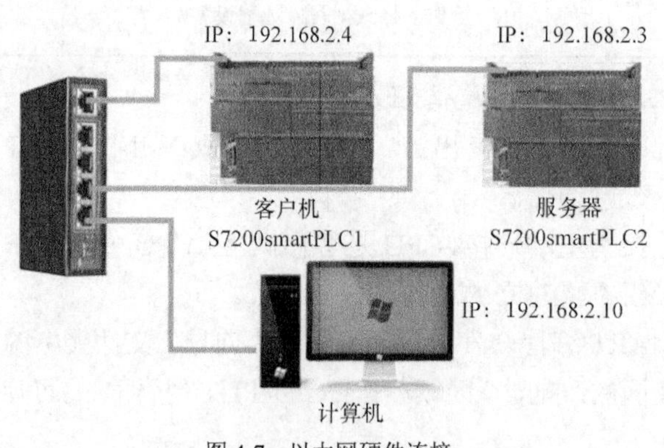

图 4-7　以太网硬件连接

微课：两台 S7-200 SMART PLC 之间的以太网通信——硬件组态与连接

硬件连接完成之后，需要为两台 S7-200 SMART CPU 和编程计算机分配 IP 地址。3 个设备的 IP 地址必须处于同一网段，并且各不相同。为 PLC1 分配 IP 地址 192.168.2.4，为 PLC 2 分配 IP 地址 192.168.2.3，计算机的 IP 地址设置为 192.168.2.10。IP 地址的设置方法请参照图 1-34。

2. Get/Put 向导组态

此次任务采用 STEP7-Micro/WIN SMART 的 Get/Put 向导实现以太网的通信。PLC2 作为服务器不需要用 Get/Put 指令向导组态。因此，只需要对作为客户端的 PLC1 进行 Get/Put 向导组态。STEP7-Micro/WIN SMART V2.2 版本以上才支持 Get/Put 向导。

（1）打开 Get/Put 向导

双击 STEP7-Micro/WIN SMART 编程软件左侧项目树的“向导”文件夹中的“get/Put”或在编程软件“工具”菜单功能区的“向导”区域单击“Get/Put”按钮，启动 get/Put 向导，生成一个名为“本地 PLC”的项目。每一页的操作完成后单击“下一页”按钮。

（2）添加操作步骤

在弹出的“Get/Put 向导”对话框中添加操作步骤名称和注释，如图 4-8 所示。

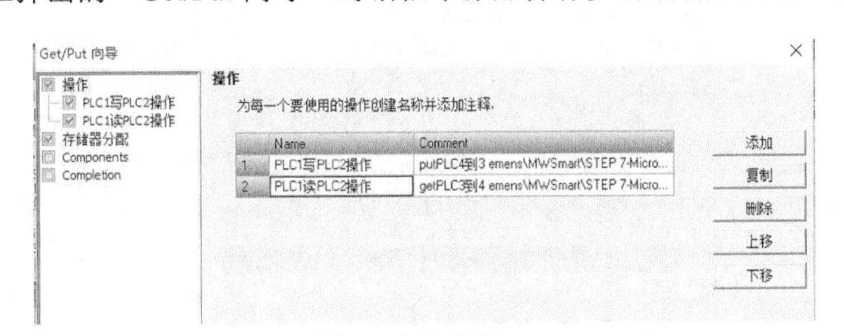

图 4-8 添加操作

在图 4-8 所示的左侧的树式图中，单击“操作”节点，开始分配网络操作。单击“添加”按钮，添加操作名称为“PLC1 写 PLC 2 操作”，该操作实现将 PLC1 的 IB0 数据写入 PLC 2 的 QB0 中；继续单击“添加”按钮，添加一条名为“PLC1 读 PLC 2 操作”，该操作实现把 PLC 2 的 QB0 的数据读入 PLC1 的 MB0 中。

建立“PLC1 写 PLC 2 操作”和“PLC1 读 PLC 2 操作”后，图 4-8 左侧的树式图中的操作下面就存在这两项操作了。

（3）定义 Get/Put 操作

单击图 4-8 中的“PLC1 写 PLC 2 操作”节点，设置该操作的参数，如图 4-9 所示，进行以下操作。

① 选择操作类型。设置“PLC1 写 PLC 2 操作”的类型为 PUT。

② 设置通信数据长度。本次任务传送的通信数据的长度为字节数 1。

③ 设置远程 CPU 的 IP 地址。本次任务远程 CPU 的 IP 地址是 PLC 2 的 IP 地址，将其设置为 192.168.2.3。

④ 设置本地 CPU 的通信区域和起始地址。按照任务要求设置本地地址为 IB0，远程地址是指远程 CPU 的数据类型和地址，数据类型可以为 IB、QB、VB 和 MB。

⑤ 设置远程 CPU 的通信区域和起始地址。按照任务要求，本地 CPU 的数据 IB0 用来控制远程 CPU 的 Q0.0～Q0.7。因此远程地址数据类型为 QB，起始地址为 0。

通过以上设置，就可以将本地 CPU 的 IB0 数据写入远程 CPU 的 QB0 中。

单击图 4-8 中的“PLC1 读 PLC2 操作”节点，设置该操作的参数。如图 4-10 所示，设置操作的类型为 GET，读取远程 CPU 的 QB0 的数据，保存到本地 CPU 的 MB0 中。传送通信数据长度设置为 1 字节，读写操作的远程 IP 地址为 192.168.2.3，本地地址为 MB0，远程地址为 QB0。通过以上设置，就可以将远程 CPU 的 QB0 数据读取到本地 CPU 的 MB0 中。

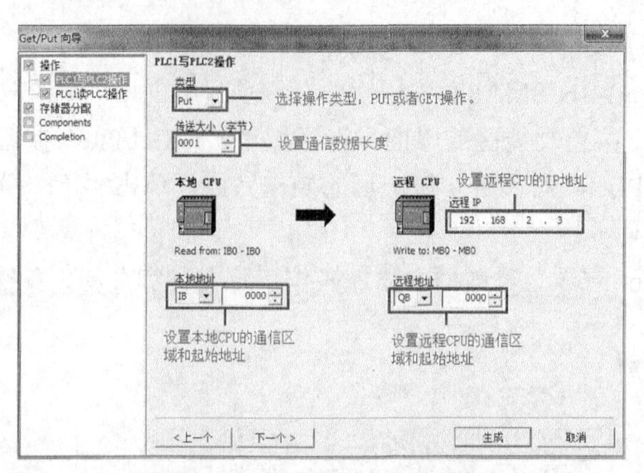

图 4-9　PLC1 写 PLC2 操作配置

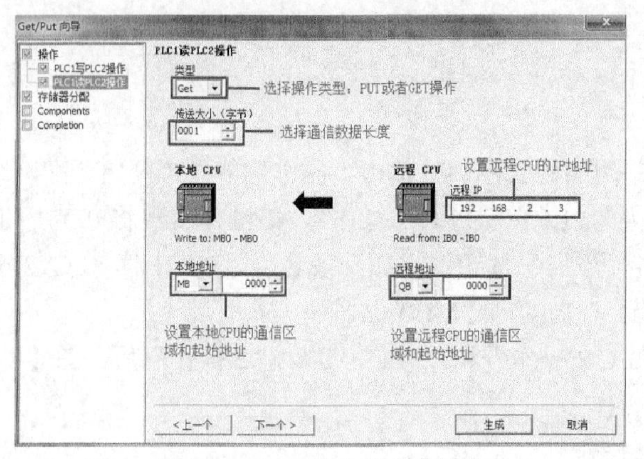

图 4-10　PLC1 读 PLC2 操作配置

（4）分配存储器地址

为 Get/Put 向导分配存储器地址，如图 4-11 所示。

单击图 4-11 中的“存储器分配”节点，设置用来保存组态数据的 V 存储区的起始地址。单击“建议”按钮，向导自动指定当前程序中未使用的 V 存储区。

（5）生成项目组件

单击图 4-12 所示的“Componets”节点，出现如图 4-12 所示的 Get/Put 向导生成的项目组件，包括一个控制网络操作的网络读写子程序 NET_EXE、一个数据块和一个符号表。

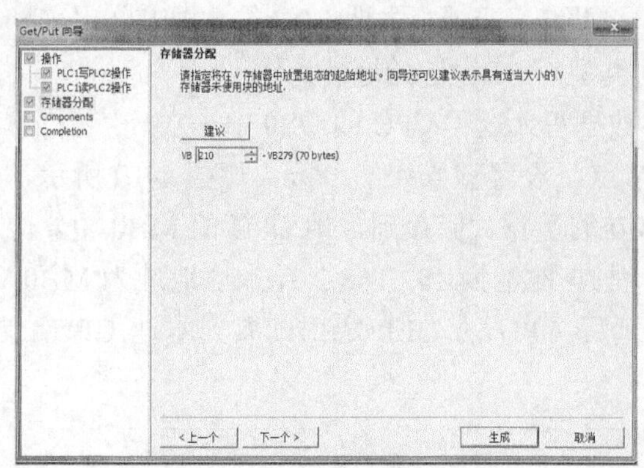

图 4-11　存储器分配图

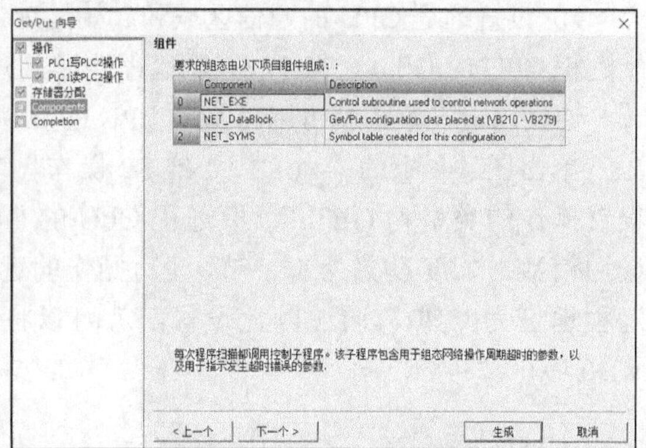

图 4-12　Components 组件页面

（6）完成 Get/Put 向导配置

单击图 4-12 中的“生成”按钮，完成 Get/Put 向导配置，如图 4-13 所示。此时向导生成的项目组件添加到项目中，只需要在主程序中调用向导生成的网络读写指令即可。

通过以上操作，就完成了对客户端 PLC1 的 Get/Put 向导组态。

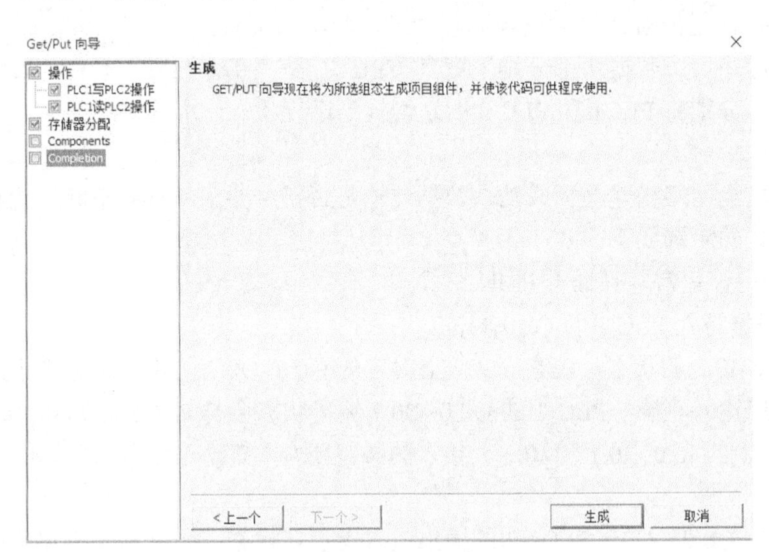

图 4-13　向导生成配置

3．编写程序并下载

完成 Get/Put 向导配置后，在图 4-14 所示的项目树中展开“程序块”中的“向导”文件夹，找到网络执行子程序 NET_EXE。NET_EXE 子程序主要有 4 个参数，包括使能参数、超时参数、周期参数和错误参数。

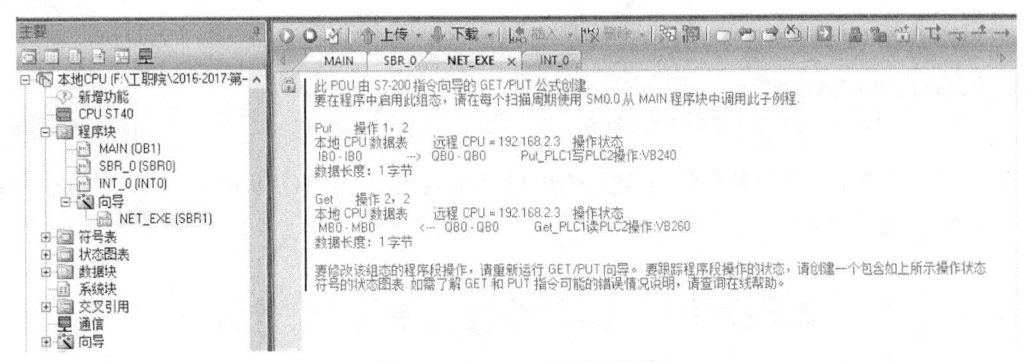

图 4-14　NET_EXE 子程序参数

（1）客户机程序

在项目树中，单击“调用子例程”文件夹。选择网络子程序 NET_EXE，拖放到主程序中，进行参数设置。客户机程序如图 4-15 所示。

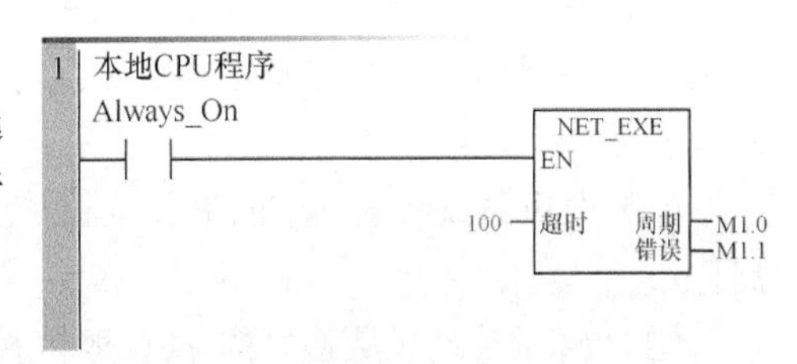

图 4-15　客户机程序

用 SM0.0 设置使能参数，保证每个扫描周期，NET_EXE 网络子程序均被调用。超时参数设置超时定时时间。周期参数为每次所有网络操作完成后进行状态切换。错误参数为网络操作是否出错的状态位。将项目编译并下载到 PLC1 中。

（2）服务器程序

本次任务作为 PLC 2 的服务器不需要编写任何程序。因此下载一个空的程序至 PLC 2 中。重新打开编程软件界面，双击 PLC 类型进行硬件组态。不需做任何设置和编程，保存项目为"远程 PLC"，编译项目，在通信对话框中找到远程 PLC，将程序下载。

服务器和客户机的程序块、数据块都分别下载到 CPU 之后，启动 PLC，硬件连接和运行正常后，进入下一步。分别将 PLC1 和 PLC 2 的站切换到运行状态，准备进行测试。

4．运行测试

测试的主要目的是检测网络搭建是否成功，数据传输是否符合要求，从而不断优化和调整网络参数和程序，测试的步骤如下。

（1）确保两台 PLC 运行正常，且处于 RUN 模式。

（2）PLC1 的 IB0 数据写入 PLC 2 的 QB0 测试。

在 PLC1 上改变 I0.0~I0.7 的状态，观察 PLC2 上对应的 Q0.0~Q0.7 的输出状态指示灯状态。如果网络搭建和程序输入正确，PLC 2 的 Q0.0~Q0.7 输出状态会与 PLC1 的 I0.0~I0.7 的状态一致。例如，将 PLC1 的 I0.0、I0.1 和 I0.2 上接入的按钮闭合，其输入点指示灯如图 4-16（a）所示。

观察 PLC 2 上对应的 Q0.0、Q0.1 和 Q0.2 的输出状态指示灯状态。如果网络搭建和程序输入正确，则 PLC 2 的输出状态应如图 4-16（b）所示。

（3）PLC 2 的 QB0 数据写入 PLC1 的 MB0 测试。

改变 PLC 2 的 Q0.0~Q0.7 的状态，观察 PLC1 上对应的 M0.0~M0.7 的状态。如果网络搭建和程序输入正确，则 PLC1 的 M0.0~M0.7 输出状态会与 PLC2 的 Q0.0～Q0.7 的状态一致。例如，将 PLC 2 的 Q0.4、Q0.5 和 Q0.6 的状态置为 1，其输出点指示灯如图 4-17 所示。

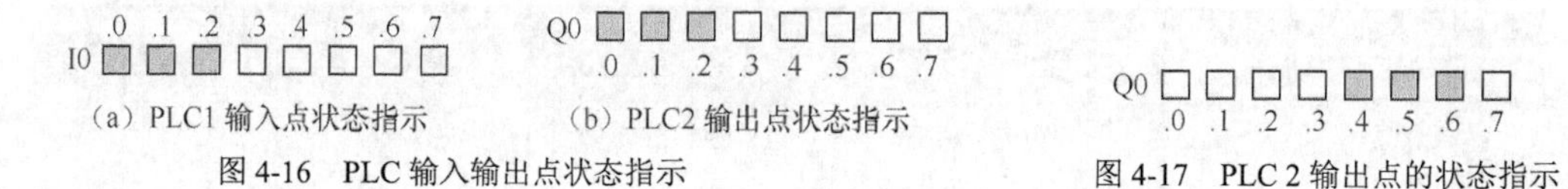

（a）PLC1 输入点状态指示　（b）PLC2 输出点状态指示

图 4-16　PLC 输入输出点状态指示

图 4-17　PLC 2 输出点的状态指示

在 PLC1 项目程序的状态表中，观察 MB0 的数值与 PLC 2 的 QB0 的数值是否一致，MB0 的二进制值为 01110000。

知识拓展——送风和循环系统的通信控制

某控制系统由送风和循环系统组成，如图 4-18 所示，它们均由一台功率为 10kW 的电动机驱动，并且两台电机分别由两台 PLC 控制其直接启动。现需要两个系统能进行数据通信，具体要求如下。

（1）送风系统（主站）的 PLC 既能控制本站的送风电机启停，又能控制循环系统的电机启停。

（2）循环系统（从站）的 PLC 既能控制本站的电机启停，又能控制送风电机的启停。

（3）两个系统均能监控对方的运行和过载状态，当某一系统电动机出现过载时，两个系统电动机均停止，并能在本系统中显示另一系统的过载信息。

1. 硬件连接

采用以太网实现两台 PLC 的数据交换。硬件连接方式如图 4-19 所示。

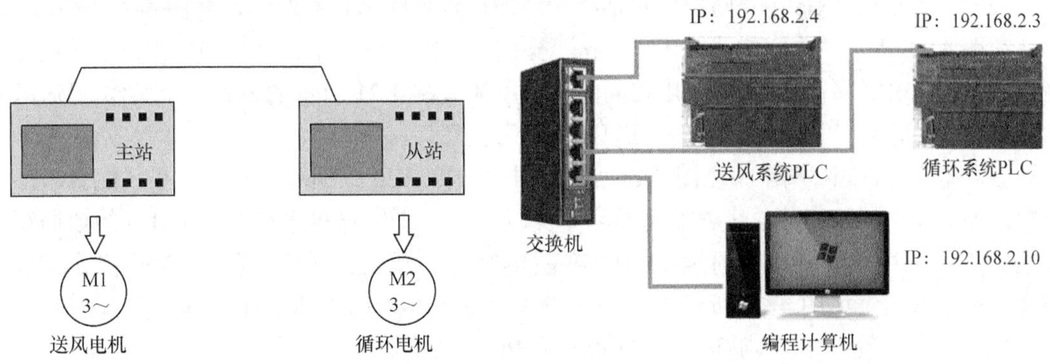

图 4-18　2 台 PLC 的通信系统构成

图 4-19　PLC 与计算机之间的硬件连接

2. 控制系统 I/O 分配

根据控制要求，送风系统的 PLC 作为主站，循环系统的 PLC 作为从站。主站和从站使用的 I/O 分配相同，如表 4-5 所示。两台 PLC 的 CPU 型号均采用 SR40。主站系统硬件接线图如图 4-20 所示，从站 PLC 的输入和输出接线与主站相同。

表 4-5　两台 PLC 之间通信的 I/O 分配

输入		输出	
输入元件	输入继电器	输出元件	输出继电器
本站启动按钮 SB1	I0.1	本站接触器 KM	Q0.0
本站停止按钮 SB2	I0.2	本站运行指示灯 HL1	Q0.4
本站急停按钮 SB3	I0.3	本站过载指示灯 HL2	Q0.5
对方启动按钮 SB4	I0.4	对方运行指示灯 HL3	Q0.6
对方停止按钮 SB5	I0.5	对方过载指示灯 HL4	Q0.7
本站过载信号 FR	I0.6		

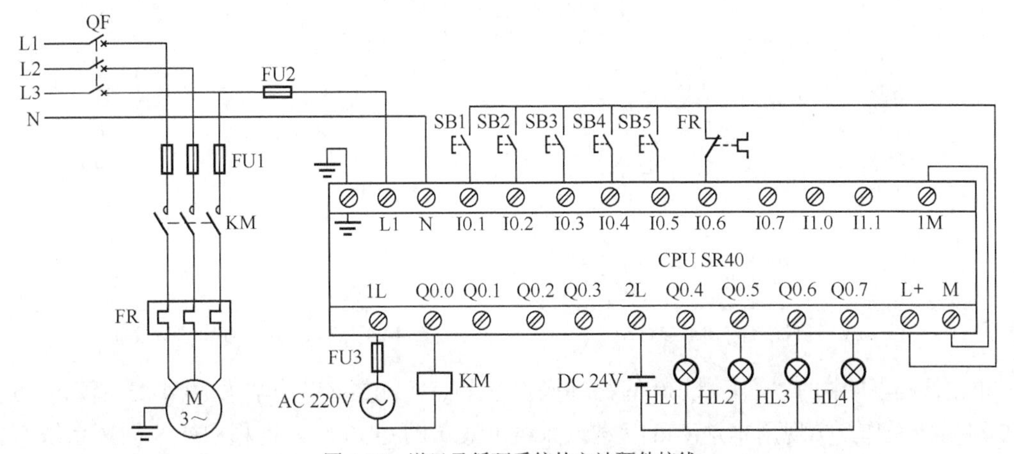

图 4-20　送风及循环系统的主站硬件接线

3．组态 Get/Put 向导

（1）打开 Get/Put 向导。

（2）在弹出的“Get/Put 向导”对话框中添加操作步骤名称和注释，如图 4-21 所示。

在图 4-21 所示的左侧树式图中，单击“操作”节点，然后单击“添加”按钮，添加操作名称为“送风 IB0 写循环操作”。用相同的方法添加如图 4-21 所示的另外 3 个操作，“送风读循环 IB0”、“送风读循环 QB0”和“送风 QB0 写循环”。

（3）定义 Get/Put 操作。在图 4-21 中，单击“送风 IB0 写循环”操作节点，配置该操作参数，如图 4-22 所示。“送风 IB0 写循环”实现本地 CPU（送风系统 PLC）IB0 的数据写入远程 CPU（循环系统 PLC）的 MB0 中。在图 4-21 中，单击“送风读循环 IB0”操作节点，配置该操作参数，如图 4-23 所示。“送风读循环 IB0”实现用本地 CPU（送风系统的 PLC）的 MB0 来存储远程 CPU（循环系统的 PLC）IB0 的数据。

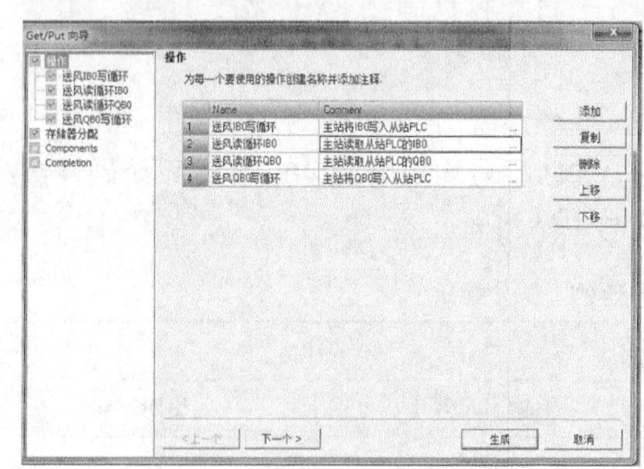

图 4-21　添加操作

图 4-22　送风 IB0 写循环参数设置

单击图 4-21 中的“送风读循环 QB0”操作节点，配置该操作参数，如图 4-24 所示。“送风读循环 QB0”操作实现用本地 CPU（送风系统 PLC）的 MB1 来存储远程 CPU（循环系统 PLC）QB0 的数据。

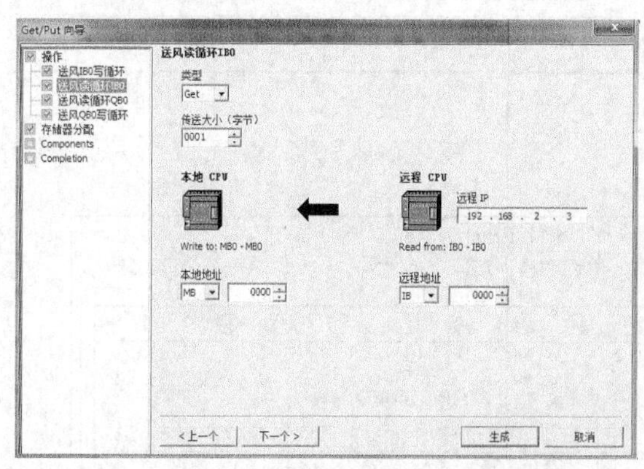

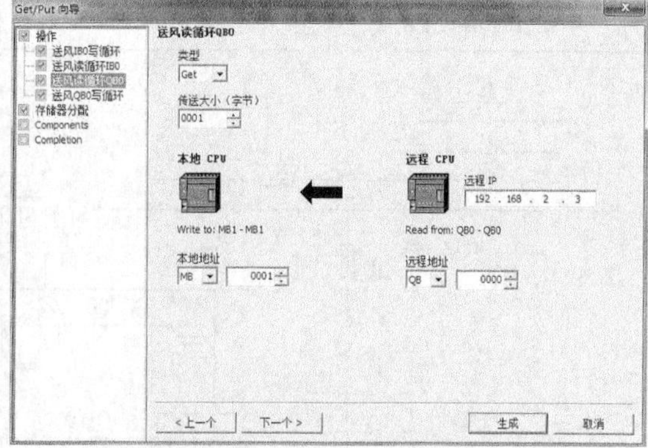

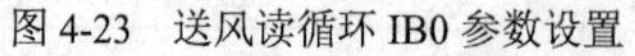
图 4-23　送风读循环 IB0 参数设置

图 4-24　送风读循环 QB0 参数设置

单击图 4-21 中的“送风 QB0 写循环操作”节点，配置该操作，如图 4-25 所示。“送风 QB0 写循环操作”实现用本地 CPU（送风系统 PLC）的 QB0 写入远程 CPU（循环系统 PLC）的 MB1 中。

（4）为 Get/Put 向导分配存储器地址，如图 4-26 所示。

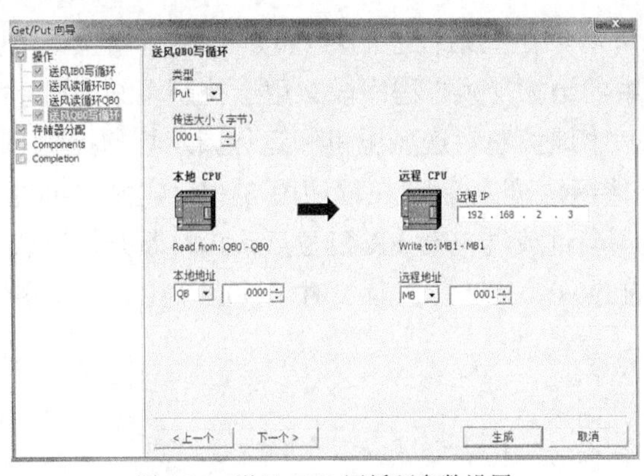

图 4-25 送风 QB0 写循环参数设置

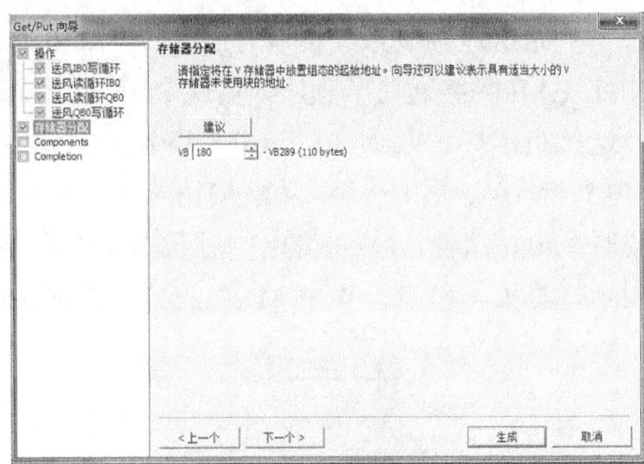

图 4-26 存储器分配

（5）单击图 4-27 所示的“Componets”节点，出现如图 4-27 所示的 Get/Put 向导生成的项目组件。

（6）单击图 4-27 中的“生成”按钮，完成 Get/Put 向导配置，如图 4-28 所示。

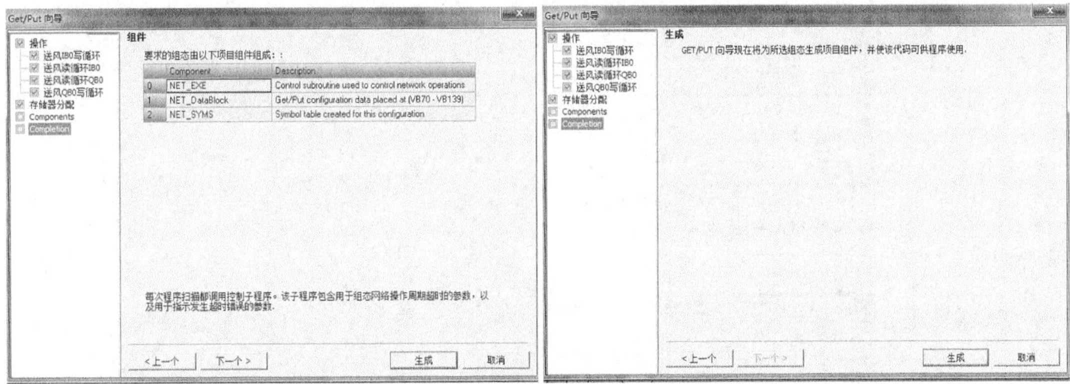

图 4-27 Components 组件页面

图 4-28 向导生成配置

通过以上操作，就完成了对主站（送风 PLC）的 Get/Put 向导组态。从站（循环 PLC）作为服务器不需做 Get/Put 向导组态。

4．程序设计

两台 PLC 对电机以及运行指示灯的控制，主站和从站中的程序实现。首先定义主站送风系统的符号表，如图 4-29 所示。从站的 IB0 数据通过通信存储在主站的 MB0 中。因此，从站对主站的启停信号，分别在主站的 M0.4 和 M0.5 中。急停信号在主站的 M0.3 中。从站的 QB0 数据存储在主站的 MB1 中。因此，从站电机的控制信号 Q0.0 和过载信号 Q0.5 分别存储在主站的 M1.0 和 M1.5 中。

符号表

			符号	地址	注释
1			本站启动按钮SB1	I0.1	
2			本站停止按钮SB2	I0.2	
3			本站急停按钮SB3	I0.3	
4			本地过载信号FR	I0.6	
5			对方控制本地急停信号	M0.3	
6			对方控制本地启动信号	M0.4	
7			对方控制本地停止信号	M0.5	
8			对方电机的运行情况	M1.0	
9			对方电机的过载情况	M1.5	

图 4-29 主站送风系统本地 PLC 的符号表

主站送风控制系统的程序如图 4-30（a）所示。在主站程序的程序段 1 中调用生成的 NET_EXE 网络通信子程序，实现 Put/Get 组态中的数据交换。程序段 2 用于控制主站电机以及运行指示灯。I0.1、I0.2、I0.3 和 I0.6 实现主站本地按钮对送风电机和运行指示灯的控制。M0.3、M0.4、M0.5 实现从站按钮对主站电机和指示灯的控制。在程序段 3 中，主站电机过载时，I0.6 闭合，Q0.5 得电，过载指示灯点亮，当过载继电器 FR 复位后，I0.6 断开，过载指示灯熄灭。程序段 4 中 M1.0 的数据是从站的 Q0.0，当 M1.0 为 1 时，Q0.6 为 1，从站循

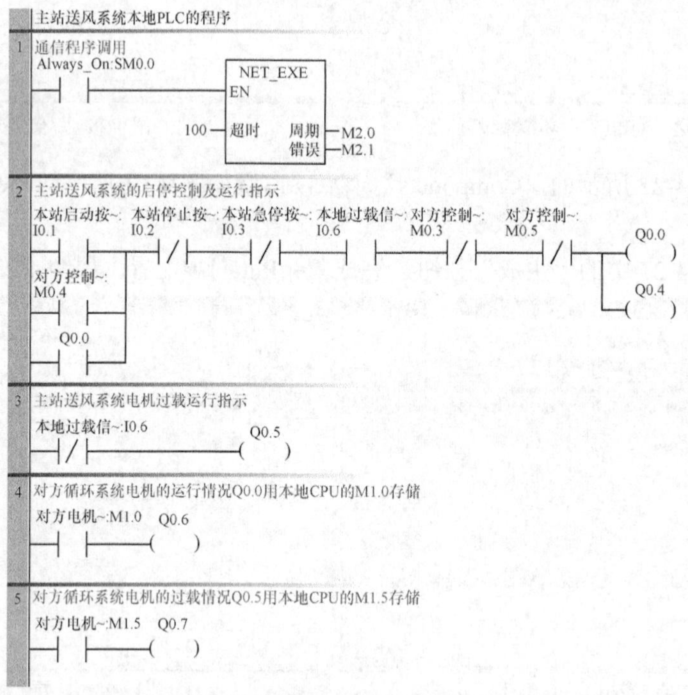

（a）主站送风系统本地CPU程序

从站循环远程PLC的程序
1 从站送风系统的启停控制及运行指示
本站启动按~: I0.1
本站停止按~: I0.2
本站急停按~: I0.3
本地过载信~: I0.6
对方控制~: M0.3
对方控制~: M0.5
Q0.0
Q0.4
对方控制~: M0.4
Q0.0
2 从站送风系统电机过载运行指示
本地过载信~:I0.6
Q0.5
3 对方主站送风系统电机的运行情况
对方电机~:M1.0
Q0.6
4 对方主站送风系统电机的过载情况
M1.5
Q0.7

（b）从站循环系统远程CPU程序

图 4-30　送风和循环系统的程序

环电机运行指示，M1.0 为 0 时，Q0.6 为 0，从站循环电机停止运行指示。程序段 5 中 M1.5 的数据是从站的 Q0.5，M1.5 为 1 时，Q0.7 为 1，从站循环电机过载指示，M1.0 为 0 时，Q0.7 为 0，从站电机未过载指示。

从站（循环）控制系统的程序如图 4-30（b）所示。从站的符号表定义与主站相同，见图 4-29。从站作为服务器不需要调用网络通信子程序。其余程序与主站相同。

5．调试运行

（1）参照图 4-19 将 2 台 PLC 和网络交换机以及编程计算机连接在一起。

（2）将图 4-30 所示的程序分别下载到主站和从站 PLC 中。

（3）将主站和从站的 PLC 都处于 RUN 状态。

（4）确认通信状态灯（SD、RD）闪烁，说明通信正常。

（5）操作主站（送风）的启停按钮 I0.1 和 I0.2，观察送风电机启停；再操作主站的启停按钮 I0.4 和 I0.5，观察能否控制从站（循环）电机的启停。

（6）操作从站（循环）的启停按钮 I0.1 和 I0.2，观察循环电机启停；再操作从站的启停按钮 I0.4 和 I0.5，观察能否控制主站（送风）电机的启停。

（7）观察在主站和从站的操作过程中，能否监控对方站的运行和过载情况。

思考与练习

1．选择题

（1）S7-200 SMART 集成的以太网通信端口支持的通信类型包括（　　）。

A．STET7-Micro/WIN SMART 软件编程　　B．HNI-以太网类型

C．S7（GET/PUT）通信

（2）S7-200 SMART 在以太网通信中（　　）。

A．既可作为主动设备，也可作为被动设备　　B．只能作为主动设备。

C．只能作为被动设备

（3）以太网端口支持的最大通信连接数：（　　）个专用 HMI/OPC 连接，（　　）个编程设备（PG）连接，（　　）个 GET/PUT 对等连接。

A．8　　B．1　　C．2　　D．16

（4）S7-200 SMART CPU 的以太网端口的物理网络连接方法有（　　）。

A．直接连接　　B．网络连接

2．分析题

两台 S7-200 SMART 系列 PLC 以太网交换数据，通过程序实现下述功能。

（1）主站的 I0.0～I0.7 控制从站的 Q0.0～Q0.7；当主站的计算值（D0+D2）≤100 时，从站中的 Q0.7 为 ON。

（2）从站的 I0.0～I0.7 控制主站的 Q0.0～Q0.7；从站中数据寄存器 D10 的值用来作主站的 T0 的设定值。

试编写主站和从站的通信程序。

任务4.2 两台S7-200 SMART PLC之间的Modbus RTU通信

任 务 导 入

有由两台 S7-200 SMART PLC 组成的控制系统。需要完成以下通信任务：实现两台 S7 200 SMART PLC 的 Modbus RTU 通信，将 PLC1 中的 IW0 的数据写入 PLC 2 的 QW0 中。同时，从 PLC 2 中获得 VW0 寄存器的值写入 PLC1 中的 QW0 中。2 台 PLC 的数据交换示意图如图 4-31 所示。两台 PLC 的数据交换要求采用 Modbus RTU 进行通信。

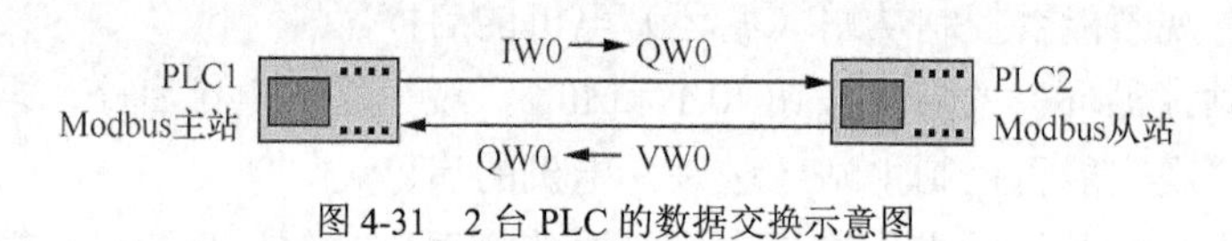

图 4-31 2 台 PLC 的数据交换示意图

相 关 知 识

一、RS485 网络连接

1. RS485 网络的传输距离和波特率

RS485 网络为采用屏蔽双绞线电缆的线性总线网络，总线两端需要终端电阻。RS485 网络允许每一个网段的最大通信节点数为 32，允许的最大电缆长度则由通信端口是否隔离以及通信波特率大小等两个因素决定。RS485 网段电缆的最大长度如表 4-6 所示。

表 4-6 RS485 网段电缆的最大长度

波特率（bit/s）	S7-200 SMART CPU 端口	隔离型 CPU 端口
9.6KB～187.5KB	50m	1 000m
500KB	不支持	400m
1MB～1.5MB	不支持	200m
3MB～12MB	不支持	100m

S7-200 SMART CPU 集成的 RS485 端口以及 SB CM01 信号板都是非隔离型通信端口，允许的最大通信距离为 50m，该距离为网段中第一个通信节点到最后一个节点的距离。如果网络中的通信节点数大于 32 或者通信距离大于 50m，则需要添加 RS485 中继器拓展网络连接。

注 意

S7-200 SMART CPU 集成的 RS485 端口以及 SB CM01 信号板都是非隔离型，与网段中其他节点通信时需要做好参考点电位的等电位连接或者使用 RS485 中继器为网络提供隔离。参考点电位不同的节点通信时，可能会导致通信错误或者端口烧坏。

S7-200 SAMRT CPU 与其他节点联网时，可以将 CPU 模块右下角的传感器电源的 M 端与其他节点通信端口的 0V 参考点连接起来做到等电位连接。

2．RS485 中继器

RS485 中继器可用于延长网络距离，电气隔离不同网段以及增加通信节点数量。中继器的作用如下。

延长网络距离。网络中添加中继器允许将网络再延长 50m，如果两台中继器连接在一起，中间无其他节点，则可将网络延长 1 000m，一个网络中最多可以使用 9 个西门子中继器，如图 4-32 所示。

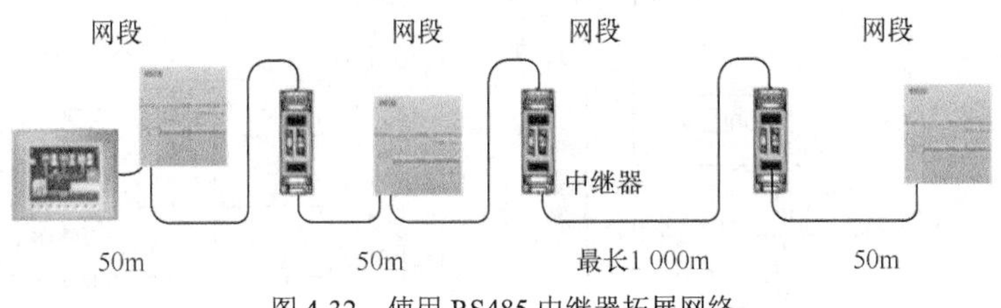

图 4-32　使用 RS485 中继器拓展网络

注　意

（1）S7-200 SMART CPU 自由口通信、Modbus RTU 通信和 USS 通信时，不能使用西门子中继器拓展网络。

（2）电气隔离不同网段。隔离网络可以使参考点电位不相同的网段相互隔离，从而确保通信传输质量。

（3）增加网络设备。在一个 RS485 网段中，最多可以连接 32 个通信节点。使用中继器可以向网络中拓展一个网段，可以再连接 32 个通信节点，但是因为中继器本身也占用一个通信节点位置，所以拓展的网段只能再连接 31 个通信节点。

3．RS485 网络连接器

西门子提供了两种类型的 RS485 网络连接器，可使用它们轻松地将多台通信节点连接到通信网络上。一种是标准型网络连接器，另一种则增加了可编程接口。图 4-33 为网络连接器的实物图。标准型网络连接器用于一般联网，带编程口的网络连接器可以在联网的同时仍然提供一个编程连接端口，用于编程或者连接 HMI 等。

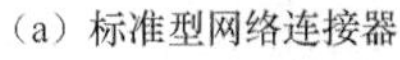

（a）标准型网络连接器

（b）带编程口的网络连接器

图 4-33　RS485 网络连接器

S7-200 SMART 网络连接器上的两组连接端子，用于连接输入电缆和输出电缆，如图 4-34 所示。网络连接器上具有终端和偏置电阻的选择开关，网络两端的通信节点必须将网络连接器的选择开关设置为 on，网络中间的通信节点需要将选择开关设置为 off。典型的网络连接器终端电阻和偏置电阻接线如图 4-35 所示。

使用 SB CM01 信号板可用于连接 RS485 网络，当信号板为终端通信节点时，需要接终端电阻和连接偏置电阻。典型的电路图如图 4-36 所示。

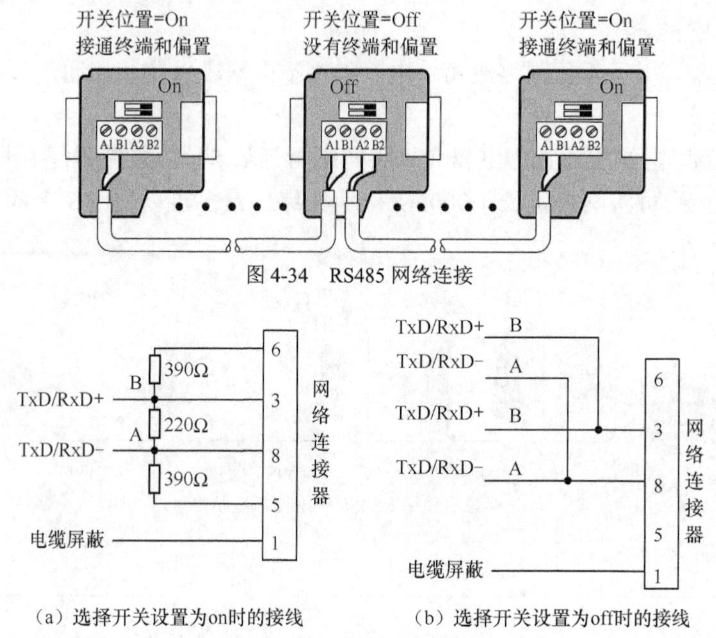

图 4-34　RS485 网络连接

（a）选择开关设置为on时的接线　　（b）选择开关设置为off时的接线

图 4-35　网络连接器终端和偏置电阻的接线

注　意

终端电阻用于消除通信电缆中由于特性阻抗不连续而造成的信号反射。信号传输到网络末端时，如果电缆阻抗很小或者没有阻抗的话，在这个地方就会引起信号反射。消除这种反射的方法就是在网络的两端接一个与电缆的特性阻抗相同的终端电阻，使电缆阻抗连续。

当网络上没有通信节点发送数据时，网络总线处于空闲状态，增加偏置电阻可使总线上有一个确定的空闲电位，保证了逻辑信号 0、1 的稳定性。

4．RS232 连接

RS232 网络为两台设备之间的点对点连接，最大通信距离为 15m，通信速率最大为 115.2 kbit/s。RS232 连接可用于连接扫描器、打印机、调制解调器等设备。SB CM01 信号板通过组态可以设置为 RS232 通信端口。典型的 RS232 接线方式如图 4-37 所示。

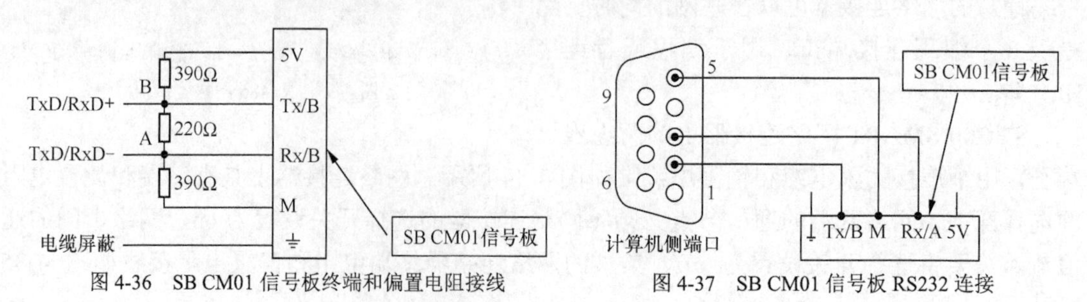

图 4-36　SB CM01 信号板终端和偏置电阻接线　　图 4-37　SB CM01 信号板 RS232 连接

二、CPU 的 Modbus 通信物理连接

Modbus 通信标准协议可以通过各种传输方式传播，如 RS232C、RS485、光纤、无线电

等。在 S7-200 SMART CPU 通信口上实现的是 RS485 半双工通信，使用的是 S7-200 SMART 的自由口功能。

通过集成 RS485 端口或可选通信版 SM CM01 的 RS485/RS232 端口，S7-200 SMART 可以作为 Modbus RTU 主站或从站同多个设备进行通信，如图 4-38 所示。

Modbus 是一种单主站的主/从通信模式。Modbus 网络上只能有一个主站存在，主站在 Modbus 网络上没有地址，从站的地址范围为 0～247，其中 0 为广播地址，从站的实际地址范围为 1～247。S7-200 SMART CPU 作为主站时，其 RS485 端口或通信板 SB CM01 的端口最多可以控制 247 个从站，如图 4-39 所示。利用 Micro/WIN SMART Modbus RTU 指令库编程使得 Modbus 主站和从站通信更为简单。

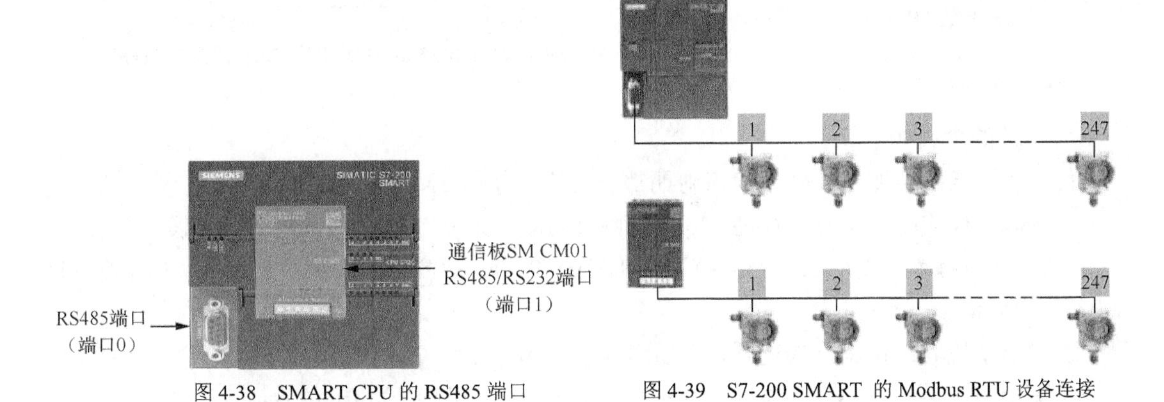

图 4-38　SMART CPU 的 RS485 端口　　图 4-39　S7-200 SMART 的 Modbus RTU 设备连接

三、Modbus RTU 主站

1．Modbus RTU 主站指令库

西门子在 STEP 7-Micro/WIN SMART 中正式推出 Modbus RTU 主站协议库（西门子标准库指令），如图 4-40 所示。使用 Modbus RTU 主站指令库，可以读写 Modbus RTU 从站的数字量、模拟量 I/O 以及保持寄存器。

注　意

① Modbus RTU 主站指令库的功能是在用户程序中调用预先编好的程序功能块实现的，该库对 CPU 集成的 RS 485 通信口和 CM 01 信号板有效。该指令库将设置通信口工作在自由口模式下。

② Modbus RTU 主站指令库使用了一些用户中断功能，编写其他程序时不能在用户程序中禁止中断。

③ Modbus RTU 主站指令库不能同时应用于 CPU 集成的 RS 485 通信口和 CM 01 信号板。

④ 使用 Modbus RTU 主站指令库，可以读写 Modbus RTU 从站的数字量、模拟量 I/O 以及保持寄存器。

2．Modbus RTU 主站功能编程

（1）调用 Modbus RTU 主站初始化和控制子程序。

使用 SM0.0 调用 MBUS_CTRL 完成主站的初始化，如图 4-41 所示。

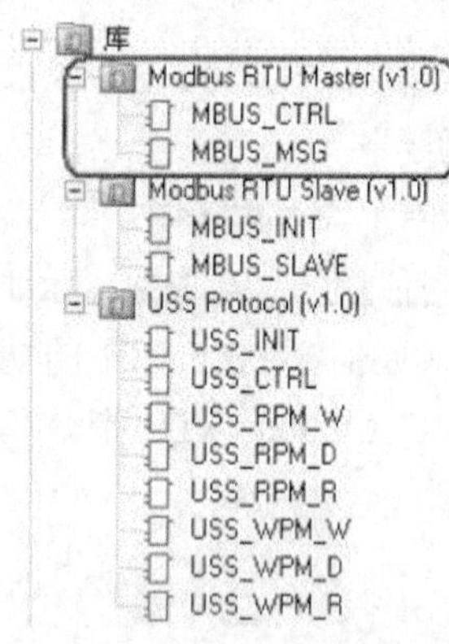

图 4-40 西门子标准指令库（STEP7-Micro/WIN SMART）

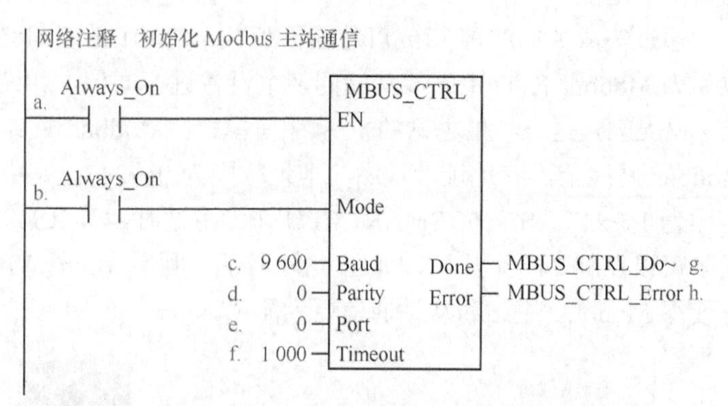

图 4-41 用 SM0.0 调用 Modbus RTU 主站初始化与控制子程序

各参数的含义如下。

a. EN 使能：必须保证每一扫描周期都被使能（使用 SM0.0）。

b. Mode 模式：为 1 时，使能 Modbus 协议功能；为 0 时恢复为系统 PPI 协议。

c. Baud 波特率：支持的通信波特率为 1 200、2 400、4 800、9 600、19 200、38 400、57 600、115 200。

d. Parity 校验：校验方式选择，0=无校验，1=奇较验，2=偶较验。

e. Port 端口号：0 = CPU 集成的 RS 485 通信口；1=可选 CM 01 信号板。

f. Timeout 超时：主站等待从站响应的时间，以 ms 为单位，典型的设置值为 1 000ms（1s，允许设置的范围为 1～32 767。注意：这个值必须设置得足够大，以保证从站有时间响应。

g. Done 完成位：初始化完成，此位会自动置 1。可以用该位启动 MBUS_MSG 读写操作（见例程）。

h. Error 初始化错误代码（只有在 Done 位为 1 时有效）：0=无错误；1=校验选择非法；2=波特率选择非法；3=超时无效；4=模式选择非法；9=端口无效；10=信号板端口 1 缺失或未组态。

（2）调用 Modbus RTU 主站读写子程序 MBUS_MSG，发送一个 Modbus 请求，如图 4-42 所示。

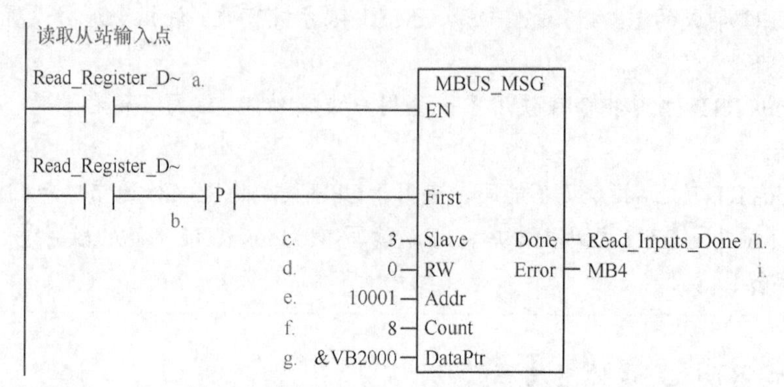

图 4-42 调用 Modbus RTU 主站读写子程序

各参数的含义如下。

a. EN 使能：同一时刻只能有一个读写功能（即 MBUS_MSG）使能。

注 意

建议每一个读写功能（即 MBUS_MSG）都用上一个 MBUS_MSG 指令的 Done 完成位来激活，以保证所有读写指令循环进行。

b. First 读写请求位：每一个新的读写请求必须使用脉冲触发。

c. Slave 从站地址：可选择的范围为 1～247。

d. RW 读写请求：0=读，1=写。

注 意

① 开关量输出和保持寄存器支持读和写功能。

② 开关量输入和模拟量输入只支持读功能。

e. Addr 读写从站的选择读写的数据类型。

数据地址如下。

00001～0xxxx：开关量输出。

10001～1xxxx：开关量输入。

30001～3xxxx：模拟量输入。

40001～4xxxx：保持寄存器。

f. Count：通信的数据数（位或字的数）。

注 意

Modbus 主站可读/写的最大数据量为 120 字（是指每一个 MBUS_MSG 指令）。

g. DataPtr 数据指针：

- 如果是读指令，则读回的数据放到这个数据区中。
- 如果是写指令，则要写出的数据放到这个数据区中。

h. Done 完成位，读写功能完成位。

i. Error 错误代码：只有在 Done 位为 1 时，错误代码才有效。

0＝无错误。

1＝响应校验错误。

2＝未用。

3＝接收超时（从站无响应）。

4＝请求参数错误（slave address，Modbus address，count，RW）。

5＝Modbus/自由口未使能。

6＝Modbus 正在忙于其他请求。

7＝响应错误（响应不是请求的操作）。

8＝响应 CRC 校验和错误。

101＝从站不支持请求的功能。

102＝从站不支持数据地址。

103＝从站不支持此种数据类型。

104＝从站设备故障。

105＝从站接受了信息，但是响应被延迟。

106＝从站忙，拒绝了该信息。

107＝从站拒绝了信息。

108＝从站存储器奇偶错误。

常见的错误：如果多个 MBUS_MSG 指令同时使能会造成 6 号错误；从站 delay 参数设的时间过长会造成主站 3 号错误；从站掉电或不运行，网络故障都会造成主站 3 号错误。

（3）在 CPU 的 V 数据区中为库指令分配存储区（Library Memory）。

Modbus Master 指令库需要一个 286 字节的全局 V 存储区。调用 STEP 7-Mciro/WIN SMART Instruction Library（指令库）需要分配库指令数据区（Library Memory）。库指令数据区是相应库的子程序和中断程序所要用到的变量存储空间。如果在编程时不分配库指令数据区，编译时就会产生许多相同的错误。

操作步骤如下。

① 在指令树的 Project（项目）中，用鼠标右键单击程序块，在弹出的快捷菜单中选择库存储器，如图 4-43 所示。

② 在弹出的“库存储器分配”对话框中设置库指令数据区，如图 4-44 所示。

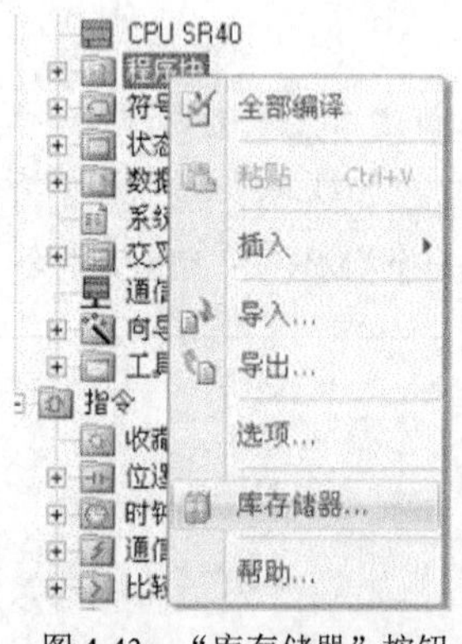

图 4-43 “库存储器”按钮

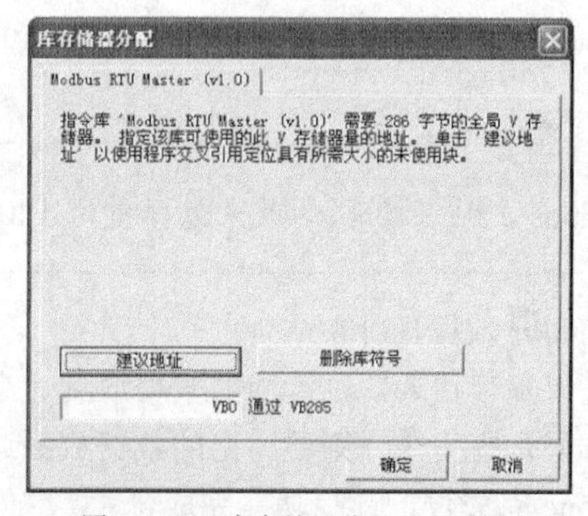

图 4-44 “库存储器分配”对话框

默认情况下是从 VB0 开始，但要保证该存储器使用地址范围与其他程序使用的地址不能有重叠。单击“建议地址”按钮也可以自动分配。可以使用“建议地址”设置数据区，但要注意编程软件设置的数据区地址，只考虑到了其他一般寻址，而未考虑到诸如 Modbus 数据保持寄存器区等的设置。应当确保不与其他任何已使用的数据区重叠、冲突。不应重复单击“建议地址”按钮，否则也会造成混乱。

3．关于 Modbus RTU 主站协议库的使用说明

（1）Modbus 地址

通常 Modbus 地址由 5 位数字组成，包括起始的数据类型代号以及后面的偏移地址。

Modbus Master 协议库把标准的 Modbus 地址映射为所谓 Modbus 功能号，读写从站的数据。Modbus Master 协议库支持如下地址。

00001～09999：数字量输出（线圈）。

10001～19999：数字量输入（触点）。

30001～39999：输入数据寄存器（通常为模拟量输入）。

40001～49999：数据保持寄存器。

（2）Modbus Master 协议库支持的功能。

为了支持上述 Modbus 地址的读写，Modbus Master 协议库需要从站支持表 4-7 中的功能。

表 4-7　　需要从站支持的功能

Modbus 地址	读/写	Modbus 从站须支持的功能	Modbus 地址	读/写	Modbus 从站须支持的功能
00 001～09 999 数字量输出	读	功能 1	30 001～39 999 输入寄存器	读	功能 4
	写	功能 5：写单输出点 功能 15：写多输出点		写	—
10 001～19 999 数字量输入	读	功能 2	40 001～49 999 保持寄存器	读	功能 3
	写	—		写	功能 6：写单寄存器单元 功能 16：写多寄存器单元

（3）Modbus 地址和 S7-200 SMART 存储区地址的映射。

S7-200 SMART 通过 Modbus Master 和 Slave 协议库通信时，Modbus 地址和 S7-200 SMART CPU 内存储区地址的映射关系都类似。

Modbus 保持寄存器地址映射举例，如图 4-45 所示。Modbus 保持寄存器的地址 40001 对应 V 存储器的 VW200。地址 40002 则对应 VW202。对于 V 存储区数据，Modbus 保持寄存器每增加一个地址，V 存储区就增加一字的长度。数据存放的规则仍然按照“高地址存放低字节”数据，“低地址存放高字节”数据。在例子中，低字节数据 34 放入高地址 VB201；高字节数据 12 放入低地址 VB200 中。

Modbus 保持寄存器地址

40001	1234
40002	5678
40003	9ABC

S7-200 SMART 存储区字寻址

VW200	1234
VW202	5678
VW204	9ABC

S7-200 SMART 存储区字节寻址

VB200	12
VB201	34
VB202	56
VB203	78
VB204	9A
VB205	BC

图 4-45　Modbus 保持寄存器地址映射举例

Modbus 数字量地址映射举例。位地址（0xxxx 和 1xxxx）数据总是以字节为单位打包读写。第一字节中的最低有效位对应 Modbus 地址的起始地址，如图 4-46 所示。

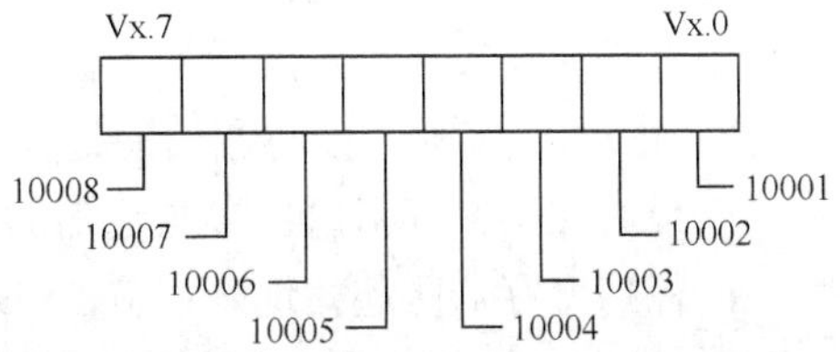

Vx.7　Vx.0

10008　10007　10006　10005　10004　10003　10002　10001

图 4-46　Modbus 数字量地址映射举例

四、Modbus RTU 从站

1．Modbus RTU 从站通信设备

S7-200 SMART CPU 本体集成通信口（Port 0）、可选信号板（Port 1），可以支持 Modbus

RTU 协议，成为 Modbus RTU 从站。此功能是通过 S7-200 SMART 的自由口通信模式实现的，因此可以通过无线数据电台等慢速通信设备传输。

要实现 Modbus RTU 通信，需要使用 STEP 7-Micro/WIN SMART Instruction Library（指令库）。Modbus RTU 功能是通过指令库中预先编好的程序功能块实现的。Modbus RTU 从站指令不能同时用于 CPU 集成的 RS 485 通信口和可选 CM 01 信号板。

2．Modbus RTU 从站使用指令库编程步骤

（1）检查 Micro/WIN SMART Modbus RTU 从站指令库，库中应当包括 MBUS_INIT 和 MBUS_SLAVE 两个子程序，如图 4-47 所示。

（2）编程时使用 SM0.1 调用子程序 MBUS_INIT 进行初始化，使用 SM0.0 调用 MBUS_SLAVE，并指定相应参数，如图 4-48 所示。

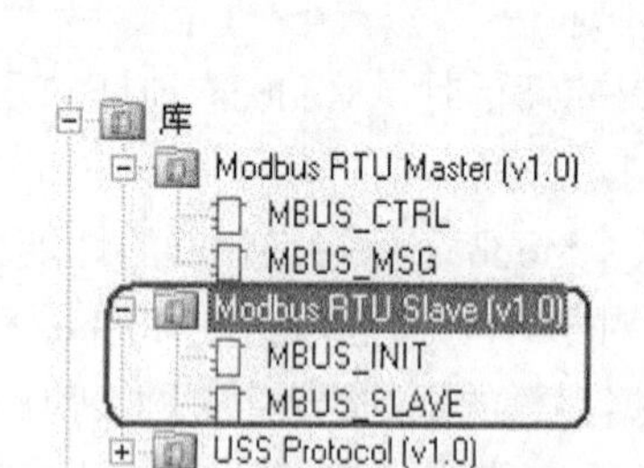

图 4-47　指令树中的库指令

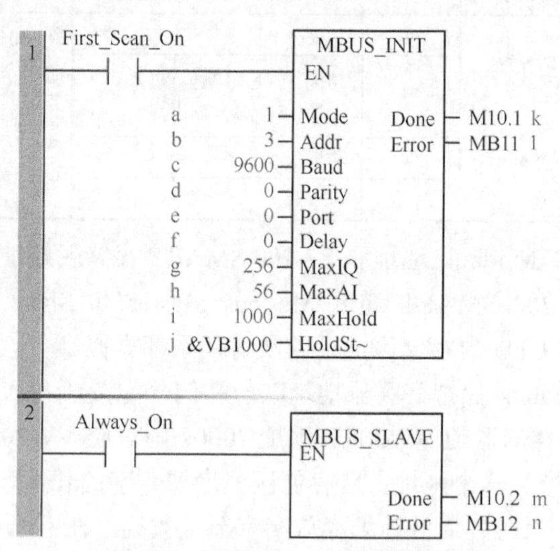

图 4-48　调用 Modbus RTU 通信指令库

图 4-48 中参数的含义如下。

a. 模式选择：启动/停止 Modbus，1=启动；0=停止。

b. 从站地址：Modbus 从站地址，取值范围为 1～247。

c. 波特率：可选 1 200，2 400，4 800，9 600，19 200，38 400，57 600，115 200。

d. 奇偶校验：0=无校验；1=奇校验；2=偶校验。

e. 端口：0=CPU 中集成的 RS485，1=可选信号板上的 RS485 或 RS232。

f. 延时：附加字符间延时，默认值为 0。

g. 最大 I/Q 位：参与通信的最大 I/O 点数，S7-200 SMART 的 I/O 映像区为 256/256（但目前最多只能连接 4 个扩展模块，因此目前最多 I/O 点数为 188/188）。

h. 最大 AI 字数：参与通信的最大 AI 通道数，最多 56 个。

i. 最大保持寄存器区：参与通信的 V 存储区字（VW）。

j. 保持寄存器区起始地址：以&VBx 指定（间接寻址方式）。

k. 初始化完成标志：成功初始化后置 1。

l. 初始化错误代码。见表 4-8 所示的常见错误代码。

表 4-8 常见的错误代码

错误代码	描述	错误代码	描述
0	无错误	7	收到 CRC 错误
1	存储器范围错误	8	功能请求非法/功能不受支持
2	波特率或奇偶校验非法	9	请求中的存储器地址非法
3	从站地址非法	10	从站功能未启用
4	Modbus 参数值非法	11	端口号无效
5	保持寄存器与 Modbus 从站符号重叠	12	信号板端口 1 缺失或未组态
6	收到奇偶校验错误	13	收到 CRC 错误

m. Modbus 执行：通信中时置 1，无 Modbus 通信活动时为 0。

n. 错误代码：0=无错误，常见的错误代码如表 4-8 所示。

（3）在 CPU 的 V 数据区中分配库指令数据区（Library Memory）。

Modbus Slave 指令库需要一个 781 字节的全局 V 存储区。调用 STEP 7 - Mciro/WIN SMART Instruction Library（指令库）需要分配库指令数据区（Library Memory）。库指令数据区是相应库的子程序和中断程序所要用到的变量存储空间。如果在编程时不分配库指令数据区，则编译时会产生许多相同的错误。

操作步骤如下。

① 在指令树的项目中，用鼠标右键单击程序块，在弹出的快捷菜单中选择“库存储器”，如图 4-49 所示。

② 在弹出的“库存储器分配”对话框中设置库指令数据区，如图 4-50 所示。

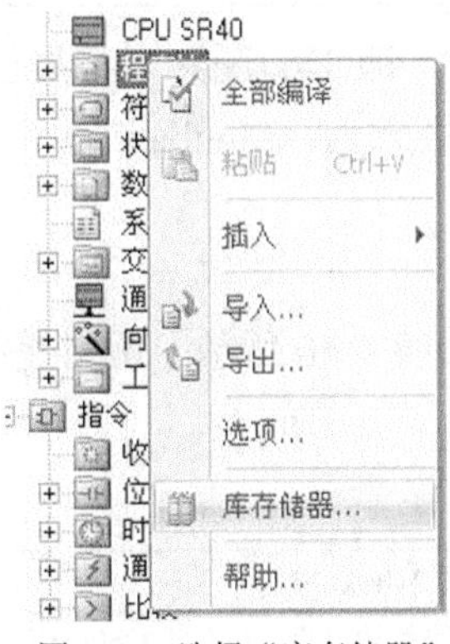

图 4-49 选择“库存储器”

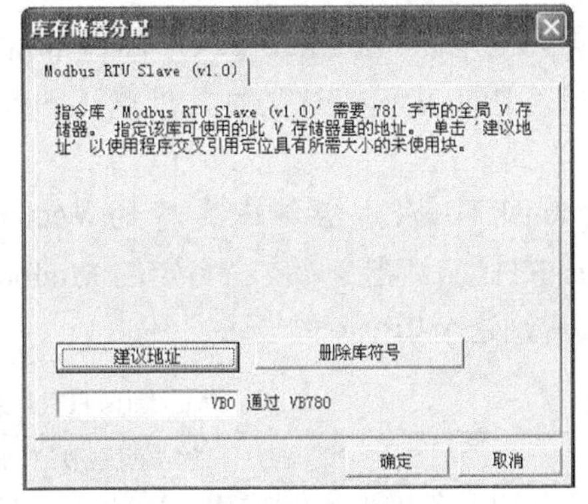

图 4-50 “库存储器分配”对话框

默认情况下是从 VB0 开始，但要保证该存储器使用地址范围与其他程序使用的地址不能有重叠。单击“建议地址”按钮也可以自动分配。

（4）如有必要，使用主站软件测试。

注 意

由子程序参数 HoldStart 和 MaxHold 指定的保持寄存器区，是在 S7-200 SMART CPU 的 V 数据存储区中分配的，所以此数据区不能和库指令数据区有任何重叠，否则在运行时会产生错误，不能正常通信。注意 Modbus 中的保持寄存器区按“字”寻址，即 MaxHold 规定的是 VW 而不是 VB 的个数。

在图 4-48 所示的例子中，规定了 Modbus 保持寄存器区从 VB1000 开始（HoldStart=VB1000），并且保持寄存器为 1 000 字（MaxHold＝1 000），因保持寄存器以字（两字节）为单位，实际上这个通信缓冲区占用了 VB1000～VB2999 共 2 000 字节。因此分配库指令保留数据区时至少要避开 VB1000～VB2999 区间。

注 意

选用的 CPU 的 V 存储区大小！CPU 型号不同，V 数据存储区大小也不同。应根据需要选择 Modbus 保持寄存器区域的大小。

包含 Modbus RTU 从站指令库的项目编译、下载到 CPU 中后，在编程计算机（PG/PC）上运行一些 Modbus 测试软件可以检验 S7-200 SMART CPU 的 Modbus RTU 通信是否正常，这对查找故障点很有用。测试软件通过计算机串口（RS-232）和 PC/PPI 电缆连接 CPU。如果必要，须将 PC/PPI 电缆设置在自由口通信方式。可到一些软件下载网站寻找类似软件，如 ModScan32 等。

3. Modbus RTU 从站地址与 S7—200 SMART 的地址对应关系

Modbus 地址总是以 00001、30004 之类的形式出现。S7-200 SMART CPU 内部的数据存储区与 Modbus 的 0、1、3、4 共 4 类地址的对应关系如表 4-9 所示。

表 4-9 Modbus 地址对应表

Modbus 地址	S7-200 SMART 数据区	Modbus 地址	S7-200 SMART 数据区
00001～00256	Q0.0～Q31.7	30001～30056	AIW0～AIW110
10001～10256	I0.0～I31.7	40001～4xxxx	T～T + 2 * (xxxx -1)

其中 T 为 S7-200 SMART CPU 中的缓冲区起始地址，即 HoldStart。如果已知 S7-200 SMART CPU 中的 V 存储区地址，推算 Modbus 地址的公式为：Modbus 地址 = 40000 + (T/2+1)；T 为偶数。

4. ModbusRTU 从站指令库支持的 Modbus 功能码

Modbus RTU 从站指令库支持特定的 Modbus 功能，如表 4-10 所示。访问使用此指令库的主站必须遵循这个指令库的要求。

表 4-10 Modbus RTU 从站功能码

功能码	主站使用相应功能码作用于此从站的效用
1	读取单个/多个线圈（离散量输出点）状态。功能 1 返回任意数量输出点（Q）的 ON/OFF 状态
2	读取单个/多个触点（离散量输入点）状态。功能 2 返回任意数量输入点（I）的 ON/OFF 状态
3	读取单个/多个保持寄存器。功能 3 返回 V 存储区的内容。在 Modbus 协议下保持寄存器都是“字”值，在一次请求中可以读取最多 120 字的数据
4	读取单个/多个输入寄存器。功能 4 返回 S7-200 SMART CPU 的模拟量数据值
5	写单个线圈（离散量输出点）。功能 5 用于将离散量输出点设置为指定的值。这个点不是被强制的，用户程序可以覆盖 Modbus 通信请求写入的值
6	写单个保持寄存器。功能 6 写一个值到 S7-200 SMART 的 V 存储区的保持寄存器中
15	写多个线圈（离散量输出点）。功能 15 把多个离散量输出点的值写到 S7-200 SMART CPU 的输出映像寄存器（Q 区）。输出点的地址必须以字节边界起始（如 Q0.0 或 Q2.0），并且输出点的数目必须是 8 的整数倍。这是此 Modbus RTU 从站指令库的限制。有些点不是被强制的，用户程序可以覆盖 Modbus 通信请求写入的值
16	写多个保持寄存器。功能 16 写多个值到 S7-200 SMART CPU 的 V 存储区的保持寄存器中。在一次请求中可以写最多 120 字的数据

任务实施

1．硬件准备与连接

本次任务所需硬件有两台 S7-200 SMART PLC（型号分别为 CPU ST40 和 CPU SR40）一个网络交换机、一台编程计算机、3 根以太网电缆和一根 profibus 电缆。连接方式如图 4-51 所示。

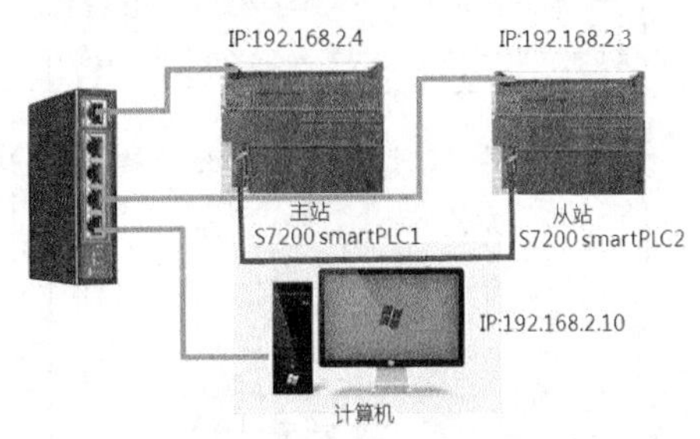

图 4-51 以太网硬件连接

2．程序设计

（1）从站编程

① 符号表的创建。在 Modbus 从站项目中完成硬件组态和符号定义，符号表如图 4-52 所示。

符号表

			符号	地址	注释
1			MBUS_INIT_Done	M0.0	MBUS_INIT完成标志位
2			MBUS_SLAVE_Done	M0.1	MBUS_SLAVE完成标志位
3			MBUS_INIT_Error	MB1	MBUS_INIT错误代码
4			MBUS_SLAVE_Error	MB2	MBUS_SLAVE错误代码

图 4-52 Modbus 从站符号定义

微课：两台 S7-200 SMART PLC Modbus RTU 通信实例——概述及从站编程

② 编程。从站的程序如图 4-53 所示。首先通过 MBUS_INIT 初始化从站，然后通过 MBUS_SLAVE 初始化从站通信。

MBUS_INIT 从站初始化指令使能端输入首次扫描位地址 SM0.1，在 PLC 首次运行时初始化从站。Mode 模式参数输入 1，启用 Mdobus 协议。Modbus 从站地址 Addr 设置为 3。波特率 Baud 设置为 9 600，奇偶校验 Paity 设置为 2 偶校验。端口 Port 设置为 0，表示使用 CPU 集成 RS485 端口。延时参数 Delay 设置为 0。可访问的 I/Q 点数 MaxIQ 设置为 256。可访问的模拟量数 MaxAI 设置 16。可访问 V 存储区 MaxHold 中的可保持的寄存器数设置为 100。V 存储器中保持器的起始地址设置为 VB0。输入初始化完成位标志地址 M0.0，错误代码输出地址 MB1。

MBUS_SLAVE 从站通信初始化指令使能端插入一个常开触点 SM0.0，始终接通从站通信指令。输入从站通信完成位标志地址 M0.1。错误代码输出地址 MB2。

③ 分配库存储区。在“文件”菜单功能区，单击“存储器”按钮，打开“库存储器分配”对话框，输入该指令库存储器的起始地址，如 VB1000，如图 4-54 所示。注意该存储器不能在重复使用。也可以单击“建议地址”按钮，系统自动计算可用的存储器区地址。

（2）主站编程

① 符号表的创建。在 Modbus 主站项目中完成硬件组态和符号定义，符号表如图 4-55 所示。

② 编程。主站的程序如图 4-56 所示。通过 MBUS_CTRL 指令进行主站初始化，通过 MBUS_MSG 指令进行主站读写从站通信编程。

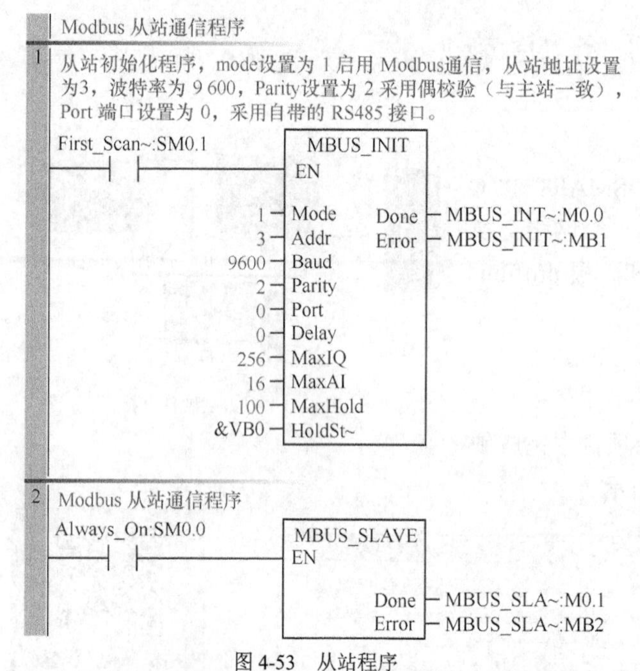

图 4-53　从站程序

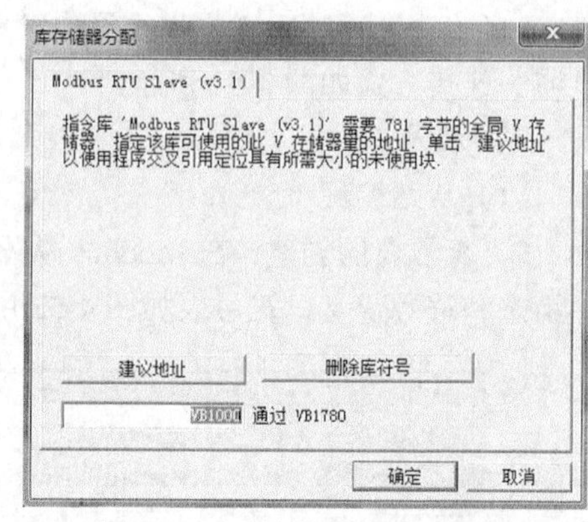

图 4-54　“库存储器分配”对话框

符号表

	符号	地址	注释
1	MBUS_CTRL_Done	M0.0	MBUS_CTRL完成标志位
2	Cycle_First_Done	M0.1	MBUS_MSG读VW0完成标志
3	Cycle_Second_Done	M0.2	MBUS_MSG写QW0完成标志
4	Cycle_First_EN	M3.1	MBUS_MSG读VW0使能
5	Cycle_Second_EN	M3.2	MBUS_MSG写QW0使能
6	MBUS_CTRL_Error	MB1	MBUS_CTRL错误代码
7	MBUS_MSG_Error	MB2	MBUS_MSG错误代码

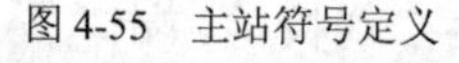
图 4-55　主站符号定义

在程序段 1 中用 MBUS_CTRL 指令初始化主站。使能端插入一个常开触点，输入 SM0.0 始终接通。模式端 Mode 也插入一个常开触点，输入地址 SM0.0，启用 Mdobus 协议。波特率 Baud 设置为 9 600，与从站保持相同的波特率。奇偶校验 Parity 设置为 2 偶校验，与从站一致。端口 Port 设置为 0，使用 CPU 集成 RS485 端口。超时参数 Timeout 设置为 1 000ms。输入初始化完成位标志地址 M0.0，错误代码输出地址 MB1。

要启动对 Modbus 从站的读写请求和处理。需要使用 Modbus 通信指令 MBUS_MSG。同一时刻只能有一条 Modbus 通信指令处于激活状态。使用多条该指令时，需要编写程序实现轮询。如图 4-56 所示的程序段 2，实现的功能是首次扫描时，复位 MBUS_MSG 使能位 M3.1 和 M3.2。程序段 3 实现的功能是按下通信启动按钮 I0.4，置位第一次调用使能位 M3.1，复位两次 MBUS_MSG 指令调用完成位 M0.1 和 M0.2。程序段 4 实现的功能是当启用或者第一次调用 Modbus 通信指令 MBUS_MSG 时，从地址为 3 的 Modbus 从站中，读取从 VB0 开始的 1 字的保持寄存器的数据，即 VW0，将其读入主站的从 QB0 开始的地址中，从站 VW0 映射的地址为 40001。程序段 5 实现的功能是，第一调用完成后，复位第一次调用使能位 M3.1，复位第二次调用完成位 M0.2，置位第二次调用使能位 M3.2。程序段 6 实现的功能是，将主站 Modbus 中的地址从 00001 开始的 16 个数据，即 IW0，写入地址为 3 的 Modbus 从站中，然后用 Modbus 从站中的地址从 Q0.0 开始的 16 位存储器来保存。程序段 7 实现的功能是，第二次调用完成后，复位第二次调用使能位 M3.2，复位第一次调用完成位 M0.1，置位第一次调用使能位 M3.1。这样就通过轮询来实现了写 Modbus 从站输出位、读 Modbus 从站保持器的功能。

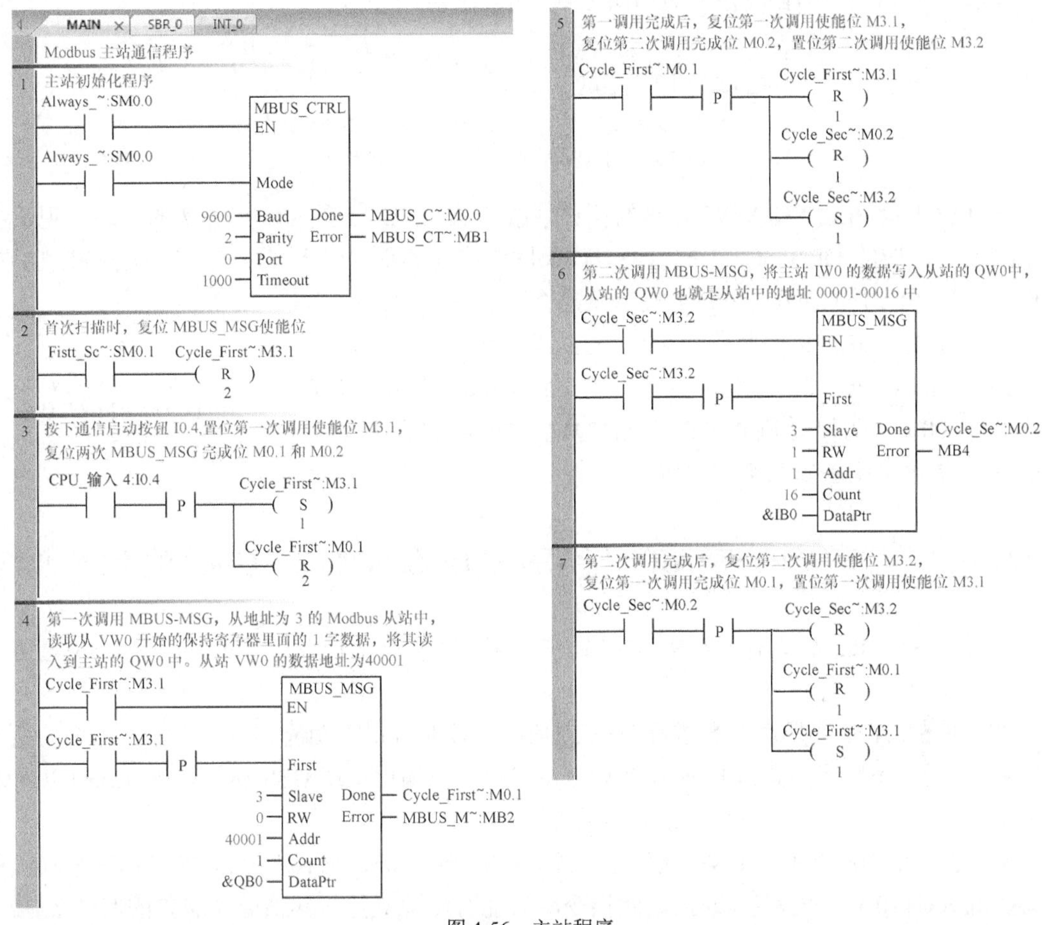

图 4-56　主站程序

③ 分配库存储区。与从站类似分配库存储器。在“文件”菜单功能区，单击“存储器”按钮，打开“库存储器分配”对话框，输入该指令库存储器的起始地址，如图 4-57 所示。

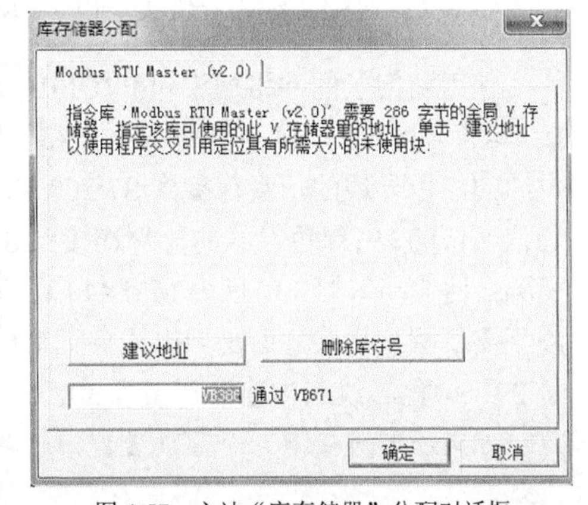

图 4-57　主站“库存储器”分配对话框

3. 运行测试

测试的主要目的是检测网络搭建是否成功，数据传输是否符合要求，从而对网络参数和程序进行不断优化和调整，测试的步骤如下。

① 确保两台 PLC 运行正常，且处于 RUN 模式。

② PLC1 的 IW0 数据写入 PLC 2 的 QW0 测试。按下通信启动按钮 I0.4，注意通信按钮按下之后不能再重复按，否则会出现通信错误码 6。在 PLC1 上改变 I0.0~I1.7 的状态，观察 PLC 2 上对应的 Q1.0～Q1.7 的输出状态指示灯状态。如果网络搭建和程序输入正确，则 PLC 2 的 Q0.0～

Q1.7 输出状态会与 PLC1 的 I0.0～I1.7 的状态一致。例如，将 PLC1 的 I0.0、I0.1 和 I0.2 分别接入 DC24V 电源，其输入点指示灯如图 4-58（a）所示。

观察 PLC 2 上对应的 Q0.0、Q0.1 和 Q0.2 的输出状态指示灯状态。如果网络搭建和程序输入正确，则 PLC 2 的输出状态应如图 4-58（b）所示。

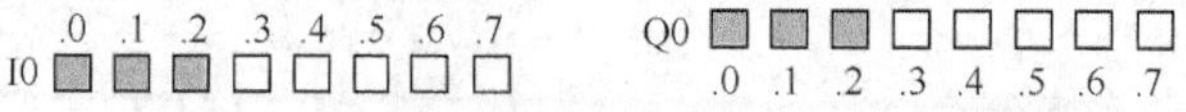

.0 .1 .2 .3 .4 .5 .6 .7
I0

（a）PLC1 输入指标灯状态

Q0
.0 .1 .2 .3 .4 .5 .6 .7

（b）PLC2 输出指标灯状态

图 4-58　写入测试时 PLC 输入输出状态

③ PLC1 读 PLC 2 的 VW0 数据的测试。改变从站 PLC 2 的 V0.0~V1.7 的状态，观察主站 PLC1 上对应的 Q0.0～Q1.7 的状态。如果网络搭建和程序输入正确，主站 PLC1 的 Q0.0～Q1.7 输出状态会随着从站 PLC 2 的 V0.0～V1.7 的状态改变而改变。例如，将从站 PLC 2 的 V0.0 的状态置为 1，在从站 PLC 2 项目程序的状态表中将 VW0 的值置为 0000 0000 0000 0001。可以看到主站 PLC1 的 Q1.0 输出点指示灯点亮，Q0.0～Q1.7 输出状态如图 4-59 所示。

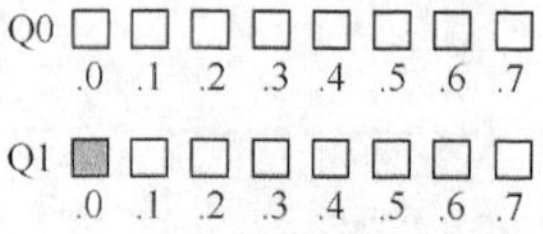

Q0
.0 .1 .2 .3 .4 .5 .6 .7
Q1
.0 .1 .2 .3 .4 .5 .6 .7

图 4-59　数据读取测试时 PLC2 输出指示灯状态

知识拓展——S7-200 SMART 与 SINAMICS MM440 变频器的 USS 通信

S7-200 SMART 本体集成的 RS 485 通信口可以工作在自由口模式下，支持 USS 通信协议。

S7-200 SMART 与驱动装置进行 USS 通信时可以实现以下功能。

- 根据驱动装置的具体 USS 通信规范，用户自己编程实现 USS 通信。此方式可以保证该驱动装置的所有 USS 通信功能都能得到使用。
- 使用西门子提供的 USS 通信指令库，实现与 Micro Master 系列的 MM3/MM4 和 SINAMICS G110/V20 的 USS 通信。此指令库只能有限地支持与其他驱动装置的 USS 连接。

一、S7-200 SMART CPU 与 MM440 变频器的通信接线

使用西门子的网络插头和 PROFIBUS 电缆将 S7-200 SMART CPU 与 MM440 变频器连接，其通信接线如图 4-60 所示，每个 RS-485 通信端口最多可以与 16 台变频器通信。PROFIBUS 电缆的红色导线的一端连接到 S7-200 SMART 通信口的 3 针，另一端连接到 MM 440 变频器通信端口的 29；绿色导线的一端连接到 S7-200 SMART 通信口的 8 针，另一端连接到 MM 440 变频器通信端口的 30。因为 MM 440 通信口是端子连接，如图 4-61 所示，所以 PROFIBUS 电缆不需要网络插头，而是剥出线头直接压在端子上，PROFIBUS 电缆的红色芯线应当压入端子 29，绿色芯线应当连接到端子 30。

如果还要连接下一个驱动装置，则两条电缆的同色芯线可以压在同一个端子内。

注　意

一个完善的总线型网络必须在两端接偏置和终端电阻。偏置电阻用于在复杂的环境下确保通信线上的电平在总线未被驱动时保持稳定；终端电阻用于吸收网络上的反射信号。

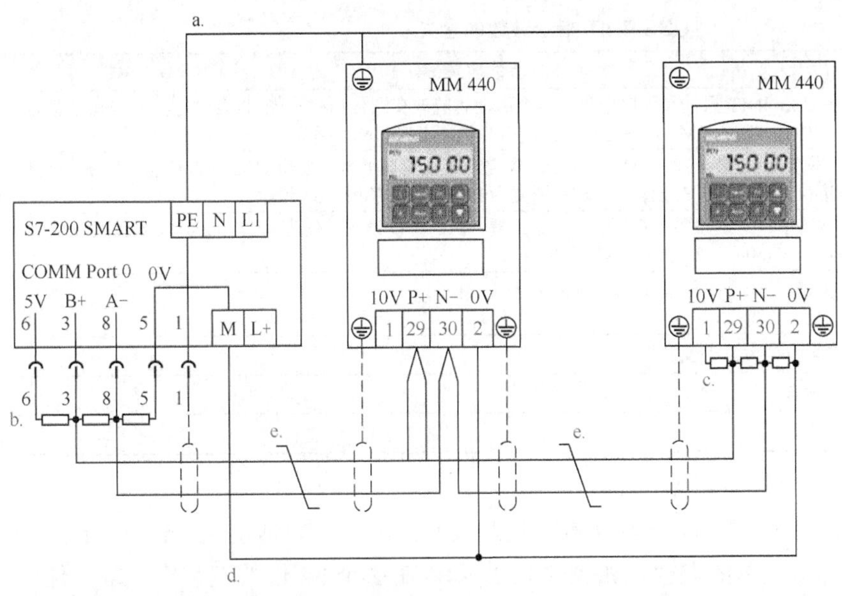

a.屏蔽/保护接地母排或可靠的多点接地：此连接对抑制干扰有重要意义。
b.PROFIBUS 网络插头：内置偏置和终端电阻。
c.MM 440 端的偏置和终端电阻：随包装提供。
d.通信口的等电位连接：可以保护通信口不致因共模电压差损坏或通信中断。
M 未必需要和 PE 连接。
e.双绞屏蔽电缆（PROFIBUS）电缆：因为是高速通信，所以电缆的屏蔽层须双端接地（接 PE）。

图 4-60　S7-200 SMART CPU 与 MM440 变频器的通信接线

图 4-61　MM440 变频器的端子

二、STEP 7-Micro/WIN SMART USS 专用指令

所有的西门子变频器都可以采用 USS 协议传递信息，西门子格式提供了 USS 协议指令库，指令库中包括专门为 USS 协议与变频器通信而设计的子程序和中断程序。使用指令库Hong Kong 的 USS 指令编程，使得 PLC 对变频器的控制非常方便。

1．USS_INT 初始化指令

USS 库应用首先要初始化 USS 通信。使用 USS_INIT 指令初始化 USS 通信功能。

如图 4-62 所示，S7-200 SMART USS 标准指令库包括 USS_INIT、USS_CTRL、USS_RPM_X、USS_WPM_X 等指令。调用这些指令时会自动增加一些子程序和中断服务程序。

打开 USS 指令库分支，像调用子程序一样调用 USS_INIT 指令，如图 4-63 所示。USS_INIT 指令各参数的含义如表 4-11 所示。

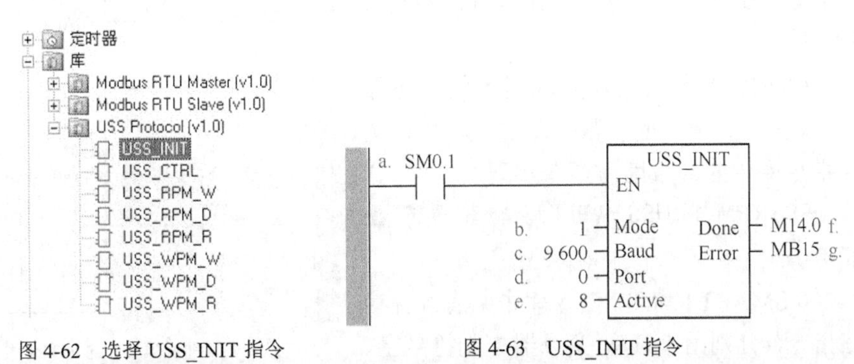

图 4-62　选择 USS_INIT 指令　　　　图 4-63　USS_INIT 指令

表 4-11　　USS_INIT 指令参数的含义

参数标号	参数含义
a.EN	初始化程序 USS_INIT 只需在程序中执行一个周期就能改变通信口的功能，以及进行其他一些必要的初始设置，因此可以使用 SM0.1 或者沿触发的接点调用 USS_INIT 指令
b.Mode	模式选择，执行 USS_INIT 时，Mode 的状态决定在通信端口上是否使用 USS 通信功能；1 表示设置为 USS 通信协议并进行相关初始化。0 表示恢复为 PPI 协议并禁用 USS 通信。
c. Baud	USS 通信波特率。此参数要和变频器的参数设置一致。可以设置的值为 1 200、2 400、4 800、9 600、19 200、38 400、57 600、115 200，单位为 bit/s
d.Port	设置为 0：CPU 集成的 RS485 通信端口； 设置为 1，表示可选 CM01 信号板
e.Active	此参数用于设置要激活的变频器
f.Done	初始化完成标志
g.Error	初始化错误代码

表 4-11 中的 Active 参数说明如下。

USS_INIT 指令只用一个 32 位长的双字来映射 USS 从站有效地址表，Active 的无符号整数值就是它在指令输入端的取值，如表 4-12 所示。在这个 32 位的双字中，每一位的位号表示要激活的变频器的地址号，要激活的变频器的地址为 N（0～31）时，令 Active 的第 N 位为 1。可以同时激活多台驱动装置，未激活的驱动装置对应的位为 0。例如，要激活地址为 1 和 2 的变频器时，Active 为 6。

表 4-12　　从站地址映射

位号	MSB 31	30	29	28	…	03	02	01	LSB00
对应从站地址	31	30	29	28	…	3	2	1	0
从站激活标志	0	0	0	0	…	0	1	1	0
取十六进制无符号整数值	0				…	0	1	1	0
Active =	16#00000006								

2．USS_CTRL 变频器控制指令

网络上每一个激活的 USS 变频器从站都要在程序中调用一个独占的 USS_CTRL 指令，而且只能调用一次。需要控制的变频器必须在 USS 初始化指令运行时定义为“激活”。USS_CTRL 指令如图 4-64 所示，在输入参数 RUN 为 1 时，变频器将以设置的速度和方向开始运行。各参数的含义如表 4-13 所示。

USS_CTRL 指令已经能完成基本的变频器控制，如果需要有更多的参数控制选项，可以选用 USS 指令库中的参数读写指令实现。

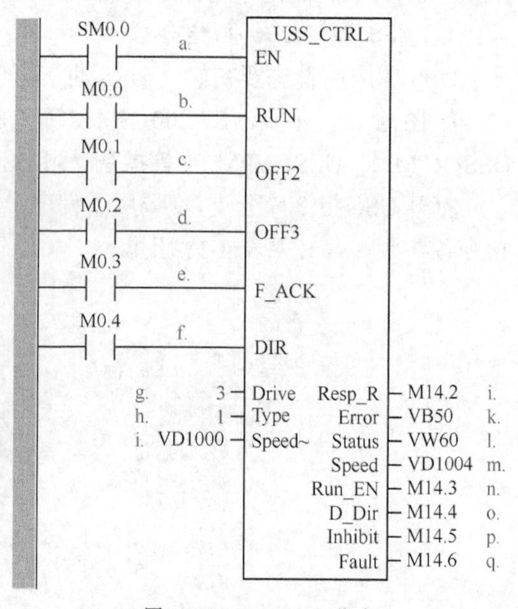

图 4-64　USS_CTRL 指令

3．USS_RPM 和 USS_WPM 驱动装置参数读写指令

S7-200 SMART 的 USS 指令库中共有 6 种参数读/写指令，分别用来读/写变频器中无符号字、

无符号双字和实数（即浮点数）参数，见表 4-14。

表 4-13　　USS_CTRL 指令参数的含义

参数标号	参数含义
a.EN	使用 SM0.0 使能 USS_CTRL 指令
b.RUN	变频器的启动/停止控制：0 表示停止，1 表示运行。此停车按照驱动装置中设置的斜坡减速时间使电机停止
c. OFF2	停车信号 2。此信号为“1”时，变频器将封锁主回路输出，电机自由停车
d.OFF3	停车信号 3。此信号为“1”时，变频器将快速停车
e.F_ACK	故障确认。当变频器发生故障后，将通过状态字向 USS 主站报告；如果造成故障的原因排除，可以使用此输入端清除变频器的报警状态，即复位。注意这是针对变频器的操作
f.DIR	变频器运转方向控制。其“0/1”状态决定运行方向
g.Drive	变频器在 USS 网络上的站号。从站必须先在初始化时激活才能进行控制
h.Type	设置变频器的类型。0 表示 MM 3 系列或更早的产品；1 表示 MM 4 系列、SINAMICS G 110、SINAMICS V 20
i.Speed_SP	速度设置值。该速度是全速的一个百分数；“Speed_SP”为负值将导致变频器反向运行
j.Resp_R	从站应答确认信号。主站从 USS 从站收到有效的数据后，“Resp_R”位将接通一个扫描周期，并且更新变频器状态信息
k.Error	错误代码。0＝ 无出错。其他错误代码请参考帮助文档
l.Status	变频器的状态字。此状态字直接来自变频器的状态字，表示变频器当时的实际运行状态
m.Speed	变频器返回的实际运转速度值，为实数
n.Run_EN	运行模式反馈，表示变频器是运行（为 1）或是停止（为 0）
o.Dir	指示变频器的运转方向，反馈信号
p.Inhibit	变频器禁止状态指示（0 表示未禁止，1 表示禁止状态）。禁止状态下变频器无法运行。要清除禁止状态，故障位必须复位，并且 RUN，OFF2 和 OFF3 都为 0
q.Fault	故障指示位（0 表示无故障，1 表示有故障）。表示变频器处于故障状态，变频器上会显示故障代码（如果有显示装置）。要复位故障报警状态，必须先消除引起故障的原因，然后用 F_ACK 或者变频器的端子或操作面板复位故障状态

表 4-14　　USS 参数读写指令

指令名称	指令含义	数据类型	指令名称	指令含义	数据类型
USS_RPM_W	读取无符号字参数	U16 格式	USS_WPM_W	写入无符号字参数	U16 格式
USS_RPM_D	读取无符号双字参数	U32 格式	USS_WPM_D	写入无符号双字参数	U32 格式
USS_RPM_R	读取实数（浮点数）参数	Float 格式	USS_WPM_R	写入实数（浮点数）参数	Float 格式

注　意

在任一时刻，USS 主站内只能有一个参数读写指令有效，否则会出错。因此如果需要读写多个参数（来自一个或多个驱动装置），就必须在编程时进行读写指令之间的轮替处理。

（1）USS_RPM 读参数指令。USS_RPM 指令用于读变频器的参数，它有 3 条读指令，如表 4-14 所示。参数读指令的梯形图如图 4-65 所示。参数读指令必须与参数的类型配合。假设程序段读取 MM440 变频器的实际频率（参数 r0021）。由于此参数是一个实数，因此选用浮点数型参数 USS_RPM_R 读指令。该指令的参数含义如表 4-15 所示。

（2）USS_WPM 写参数指令。USS_WPM 指令用于写变频器的参数，该指令有 3 条写入指令，如表 4-14 所示。写参数指令的用法与读参数指令类似。与读参数指令的区别是参数是指令的输入。

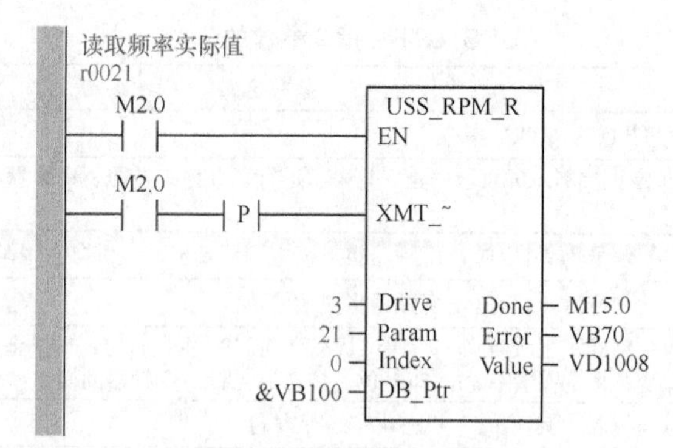

图 4-65　USS_RPM_R 指令

表 4-15　USS_RPM_R 指令参数的含义

参数标号	参数含义
a.EN	要使能读写指令，此输入端就必须为 1
b. XMT_REQ	发送请求。必须使用一个正跳变触点指令以触发读操作，它前面的触发条件必须与 EN 端输入一致
c. Drive	要读写参数的变频器在 USS 网络上的地址
d. Param	变频器的参数号（仅数字）。此处也可以是变量
e. Index	参数下标。有些参数由多个带下标的参数组成一个参数组，下标用来指出具体的某个参数。对于没有下标的参数，可设置为 0
f. DB_Ptr	读写指令需要一个 16 字节的数据缓冲区，用间接寻址形式给出一个起始地址。此数据缓冲区与“库存储区”不同，是每个指令（功能块）各自独立需要的 注意：此数据缓冲区也不能与其他数据区重叠，各指令之间的数据缓冲区也不能冲突
g.Done	读写功能完成标志位，读写完成后置 1
h.Error	出错代码。0＝ 无错误
i.Value	读出的数据值。该数据值在“Done”位为 1 时有效 注意事项：EN 和 XMT_REQ 的触发条件必须同时有效，EN 必须持续到读写功能完成（Done 为 1），否则会出错

三、PLC 与变频器通信举例

用 PLC 控制 MM440 变频器。控制要求如下：按下启动按钮后变频器启动，并以 20Hz 速度运行。在系统启动后，可以通过“加速”或“减速”按钮来调节变频器的运行速度，每按一次，变频器运行速度增加或减少 2Hz，变频器可以在 50Hz 和 10Hz 之间调速。利用 USS 通信读取 MM440 变频器的实际频率 r0021。系统下次启动后，仍以 20Hz 运行。无论何时按下停止按钮，变频器均停止运行。

1．PLC 硬件接线图

根据任务分析可知，变频器速度控制的 I/O 分配如表 4-16 所示。

表 4-16　变频器速度控制的 I/O 分配

输　入			输　出		
输 入 元 件	输入继电器	作　用	输 出 元 件	输出继电器	作　用
SB1	I0.0	启动	KM	Q0.0	接触器
SB2	I0.1	停止			
SB3	I0.2	加速			
SB4	I0.3	减速			

根据表 4-16，变频器调速的硬件电路如图 4-66 所示。

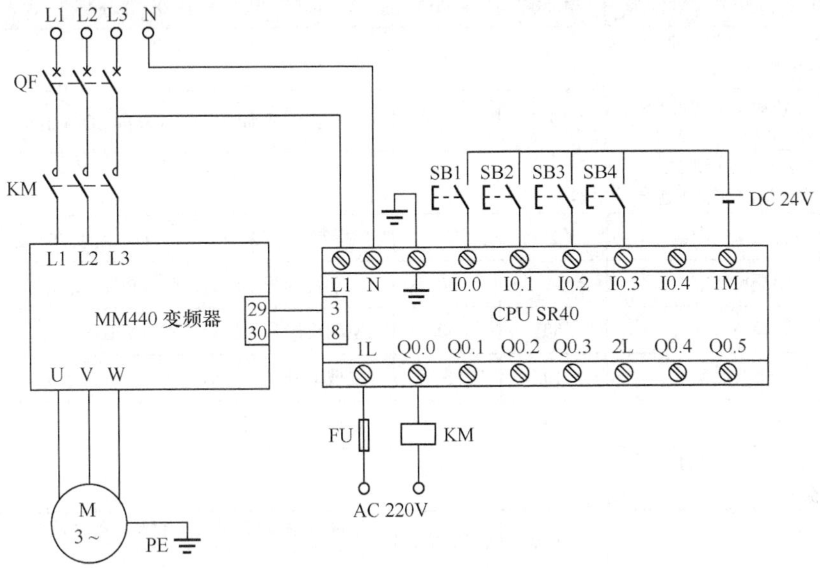

图 4-66　变频器调速系统的电路

2. 变频器参数设置

在将变频器连接到 PLC 并使用 USS 协议通信以前，必须设置变频器的有关参数。

（1）选择命令源参数 P0700。选择命令源参数 P0700 用来选择变频器的启动/停止信号的给定场所，其设定值如表 4-17 所示。

表 4-17　选择命令源参数 P0700

设定值	功能说明	设定值	功能说明
0	工厂默认设置	2	由端子排输入控制
1	操作面板（键盘）控制	5	RS -485 上的 USS 通信控制

（2）设置频率给定源参数 P1000 设置。设置频率给定源参数 P1000 用来选择变频器是从哪里接受频率给定值，其参数设置如表 4-18 所示。

表 4-18　设置频率给定源参数 P1000

设定值	功能说明	设定值	功能说明
0	无主设定	3	固定频率
1	MOP 设定值	5	RS- 485 上的 USS 设定值
2	模拟量输入 1 设定值	7	模拟量输入 2 设定值

注：此参数有分组，在此仅设第一组，即 P1000[0]。

（3）USS 通信控制的参数设置。首先令变频器参数 P0010=30，P970=1，将变频器的所有参数恢复到工厂设定值。注意：参数 P2010、P2011、P2023 的值不受工厂复位影响，然后按照表 4-19 设置 USS 通信的主要参数。表 4-19 中的参数均带下标[0]，表明 PLC 和变频器的通信是通过 RS-485 端口上的 USS 串行接口实现的。

表 4-19　USS 通信的主要参数

参数号	参数名称	出厂值	设定值	说　明
P0003=1，设用户访问级为标准级 P0004=7，命令和数字 I/O				
P0700[0]	选择命令给定源（启动/停止）	2	5	变频器启停命令控制源来自 COM 链路上的 USS 通信
P0003=1，用户访问级为标准级 P0004=10，设定值通道和斜坡函数发生器				
P1000[0]	设置频率给定源	2	5	频率设定值来自 COM 链路上的 USS 通信
P1080[0]	下限频率	0	10	电动机的最小运行频率（0Hz）
P1082[0]	上限频率	50	50	电动机的最大运行频率（50Hz）
P1120[0]	斜坡上升时间	10	5	斜坡上升时间（5s）
P1121[0]	斜坡下降时间	10	5	斜坡下降时间（5s）
P0003=2，用户访问级为标准级 P0004=20，通信				
P2000[0]	基准频率	50.00	50.00	基准频率设为 50Hz，它是串行链路或模拟量 I/O 输入的满刻度频率设定值
P2010[0]	USS 波特率	6	6	设置 COM Link 上的 USS 通信速率。根据 RS-485 通信口的限制，支持的通信波特率如下。 =6，即通信速率为 9 600bit/s =7，即通信速率为 19 200bit/s =8，即通信速率为 38 400bit/s =9，即通信速率为 57 600bit/s =12，即通信速率为 115 200bit/s
P2011[0]	USS 地址	0	0	设置 P2011= 0～31，即变频器 RS485 上的 USS 通信口在网络上的从站地址。注意：网络上不能有任何两个从站的地址相同
P0003=3，用户访问级为专家级 P0004=20，通信				
P0971	从 RAM 到 EEPROM 的传输数据	0	1	这一参数置 1 时，从 RAM 向 EEPROM 传输数据，即将设置的参数保存到 EEPROM 中
P2009[0]	USS 标称化	0	1	设定值为基准频率的百分比
P2012[0]	USS 协议的 PZD（过程数据）长度	2	2	USS PZD 区长度为 2 字长
P2013[0]	USS 协议的 PKW 长度	127	127	USS PKW 区的长度可变
P2014[0]	USS 报文的停止传输时间	0	500	设置 P2014[0] = 0～65 535，即 COM 链路上的 USS 通信控制信号中断超时时间，单位为 ms。如设置为 0，则不进行此端口上的超时检查

3. 程序设计

S7-200 SMART PLC 通过 USS 控制变频器的程序如图 4-67 所示。

4. 调试运行

（1）按照图 4-66 将 S7-200 SMART 与 MM440 变频器连接，将 PLC 与变频器 PROFIBUS 电缆相连，带有总线连接器的一头插入 PLC 的 RS-485 通信端口 0，不带总线连接器另一头的红色线与变频器的 29 号端子相连，绿色线与变频器的 30 号端子相连。

（2）按照表 4-19 设置变频器参数。

S7-200 SMART 与西门子变频器的 USS 通信程序

1 PLC 首次扫描时清除标志位：

First_Scan~:SM0.1 —— M14.0 (R) 2

2 PLC 首次扫描或按下停止按钮时初始化 Port0 为 USS 通信，传输速率为 9 600bit/s，变频器地址为 1；将变频器的初始运行速度定义为基准频率 50Hz的 40%

First_Scan~:SM0.1

USS_ZNIT
EN
1 — Mode Done — M14.0
9 600 — Baud Error — VB40
0 — Port
16#02 — Active

停止 :I0.1

MOV_R
EN ENO
40.0 — IN OUT — VD200

3 变频器启停控制

启动 :I0.0 停止 :I0.1 接触器 KM:Q0.0 ( )

接触器 KM:Q0.0

4 变频器启动、停止控制指令。
可以在程序监控或状态表中设置 M 位以控制变频器。当然可以换用其他条件

Always_On:SM0.0

USS_CTRL
EN
接触器 KM:Q0.0 — RUN
停止 :I0.1 — OFF2
M0.2 — OFF3
M0.3 — F_ACK
M0.4 — DIR
1 — Drive Resp_R — M14.1
1 — Type Error — VB50
VD200 — Speed~ Status — VW60
Speed — VD1004
Run_EN — M14.3
D_Dir — M14.4
Inhibit — M14.5
Fault — M14.6

5 每按一次加速按钮或减速按钮，变频器的速度增加或减速 2Hz，
最大运行速度为 50Hz，最小运行速度为 10Hz

接触器 KM:Q0.0 加速:I0.2 P

ADD_R
EN ENO
4.0 — IN1 OUT — VD200
VD200 — IN2

VD200 >=R 100.0

MOV_R
EN ENO
100.0 — IN1 OUT — VD200

减速: I0.3 P

SUB_R
EN ENO
VD200 — IN1 OUT — VD200
4.0 — IN2

VD200 >=R 20.0

MOV_R
EN ENO
20.0 — IN OUT — VD200

图 4-67 S7-200 SMART PLC 通过 USS 控制变频器程序

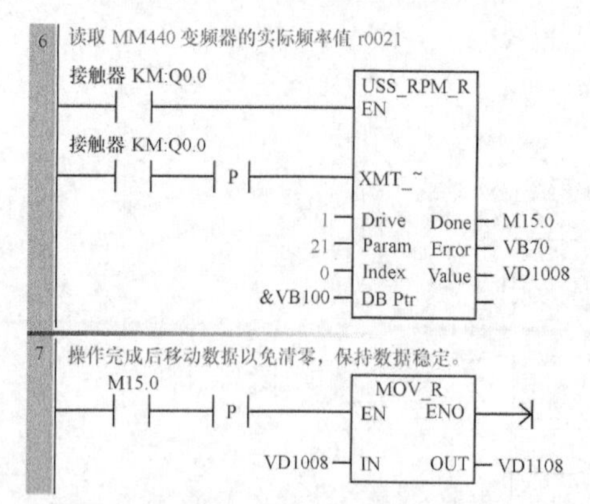

图 4-67　S7-200 SMART PLC 通过 USS 控制变频器程序（续）

（3）将图 4-67 所示的程序下载到 PLC 中，令 PLC 运行在 RUN 模式。用以太网端口监控 PLC，启动程序状态监控功能。用变频器的操作面板显示变频器的运行频率。

按下启动按钮 I0.0 时，Q0.0 得电并自锁，如图 4-67 的程序段 2 所示。在程序段 4 中，由于 Q0.0 的常开触点闭合，变频器以 VD200 中的速度按照 P1120 设定的斜坡上升时间加速到 20Hz 后稳定运行。此时，如果将 M0.4 设置为 1，则变频器会以 20Hz 的速度反向运行。按下停止按钮 I0.1，则变频器以 P1121 中设置的斜坡减速时间减速至 0Hz，变频器停止运行。

在变频器运行过程中，每按一次增加按钮 I0.2 或减少按钮 I0.3，变频器操作面板上的频率会以 2Hz 增加或减少。

程序段 6 和程序段 7 是读取变频器的实际频率 r0021 中的值，在状态图表中监控 VD1108 的值，观察其值是否与变频器操作面板上显示的频率一致。

思 考 与 练 习

分析题

（1）已知从站 S7-200 SMART CPU 中的 V 存储区为从 VW0 开始的 100 字，推算 Modbus 地址。

（2）已知 Modbus 地址为 10 008～10 015，对应的 S7-200 SMART CPU 的数据区是多少？

（3）Modbus 主站将 IW0 的数据写入从站的 VW100 中。试画出 IW0 与 VW100 的映射关系。

模块五

S7-200 SMART PLC 的模拟量模块及运动控制

能力目标

1. 能够对 S7-200 SMART PLC 的模块量模块进行电路连接、硬件组态和编程。
2. 能够构建 S7-200 SMART PLC 的运动控制系统，并能利用运动控制向导组态运动轴，使用运动控制面板进行调试以及编程等。

知识目标

1. 熟悉 S7-200 SMART PLC 模拟量模块的种类。
2. 掌握模拟量模块的使用和编程。
3. 掌握 S7-200 SMART PLC 运动控制的组态及编程。

任务 5.1　电热水炉温度控制系统

任务导入

温度控制是 PLC 的典型应用之一。电热水炉温度控制示意图如图 5-1 所示，要求当水位低于低位液位开关时，打开进水电磁阀进水，当水位高于高位液位开关时，关闭进水电磁阀停止进水。加热时，当水温低于 80℃时，打开电源控制开关开始加热，当水温高于 95℃时，停止加热并保温。

在应用 PLC 控制电炉加热过程时，除了考虑进水液位（开关量）控制外，还要考虑温度控制，这时就需要用到 PLC 模拟量输入模块。从图 5-1 中可以看到温度信号通过热电偶以及温度变送器以 0～20mA 电流输出，以 S7-200 SMART PLC 为例，这里选用 EM AM06 模拟量输入输出扩展模块予以采集，就能方便地实现控制要求。

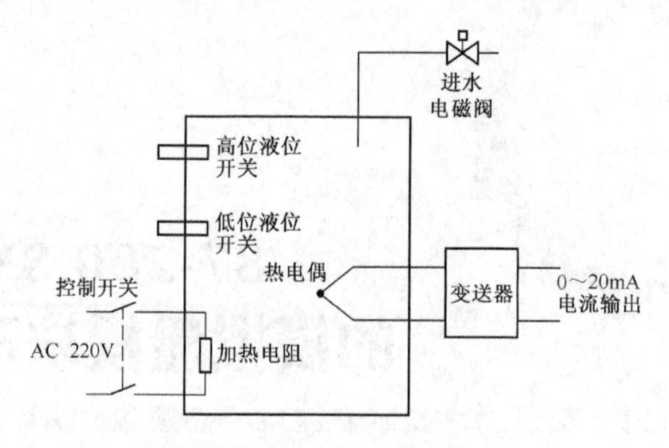

图 5-1　电热水炉温度控制示意图

相 关 知 识

在工业控制中，某些输入量（如温度、压力和流量等）是连续变化的模拟量信号，某些执行机构（如伺服电动机、调节阀、变频器等）要求 PLC 输出模拟量信号。因此要求 PLC 有处理模拟量信号的能力。

PLC 内部执行的均为数字量，因此模拟量处理需要完成两方面的任务：一是将模拟量转换成数字量(A/D 转换)；二是将数字量转换为模拟量(D/A 转换)。

一、模拟量输入/输出扩展模块的功能

模拟量输入（A/D）扩展模块：将现场仪表输出的（标准）模拟量信号 0～20mA、0～5V、0～10VDC 等转化为 PLC 可以处理的一定位数的数字信号，PLC 通过传送指令将这些信号读取到 PLC 中，如图 5-2（a）所示。

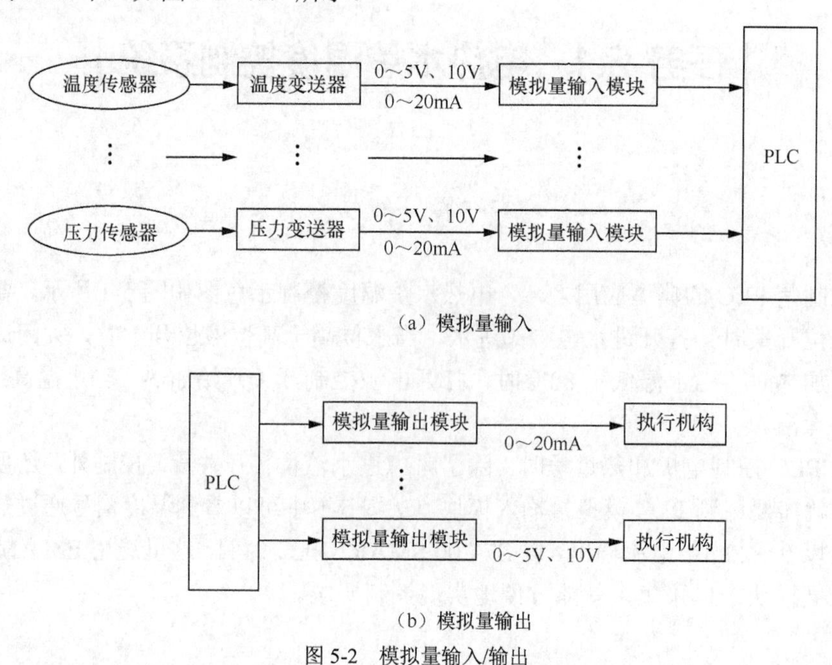

（a）模拟量输入

（b）模拟量输出

图 5-2　模拟量输入/输出

模拟量输出（D/A）扩展模块：将 PLC 处理后的数字信号转化为现场仪表可以接收的标准信号 0～20mA、0～5V、0～10VDC 等模拟信号输出，如图 5-2（b）所示，以满足生产过程现场连续控制信号的需求，PLC 一般通过传送指令将这些信号写入模拟量输出模块中。

二、模拟量输入/输出扩展模块的类型

西门子 S7-200 SMART 系列 PLC 的模拟量扩展模块有 3 种：普通模拟量模块、RTD 模块和 TC 模块。普通模拟量模块一共有 6 种，它们的 24V DC 工作电源由外部电源提供。各模拟量模块的型号、I/O 点数及量程范围如表 5-1 所示。

表 5-1 S7-200 SMART PLC 的模拟量全系列总览表

功能	模块类型	通道数	量程范围	满量程范围（数据字）
AI	EM AE04	4AI	电压输入：–10～10V、–5～5V、–2.5～2.5V； 电流输入：0～20mA	电压：–27 648～27 648； 电流：0～27 648
	EM AE08	8AI	电压输入：–10～10V、–5～5V、–2.5～2.5V； 电流输入：0～20mA	
AO	EM AQ02	2AO	电压输出：–10～10V； 电流输出：0～20mA	
	EM AQ04	4AO		
AI/AO	EM AM03	2AI	电压输入：–10～10V、–5～5V、–2.5～2.5V； 电流输入：0～20mA	
		1AO	电压输出：–10～10V； 电流输出：0～20mA	
	EM AM06	4AI	电压输入：–10～10V、–5～5V、–2.5～2.5V； 电流输入：0～20mA	
		2AO	电压输出：–10～10V； 电流输出：0～20mA	

S7-200 SMART PLC 模拟量输入扩展模块的分辨率：电压模式是 12 位+符号位，电流模式是 12 位。模拟量输出扩展模块的分辨率：电压模式是 11 位+符号位，电流模式是 11 位。模拟量 I/O 扩展模块的输入、输出可以是电压信号，也可以是电流信号；可以是单极性的，如 0～10V、0～20mA；也可以是双极性的，如±5V、±10V 等，模块一般可以输入多种量程的电压或电流信号。

注 意

分辨率是 A/D 和 D/A 模拟量转换芯片的转换精度，即用多少位的数值来表示模拟量。

CPU 单元与扩展模块由导轨固定，CPU 模块放在最左边，扩展模块依次放在最右侧，最多可以扩展 6 个扩展模块。CPU 单元的扩展端口位于机身中部右侧前盖下，与扩展模块通过插针式连接，如图 5-3 所示。

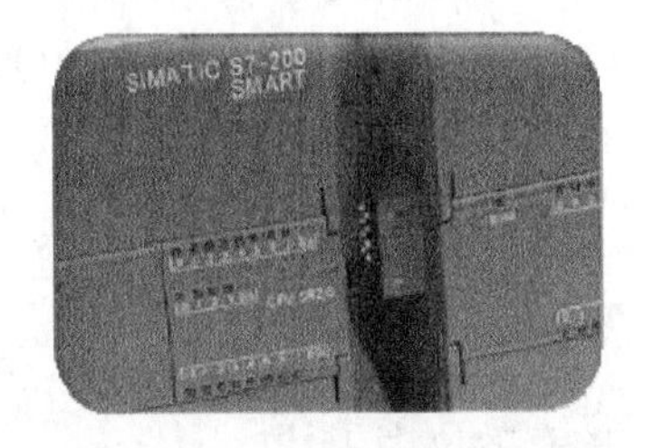

图 5-3 CPU 与模拟量扩展模块连接

三、西门子模拟量输入/输出扩展模块

1. 模拟量输入模块 EM AE04

（1）概述

模拟量输入模块 EM AE04 有 4 路模拟量输入，其功能是将输入的模拟量信号转化为数字量，并将结果存入模拟量映像寄存器 AI 中。AI 的数据以字（16 位）的形式存取，在存储的 16 位数据中，电压模式有效位为 12 位+符号位，电流模式有效位为 12 位。

模拟量输入模块 EM AE04 有 4 种量程，分别为：0～20mA、–10～10V、–5～5V、–2.5～2.5V。选择哪个量程可以通过编程软件 STEP7-Micro/WIN SMART 来设置。

对于单极性满量程输入范围对应的数字量输出为 0～27 648；双极性满量程输入范围对应的数字量输出为–27 648～27 648。

（2）模拟量输入模块 EM AE04 的端子及接线

模拟量输入模块 EM AE04 的电路如图 5-4 所示。它需要 DC 24V 电源供电，可以外接开关电源，也可以由来自 PLC 的传感器电源（L+、M 之间的 24V DC）提供；在扩展模块及外围元器件较多的情况下，不建议使用 PLC 的传感器电源供电，具体电源需要量计算，请查阅 S7-200 SMART PLC 使用手册的相关内容。安装模拟量输入模块时，将其连接器插入 CPU 模块或其他扩展模块的插槽里，如图 5-3 所示，与 S7-200 PLC 采用扁平电缆的连接方式相比更紧密和方便。

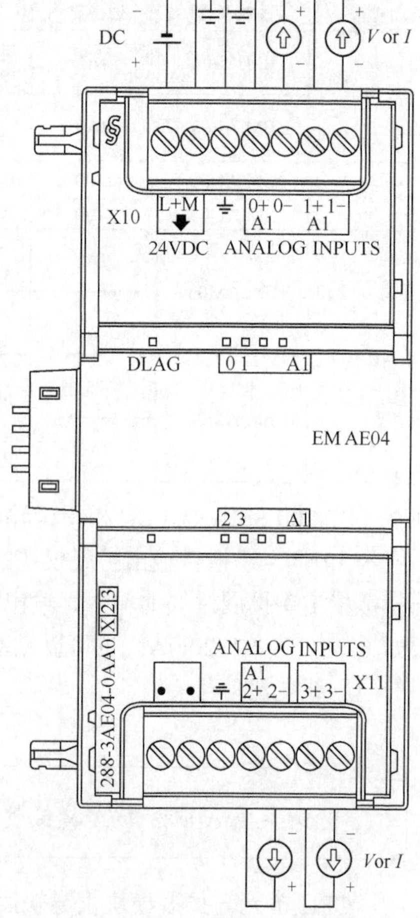

图 5-4　模拟量输入模块 EM AE04 的电路

模拟量输入模块支持电压信号和电流信号输入，对于模拟量电压信号、电流信号的类型及量程选择由编程软件 STEP7-Micro/WIN SMART 设置来完成，不再是 S7-200 PLC 那种 DIP 开关设置了，这样更加便捷。

（3）模拟量输入模块 EM AE04 的组态

在编程软件中，先选中模拟量输入模块，再选中要设置的通道，模拟量的类型有电压和电流两种，电压范围有–2.5～2.5V、–5～5V、–10～10V；电流范围只有 0～20mA。

值得注意的是，通道 0 和通道 1 的类型相同；通道 2 和通道 3 的类型相同；具体设置可参考 EM AM06 模块的组态。

2．模拟量输出模块 EM AQ02

（1）概述

模拟量输出模块 EM AQ02 有 2 路模拟量输出，其功能将模拟量输出映像寄存器 AQ 中的数字量转换为可用于驱动执行元件的模拟量。此模块有 2 种量程，分别为：±10V 和 0～20mA，对应的数字量为–27 648～27 648 和 0～27 648。

AQ 中的数据以字（16 位）的形式存取，电压模式的有效位为 11 位+符号位；电流模式的有效位为 11 位。

（2）模拟量输出模块 EM AQ02 的端子及接线

模拟量输出模块 EM AQ02 的电路如图 5-5 所示。它需要 DC 24V 电源供电，可以外接开关电源，也可以由来自 PLC 的传感器电源（L+、M 之间的 24V DC）提供；在扩展模块及外围元器件较多的情况下，不建议使用 PLC 的传感器电源供电，模拟量输出模块安装时，将其连接器插入 CPU 模块或其他扩展模块的插槽中，如图 5-3 所示。

（3）模拟量输出模块 EM AQ02 的组态

在编程软件中，先选中模拟量输出模块，再选中要设置的通道，模拟量的类型有电压和电流两种，电压范围只有−10～10V；电流范围只有 0～20mA。具体设置可参考 EM AM06 模块的组态。

3．模拟量输入/输出模块 EM AM06

（1）概述

模拟量输入/输出模块 EM AM06 有 4 路模拟量输入和 2 路模拟量输出。

（2）模拟量输入/输出模块 EM AM06 的端子与接线

模拟量输入/输出模块 EM AM06 的电路如图 5-6 所示。它需要 DC 24V 电源供电，该模块可以采集电压和电流信号。

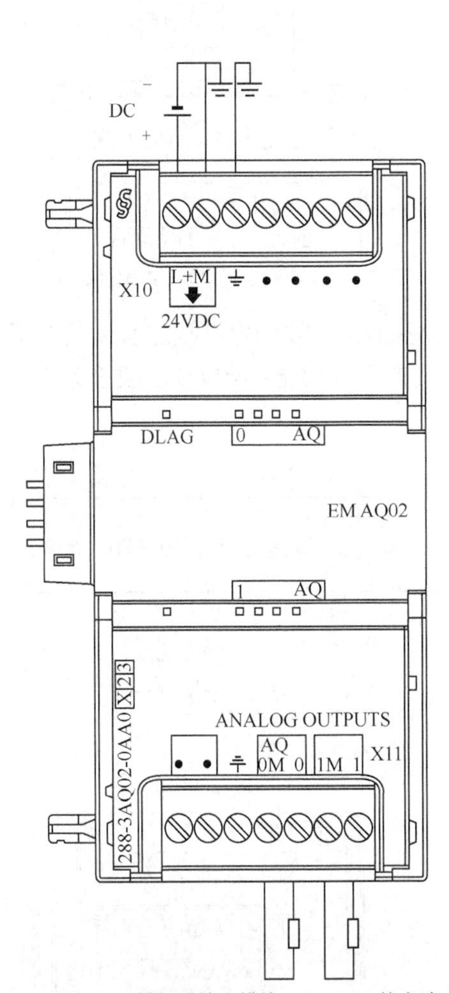

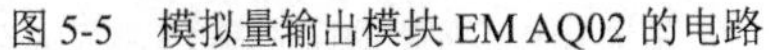
图 5-5　模拟量输出模块 EM AQ02 的电路

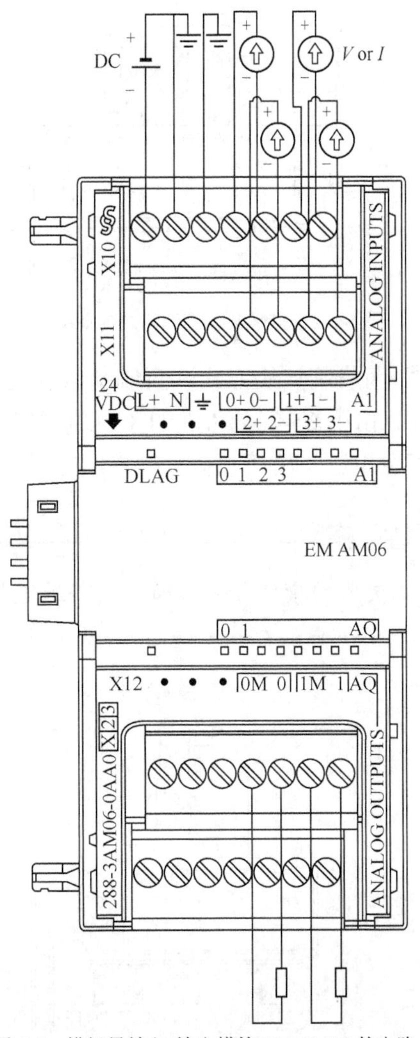

图 5-6　模拟量输入/输出模块 EM AM06 的电路

EM AM 06 模块上部有 4 组模拟量输入端子，每 2 个点为一组，每组可作为 1 路模拟量的输入通道（电压信号或电流信号）。电压包括：−2.5～2.5V、−5～5V、−10～10V 3 种信号；

电流包括 0～20mA 一种信号。

EM AM 06 模块下部的 4 个端子是两组模拟量输出（电压或电流信号），0 和 0M 是一组模拟量输出端，1 和 1M 是另一组模拟量输出端。

模拟量电流、电压信号根据模拟量仪表或设备线缆个数分成四线制、三线制、两线制 3 种类型，不同类型信号的接线方式不同。

① 四线制接线方式。四线制信号是指模拟量仪表或设备上信号线和电源线加起来有 4 根线。仪表或设备有单独的供电电源，除了两个电源线外，还有两个信号线。四线制信号的接线方式如图 5-7 所示。

② 三线制接线方式。三线制信号是指仪表或设备上信号线和电源线加起来有 3 根线，负信号线与供电电源 M 线为公共线。三线制信号的接线方式如图 5-8 所示。

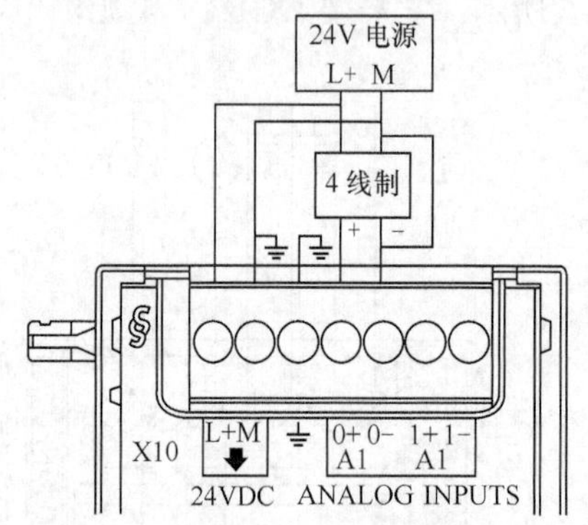

图 5-7 模拟量电压/电流四线制接线方式

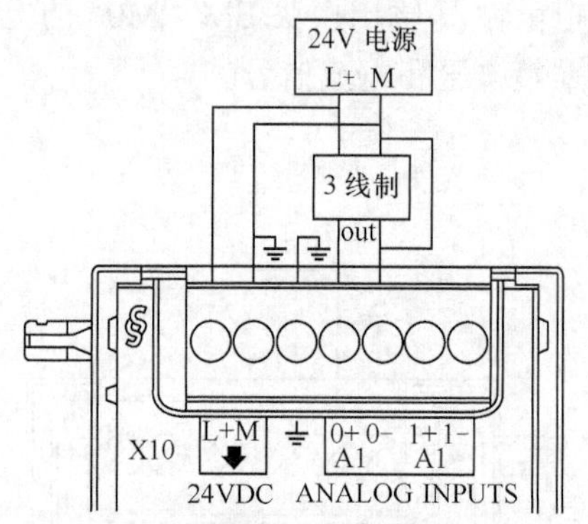

图 5-8 模拟量电压/电流三线制接线方式

③ 两线制接线方式。两线制信号是指仪表或设备上信号线和电源线加起来只有两个接线端子。由于 S5-200 SMART CPU 模拟量模块通道没有供电功能，所以仪表或设备需要外接 24V 直流电源。两线制信号的接线方式如图 5-9 所示。

注 意

不使用的模拟量输入通道要将通道的两个信号端短接，接线方式如图 5-10 所示。

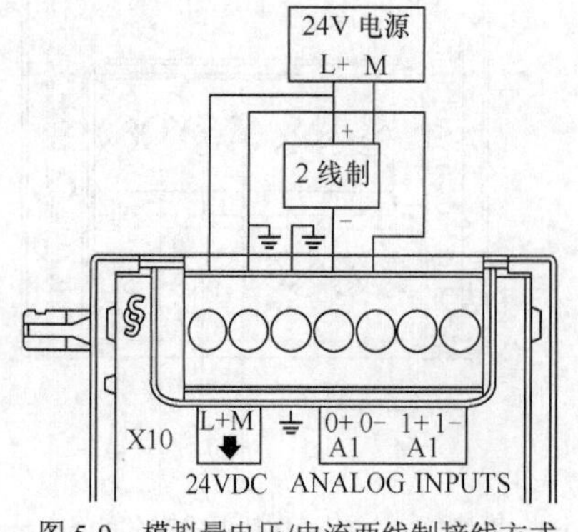

图 5-9 模拟量电压/电流两线制接线方式

图 5-10 不使用的通道需要短接的接线方式

（3）EM AM06 的常用技术参数（见表 5-2）

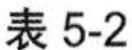

表 5-2 EM AM06 的常用技术参数

模拟量输入特性		模拟量输出特性	
模拟量输入点数	4	模拟量输出点数	2
输入范围	电压输入：–10～10V、–5～5V、–2.5～2.5V 电流输入：0～20mA	信号范围	电压输出：±10V 电流输出：0～20mA
数据字格式	双极性 全量程范围：–27 648～+27648 单极性 全量程范围：0～27 648	数据字格式	电压：–27 648～+27 648 电流：0～27 648
分辨率	电压模式：12 位+符号位 电流模式：12 位	分辨率	电压模式：11 位+符号位 电流模式：11 位

（4）模拟量输入/输出扩展 EM AM06 的组态

在编程软件的系统块中对模拟量输入/输出扩展模块 EM AM06 进行组态。如图 5-11（a）所示，首先选择 CPU 类型为 CPU ST40，然后在 EM0 槽位选择 EM AM06 模块，模块插入后系统自动给出其起始地址。因为模拟量的数据格式为一字长，所以地址必须从偶数字节开始。如 AIW0、AIW2、AIW4……AQW0、AQW2……从图 5-11（a）可以看出，模拟量输入通道的地址是：AIW16、AIW18、AIW20、AIW22，分别对应图 5-11（a）中的通道 0、通道 1、通道 2 和通道 3。在图 5-11（a）的左侧选中通道 0，按照图 5-11（a）所示进行组态。

微课：模拟量扩展模块 EM AM06 故障诊断及编程

注 意

通道 0 和通道 1 的类型相同，通道 2 和通道 3 的类型相同。用户可组态模块对信号进行抑制，进而消除或最小化以下频率点的噪声：10、50、60、400。

模拟量输出通道的组态如图 5-11（b）所示。两个输出通道 0 和通道 1 对应的地址是 AQW16 和 AQW20。

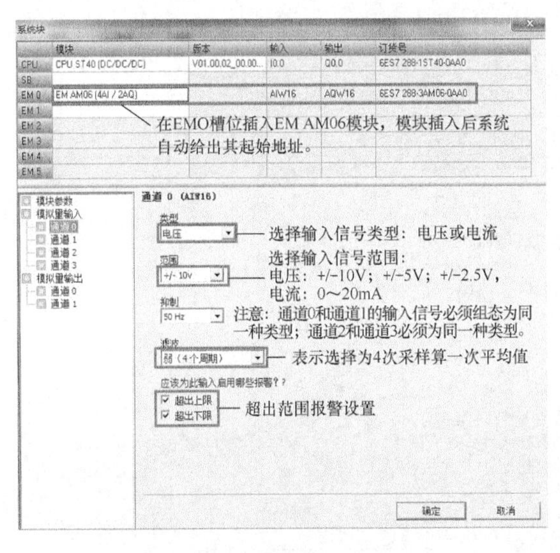

（a）模拟量输入通道的组态

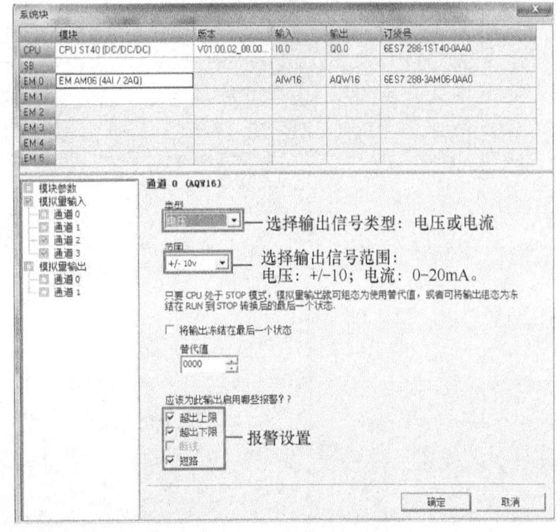

（b）模拟量输出通道的组态

图 5-11 模拟量输入/输出扩展模块的组态

任务实施

1. 硬件电路

确定系统的输入、输出并分配地址，画出 I/O 电路。

图 5-12 所示为电热水炉控制的 I/O 电路，I0.0 和 I0.1 为启动和停止按钮，I0.2 为高位液位开关，I0.3 为低位液位开关，Q0.1 为进水电磁阀，Q0.2 为加热电阻。温度信号接入 EM AM06 模拟量模块的输入端 0+和 0–。

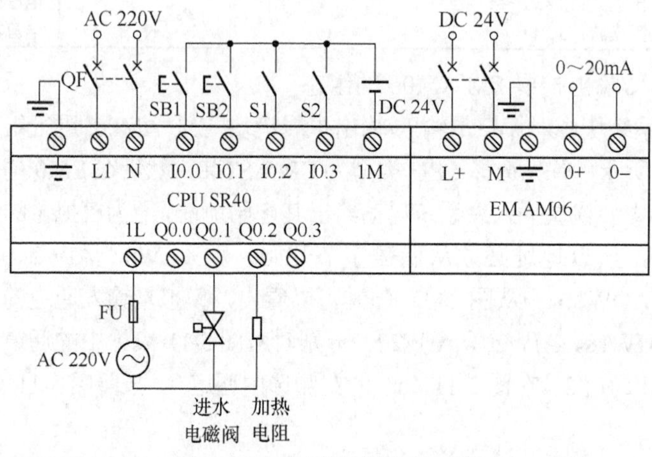

图 5-12　电热水炉控制的 I/O 电路

2. 程序设计

根据图 5-12 使用的硬件电路，在编程软件中对系统块进行如图 5-13 所示的组态，因为在图 5-12 中将温度传感器的输出接到了 EM AM06 模块的 0+和 0–上，所以在图 5-13 中需要对通道 0 进行组态。

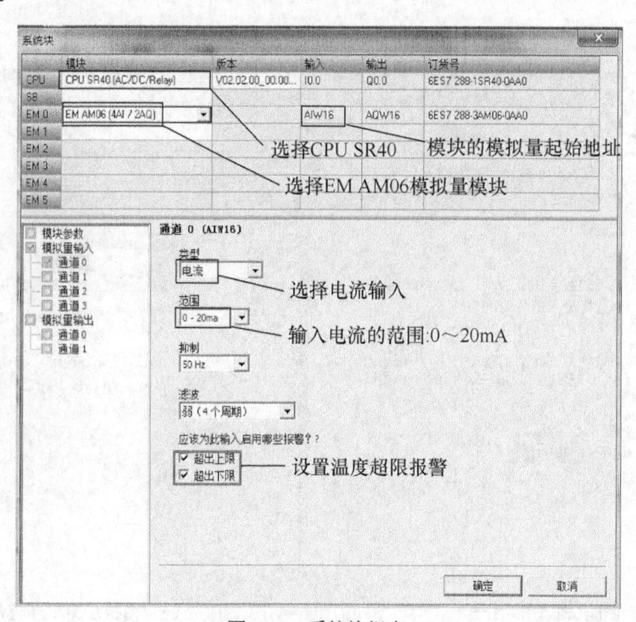

图 5-13　系统块组态

根据电热水炉控制要求，设计控制程序，如图5-14所示。此时PLC通过判断EM AM06模块采集的炉内水温，控制电热水炉加热。温度传感器将0℃～100℃的水温通过温度变送器转变为0～20mA的电流信号送到EM AM06模块的通道0上，该通道将电流信号再通过A/D转换为0～27 648的数字量信号存储到AIW16中，由温度、电流和数字量三者之间的线性关系可得出水温80°C对应的数字量为22 118，95°C对应的数字量为26 266。当水温低于80℃（22 118）时，开启加热电阻（Q0.2），当水温高于95℃（26 266）时，关闭加热电阻（Q0.2），这时要用到PLC的比较指令控制Q0.2为1或0。

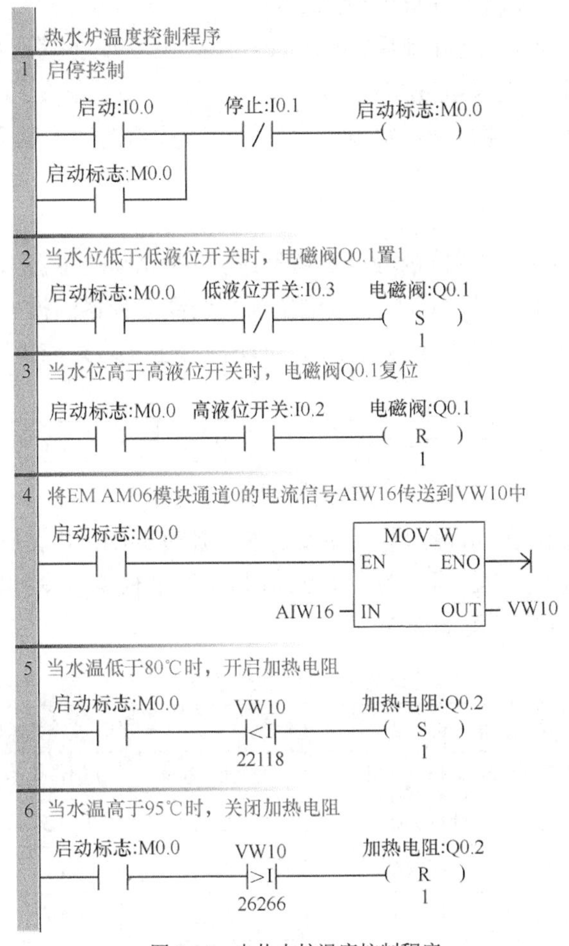

图5-14 电热水炉温度控制程序

3. 调试运行

按照图5-12接好各信号、电源线等，将程序块和系统块下载到PLC中，进入程序监控功能。首先按下启动按钮，在图5-15所示的状态图表中，在地址为AIW16行的“新值”列输入不同的数值，然后单击“强制”按钮，观察Q0.2输出指示灯的亮灭情况。如果AIW16存储器中不同的数值，Q0.2的亮灭情况与控制要求吻合，则说明编写的程序正确。也可以在通道0上直接接入0～20mA可调

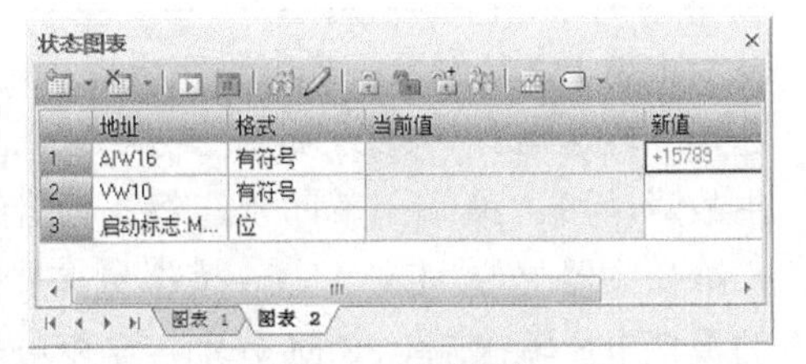

图5-15 状态图表

的电流信号，通过调节输入的电流信号，观察 Q0.2 的亮灭情况。

知识拓展——模拟量模块在变频器模拟量速度控制中的应用

1．控制要求

验布机是服装行业生产前对棉、毛、麻、丝绸、化纤等特大幅面、双幅和单幅布进行瑕疵检测的一套必备的专用设备。根据检验人员的熟练程度、布匹的种类不同，验布机对速度的要求不同。

微课：验布机无级控制系统

（1）整个验布机分为 5 个工作速度：1 速为 15Hz，2 速为 20Hz，3 速为 30Hz，4 速为 35Hz，5 速为 40Hz。

（2）验布机有加速和减速按钮，每按一次按钮，变频器的速度就会增加或减少 1Hz。

2．硬件电路

验布机通过 PLC 将 0～27 648 的数字量信号送到 EM AM06 扩展模块中，该模块把数字量信号转换成 0～10V 的模拟电压信号，该电压信号送到变频器的模拟量输入端 3、4，调节变频器的输出在 0～50Hz 之间变化，从而控制电动机的速度，其控制原理如图 5-16 所示。

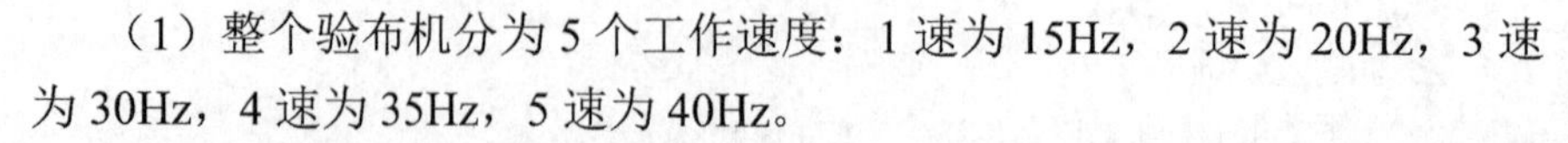

图 5-16　验布机的控制原理

验布机需要通过 EM AM06 模拟量模块实现 5 个速度控制，因此该控制系统需配置西门子 CPU SR40 继电器输出型 PLC 和 EM AM06 模拟量扩展模块，变频器采用西门子 MM440 变频器，验布机控制的 I/O 分配如表 5-3 所示。

表 5-3　验布机控制的 I/O 分配

输　入			输　出		
输入继电器	输入元件	作　用	输出继电器	输出元件	作　用
I0.1～I0.5	SA	速度选择开关	Q0.0	5	变频器启动
I0.6	SB1	启动	Q0.4	HL1	变频器运行指示
I0.7	SB2	停止	Q0.5	HL2	变频器报警指示
I1.0	SB3	加速按钮	—	—	—
I1.1	SB4	减速按钮	—	—	—
I1.2	19、20	故障信号	—	—	—

根据 I/O 分配表，画出验布机控制电路如图 5-17 所示。在图 5-17 中，选择开关 SA 可以选择 5 段速运行。将变频器的故障端子 19、20 接到 PLC 的 I1.2 输入端子上，一旦变频器发生故障，19、20 端子就闭合，将变频器的电源切除，把按钮 SB 接到变频器的 7 端子上，用来给变频器复位。EM AM06 模拟量扩展模块通过插针与 CPU SR40 连接起来，将 EM AM06 的模拟电压输出端 0、0M 分别接到变频器的 3、4 端子上，从而调节验布机的速度。Q0.0 接变频器的 5 端子，控制变频器启停，用指示灯 HL1 和 HL2 指示验布机的运行和故障情况。

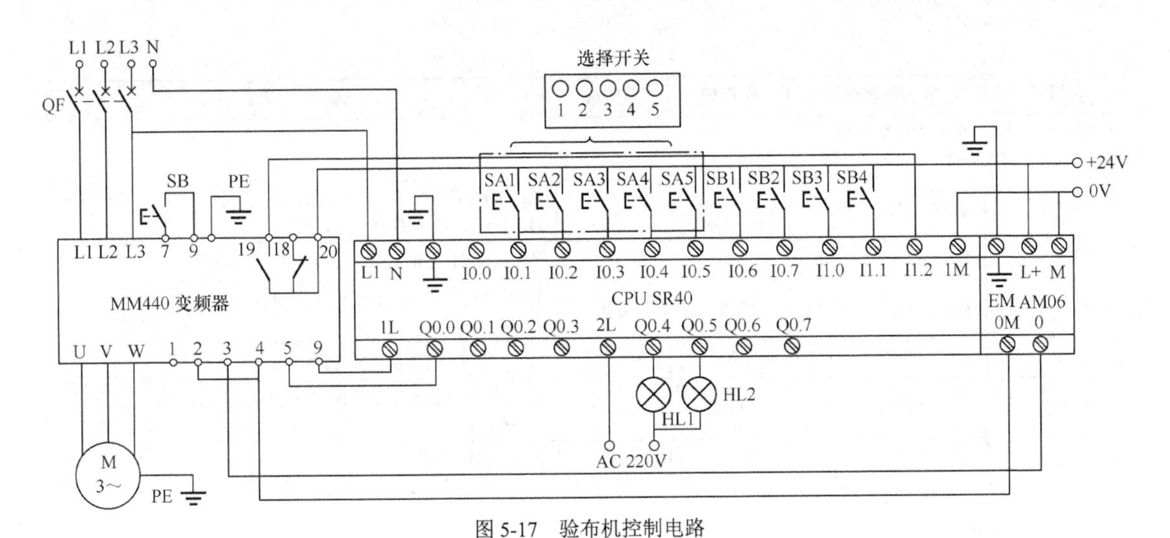

图 5-17 验布机控制电路

注 意

接线时一定要把变频器的 2 端子和 4 端子短接，否则不能给定速度。

3. 参数设置

由于验布机通过 EM AM06 输出的模拟电压 0～10V 控制验布机在 0～50Hz 之间调速，所以需要设置与模拟电压给定相关的参数，具体设置如表 5-4 所示。

表 5-4 验布机的参数设置

参数号	参数名称	出厂值	设定值	说明
P0003=1，设用户访问级为标准级 P0004=7，命令和数字 I/O				
P0700[0]	选择命令给定源（启动/停止）	2	2	命令源选择由端子排输入
P0003=2，设用户访问级为扩展级 P0004=7，命令和数字 I/O				
P0701[0]	设置端子 5	1	1	ON 接通正转，OFF 停止
P0703[0]	设置端子 7	9	9	故障确认
P0731[0]	选择数字输出 1 的功能	52.3	52.3	将数字输出 1 设置为变频器故障
P0003=3，设用户访问级为专家级 P0004=7，命令和数字 I/O				
P0748	数字输出反相	0	1	P0748=1 时，变频器上电，数字输出 1 的继电器不得电，一旦变频器故障，数字输出 1 的继电器得电，其常开触点 19、20 闭合，切断变频器的电源
P0003=1，用户访问级为标准级 P0004=10，设定值通道和斜坡函数发生器				
P1000[0]	设置频率给定源	2	2	选择 AIN1 给定频率
*P1080[0]	下限频率	0	0	电动机的最小运行频率（0Hz）
*P1082[0]	上限频率	50	50	电动机的最大运行频率（50Hz）
*P1120[0]	加速时间	10	5	斜坡上升时间（5s）
*P1121[0]	减速时间	10	5	斜坡下降时间（5s）

续表

参数号	参 数 名 称	出厂值	设定值	说 明
P0003=2，用户访问级为标准级 P0004=8，模拟 I/O				
P0756[0]	设置 ADC1 的类型	0	0	AIN1 通道选择 0～10V 电压输入，同时将 I/O 板上的 DIP1 开关置于 OFF 位置
P0757[0]	标定 ADC1 的 $x1$ 值	0	0	设定 AIN1 通道给定电压的最小值 0V
P0758[0]	标定 ADC1 的 $y1$ 值	0.0	0.0	设定 AIN1 通道给定频率的最小值 0Hz 对应的百分比为 0%
P0759[0]	标定 ADC1 的 $x2$ 值	10	10	设定 AIN1 通道给定电压的最大值 10V
P0760[0]	标定 ADC1 的 $y2$ 值	100.0	100.0	设定 AIN1 通道给定频率的最大值 50Hz 对应的百分比为 100%
P0761[0]	死区宽度	0	0	标定 ADC 死区宽度
P0003=2，用户访问级为标准级 P0004=20，通信				
P2000[0]	基准频率	50.00	50.00	基准频率设为 50Hz

4．程序设计

验布机是通过 EM AM06 输出的 0～10V 模拟量电压信号控制变频器在 0～50Hz 之间调速，其中验布机的 5 种速度与模拟量电压及数字量之间的对应关系如表 5-5 所示。

表 5-5　验布机的模拟量信号与数字量信号之间的对应关系

速度（Hz）	15	20	30	35	40
模拟电压（V）	3	4	6	7	8
数字量	8 294	11 059	16 589	19 354	22 118

由表 5-4 可知，如果需要选择 15Hz 速度运行，只需要将数字量 8 294 转换成模拟电压信号 3V，将其接到变频器的 3、4 端子上，变频器就会按照 15Hz 的频率运行。验布机的控制程序如图 5-18 所示。

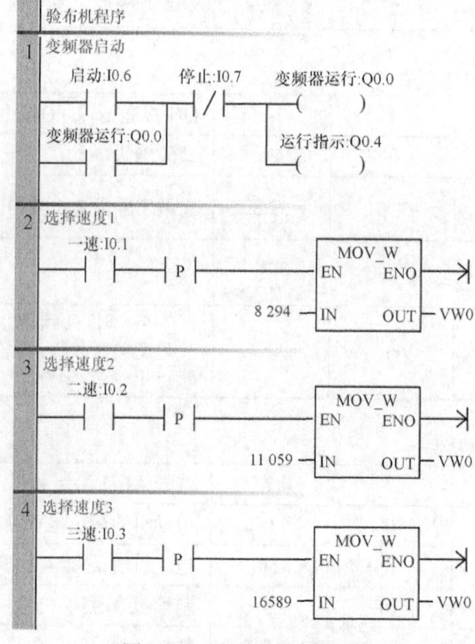

图 5-18　验布机控制程序

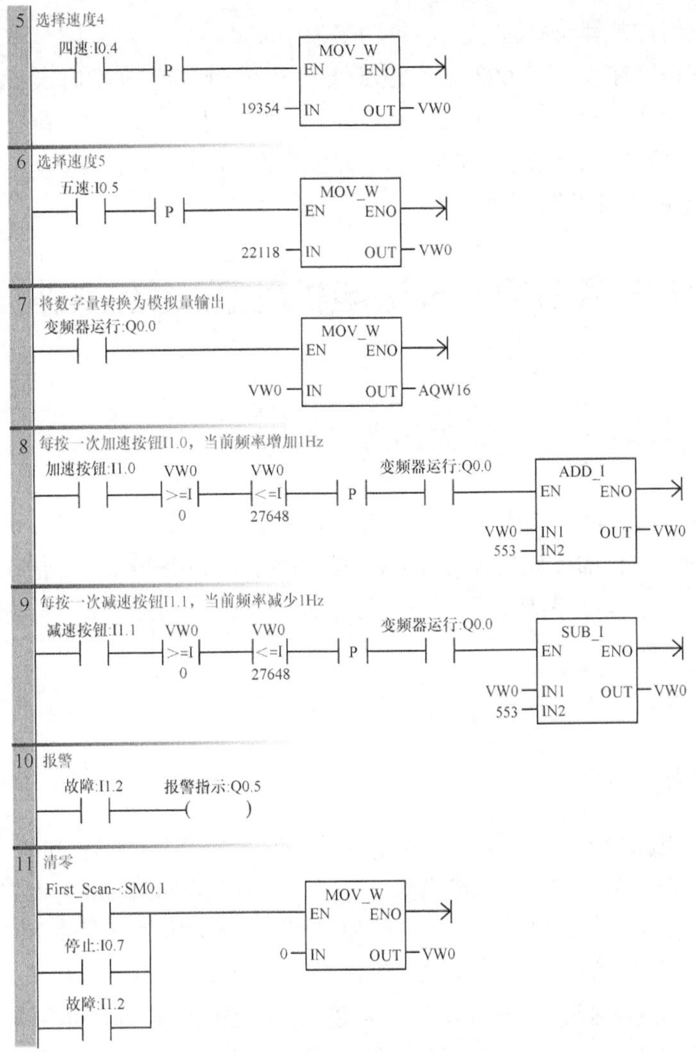

图 5-18 验布机控制程序（续）

程序段 1 是变频器的启停控制程序。

程序段 2～程序段 6 通过速度选择开关 I0.1～I0.5 将 5 个速度对应的数字量送到 VW0 中。

程序段 7 是将 VW0 中的数字量转换成模拟量 AQW16 输出。

程序段 8、程序段 9 是加减速频率程序，1Hz 对应的数字量是 27 648/50=553，因此通过加法指令 ADD_I 或减法指令 SUB_I 将 VW0 中的数字量每按一次按钮都增加 553 或减少 553，即增加或减少 1Hz。数字量 VW0 的值在 0～27 648 之间变化，因此用触点比较指令将加法指令和减法指令的执行条件限定在 0≤VW0≤27 648 才能执行。

思考与练习

思考题

（1）将图 5-13 所示的电流输入改为电压输入，如何在系统块中对 EM AM06 模块进行组态？

（2）当按下启动按钮 SB1 时，系统对烤箱温度进行实时监控，以不同颜色的指示灯来监视温度范围；当按下停止按钮 SB2 时，系统停止对温度监控。

① 系统由一组加热器进行加热，加热功率为 10kW。

② 要求温度控制在 50℃～60℃，当温度低于 50°C 或高于 60℃时，系统应能自动调节。

③ 当温度在 50℃～60℃时，绿色指示灯亮；当温度低于 50℃时，黄色指示灯以 1s 周期闪烁，并启动加热器；当温度高于 60℃时，红色指示灯以 0.5s 周期闪烁，并断开加热器。

试画出硬件电路图并编写程序。

任务 5.2　步进电机的正反转控制

任务导入

现有一台三相步进电机，步距角是 1.5°，假设步进电机的运行速度为 0.7cm/s，旋转一周需要 5 000 个脉冲，电机的额定电流是 2.1A。控制要求：利用 PLC 控制步进电机顺时针转 5 周，再逆时针转 3 周，如此循环进行，按下停止按钮，电机马上停止（电机的轴锁住）。

相关知识

一、步进电机

微课：步进电机

步进电机是将电脉冲信号转变为角位移或线位移的开环控制元件。由于转轴的转动是每输入一个脉冲，步进电机前进一步，所以叫作步进电机。在非超载的情况下，步进电机的转速、停止的位置只取决于脉冲信号的频率和脉冲数，而不受负载变化的影响。可进电机每接收一个步进脉冲信号，电机就旋转一定的角度，该角度称为步距角。脉冲数越多，步进电机转动的角度越大。脉冲的频率越高，步进电机的转速越快，但不能超过最高频率，否则步进电机的力矩会迅速减小，电机不转。

步进电机的步距角一般为 1.8°、0.9°、0.72°、0.36°等。步距角越小，步进电机的控制精度越高，根据步距角可以控制步进电机行走的精确距离。例如，步距角为 0.72°的步进电机，每旋转一周需要的脉冲数为 360/0.72=500，也就是对步进电机驱动器发出 500 个脉冲信号，步进电机才旋转一周。

二、步进控制系统的组成

工业常用的控制电机有步进电机和伺服电机。控制电机的主要任务是转换和传递控制信号。步进电机控制系统由 PLC 控制器、步进驱动器和步进电机构成，如图 5-19 所示。PLC 控制器发出控制信号，步进电机驱动器在控制信号的作用下输出较大电流（1.5A～6A，不同型号有区别）驱动步进电机，按控制要求对机械装置准确实现位置控制或速度控制。

步进电机的运动方向与其内部绕组的通电顺序有关，改变输入脉冲的相序就可以改变电机转向。转速则与输入脉冲信号的频率成正比，转动角度或位移与输入的脉冲数成正比。改变脉冲信号的频率就可以在很宽的范围内改变步进电机的转速，并能快速启动、制动和反转，因此，步进电机广泛应用于定位系统中。

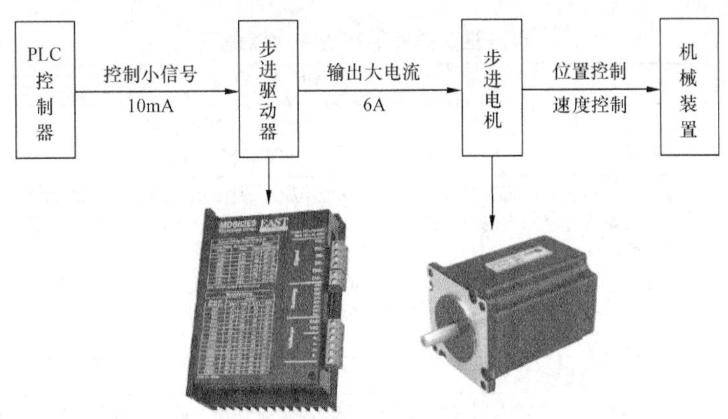

图 5-19　步进电机控制系统框图

三、步进驱动器

步进电机的运行要有电子装置进行驱动，这种装置就是步进电机驱动器，它是把控制系统发出的脉冲信号，加以放大来驱动步进电机。步进电机的转速与脉冲信号的频率成正比，控制步进电机脉冲信号的频率，可以对电机精确调速；控制步进脉冲的个数，可以对精确定位电机。

1．步进驱动器的外部端子

从步进电机的转动原理可以看出，要使步进电机正常运行，就必须按规律控制步进电机的每一相绕组得电。步进驱动器有 3 种输入信号，分别是脉冲信号（PUL）、方向信号（DIR）和使能信号（ENA）。因为步进电机在停止时，通常有一相得电，电机的转子被锁住，所以当需要转子松开时，可以使用使能信号。

3ND583 是雷赛公司最新推出的一款采用精密电流控制技术设计的高细分三相步进驱动器，适合驱动 57～86 机座号的各种品牌的三相步进电机，3ND583 步进驱动器的外形如图 5-20 所示，步进驱动器的外部接线端如图 5-21 所示。外部接线端的功能说明如表 5-6 所示。

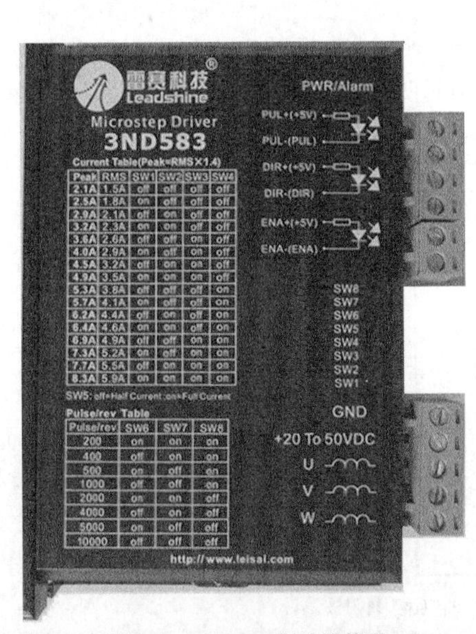

图 5-20　3ND583 驱动器外形

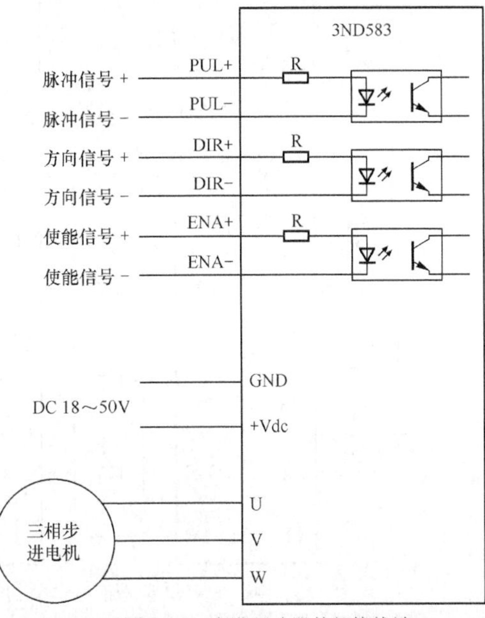

图 5-21　步进驱动器外部接线端

表 5-6　　步进驱动器外部接线端功能说明

接线端	功能说明
PUL+（+5V）	脉冲控制信号输入端：脉冲上升沿有效；PUL–高电平时 4～5V，低电平时 0～0.5V。为了可靠响应脉冲信号，脉冲宽度应大于 1.2μs。如采用+12V 或+24V 时需串电阻
PUL−	
DIR+（+5V）	方向信号输入端：高/低电平信号，为保证电机可靠换向，方向信号应先于脉冲信号至少 5μs 建立。电机的初始运行方向与电机的接线有关，互换三相绕组 U、V、W 的任何两根线可以改变电机初始运行的方向，DIR–高电平时 4～5V，低电平时 0～0.5V
DIR−	
ENA+（+5V）	使能信号输入端：此输入信号用于使能或禁止。ENA+接+5V，ENA–接低电平（或内部光耦导通）时，驱动器将切断电机各相的电流使电机处于自由状态，此时步进脉冲不被响应。当不需用此功能时，使能信号端悬空即可
ENA−	
U、V、W	三相步进电机的接线端
+V	驱动器直流电源输入端正极，+18V～+50V 间任何值均可，但推荐值为+36VDC 左右
GND	驱动器直流电源输入端负极

2．步进驱动器的外部典型接线

3ND583 步进驱动器采用差分式接口电路可适用差分信号、单端共阴极及共阳极等接口，内置高速光电耦合器，允许接收差分信号、NPN 三极管输出电路信号和 PNP 三极管输出电路信号。图 5-22（a）为 3ND583 步进驱动器与三菱 FX2N-32MT（NPN 输出型）的电路，图 5-22（b）为 3ND583 步进驱动器与西门子 CPU ST40（PNP 输出型）的电路。

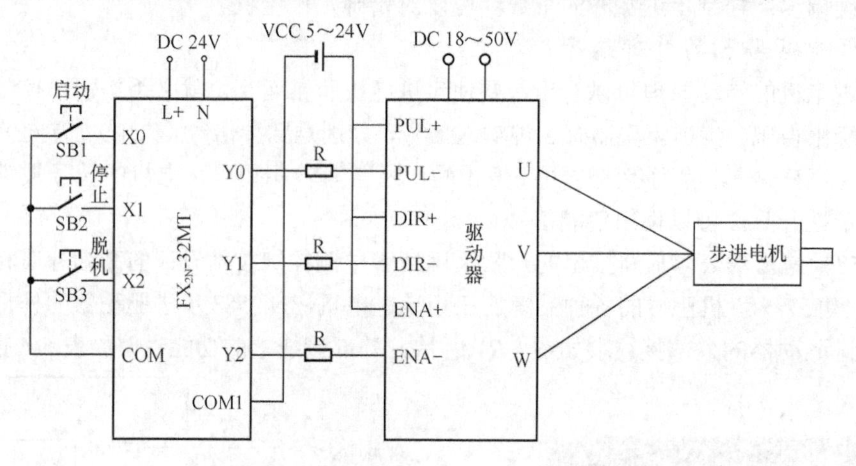

（a）3ND583 步进驱动器与三菱 FX_{2N}-32MT 的电路（共阳极）

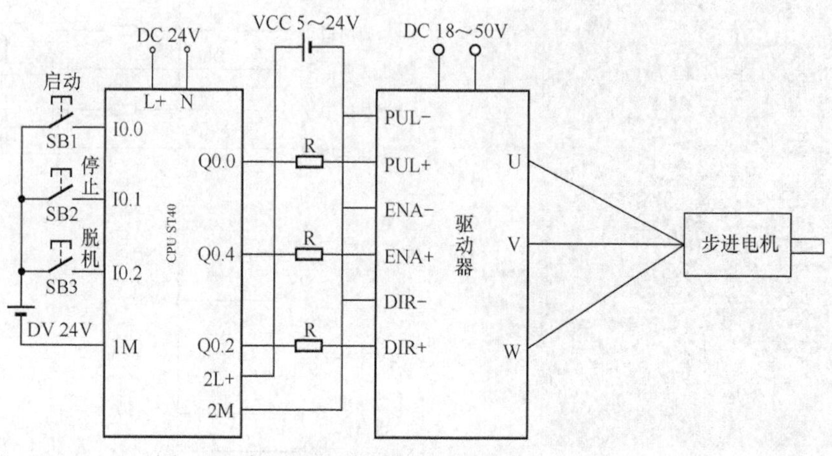

（b）3DN583 步进驱动器与西门子 ST40 的电路（共阴极）

图 5-22　步进驱动器与 PLC 的典型电路

注　意

在图 5-22 中，VCC 为 5V 时，不串电阻，VCC 为 12V 时，串联 R 为 1kΩ，大于 1/8W 电阻；VCC 是 24V 时，R 为 2kΩ，大于 1/8W 电阻；R 必须接在控制器信号端。

3．步进驱动器的细分设置

步进电机驱动器除了给步进电机提供较大驱动电流外，更重要的作用是“细分”。在没有步进驱动器时，步进电机的步距角在 1°左右，角位移较大，不能进行精细控制。如果使用步进驱动器，只需在驱动器上设置细分步数，就可以改变步距角的大小。例如，若设置细分步数为 10 000 步/转，则步距角只有 0.036°，可以实现高精度控制。

3ND583 步进驱动器的侧面连接端子中间有 8 个 SW 拨码开关，用来设置工作电流（动态电流）、静态电流、细分精度。图 5-23 所示为拨码开关。其中 SW1～SW4 用于设置步进驱动器输出电流（根据步进电机的工作电流，调节驱动器输出电流，电流越大，力矩越大）；SW6～SW8 用于设置细分；SW5 用于选择半流/全流工作模式。

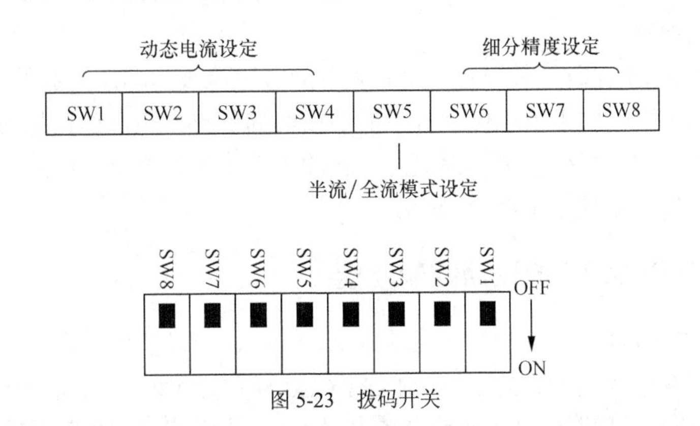

图 5-23　拨码开关

（1）动态电流设定。用 SW1～SW4 的 4 位拨码开关设置工作电流，一共可设置 16 个电流级别，如表 5-7 所示。1 表示 ON，0 表示 OFF。

表 5-7　工作电流设置

输出峰值电流（A）	输出有效值电流（A）	SW1	SW2	SW3	SW4
2.1	1.5	0	0	0	0
2.5	1.8	1	0	0	0
2.9	2.1	0	1	0	0
3.2	2.3	1	1	0	0
3.6	2.6	0	0	1	0
4.0	2.9	1	0	1	0
4.5	3.2	0	1	1	0
4.9	3.5	1	1	1	0
5.3	3.8	0	0	0	1
5.7	4.1	1	0	0	1
6.2	4.4	0	1	0	1

续表

输出峰值电流（A）	输出有效值电流（A）	SW1	SW2	SW3	SW4
6.4	4.6	1	1	0	1
6.9	4.9	0	0	1	1
7.3	5.2	1	0	1	1
7.7	5.5	0	1	1	1
8.3	5.9	1	1	1	1

（2）细分设定。细分精度由 SW6～SW8 三位拨码开关设定，如表 5-8 所示。1 表示 ON，0 表示 OFF。

表 5-8　细分设置

步/转	SW6	SW7	SW8	步/转	SW6	SW7	SW8
200	1	1	1	2 000	1	1	0
400	0	1	1	4 000	0	1	0
500	1	0	1	5 000	1	0	0
1 000	0	0	1	10 000	0	0	0

（3）静态电流设置。

静态电流可用 SW5 拨码开关设定，OFF 表示静态电流设为动态电流的一半，ON 表示静态电流与动态电流相同。如果电机停止时不需要很大的保持力矩，建议把 SW5 设成 OFF，使得电机和驱动器的发热减少，可靠性提高。脉冲串停止后约 0.4s，电流自动减至一半左右（实际值的 60%），发热量理论上减至 36%。

四、S7-200 SMART 的运动控制功能

S7-200 SMART CPU 内置运动轴（Axis of Motion），可以实现步进电机和伺服电机的速度和位置控制。如图 5-24 所示，S7-200 SMART CPU 输出脉冲和方向信号至步进驱动器或伺服驱动器，步进驱动器或伺服驱动器再将从 CPU 输入的给定值经过处理后输出到步进电机或伺服电机，控制步进电机或伺服电机加速、减速和移动到指定位置。

标准型晶体管型 CPU 模块最多提供 3 轴高速脉冲输出，速度从每秒 2 个脉冲到每秒 100 000 个脉冲（2Hz～100kHz）。CPU ST20 只能组态 2 个运动轴（Axis），CPU ST30、CPU ST40、CPU ST60 可以组态 3 个运动轴。CPU 本体上的 Q0.0、Q0.1 和 Q0.3 可组态为高速脉冲输出口，各个输出接口的定义如表 5-9 所示。

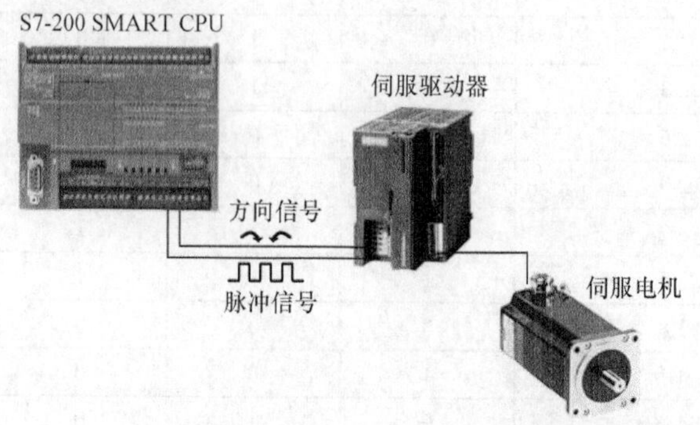

微课：S7-200 SMART 运动控制功能介绍

图 5-24　S7-200 SMART PLC 的开环控制系统组成

表 5-9　　晶体管输出型 PLC 的输出接口定义

	Axis0	Axis1	Axis2
P0-Output1	Q0.0	Q0.1	Q0.3
P1-Output2	Q0.2	Q0.7 或 Q0.3*	Q1.0
DIS Output	Q0.4	Q0.5	Q0.6

*：如果 AXIS1 组态为脉冲加方向，则 P1 分配到 Q0.7。如果 AXIS 1 组态为双相输出或 A/B 相输出，则 P1 被分配到 Q0.3，但此时 AXIS 2 将不能使用。

注　意

经济型 CPU 没有运动（Motion）控制功能；只有晶体管输出型的 CPU 才具有运动（Motion）控制功能。

PTO 是指按照给定的脉冲数和周期从 Q0.0 或 Q0.1 或 Q0.3 输出一串脉冲序列（50%占空比），PTO 主要用于步进电机或伺服电机的速度和位置的开环控制。

S7-200 SMART CPU 的运动输出模式支持脉冲+方向输出模式、双向脉冲输出模式、A/B 正交相位输出模式以及单向脉冲输出模式。

S7-200 SMART CPU 可自由设置运动包络（曲线），Motion 包络运行模式有绝对位置、相对位置、单速连续旋转和双速连续选择等 4 种运行模式。最多支持 32 个包络，每个包络最多支持 16 步。

五、使用运动控制向导组态运动轴

微课：使用运动控制向导组态运动轴

为了使 CPU 能够控制运动应用，必须为运动轴创建组态/曲线表。运动控制向导引导用户完成组态过程。

1．打开运动控制向导

如图 5-25 所示，双击 STEP7-Micro/WIN SMART 启动编程软件，在项目树中单击“向导”项下的“运动”，启动运动控制向导。也可以在编程软件中的“工具”菜单下选择“运动”命令。

2．选择需要组态的轴

S7-200 SMART CPU 内部有 2 个或 3 个轴可以配置，如图 5-26 所示，在“运动控制向导”对话框中选择要组态的运动轴，这里选择要组态的轴为“轴 0”，然后单击“下一个”按钮。

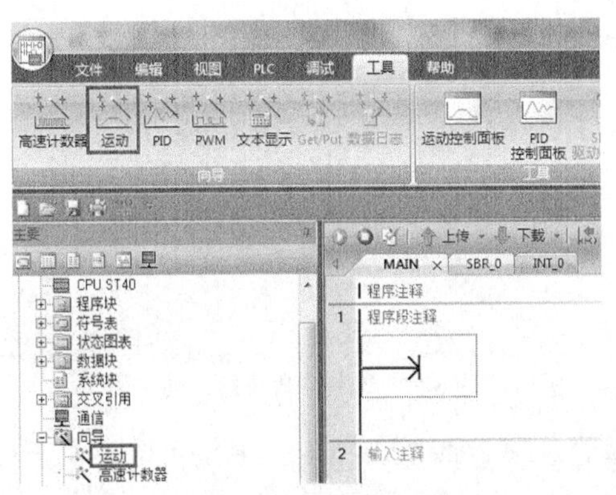

图 5-25　打开运动控制向导

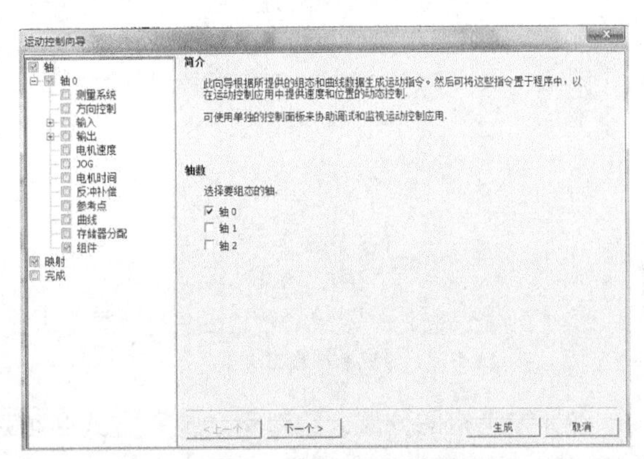

图 5-26　选择需要配置的轴

3．为选择的轴命名

如图 5-27 所示，在此可选择的轴名称。“运动控制向导”对话框中的默认名称为“轴 x”，其中“x”等于轴编号。这里采用默认名“轴 0”。单击“下一个”按钮。

4．选择测量系统（工程单位或相对脉冲）

如图 5-28 所示，选择要在整个向导中用于控制轴运动的测量系统，有“工程单位”和“相对脉冲”两个选项，根据实际控制要求选择后，单击“下一个”按钮。

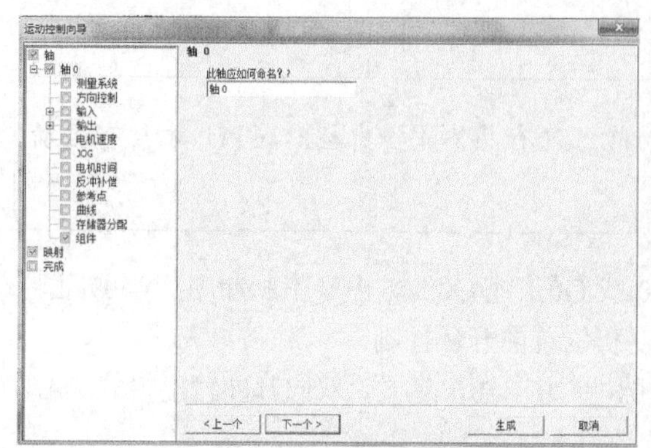

图 5-27　为所选的轴命名

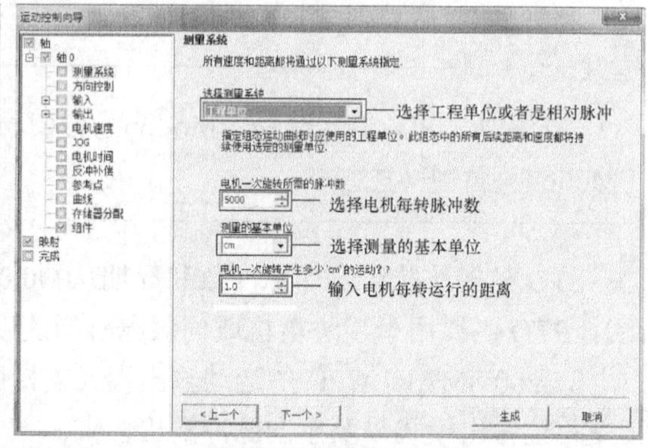

图 5-28　选择测量系统

5．设置运动输出模式，即脉冲输出类型

如图 5-29 所示，设置有几路脉冲输出，包括单相（1 个输出）、双相（2 个输出）、单相（2 个输出）和 AB 正交相位（2 个输出）。

6．分配输入点

运动控制向导可以对正限位输入点（LMT+）、负限位输入点（LMT-）、参考点（RPS）、零脉冲（ZP）、运动停止（STP）等输入点进行组态。

（1）正限位和负限位分配。如图 5-30 所示是正限位输入点的分配，此输入是正向运动行程的最大限值。在“LMT+”选项区中，可以定义正限位输入分配给哪个引脚以及正限位输入的特性，包括响应和有效电平。负限位输入点是负方向运动行程的最大限值，其分配请参考图 5-30。

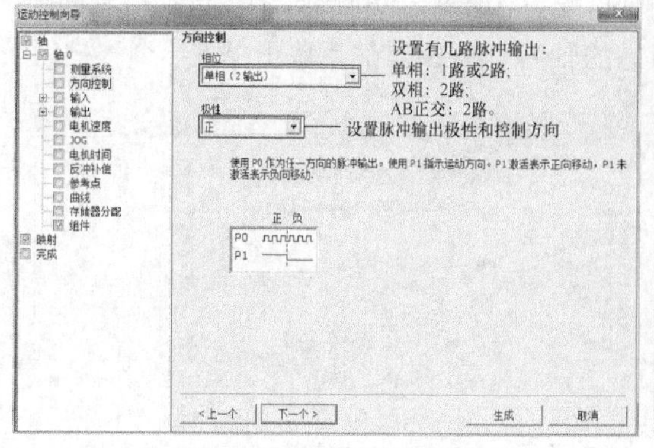

图 5-29　设置脉冲输出类型

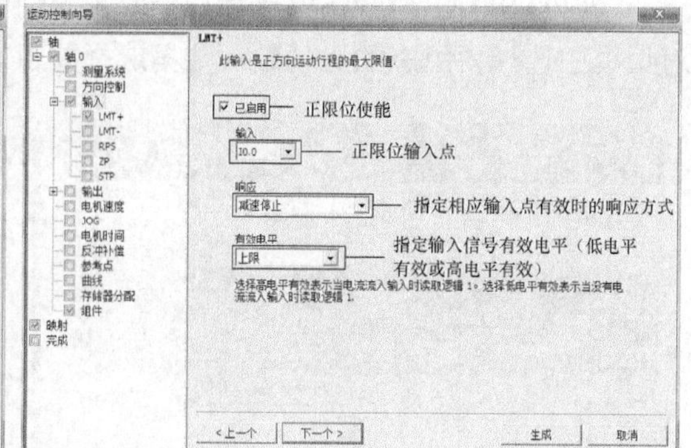

图 5-30　分配正限位输入点

（2）参考点的分配。绝对运动控制方式必须建立参考点或原点位置，参考点的分配如图 5-31 所示。在“RPS”选项区中，可以定义参考点查找输入分配给哪个引脚以及 RPS 输入

的特性，包括“响应”和“有效电平”。

（3）零脉冲输入分配。零脉冲输入分配如图 5-32 所示，在“ZP”选项区中，可定义 ZP 输入分配给哪个 HSC 和输入引脚。

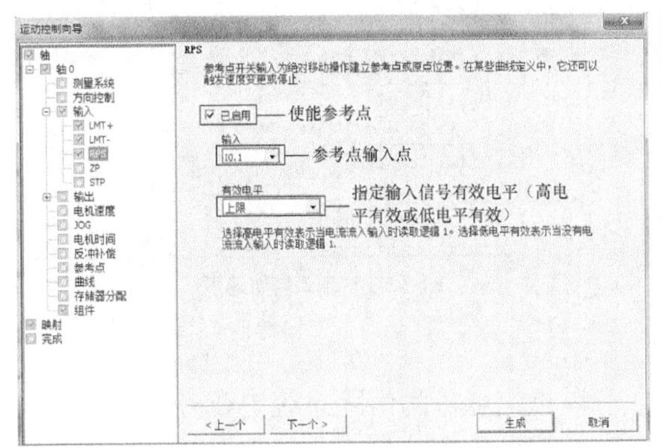

图 5-31　参考点的分配

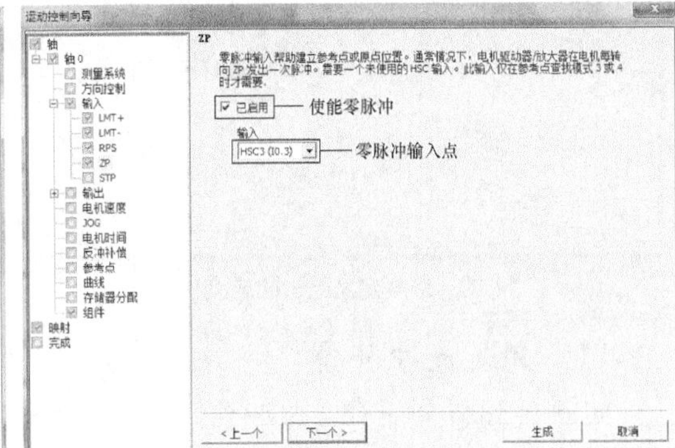

图 5-32　零脉冲输入分配

（4）停止点的分配。停止点将使正在进行中的运动停止，停止点的配置如图 5-33 所示，在 STP 选项区中，可以定义停止输入的引脚以及停止输入的特性。

7．定义输出点

DIS 输出用于禁用或启用电机驱动器/放大器，如图 5-34 所示，在“已启用”前打“√”，就是启用电机驱动器，并且用输出 Q0.4 控制。

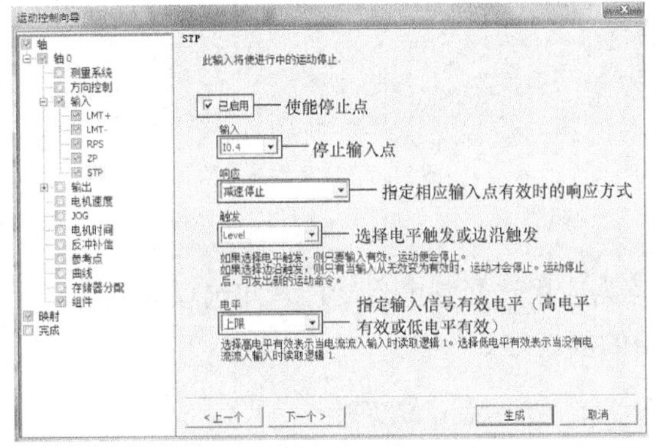

图 5-33　停止点的配置

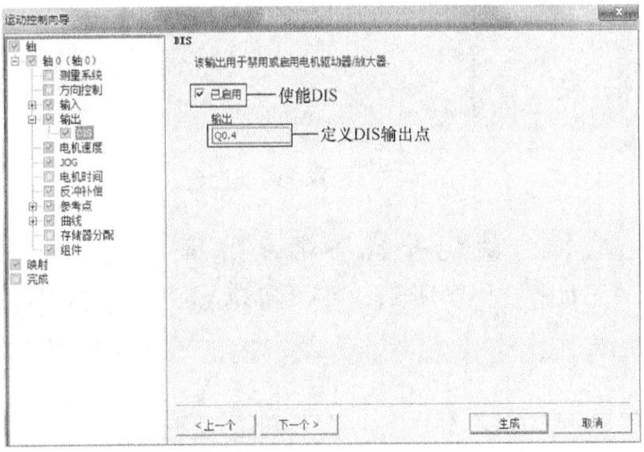

图 5-34　定义输出点

8．设置电机速度

如图 5-35 所示，在“电机速度”选项区中，可以定义电机的最大速度和启动/停止速度。该选项区还显示最小速度。

注意：用户不能定义 MIN_SPEED。

9．设置电机点动速度

如图 5-36 所示，在“JOG”选项区中，可将电机手动移至所需位置。

10．设置电机加速时间和减速时间

如图 5-37 所示，在“电机时间”选项区中，可为电机指定加速率和减速率，单位为 ms，默认值为 1 000 ms。

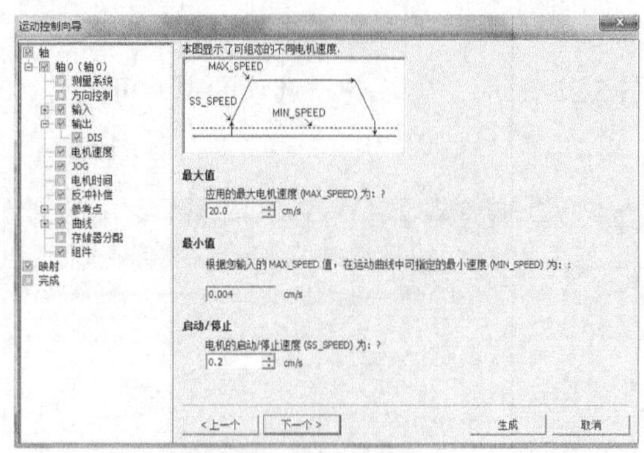

图 5-35　定义电机的速度

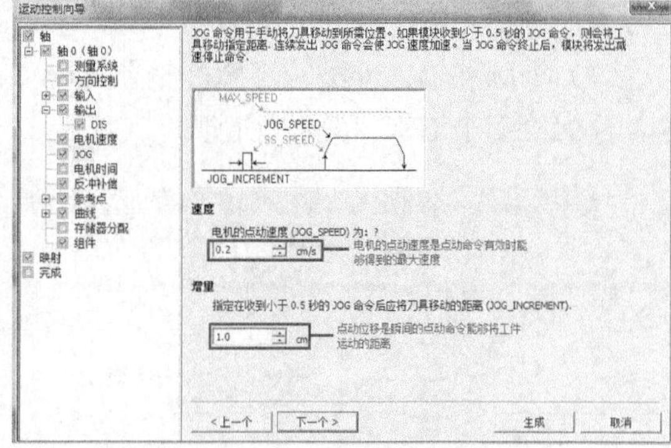

图 5-36　定义点动速度

11. 定义反冲补偿

如图 5-38 所示，在“反冲补偿”选项区中，可以指定电机为消除系统中在方向变化时出现的机械松弛（反冲）而必须移动的距离值，反冲补偿始终为正值。

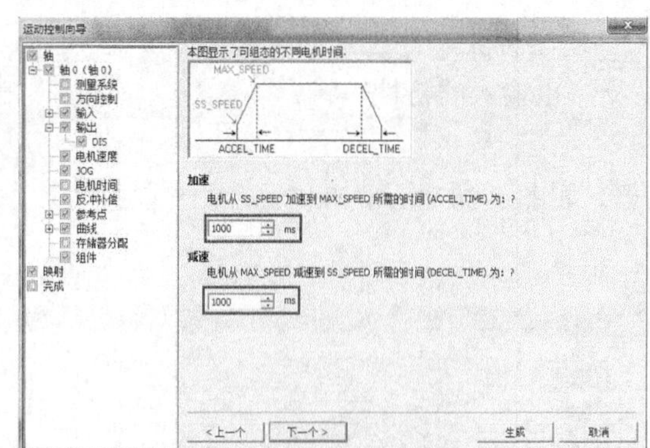

图 5-37　加减速时间设置

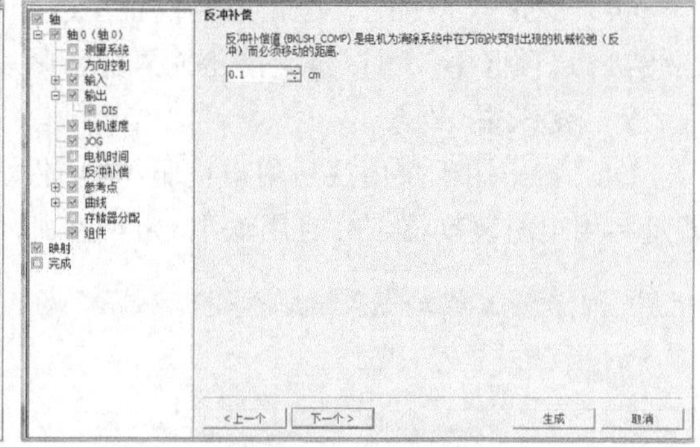

图 5-38　定义反冲补偿

12. 使能寻找参考点位置

如图 5-39 所示，在“参考点”选项区中，可为应用选择参考点功能。此选项区包含一个只有在已定义参考点开关（RPS）输入时才启用的复选框。

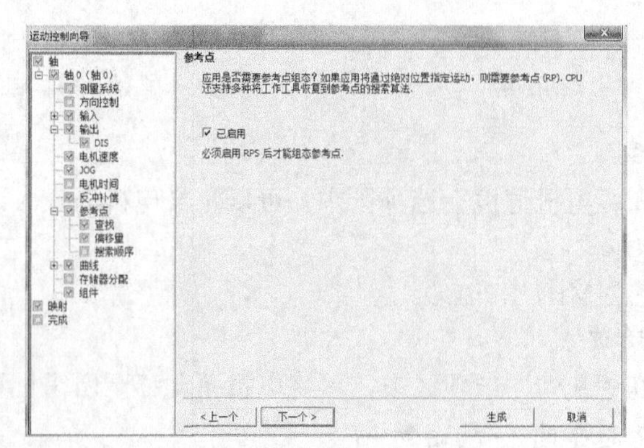

图 5-39　使能寻找参考点位置

13. 设置寻找参考点位置参数

设置寻找参考点位置参数如图 5-40 所示。

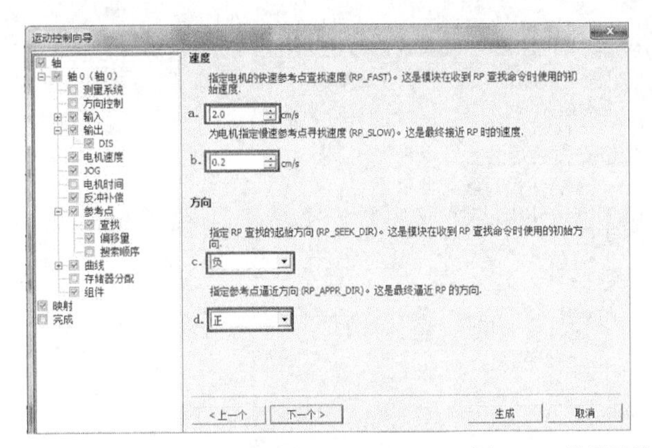

a.定义快速寻找速度“RP_FAST”：快速寻找速度是模块执行 RP 寻找命令的初始速度，通常 RP_FAST 是 MAX_SPEED 的 2/3 左右。

b.定义慢速寻找速度“RP_SLOW”：慢速寻找速度是接近 RP 的最终速度，通常使用一个较慢的速度去接近 RP 以免错过，RP_SLOW 的典型值为 SS_SPEED。

c.定义初始寻找方向“RP_SEEK_DIR”：初始寻找方向是 RP 寻找操作的初始方向。

d.定义最终参考点接近方向“RP_APPR_DIR”：最终参考点接近方向是为了减小反冲和提供更高的精度，应该按照从 RP 移动到工作区使用的方向来接近参考点，默认方向=正向。

图 5-40　设置寻找参考点参数

14．设置参考点偏移量

如图 5-41 所示，参考点偏移量“RP_OFFSET”是在物理的测量系统中 RP 到零位置之间的距离，默认为 0。

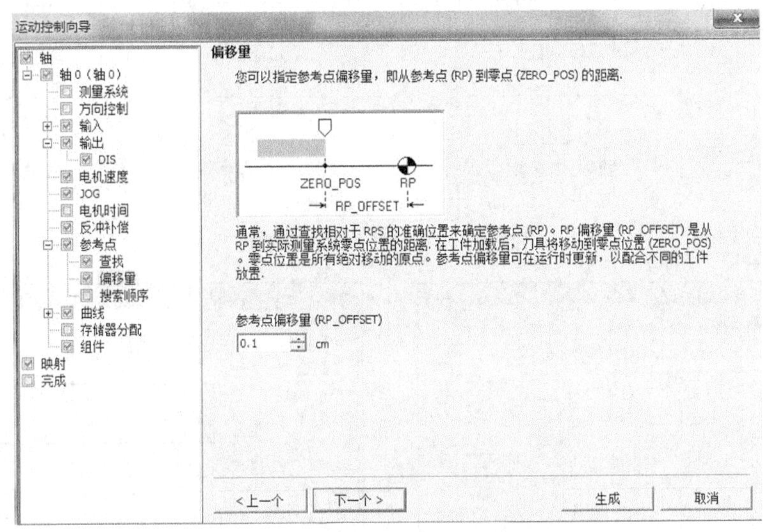

图 5-41　设置参考点偏移量

15．设置寻找参考点的顺序

设置寻找参考点的顺序如图 5-42（a）所示，S7-200 SMART 提供 4 种寻找参考点顺序模式，如图 5-42（b）所示。

16．新建运动曲线并命名

如图 5-43 所示，单击“添加”按钮，可以创建一条新的运动曲线。S7-200 SMART 最多支持 32 组运动曲线。运动控制向导提供运动曲线定义，用户可以为其应用程序定义每一条运动曲线。在运动控制向导中定义曲线时输入一个符号名，可为每个运动曲线定义符号名。

17．定义运动曲线

如图 5-44 所示，在“曲线”对话框中，可定义运动曲线的运行模式及每段曲线的速度和位置。

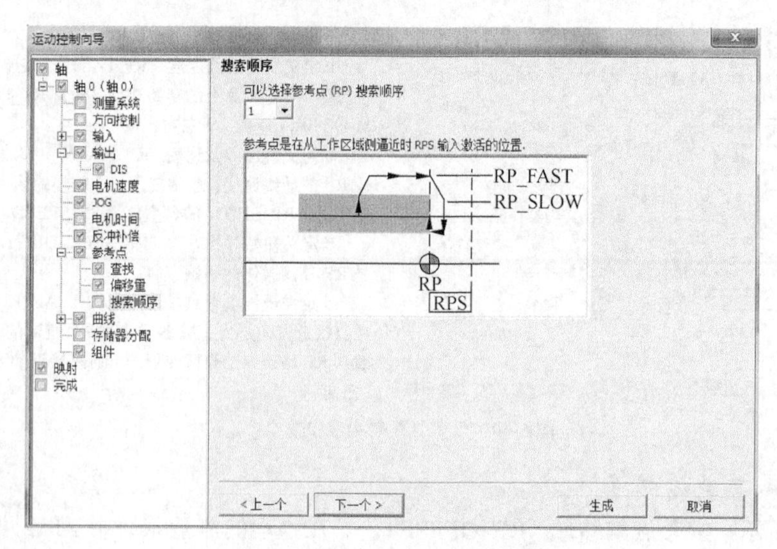

（a）选择寻找参考点的对话框

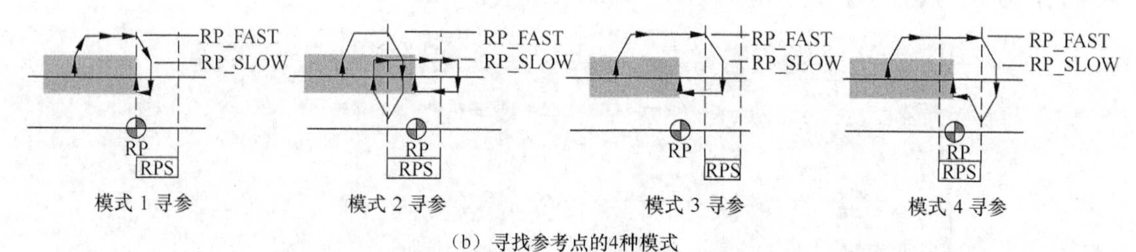

（b）寻找参考点的4种模式

图 5-42　设置寻找参考点的顺序

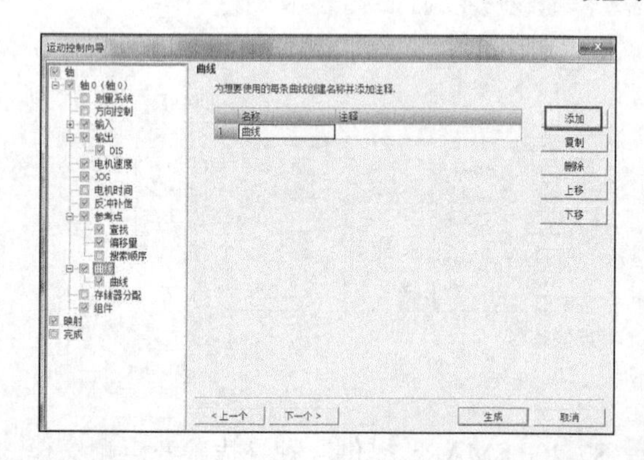

图 5-43　新建运动曲线并命名

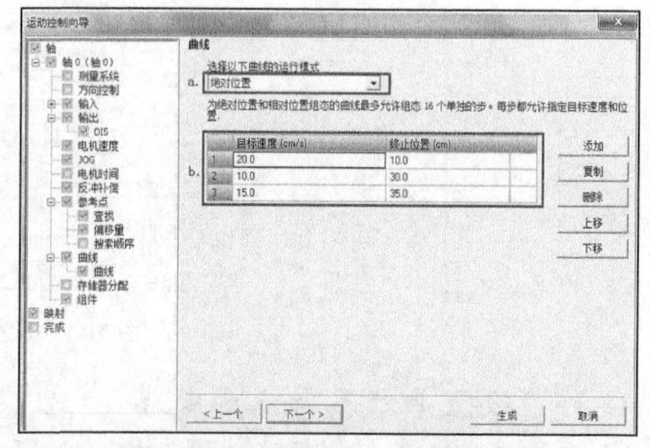

a.选择运动曲线的操作模式（支持四种操作模式：绝对位置、相对位置、单速连续旋转、双速连续旋转）。

b.定义该运动曲线每一段的速度和位置（S7-200 SMART CPU 每组运动曲线支持最多 16 步）。

图 5-44　定义运动曲线

18．分配存储区

如图 5-45 所示，在“存储器分配”对话框中，可分配存储组态/曲线表的存储器地址。组态表的长度取决于定义的曲线数和定义的最大曲线的步数。

注　意

程序中其他部分不能占用该向导分配的存储区。

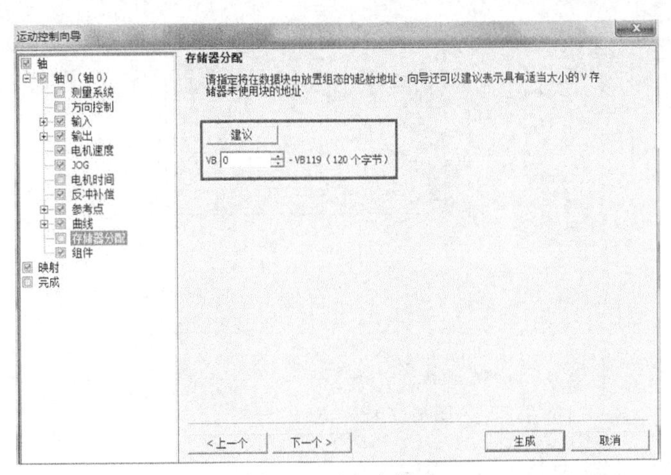

图 5-45 分配存储区

19. 完成组态

当完成对运动控制向导的组态时，只需单击“生成”按钮，然后运动控制向导会执行图 5-46 所示任务。

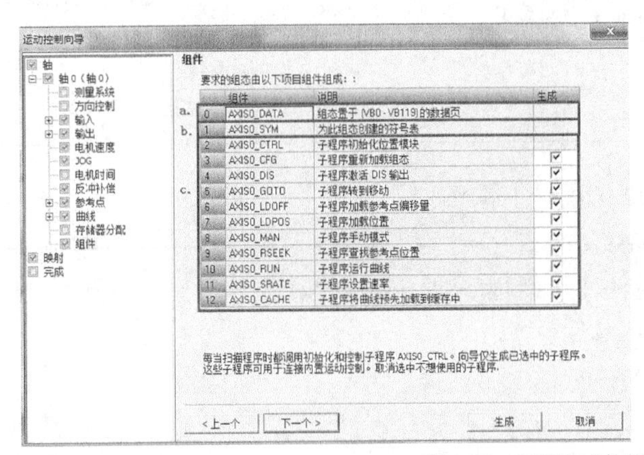

a. 将组态和曲线表插入到 S7-200 SMART CPU 的数据块（AXISx_DATA）中；

b. 为运动控制参数生成一个全局符号表（AXISx_SYM）；

c. 在项目的程序块中增加运动控制指令子程序，可在应用中使用这些指令。

要修改任何组态或曲线信息，可以再次运行运动控制向导。

图 5-46 向导生成的组件

注 意

由于运动控制向导修改了程序块、数据块和系统块，要确保这 3 种块都下载到 S7-200 SMART CPU 中。否则，CPU 可能会无法得到操作所需的所有程序组件。

说 明

运动指令使程序所需的存储空间增加多达 1 700 个字节。可以删除未使用的运动指令来降低所需的存储空间。要恢复删除的运动指令，只需再次运行运动向导。

20. 查看输入输出点分配

如图 5-47 所示，完成配置后运动控制向导会显示运动控制功能所占用的 CPU 本体输入输出点的情况，此时只需单击图 5-47 中左侧列的“映射”即可查看。

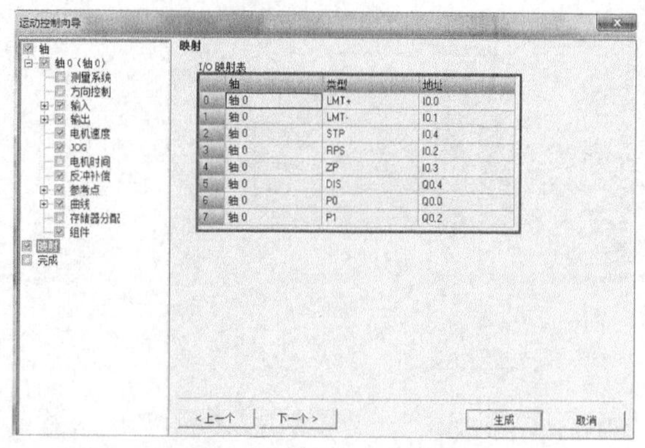

图 5-47　输入输出点分配

六、使用运动控制面板进行调试

STEP7-Micro/WIN SMART 提供了一个调试界面“运动控制面板”。通过操作界面、配置参数界面和配置曲线参数界面，用户可以方便地调试、操作和监视 S7-200 SMART CPU 运动轴的工作状态，验证控制系统接线以及组态是否正确，调整配置运动控制参数，测试每一个预定义的运动轨迹曲线。提供运动控制面板。

注　意

使用运动控制面板之前请确保已经完成以下操作。

（1）将运动控制向导生成的所有组件（包括程序块、数据块和系统块）下载到 CPU 中。否则 CPU 无法得到操作所需的有效程序组件。

（2）将 CPU 的运行状态设置为“STOP”。

1. 打开运动控制面板

如图 5-48 所示，通过菜单栏或者左侧树形目录打开“运动控制面板”。

单击“运动控制面板”按钮，会弹出一个对话框，其作用是比较 STEP7-Micro/WIN SMART 当前打开的程序与 CPU 中的程序是否一致，如图 5-49 所示。程序比较通过后单击“继续”按钮（若未通过请重新下载程序块、数据库和系统块至 CPU）。

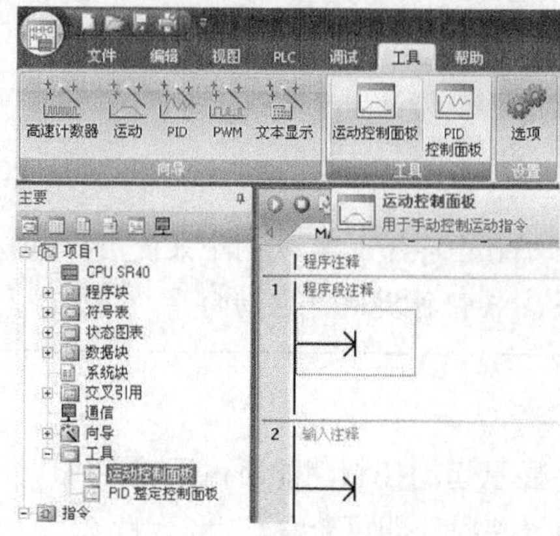

图 5-48　打开“运动控制面板”

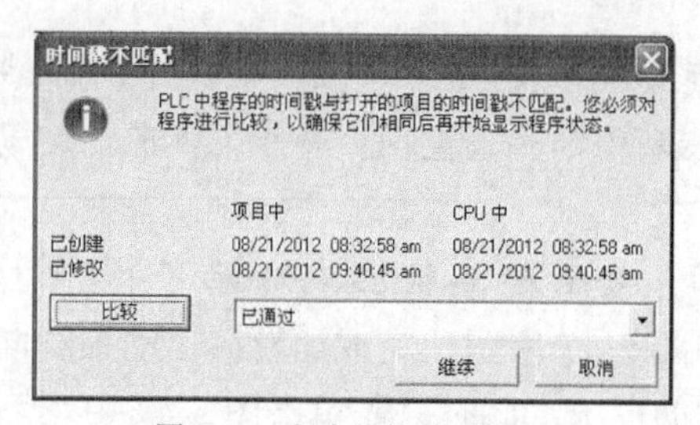

图 5-49　程序比较对话框

2．在操作界面中监视和控制运动轴。

操作界面允许用户以交互的方式，非常方便地操作、控制运动轴。该界面显示当前设备运行速度、位置和方向信息，监控输入、输出点状态信息。操作界面如图 5-50 所示。

（1）选择“激活 DIS 输出”，单击“执行”按钮，使能电机驱动器，如图 5-51 所示。

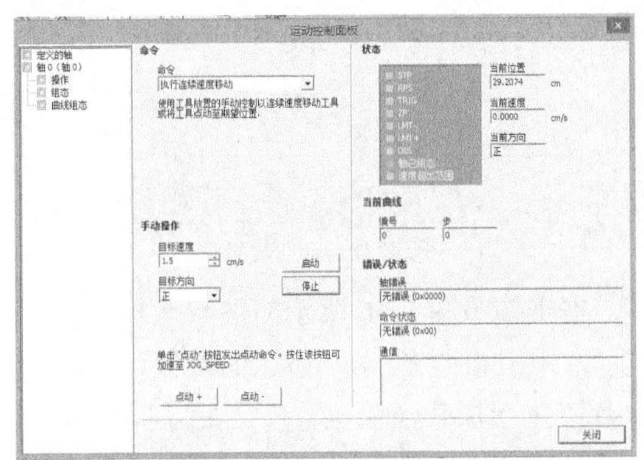

图 5-50　运动控制面板的操作界面

图 5-51　激活 DIS 输出

（2）如图 5-52 所示，选择“执行连续速度移动”，可以使电机连续运转，并且可以在该界面的右侧观察到电机的当前位置、当前速度和当前方向。

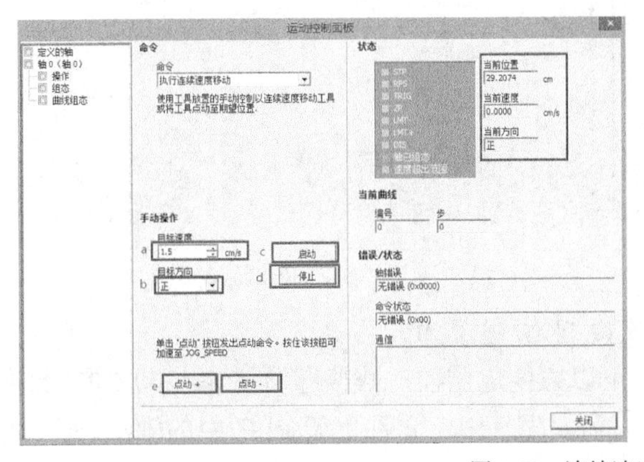

a.输入目标速度。

b.输入目标方向，目标方向正负可以控制电机旋转方向。

c.单击“启动”按钮，执行连续速度运转指令。

d.单击“停止”按钮，终止连续速度运转指令。

e.单击“点动+”按钮执行正向点动命令，单击“点动-”按钮执行负向点动命令，单击时间超过 0.5s 电机会加速到点动速度（JOG_SPEED）。

图 5-52　连续速度运转指令

（3）如图 5-53 所示，选择“查找参考点”，单击“执行”按钮，可以完成寻找机械坐标系参考点的操作。

单击“执行”按钮之后，先是以 2.0cm/s 的高速寻找，碰到参考点 I0.2 之后，开始以低速 0.2cm/s 的速度反向逼近参考点，寻找到参考点之后停止。

（4）选择“执行曲线”，可以完成配制运动轨迹曲线的操作。

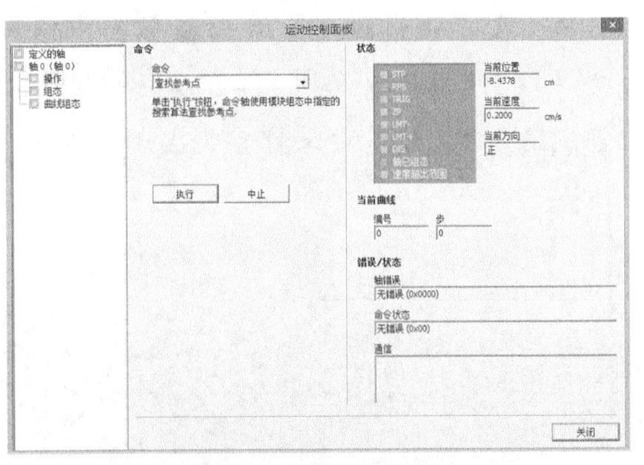

图 5-53　寻找参考点指令

如图 5-54 所示，通过下拉列表选择已组态曲线的符号名，单击“执行”按钮，按照图 5-55 所示的参数运行指定曲线。

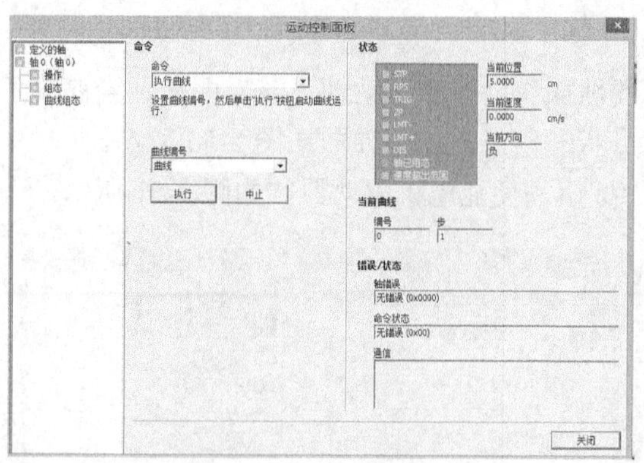

图 5-54　执行曲线窗口

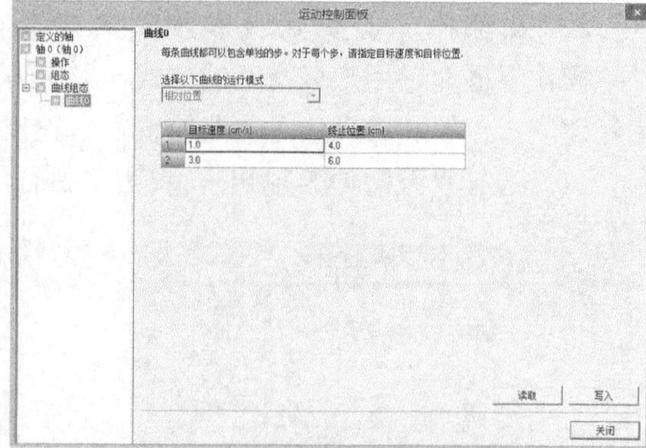

图 5-55　执行运动曲线指令

（5）如图 5-56 所示，执行“以相对量移动”，电机按照图 5-56 所示的参数运行。

（6）如图 5-57 所示，执行“移动到绝对位置”，电机按照图 5-57 所示的参数运行。

注意：执行“移动到绝对位置”时，需要执行“重新加载当前位置”之后才能执行。

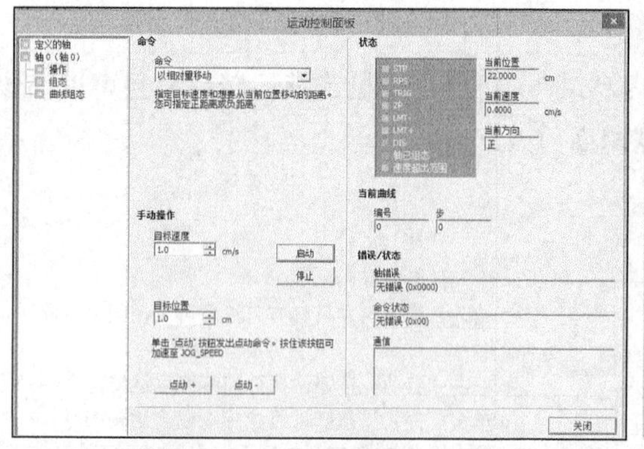

图 5-56　执行“以相对量移动”指令

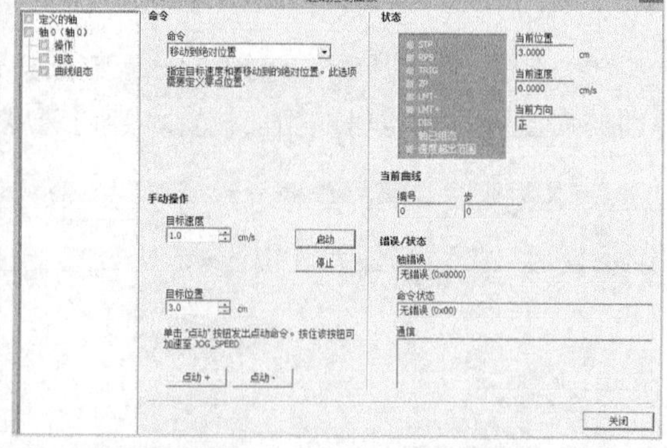

图 5-57　执行“移动到绝对位置”指令

3．在“组态”对话框中显示、修改运动控制参数

如图 5-58 所示，在“组态”对话框中，可以方便地监控、修改存储在 S7-200 CPU 数据块中的配置参数信息。修改组态设置以后，只需要先选中“允许更新 PLC 中的轴组态”，再单击“写入”按钮即可。

4．在“曲线组态”对话框界面中修改已组态的曲线参数并更新到 CPU 中

如图 5-59 所示，选中“允许更新 CPU 中的轴组态”，就可以更新 CPU 中的轴组态参数。

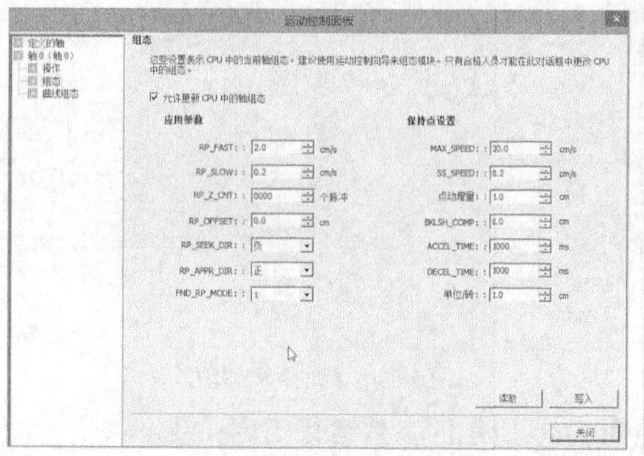

图 5-58　“组态”对话框

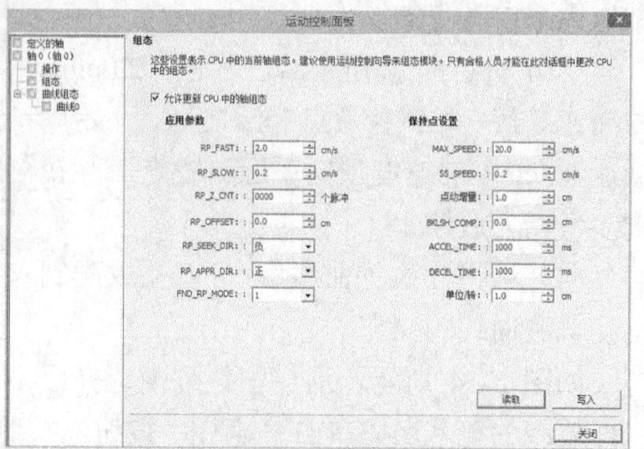

图 5-59　“曲线组态”对话框

如图 5-60 所示，可以单击“读取”按钮，读取 CPU 中存储的已组态的曲线信息，单击“写入”按钮，可以将修改后的曲线信息更新到 CPU 中。

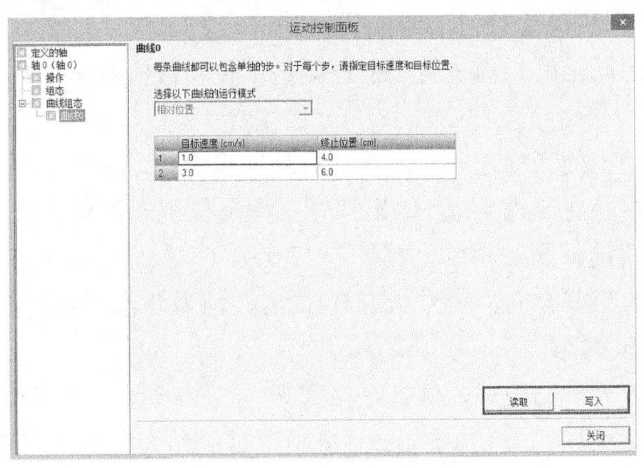

图 5-60 读取/修改曲线信息

七、运动控制子程序

微课：运动控制子程序介绍

运动控制向导根据所选组态选项创建运动控制子程序，这些子程序可以实现各种运动控制要求。

各运动指令均具有“AXISx_”前缀，其中 x 代表轴通道编号。由于每条运动指令都是一个子程序，所以 11 条运动指令使用 11 个子程序，如表 5-10 所示。

表 5-10 运动控制指令

指令名称	指令功能	指令名称	指令功能
AXISx_CTRL	启用和初始化运动轴	AXISx_LDPOS	加载位置
AXISx_MAN	手动模式	AXISx_SRATE	设置速率
AXISx_GOTO	命令运动轴转到所需位置	AXISx_DIS	使能/禁止 DIS 输出
AXISx_RUN	运行包络	AXISx_CFG	重新加载组态
AXISx_RSEEK	搜索参考点位置	AXISx_CACHE	缓冲包络
AXISx_LDOFF	加载参考点偏移量		

这里只介绍 4 个常用的运动控制指令，其他指令可参看 S7-200 SMART CPU 的系统手册。

1．AXISx_CTRL 子例程

功能：启用和初始化运动轴，方法是自动命令运动轴每次 CPU 更改为 RUN 模式时，加载组态/包络表，其指令格式如图 5-61 所示。

注 意

在项目中只对每条运动轴使用此子例程一次，并确保程序会在每次扫描时调用此子例程。使用 SM0.0（始终开启）作为 EN 参数的输入，如图 5-61 所示。

- EN。开启 EN 会启用此子例程。
- MOD_EN。参数必须开启，才能启用其他运动控制子例程向运动轴发送命令。如果

MOD_EN 参数关闭，则运动轴会中止所有正在进行的命令。

- Done。当完成任何一个子例程时，Done 会开启。
- Error。存储该子程序运行时的错误代码。
- C_Pos。表示运动轴的当前位置。根据测量单位，该值是脉冲数（DINT）或工程单位数（REAL）。
- C_Speed。运动轴的当前速度。如果针对脉冲组态运动轴的测量系统，则 C_Speed 是一个 DINT 数值，其中包含脉冲数/s。如果针对工程单位组态测量系统，则 C_Speed 是一个 REAL 数值，其中包含选择的工程单位数/s（REAL）。
- C_Dir。电机的当前方向，信号状态 0=正向，信号状态 1 =反向。

2．AXISx_MAN 子例程

功能：将运动轴置为手动模式，其指令格式如图 5-62 所示，当 M0.2=1，M0.3 为 1 时，允许电机按不同的速度运行；当 M0.4=1 或 M0.5=1 时，允许电机正向或负向点动。

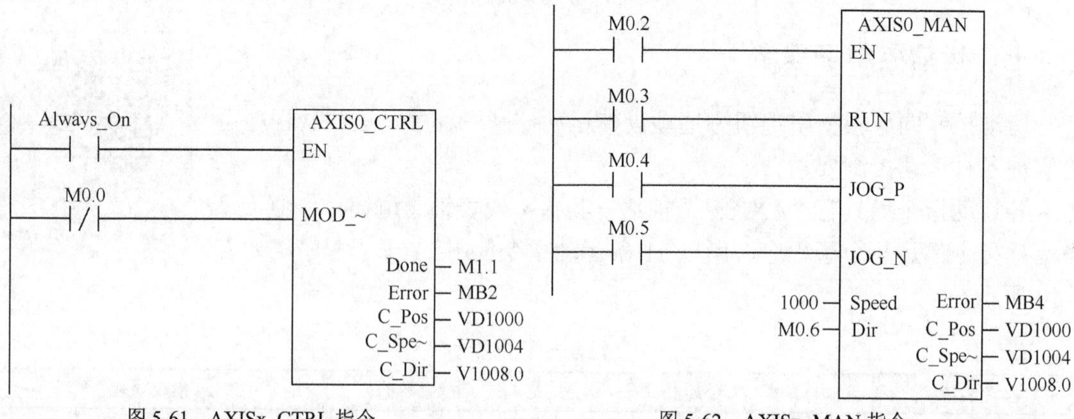

图 5-61　AXISx_CTRL 指令　　　　图 5-62　AXISx_MAN 指令

- EN。开启 EN 会启用此子例程。
- RUN。命令运动轴加速至指定的速度（Speed 参数）和方向（Dir 参数）。禁用 RUN 参数会命令运动轴减速，直至电机停止。

用户可以在电机运行时更改 Speed 参数，但 Dir 参数必须保持为常数。

- JOG_P（正向点动旋转）或 JOG_N（反向点动旋转）。命令运动轴正向或反向点动。
- Speed。决定启用 RUN 时的速度。

注　意

同一时间仅能启用 RUN、JOG_P 或 JOG_N 输入之一。

3．AXISx_GOTO 子例程

功能：命令运动轴转到所需位置，其指令格式如图 5-63 所示。

- EN。开启 EN 会启用此子例程。
- START。参数开启会向运动轴发出 GOTO 命令。为了确保仅发送了一个 GOTO 命令，必须使用边沿检测指令用脉冲方式开启 START 参数。
- Pos。参数包含一个数值，指示要移动的位置（绝对移动）或要移动的距离（相对移

动）。根据所选的测量单位，该值是脉冲数（DINT）或工程单位数（REAL）。

- Speed。参数确定该移动的最高速度。
- Mode。参数选择移动的类型。0 表示绝对位置，1 表示相对位置，2 表示单速连续正向旋转；3 表示单速连续反向旋转。
- Abort。参数启动会命令运动轴停止当前包络并减速，直至电机停止。

注　意

若 Mode 参数设置为 0，则必须首先使用 AXISx_RSEEK 或 AXISx_LDPOS 指令建立零位置。

4．AXISx_RUN

功能：命令运动轴按照存储在组态/包络表的特定包络执行运动操作，其指令格式如图 5-64 所示。

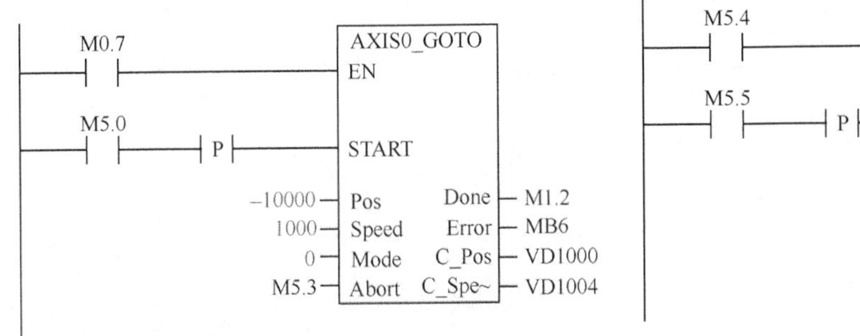

图 5-63　AXISx_GOTO 指令

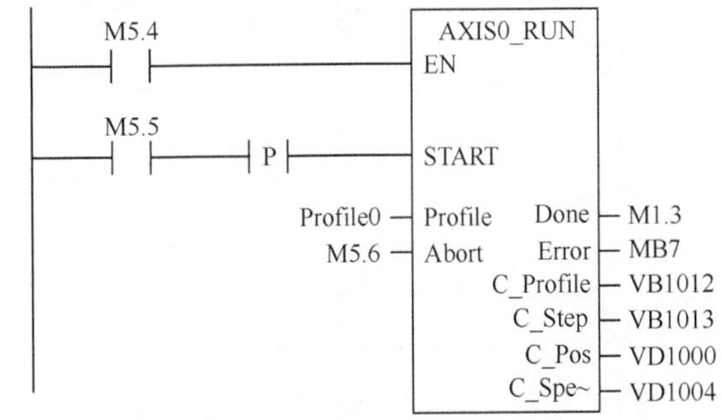

图 5-64　AXISx_RUN 指令

- EN。开启 EN 会启用此子例程。
- START。参数开启将向运动轴发出 RUN 命令。为了确保仅发送了一个命令，必须使用边沿检测指令用脉冲方式开启 START 参数。
- Profile。参数包含运动包络的编号或符号名称。“Profile”输入必须为 0～31，否则子例程将返回错误。
- Abort。参数会命令运动轴停止当前包络并减速，直至电机停止。
- C_Profile。参数包含运动轴当前执行的包络。
- C_Step。参数包含目前正在执行的包络步。

5．运动控制指令举例

按照图 5-22（b），将 CPU ST40 的 PLC 和步进驱动器连接起来，首先在编程软件上用运动控制向导进行组态，注意测量系统选择工程单位（cm）。然后将如图 5-65 所示的程序下载到 PLC 中。让 PLC 处于运行状态，在状态图表中，当给 M0.0“写入”1 时，执行手动子例程 AXIS0_MAN，步进电机以 2.0cm/s 的速度旋转，将 M12.1 修改为 1 时，再让 M0.0=1，此时步进电机的旋转方向会发生改变；当 M0.1=1 时，步进电机正向点动运行，当 M0.2=1 时，步进电机反向点动运行，其点动速度是运动控制向导组态时的速度。当 M0.3=1 时，执行 AXIS0_GOTO 子例程，步进电机采用相对位置（Mode 选择 1）方式以 3.0cm/s（Speed）的速度移动 10.0cm（Pos），当 I0.1=1 时，步进电机停止运行。

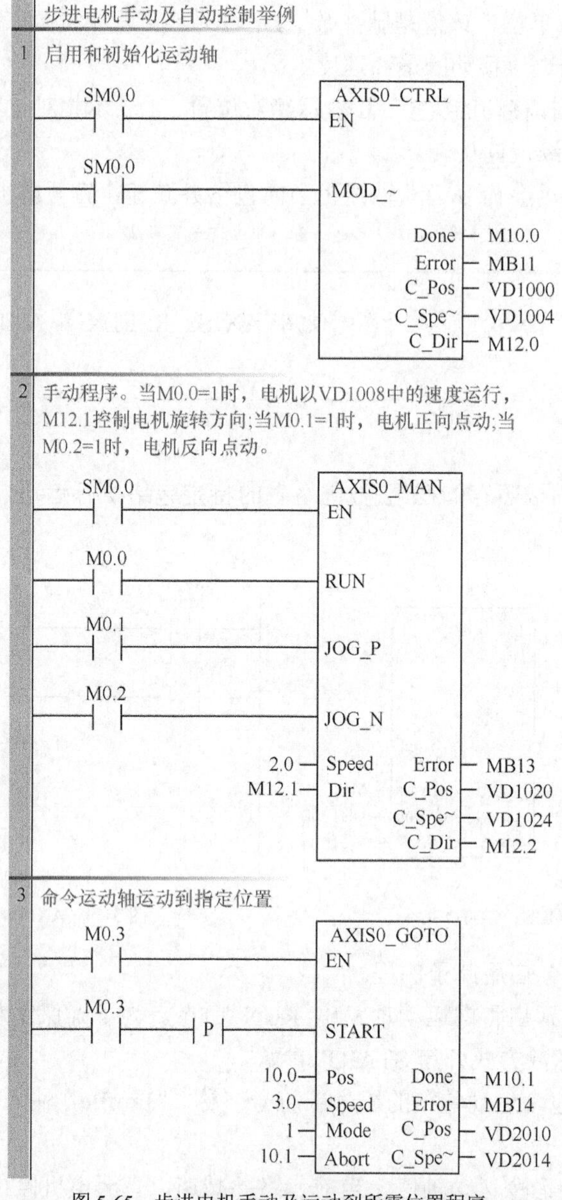

图 5-65 步进电机手动及运动到所需位置程序

任 务 实 施

1. 硬件电路

（1）I/O 接线图。根据系统的控制要求，采用西门子晶体管输出型 CPU ST40 控制雷塞科技的步进驱动器完成步进电机的正反转循环控制。其 I/O 分配如表 5-11 所示。

微课：步进电机正反转控制（GOTO）

微课：步进电机正反转控制（RUN）

注 意

PLC 的输出 Q0.0、Q0.2 是在 PLC 使用运动控制向导组态时系统已经分配好的，用户不能修改。

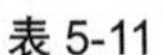
表 5-11　　步进电机正反转控制的 I/O 分配

输入			输出		
输入继电器	输入元件	作　用	输出继电器	输出元件	作　用
I0.0	SB1	启动按钮	Q0.0	PUL+	脉冲信号
I0.1	SB2	停止按钮	Q0.2	DIR+	方向控制 Q0.2=0，正转 Q0.2=1，反转

根据表 5-10，可以画出其 I/O 接线图，如图 5-66 所示。这里没有使用使能端 ENA。

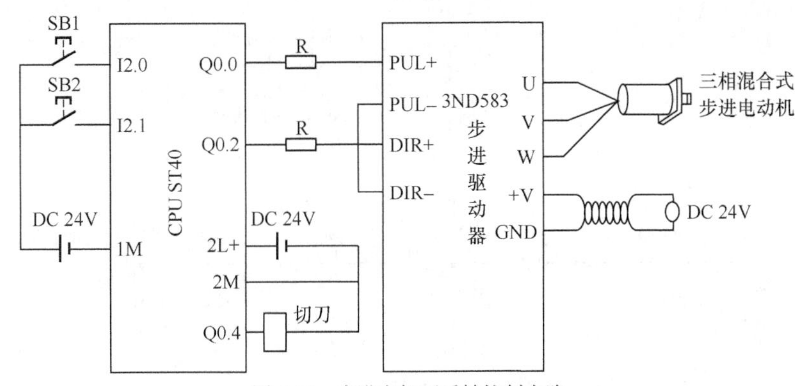

图 5-66　步进电机正反转控制电路

（2）设置步进驱动器的细分和电流。参照表 5-8，设置 5 000 步/转，需将控制细分的拨码开关 SW6～SW8 设置为 ON、OFF、OFF；设置工作电流为 2.1A 时，需将控制工作电流的拨码开关 SW1～SW4 设置为 OFF、ON、OFF、OFF；SW5 设置为 OFF，选择半流。8 个拨码开关的位置如图 5-67 所示。

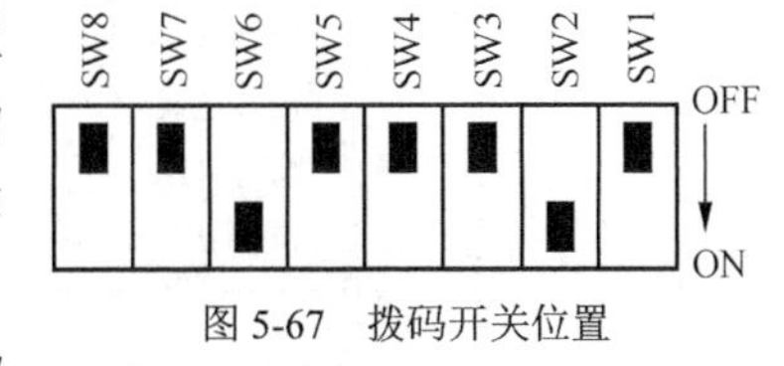

图 5-67　拨码开关位置

2．程序设计

步进电机的正反转控制可以采用 AXIS0_GOTO 指令和 AXIS0_RUN 指令两种方法实现。

（1）用 AXIS0_GOTO 指令实现

① 运动轴组态。根据前面所讲的运动轴组态步骤组态运动轴。在本例中，选择测量系统为工程单位，因为步进驱动器的细分设置为 5 000 步/转，所以在图 5-28 中，“电机一次旋转所需的脉冲数”设置为 5 000，“电机一次旋转产生多少 cm 的运动？”要根据实际的机械螺距确定，这里设置为 1.0cm。在本例中，不组态输入输出点、反冲补偿和参考点。电机的最大速度设置为 20.0cm/s，启动/停止速度设置为 0.2cm/s。

② 编写程序。步进电机正反转控制程序如图 5-68 所示。

程序段 3 和程序段 4 是正转控制标识和反转控制标识，用反转完成位 M10.2 的常开触点控制正转标识 M0.3 置 1，同时复位 M10.2；用正转完成位 M10.1 的常开触点控制反转标识 M0.4 置 1，同时复位 M10.1。

程序段 5 控制步进电机正转。当正转标识 M0.3=1 时，执行 AXIS0_GOTO 指令。步进电机每旋转 1 周产生 1cm 的运动，因此步进电机旋转 5 周需要产生 5cm 的运动。将 Pos 设置为 5.0，速度 Speed 设置为 0.7cm/s，移动类型设置为 1（相对位置），停止 Abort 采用 I0.1 按钮；

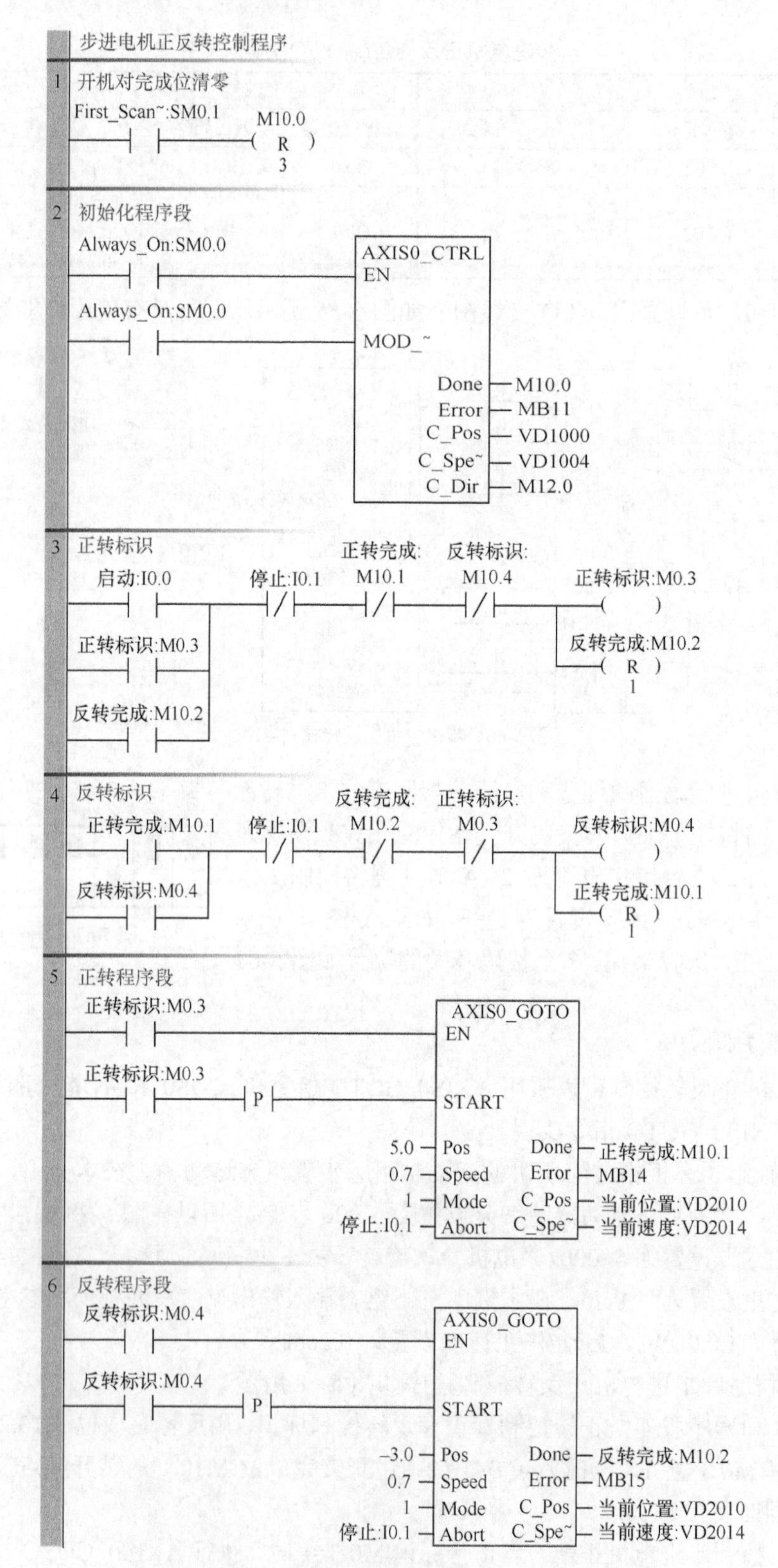

图 5-68 用 AXIS0_GOTO 指令实现的步进电机正反转控制程序

程序段 6 控制步进电机反转。当反转标识 M0.4=1 时，执行 AXIS0_GOTO 指令。因为步进电机反转3周，故将Pos设置为–3.0，其他设置与正转相同。

（2）用AXIS0_RUN指令实现

用AXIS0_RUN指令实现步进电机正反转控制时，需要用运动控制向导组态运动曲线。

① 运动轴组态。选择组态的轴为轴0，如图5-27所示。在图5-28中选择测量系统为相对脉冲，设置脉冲输出类型为“单相（2输出）”，见图5-29。在本例中，不组态输入输出点。在图5-35中设置电机速度，电机的最大速度设置为100 000脉冲/s，启动/停止速度设置为1 000脉冲/s。在图5-37中设置电机加速时间和减速时间均为1 000ms。在本例中，反冲补偿、参考点不需要组态。新建运动曲线，如图5-69所示，单击“添加”按钮，可以创建一条新的运动曲线0，这是电机正转曲线，继续单击“添加”按钮，创建反转曲线1，然后单击“下一个”按钮。如图5-70所示，设置正转曲线0的运行模式为相对位置，目标速度为3 000脉冲/s，终止位置为25 000个脉冲（步进电机每转一周需要5 000个脉冲，转5周需要25 000个脉冲），单击“下一个”按钮。如图5-71所示，设置反转曲线1的运行模式为相对位置，目标速度为3 000脉冲/s，终止位置为–15 000个脉冲（负号表示反转），单击“下一个”按钮。在图5-45中为存储器分配地址，单击“下一个”按钮生成如图5-46所示的子程序；再单击“下一个”按钮，查看映射，单击“生成”按钮，完成运动轴0的组态。

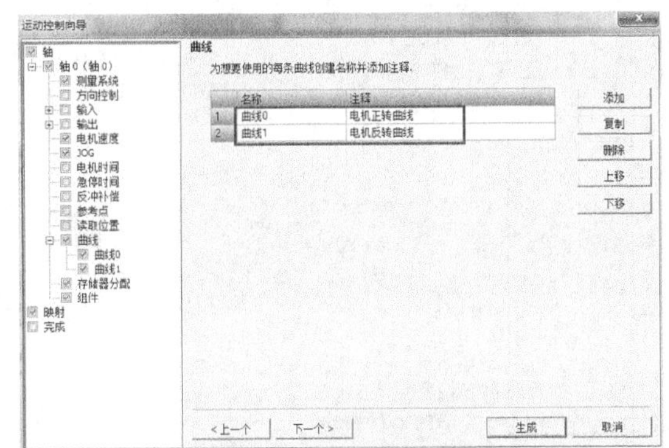

图5-69　新建运动曲线

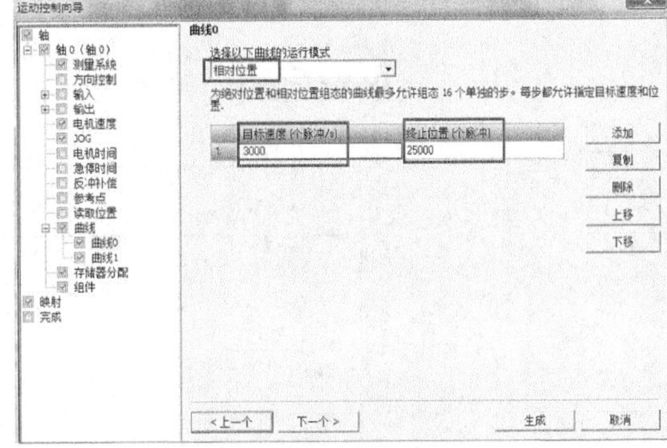

图5-70　设置正转运动曲线0的参数

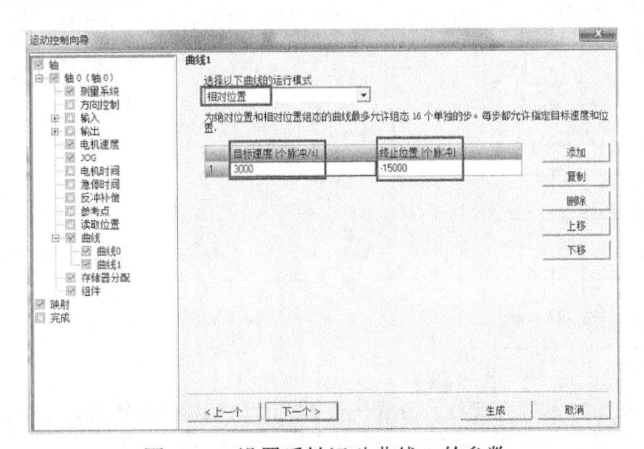

图5-71　设置反转运动曲线1的参数

② 编写程序。步进电机正反转控制程序如图5-72所示。与方法1不同的是，在程序段3中，当正转标识M0.3=1时，按照曲线0设定的参数执行运动操作，即正转5周；在程序段4中，当反转标识M0.4=1时，按照曲线1设定的参数执行运动操作，即反转3周。

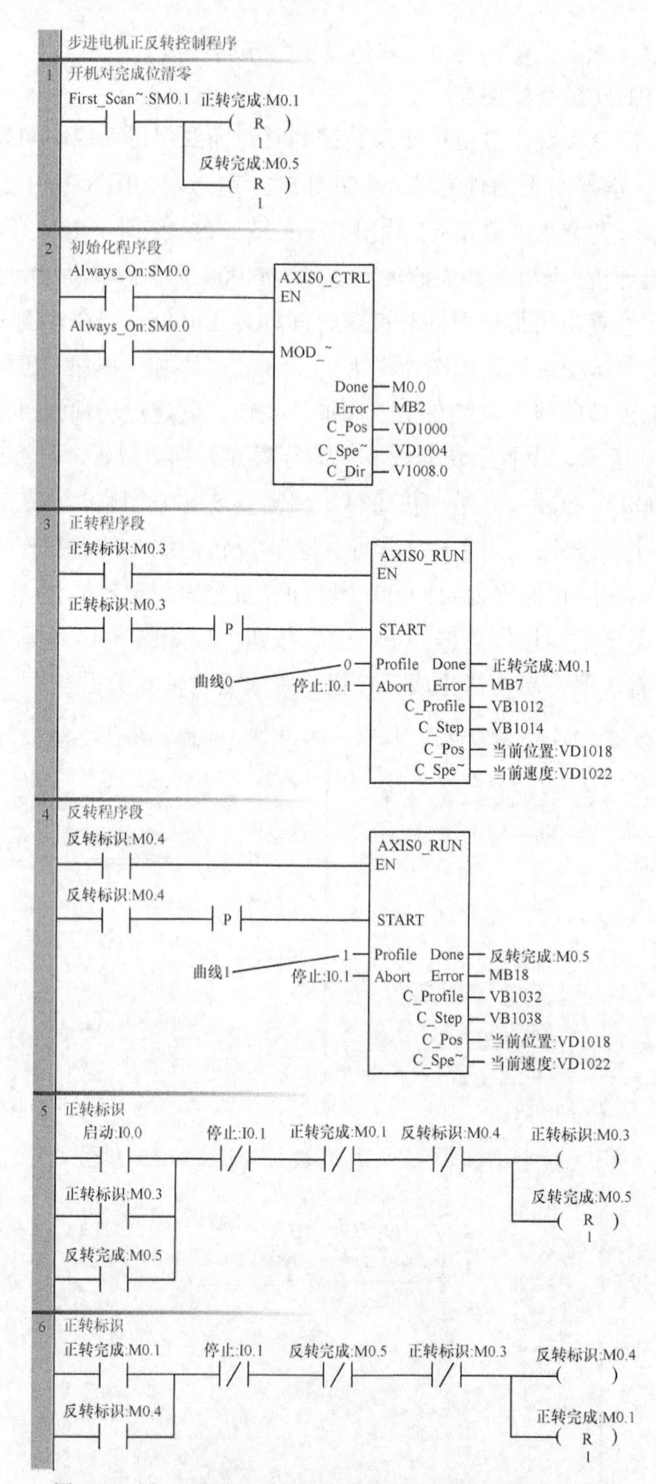

图 5-72　用 AXIS0_RUN 指令实现的步进电机正反转控制程序

（3）操作运行

① 完成 PLC 和步进驱动器的接线，然后设置步进电机的工作电流、细分设置等。

② 给 PLC 和步进驱动器上电，将程序下载到 PLC 中。

③ 按下启动按钮，观察步进电机的运行情况，是否达到正转 5 周，再反转 3 周，反复

运行；按下停止按钮，步进电机停止。

④ 如果步进电机运行过程中，电机的旋转圈数不满足控制要求，则检查步进电机驱动器的细分设置是否正确，检测子程序中的位置数值是否为 5.0（或 25 000）或−3.0（或−15 000）；如果步进电机不运行，则首先检查程序是否输入有误，然后检查控制系统的接线是否正确。

知识拓展——剪切机定长控制

1．控制要求

图 5-73 所示的剪切机，可以对某种成卷的板料按固定长度裁开。该系统由步进电机拖动放卷辊放出一定长度的板料，然后用剪切刀剪断。切刀的剪切时间是 1s，剪切的长度可以通过上位机设置（0～99cm），步进电机滚轴的周长是 1cm。试设计这一系统。

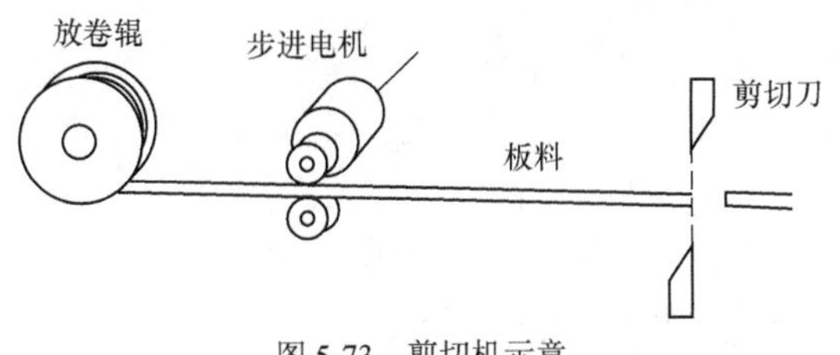

图 5-73 剪切机示意

2．硬件电路

（1）I/O 接线图。根据系统的控制要求，确定剪切机的 I/O 分配如表 5-12 所示。

表 5-12 剪切机定长控制的 I/O 分配

输 入		输 出		其他软元件	
输入继电器	作用	输出继电器	作用	名 称	作 用
I2.0	启动按钮	Q0.0	脉冲输出	VD4050	剪切长度
I2.1	停止按钮	Q0.2	方向控制	VD1060	剪切次数
—	—	Q0.4	切 刀	VD2010	当前位置
—	—	—	—	VD2014	当前速度

根据表 5-12，可以画出其 I/O 接线图，如图 5-74 所示。

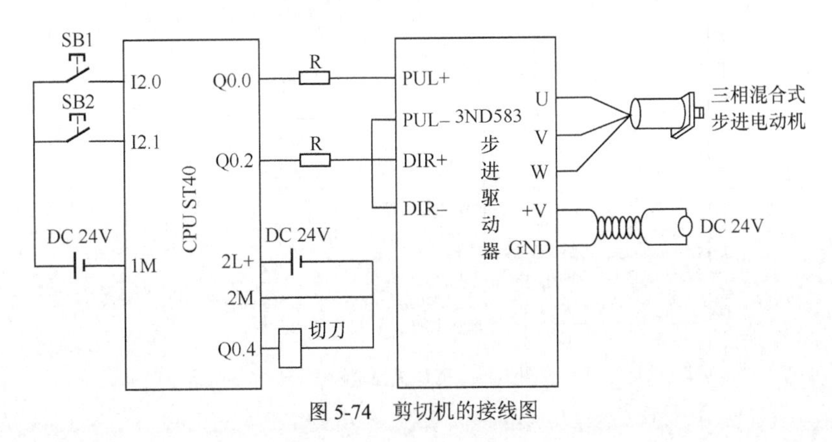

图 5-74 剪切机的接线图

（2）设置步进驱动器的细分和电流。设置 5 000 步/转，设置工作电流为 2.1A，8 个拨码开关的位置如图 5-67 所示。

3．程序设计

剪切机运动轴组态参考步进电机正反转方法 1 进行组态。控制程序如图 5-75 所示。注意在调试程序时，需要事先在状态图表中对剪切长度 VD4050 赋值。

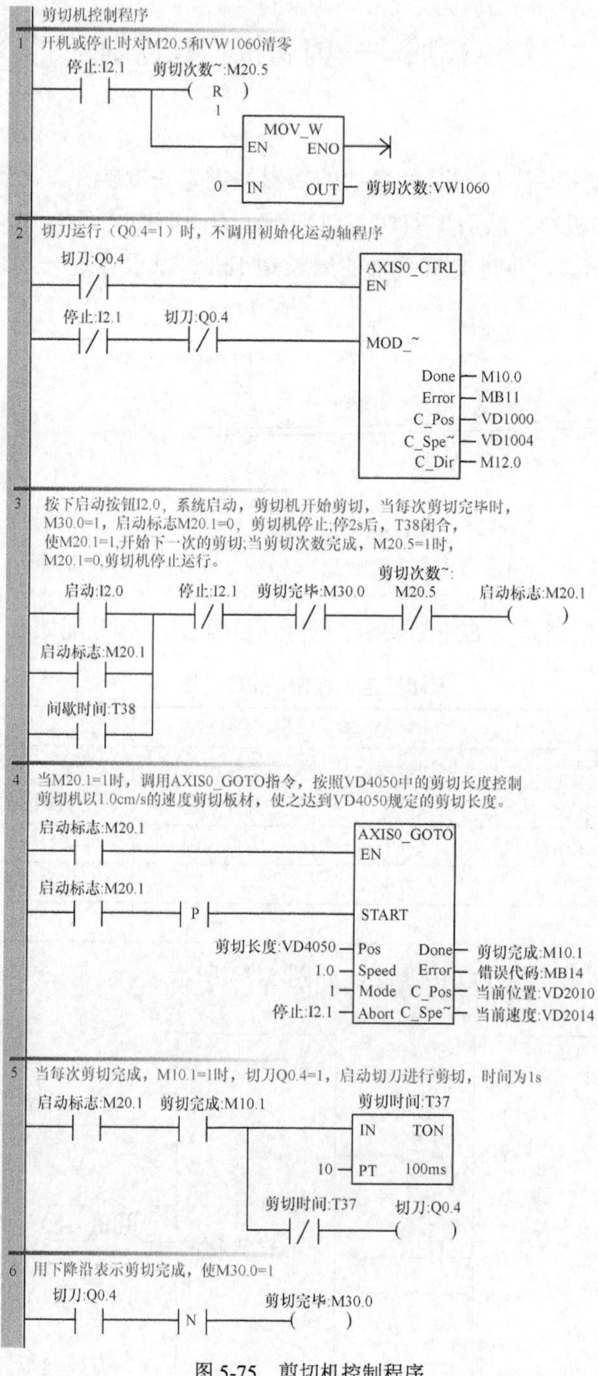

图 5-75　剪切机控制程序

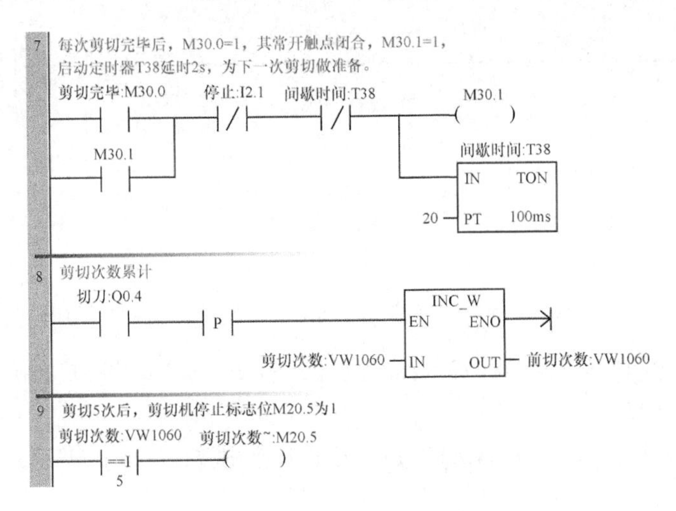

图 5-75　剪切机控制程序（续）

思 考 与 练 习

1. 填空题

（1）步进电机是将________信号转变为角位移或线位移的开环控制元件。

（2）步进电机每接收一个步进脉冲信号，电机就旋转一定的角度，该角度称为________。

（3）步进电机的转速与输入_____________成正比，转动角度或位移与输入的_________成正比。

（4）步进驱动器有 3 种输入信号，分别是________信号、________信号和_________信号。

（5）S7-200 SMART CPU 最多同时控制_______个被控对象。

（6）CPU 模块集成的高速脉冲输出，频率高达______Hz。

（7）S7-200 SMART CPU 的运动输出模式支持________输出模式、_______输出模式、_________输出模式和___________输出模式。

（8）S7-200 SMART CPU 可自由设置运动包络，Motion 包络运行模式有_______、_______、_____________和_____________等 4 种运行模式。

2. 分析题

步进电机最高速度 50 000 脉冲/s，启动/停止速度 5 000 脉冲/s，加减速时间为 1 000ms，PTO 0 以 8 000 脉冲/s 的目标速度单速连续运行，或者执行相对位置运动以 8 000 脉冲/s 的目标速度运行 20 000 脉冲的距离。试用运动控制向导编写步进电机控制程序（含手动控制程序）。

参考文献

［1］西门子（中国）有限公司．深入浅出西门子 S7-200 SMART PLC［M］．北京：北京航空航天大学出版社，2015.

［2］侍寿永．西门子 S7-200 SMART PLC 编程及应用教程［M］．北京：机械工业出版社，2016.

［3］向晓汗．S7-200 SMART PLC 完全精通教程［M］．北京：机械工业出版社，2013.

［4］廖常初．S7-200 SMART PLC 编程及应用（第二版）［M］．北京：机械工业出版社，2015.

［5］韩相争．西门子 S7-200 SMART PLC 编程技巧与案例［M］．北京：化学工业出版社，2017.

［6］西门子（中国）有限公司．S7-200 SMART 可编程控制器产品样本．2016.

［7］西门子（中国）有限公司．S7-200 SMART 系统手册．2015.

［8］郭艳萍．电气控制与 PLC 应用（第三版）[M]．北京：人民邮电出版社，2017.

［9］张伟林，吴清荣．西门子 PLC、变频器与触摸屏综合应用实训[M]．北京：中国电力出版社，2014.

［10］蔡杏山．西门子 S7-200 PLC 技术[M]．北京：人民邮电出版社，2010.

［11］杨清德．零起步巧学巧用 PLC[M]．北京：中国电力出版社，2013.

［12］蔡杏山．零起步轻松学电动机及控制线路[M]．北京：人民邮电出版社，2012.

［13］廖常初．PLC 编程及应用（第 4 版）[M]．北京：机械工业出版社，2014.

［14］陈建明．电气控制与 PLC 应用（第 3 版）[M]．北京：电子工业出版社，2014.

［15］廖世海，付晓军，夏路生．PLC 控制系统项目式教程（西门子系列）[M]．武汉：华中科技大学出版社，2016.